myBook+

Ihr Portal für alle Online-Materialien zum Buch!

Arbeitshilfen, die über ein normales Buch hinaus eine digitale Dimension eröffnen. Je nach Thema Vorlagen, Informationsgrafiken, Tutorials, Videos oder speziell entwickelte Rechner – all das bietet Ihnen die Plattform myBook+.

Ein neues Leseerlebnis

Lesen Sie Ihr Buch online im Browser – geräteunabhängig und ohne Download!

Und so einfach geht's:

- Gehen Sie auf **https://mybookplus.de**, registrieren Sie sich und geben Ihren Buchcode ein, um auf die Online-Materialien Ihres Buchs zu gelangen
- **Ihren individuellen Buchcode finden Sie am Buchende**

Wir wünschen Ihnen viel Spaß mit myBook+!

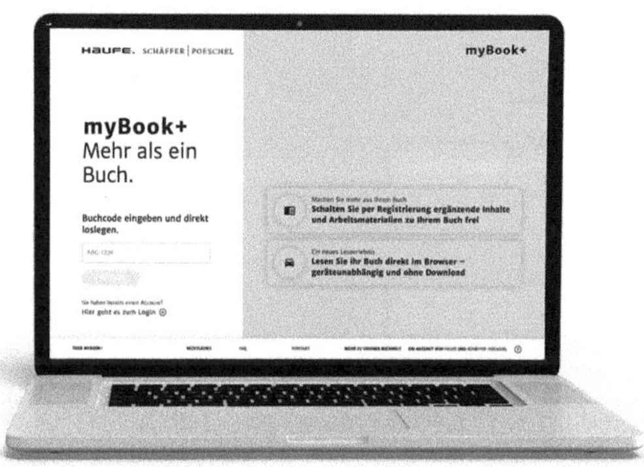

Betriebliches Gesundheitsmanagement

Thomas Artmann

Betriebliches Gesundheitsmanagement

Kernstrategien und deren praktische Umsetzung

2. Auflage

Haufe Group
Freiburg · München · Stuttgart

Bibliografische Information der Deutschen Nationalbibliothek

Die Deutsche Nationalbibliothek verzeichnet diese Publikation in der Deutschen Nationalbibliografie; detaillierte bibliografische Daten sind im Internet über http://dnb.dnb.de/ abrufbar.

Print: ISBN 978-3-648-17418-0 Bestell-Nr. 17023-0002
ePub: ISBN 978-3-648-17419-7 Bestell-Nr. 17023-0101
ePDF: ISBN 978-3-648-17420-3 Bestell-Nr. 17023-0151

Thomas Artmann
Betriebliches Gesundheitsmanagement
2. Auflage, Januar 2024

www.haufe.de
info@haufe.de

Bildnachweis (Cover): © Andrey Popov, iStock

Produktmanagement: Bernhard Landkammer

Inhaltsverzeichnis

Vorwort

Das vorliegende Buch basiert auf 14 Jahren Erfahrung in der Entwicklung und Begleitung von Gesundheitsmanagementprojekten bei vielen Unternehmen in Deutschland. Ich biete hier eine strategische und vernetzte Sichtweise auf das Gesundheitsmanagement an – eine Sichtweise, wie sie im Moment im Markt nur selten zu finden ist. Gesundheitsmanagement wird nach wie vor als ein Absatzmarkt für schnelle Maßnahmen gesehen. Wearables, Apps und Gesundheitsförderangebote dominieren. Zudem gibt es einen Trend zur »Amerikanisierung« des Gesundheitsmanagements in Richtung »Wellbeing« vor allem in internationalen Konzernen. Hier werden u. a. Programme zur Stressbewältigung und Selbstoptimierung angeboten. Viele dieser Programme sind durchaus sinnvoll und begrüßenswert, jedoch fehlt mir oft der tiefere Fokus auf die verhältnispräventive Behebung von Überlastungs- und Fehlbelastungsursachen.

Unternehmen haben die Verantwortung für die Gestaltung des Arbeitsplatzes und sollten nicht nur einseitig Angebote zur Verbesserung der Leistungsfähigkeit der Mitarbeitenden machen, sondern auch ein echtes Interesse an der Gesunderhaltung ihrer Mitarbeitenden haben. Daher kommt dem Instrument der Gefährdungsbeurteilung psychischer Belastungen am Arbeitsplatz eine so große Bedeutung im betrieblichen Gesundheitsmanagement (BGM) zu.

Meine Mitarbeiter:innen und ich haben regelmäßig Neuerungen ausprobiert, immer wieder auch ohne dafür Vorbilder zu haben. Wir waren meines Wissens die Ersten, die Vitamin-D-Screenings ins BGM eingeführt haben, und haben die Gesundheitsthemenkampagnen sowie die entsprechende Struktur entwickelt, ausprobiert und vielfach umgesetzt. Auch waren wir Pioniere der interdisziplinären Gesundheitsberatung im Gesundheitsmanagement. Auch wenn ich nicht der Erste bin, der diese Art der somatopsychologischen Beratung durchführt, ist sie von mir eingebracht und erprobt worden.

Im Rahmen der zahlreichen, seit 2013 durchgeführten Projekte haben wir viele methodische Details bei der Umsetzung von Gefährdungsbeurteilungen entwickelt, die »Toilettenposter«, die Erklärfilme, die Gruppenberichte wurden vorher – nach unserem Kenntnisstand – nicht angeboten.

Insgesamt vertreten wir – gerade auch mit unserer Betonung von stressmedizinischen, somatopsychologischen und psycho-neuro-immunologischen Zusammenhängen – ein unorthodoxes Gesundheitsmanagement, dass von einigen Akteuren misstrauisch betrachtet und von Betriebsärzten immer wieder auch offen abgelehnt wird.

Anders sieht das bei den Hunderten von Gesundheitsmanager:innen aus, die ich seit 2015 in den Lehrgängen der Haufe Akademie ausgebildet habe und aus deren lebhaften Schilderungen des Alltags des BGMs viele meiner Theorien und Praxisansätze bestätigt werden.

Ich habe in den 14 Jahren bewusst vermieden, mit Anbietern von Produkten oder mit Interessenverbänden zusammenzuarbeiten. Ich erhalte von keinem Unternehmen Geld oder andere Vergünstigungen, wenn ich bestimmte Produkte (z.B. Labortests) oder Leistungen in diesem Buch oder in Projekten vorschlage. Alle Markennennungen in diesem Buch oder in meinen Lehrgängen sind erfahrungsbasiert, ausprobiert sowie redaktionell und niemals werblich.

Mein Drängen auf mehr Gesundheitskompetenz und Gesundheitswissen sowie das Informieren über alternative Wege in der Diagnostik und Therapie sind bei einigen Industrien und Interessengruppen nicht willkommen. Meine Kritik an Teilen des Gesundheitswesens trägt dazu bei. Vielleicht ist dies einer der Gründe, warum die erste Auflage meines Buches weder von Fachverbänden des Gesundheitsmanagements, Krankenkassen (die wichtige BGM-Akteure sind), Berufsgenossenschaft oder der Bundesanstalt für Arbeitsschutz und Arbeitsmedizin noch von Fachmagazinen genannt oder rezensiert wurde. Es wurde einfach nicht erwähnt, obwohl sich das anhaltende Interesse daran im Vorlegen der zweiten Auflage zeigt und es sogar als Lehrbuch im Rahmen von Studiengängen zum Gesundheitsmanagement eingesetzt wird.

Die zweite Auflage enthält wesentliche Neuerungen und im Moment arbeite ich am Einsatz von künstlicher Intelligenz bei der Auswertung von Gefährdungsbeurteilungen, weil ich der Ansicht bin, dass gut trainierte KI-Modelle deutlich besser und objektiver in der Lage sind, komplexe Datenstrukturen zu analysieren und diese in Texten zusammenzufassen.

Ich spreche die Hoffnung aus, dass andere Unternehmen der Branche beginnen, Gesundheitsthemenkampagnen zu entwickeln und ihre BGM- und BGF-Angebote in solche Kampagnen zu kleiden. Es kann und soll ein Markt guter Kampagnen entstehen, der es Unternehmen erleichtert, diese einzukaufen. Es fehlt an Gesundheitswissensangeboten (ich rede hier nicht von den weitverbreiteten seichten Fitness- und Ernährungstipp-Artikeln) und an Lernfilmen über komplexere Themen, die die Gesundheitskompetenz der Mitarbeiter:innen verbessern.

Bonn, im Sommer 2023
Thomas Artmann
Kontaktdaten: 0228-299759-30, th.artmann@eudemos.de

1 Einführung: Kernstrategien eines lösungsorientierten Gesundheitsmanagements

1.1 Zur Orientierung

Seit Erscheinen der ersten Auflage dieses Buches hat eine Professionalisierung des betrieblichen Gesundheitsmanagements (BGM) stattgefunden. Zwar gibt es noch immer Unternehmen, die kein BGM haben und damit ganz bei null anfangen, doch hat sich die Erkenntnis verbreitet, dass blinder Aktionismus und ein »wildes« Angebot von Sportkursen nicht viel bringt.

Immer noch wird in vielen Köpfen leitender Führungskräfte BGM mit Sport und Ernährung gleichgesetzt und es wird erwartet, dass solche Angebote umgesetzt werden. Die Aufgabe der Gesundheitsmanager:innen wird jedoch viel komplexer sein. Sie setzt dabei an, die **multifaktorielle Entstehung von Krankheit im Unternehmen** zu erläutern und ein BGM-Konzept zu entwickeln, das an möglichst vielen Einflussstellen ansetzt. Zudem muss vermittelt werden, dass nicht der Krankenstand als Qualitätskennzahl herhalten kann, sondern dass die **Messung von Produktivität und anderen motivationalen Kennzahlen** wie Arbeitszufriedenheit, innere Kündigungsprozesse oder tatsächliche Kündigung von Leistungsträgern ein gutes Gelingen von Gesundheitsmanagement aufzeigen kann und insbesondere die **unternehmerischen Schäden im Präsentismusbereich** minimiert werden sollten.

Durch die Coronakrise ist die Notwendigkeit von **digitalem BGM** in den Fokus gerückt – eine Entwicklung, die ich ausdrücklich begrüße, war doch in der Vergangenheit gerade die Sichtbarkeit und Verfügbarkeit von Gesundheitsmanagement zu gering. Wir müssen in diesem Buch auch die **Erreichbarkeit von nicht digital arbeitenden Zielgruppen** wie »Blue Collar«-Arbeitenden in der Produktion oder im niedrigqualifizierten Dienstleistungsbereich aufgreifen und dafür Konzepte entwickeln. Daher arbeiten wir das Thema »Toolbox für Führungskräfte« zu einem **Gesamtkonzept für die digitale Präsenz von Gesundheitsmanagement** um.

In diesem Kapitel präzisieren wir die **Kernstrategien für das Gesundheitsmanagement**, die auch schon den Auftakt der ersten Auflage bildeten. Wir führen aufgrund von Pilotprojekten mit Kundenunternehmen das **Konzept der innerbetrieblichen Beratungsstelle** als niedrigschwelliger Erstkontakt für fast alle Probleme der Mitarbeitenden ein. Diese Beratungsstelle deckt auch die gesetzliche Anforderung einer Beratungs- und Beschwerdestelle bei Diskriminierung und sexueller Belästigung am

Arbeitsplatz ab und kann den betrieblichen Suchtansprechpartner integrieren. Die Hauptmotivation für eine solche innerbetriebliche Anlaufstelle ist – vor allem, nachdem in den letzten Jahren alles an EAP-Dienstleister ausgelagert wurde – die Niedrigschwelligkeit einer solchen Stelle im Gegensatz zur deutlich höheren Hürde, sich an eine fremde Beratungsstelle zu wenden. Die zweite Motivation ist die häufig fehlende Bereitschaft von Führungskräften, ihrem Fürsorgeauftrag nachzukommen und sich mit den verschiedenen Möglichkeiten der Hilfe im Betrieb zu befassen und diese betroffenen Mitarbeiter:innen mitzuteilen. Trotz vieler Seminare zum Thema Fürsorge und Fürsorgegespräche scheint es in vielen Betrieben noch nicht gut zu gelingen, Führungskräfte für diese Aufgabe zu gewinnen.

Daher kommt es häufig zu einer **Verschleppung von betrieblichen oder privaten Problemen**. Etablierte Hierarchiefilter sorgen dafür, dass Probleme in Teams und Abteilungen die leitenden Führungskräfte gar nicht mehr erreichen, weil sie auf dem Weg durch die Führungsebenen »verloren gehen« oder geschönt dargestellt werden (übrigens ein Grund, warum eine gut gemachte Gefährdungsbeurteilung psychischer Belastungen ein durchaus scharfes Schwert ist und blinde Flecken aufzeigt). Doch eine gering ausgeprägte Selbstfürsorge bei Mitarbeitenden wird beobachtet. So werden gesundheitsrelevante Termine herausgezögert und man geht häufig mit Krankheit und Beschwerden zur Arbeit – ein Trend, der durch das Homeoffice noch stärker geworden ist.

Diese Verschleppung führt zu einer Verschlimmerung der Situation. Regeneration wird runtergefahren, man ernährt sich schlechter, emotionale Verletzungen an der Arbeit entwickeln sich zu ausgemachten Gratifikationskrisen oder werden als Mobbing verstanden. Der Gesundheitszustand wird schlechter und es kommt dann zu deutlich mehr krankheitsbedingten Fehlzeiten, als bei einer frühzeitigen Unterstützung entstanden wären.

Wir formulieren also in diesem Kapitel sechs Kernstrategien, nämlich die, des genauen Hinschauens, oder formal ausgedrückt der **datengestützten, punktgenauen Problemerkennung und Lösungsanwendung** und der **Früherkennung von gesundheitlichen Fehlentwicklungen und der zeitnahen Zuleitung eines Hilfe- und Unterstützungsangebotes. Die dritte Kernstrategie ist die Förderung des Gesundheits- und Lösungswissens bei Mitarbeitenden und die Einführung einer interdisziplinären Gesundheitsberatung. Die fünfte Kernstrategie fokussiert auf die Förderung von Gesundheitswissen und Gesundheitskompetenz und die sechste Strategie bindet die Führungskräfte ein.**

Die gesellschaftliche Krise während der Coronapandemie hat zu einer Vertiefung des Grabens zwischen Anhängern der sogenannten Schulmedizin und denen der sogenannten Alternativmedizin geführt. Früher gesellschaftsfähige – und gut erforschte

Präventionsansätze – wie Vitamin D oder Colostrum wurden in die Nähe von Verschwörungstheorien gerückt. Doch diese Diskussion wird in diesem Buch nicht geführt.

Die **interdisziplinäre Gesundheitsberatung** ist ein spezieller Ansatz zur Reduktion von Fehlzeiten durch psychische Erkrankungen. Sie basiert auf der Arbeit von Prof. Dr. Erich Kasten. Da auch der Autor seit mehreren Jahren für Unternehmen diese Beratung durchführt, soll hier zum ersten Mal eine Umsetzungskonzeption vorgestellt werden. Sie fügt sich in die vorherigen strategischen Ansätze ein, etwa als einer von mehreren Beratungsangeboten aus der innerbetrieblichen Beratungsstelle heraus. . Eine solche Beratung kann durch Ärzte oder Psychotherapeuten durchgeführt werden, die eine Ausbildung in Psycho-Neuro-Endokrino-Immunologie und Grundlagen der Stressmedizin erhalten haben und mit dem Ansatz der Somatopsychologie, wie von Prof. Kasten in seinem gleichnamigen Kompendium vorgelegt, vertraut sind. Die interdisziplinäre Beratung leistet eine ausführliche Anamnese und Untersuchung der Krankengeschichte des betroffenen Menschen. Sie verbindet die akuten Symptome und Beschwerden mit chronischen Symptomen, dem Ernährungsverhalten, früheren Erkrankungen und Unfällen, ausgeübten Sportarten und damit verbundenen Verletzungen. Zudem werden die eingenommenen Medikamente auf Nebenwirkungen untersucht. Aus dem Gesamtbild ergibt sich ein Verdachtsbefund, der nun durch Vorschlag eines entsprechend spezialisierten Arztes labordiagnostisch abgeklärt wird. Ich stelle in Kapitel 4 eine breite Auswahl von Beispielen aus der Gesundheitsberatung vor und erläutere, welche Hürden es noch bei der Umsetzung gibt, aber auch, warum es sich wirtschaftlich lohnt, ein solches spezielle Beratungsleistung anzubieten.

Datengestützte, punktgenaue Analyse und Intervention

Es geht im Kern um eine möglichst präzise Lokalisierung von Problemen bei Mitarbeiter:innen und Teams, in Abteilungen und Gruppen unter Wahrung der Persönlichkeitsrechte und anderer Schutzrechte. Dadurch wird klar:

- welche Probleme konkret vorliegen,
- wie die Probleme in einer Abteilung spezifisch ausgeprägt sind,
- wer für die Beseitigung der Probleme verantwortlich ist und
- welche Lösung vermutlich passen könnte.

Erst ein präzises Problemverständnis ermöglicht das Angebot ebenso präziser Lösungen, die nun von den Verantwortlichen, meist der Führungskraft, hürdenfrei angewendet werden können.

Einbindung von Führungskräften

Der erste wesentliche Grund für dieses kleinteilige analytische Vorgehen ist die Einbindung von Führungskräften. Während Führungskräfte allgemein der Sinnhaftigkeit von Gesundheitsmanagement zustimmen (oftmals eher als Lippenbekenntnis), fällt es ihnen deutlich schwerer, auch konkret etwas zu ändern, wenn sie selbst in der Verantwortung sind. Die genaue Problemlokalisierung dient also auch dazu, Führungskräften direkt und sehr konkrete Hinweise für ihren Verantwortungsbereich zu geben und sie damit zu einer verbindlichen Intervention zu bringen.

Führungskräfte benötigen dafür unbedingt Unterstützung, da sie sich gerade mit fachfremden Themen nicht auskennen. Solche Themen sind etwa der Umgang mit psychisch kranken Mitarbeiter:innen, Elternzeitangelegenheiten oder Pflegethemen. Auch der Umgang mit einem Mobbingfall oder einem schweren Teamkonflikt gehört meist nicht zum geübten Repertoire von Führungskräften. Deswegen ist eine unterstützende Toolbox für Führungskräfte sinnvoll, auf die diese im Bedarfsfall zurückgreifen können. Wie eine solche Einführung in gesundheitsförderliche Führung sowie die Gestaltung einer Toolbox für Führungskräfte aussehen kann, wird in Kapitel 6 ausführlich beschrieben.

Multifaktorielle Krankheitsentstehung

Der zweite wesentliche Grund für die Notwendigkeit eines neuen BGM-Ansatzes ist die multifaktorielle Krankheitsentstehung. Es gibt eine große Vielzahl von krankmachenden Ursachen, die im privaten, persönlichen und im beruflichen Bereich liegen und gegen die sich mit unspezifischen Maßnahmen wenig ausrichten lässt. Andererseits kann das Gesundheitsmanagement diese Komplexität selbst auch nicht bewältigen, weshalb wir ein zwischengeschaltetes Prinzip benötigen: das Prinzip der Früherkennung, der Entwicklung von Gesundheits- und Lösungswissen und der Förderung der Selbstfürsorge bzw. der punktgenauen Lösung von betrieblichen Problemen.

Früherkennung, Lösungswissen und Selbstfürsorge

Es ist unmöglich, für jede Problemkonstellation eines Mitarbeiters, die zu einer Erkrankung führt oder führen könnte, eine passende Lösung im BGM vorzuhalten. Die Mitarbeiterin, die wegen der Einnahme hormoneller Verhütungsmittel regelmäßig Kopfschmerzen hat (eine der häufigsten Nebenwirkungen), sollte darauf nicht durch eine (männliche) Führungskraft hingewiesen werden. Der Mitarbeiter, der in einer Ehekrise steckt und überschuldet ist, kann ebenfalls nicht durch die Führungskraft oder einen HR-Berater paartherapeutisch aufgefangen werden. Führungskräfte nehmen diese Komplexität gerade von privaten Krankheitsursachen wahr und haben teilweise regelrecht Angst davor. Sie ignorieren frühe Anzeichen von Überbelastung, um eine eigene Überforderung zu vermeiden.

Gelänge es uns im Gesundheitsmanagement, mithilfe der in Kapitel 7.6 beschriebenen Toolbox für Führungskräfte und einem Gesundheitswissensangebot für Mitarbeiter:innen die Lösungskompetenz von beiden zu erweitern, könnte das frühzeitige Bemerken von Fehlentwicklungen tatsächlich gelingen. Eine Führungskraft, die weiß, was sie zu leisten hat und was nicht, und die ihr Lösungsrepertoire kennt, ist in der Lage, sensibel hinzuschauen und betroffene Mitarbeiter:innen mitfühlend anzusprechen. Das Ziel dabei ist nicht eine diagnostische oder therapeutische Tätigkeit, sondern lediglich die Motivation zur Selbstfürsorge (»Kümmere dich jetzt um dich, nicht erst, wenn du ernsthaft krank bist!«) und ein Verweis auf vorhandenes Gesundheitswissen.

Für betriebliche Probleme und deren Lösung ist natürlich die Führungskraft verantwortlich. Hier greift sie auf ihre Toolbox zurück.

Die Kombination aus datengestützter, punktgenauer Intervention und der Fokussierung auf Früherkennung, Lösungswissen und Selbstfürsorge ergeben den in diesem Buch beschriebenen neuen BGM-Ansatz.

1.2 Die multifaktorielle Krankheitsentstehung erfordert ein neues Ordnungsprinzip

Mit Aaron Antonovskys Salutogenese-Konzept und der positiven Psychologie hielten zwei Ansätze Einzug in das betriebliche Gesundheitsmanagement, die den Fokus auf die Stärkung von Gesundheit legen. Die positive Gesundheit wird qualitativ anders beschrieben als lediglich durch die Abwesenheit von Krankheit. Es geht um Lebensqualität, Energie, intrinsische Motivation und Lust auf persönliche Weiterentwicklung – alles Ziele, die ich unterstreiche und gern anstrebe. Dabei scheint es fast verpönt, sich um die Ursachen von Krankheit zu kümmern – schließlich ist die Ursachenanalyse mit einer gut funktionierenden Arbeitssicherheit im Arbeitsleben gut abgedeckt und es scheint, dass eine solche positive Arbeitswelt nur ganz knapp außer Reichweite ist, wenn da nur nicht der Arbeitsstress (und der ungesunde Lebensstil) wäre.

Nur will sich der Erfolg nicht einstellen. Die Krankenstände steigen seit Jahren und das Thema der psychischen Erkrankungen lässt sich, trotz aller Bemühungen, nicht in den Griff kriegen. Wir sollten einen schonungslosen Blick auf sämtliche Ursachen der Entstehung von denjenigen Krankheiten werfen, die unsere Arbeitsunfähigkeitstage (AU-Tage) in die Höhe treiben. Damit verlasse ich bewusst den im BGM verbreiteten Fokus auf positive Gesundheit und bringe eine meines Erachtens notwendige **Rückbesinnung auf die pathogenetische Sichtweise** ins Gespräch (vgl. auch Kapitel 4). Die Versuche, ein nur auf Salutogenese basierendes BGM aufzubauen und reine Primärprävention zu betreiben, führt am Ziel vorbei, da wir es mit einer Vielzahl von gesundheitlichen Fehlentwicklungen und schleichend fortschreitenden Krankheitsprozessen zu tun haben, die vielfach gesellschaftlich mitbedingt sind:

- Wir haben es in Teilen mit einem Versagen des Gesundheitssystems zu tun, dem zwar hoch entwickelte wissenschaftliche Instrumente zur Verfügung stehen, diese aber für den gesetzlich Krankenversicherten oft nicht zugänglich sind. Die ärztliche Versorgung ist in Teilen veraltet und hängt gesicherten Erkenntnissen oft viele Jahre hinterher, was sich auch durch wirtschaftliche Interessenlagen erklären lässt. Vorhandene Diagnostik wird von Krankenkassen nicht bezahlt. Funktionierende Therapiemethoden der seriösen Naturheilkunde werden ignoriert.
- Die Bevölkerung wird kalorisch überernährt und leidet trotzdem häufig an Nährstoff- und Vitaminmängeln. Industriell hergestellte Lebensmittel mit einem

überhöhten Zuckergehalt und wissenschaftlich nicht haltbare Ernährungsempfehlungen von offizieller Stelle, etwa einer fettarmen Ernährung, führen zu Übergewicht und Folgeerkrankungen.

- Die Schädigungswirkung von Medikamenten wird in ihrer Dimension nicht erkannt und es fehlt an Gesundheitskompetenz in der Bevölkerung, verantwortungsvoll mit Verordnungen und freiverkäuflichen Medikamenten umzugehen.
- Hinzu kommen psychische Fehlbelastungen durch disruptive Veränderungen der Arbeitswelt. Dazu zählen insbesondere Effekte der Vollautomatisierung bzw. Roboterisierung von Arbeitsplätzen mit menschlicher Zuarbeit und Hilfstätigkeit, Sinnentleerung von Arbeit sowie fehlende Führungskompetenzen im Umgang mit der veränderten Arbeitswelt.
- Hohes Stressaufkommen durch sogenannte VUCA-Arbeitsplätze. (VUCA steht für die englischen Begriffe **Volatility** = Unbeständigkeit, **Uncertainty** = Unsicherheit, **Complexity** = Komplexität und **Ambiguity** = Mehrdeutigkeit.) Eine wachsende Zahl von Arbeitsplätzen weist diese Attribute auf und fordert ein hohes Maß an Flexibilität, Stress und wenig Möglichkeiten zum Abschalten. Auch hier kommt es zu Führungsproblemen, wenn veraltete Führungsstile auf VUCA-Mitarbeiter:innen treffen.

Lesetipps zum Gesundheitssystem

→ »**Schlechte Medizin: Ein Wutbuch**« von Dr. med. Gunter Frank (Knaus Verlag, 2013)

Der Heidelberger Mediziner zeigt auf, wie unterschiedliche wirtschaftliche Interessen das Gesundheitssystem korrumpieren und in der Folge viele Menschen mit unwirksamen Medikamenten und Therapien behandelt werden.

→ »**Die weiße Mafia**« von Frank Wittig (Riva Verlag, 2015)

Der Wissenschaftsjournalist Frank Wittig beschreibt das Zusammenwirken von Ärztegesellschaften und medizinischen Industrieunternehmen sowie den Auswirkungen auf das Gesundheitssystem und die Therapiequalität.

→ »**Tödliche Medizin und organisierte Kriminalität: Wie die Pharmaindustrie unser Gesundheitswesen korrumpiert**« von Prof. Dr. Peter C. Gøtzsche (Riva Verlag, 2014)

Der internationale Bestseller stammt von einem ehemaligen Pharmaforscher und Gründer der Cochrane-Stiftung, die als Gegengewicht zur industriefinanzierten Wirksamkeitsforschung von Medikamenten unabhängige Forschung betreibt und damit regelmäßig unwirksame oder schädigende Medikamente vom Markt nimmt. Das Buch zeigt die Tätigkeit großer Pharmaunternehmen und ihr Einwirken auf wissenschaftliche Publikationen, unerlaubte Werbung und Beeinflussung von Ärzten auf.

Die Komplexität der Realität

Das besondere an unserem Verstehensansatz von Krankheit ist die verschränkte, vernetzende Betrachtung, um eine möglichst passende, punktgenaue Interventionsplanung leisten zu können. Ich plädiere in diesem Buch dafür, keine unspezifischen, oberflächlichen BGM-Maßnahmen mehr durchzuführen, sondern passgenaue Interventionen zu planen. Die Komplexität des Vorhabens wird an den folgenden drei Beispielen deutlich.

Beispiel 1: Angestellte, 45 Jahre: Vergesslichkeit und Muskelschmerzen, Probleme am Arbeitsplatz wegen hoher Fehlerquoten
Die Bankangestellte wurde im Rahmen einer interdisziplinären Gesundheitsberatung vorstellig. Sie zeigte sich gestresst, weil es im Team und mit der Führungskraft Konflikte wegen häufiger Fehler bei der Arbeit gab. Auffällige Symptome waren eine starke Vergesslichkeit, fehlende Konzentration, Muskelschmerzen und häufiger einschlafende Gliedmaßen. Im Gespräch kam heraus, dass die Mitarbeiterin präventiv seit etwa 15 Jahren Pantoprazol, ein Magensäureblocker, einnahm, auf Empfehlung ihres Hausarztes, weil es in der Familie einen Fall von Magengeschwüren gab. Eine solche Verordnung ist eigentlich nicht zulässig und dem Arzt waren die Brisanz und der Zusammenhang mit den Symptomen nicht klar. Mit der pharmakokinetischen Brille betrachtet, wurde in der Beratung schnell klar, dass es sich möglicherweise um einen starken Vitamin-B_{12}-Mangel handeln könnte. Symptome und die Einnahme von Pantoprazol sprachen dafür. Es ist bekannt, dass Magensäureblocker die Aufnahme von B_{12} blockieren. Die Mitarbeiterin ließ entgegen des Rates ihres Hausarztes, der diesen Zusammenhang ablehnte, einen Labortest durchführen und der B_{12}-Mangel wurde bestätigt. Er war gravierend. Die Mitarbeiterin erhielt mehrere Injektionen des Vitamins und das Pantoprazol wurde über einen Entgiftungsplan langsam abgesetzt. Die Symptome bildeten sich innerhalb weniger Wochen vollständig zurück.

Beispiel 2: Älterer Mitarbeiter, 55 Jahre: gescheiterte Wiedereingliederung nach Prostatakarzinom und Chemotherapie
Der Mitarbeiter wurde ebenfalls im Rahmen einer interdisziplinären Gesundheitsberatung vorstellig. Er war etwa ein Jahr wegen eines Prostatakarzinoms arbeitsunfähig gewesen. Der Tumor wurde mittels Chemotherapie und OP erfolgreich entfernt und der Patient als geheilt entlassen. Etwa eine Woche nach Wiedereingliederungsbeginn wurde der Mitarbeiter vorstellig. Er hatte Angstsymptome, fühlte sich überfordert und der Aufgabe nicht gewachsen. Er war müde, erschöpft und fühlte sich kraftlos. Die fachliche Einarbeitung war zudem nicht gut organisiert. Nachts hatte er Schlafstörungen. Er überlegte, ob er erneut in eine lange Arbeitsunfähigkeit gehen sollte.

Im Gespräch zeigte sich folgendes Bild: Der Vater des Mitarbeiters war im Alter von 45 Jahren an einem Prostatakarzinom verstorben. Der Mitarbeiter hatte also über mehrere Monate wirkliche Todesangst, weil er befürchtete, das gleiche Schicksal zu erleiden. Eine psychoonkologische Begleittherapie war nicht erfolgt. Zudem hatte er ein sogenanntes Chemotherapie-induziertes Fatigue-Syndrom. Das ist ein Erschöpfungs- bzw. Müdigkeitssyndrom aufgrund der Schädigung gesunder Körperzellen durch die Chemotherapie. Es tritt bei den meisten Patienten nach einer Chemotherapie auf, wird aber noch nicht von allen Onkologen behandelt. Die dritte Belastungsursache war die mangelhafte fachliche Begleitung bei der Wiedereingliederung.

Beispiel 3: Mitarbeiterin, 33 Jahre: unklare Depression und Erschöpfung, häufige Infekte

Die Mitarbeiterin wurde im Rahmen eines Beratungsangebotes zur Differenzialdiagnostik von Erschöpfungssymptomen vorstellig. Sie berichtete über depressive Stimmungslagen und den Impuls zu weinen, ohne dass sie in der Arbeit oder im Privatleben einen angemessenen Grund erkennen konnte. Zudem war sie häufig erschöpft, müde, kraftlos, litt unter Menstruationsschmerzen und regelmäßigen Kopfschmerzen. Sie hatte häufige Infekte und dadurch viele Fehltage. Team und Führungskraft zeigten sich nicht mehr tolerant. Dabei gab die Mitarbeiterin an, sich sehr gesund zu ernähren. Sie sei Veganerin und esse keine tierischen Produkte. Der Fall konnte sehr leicht gelöst werden, weil bei vegan lebenden Frauen im menstruationsfähigen Alter eine sehr hohe Wahrscheinlichkeit für ein Eisenmangelsyndrom bis hin zur Blutarmut besteht. Diese Blutarmut wird durch einen begleitenden Vitamin-B_{12}-Mangel verdeckt, da im Blutabstrich die Verkleinerung der roten Blutkörperchen aufgrund des Eisenmangels durch eine gleichzeitige Vergrößerung der roten Blutkörperchen bei einem B_{12}-Mangel sich teilweise aufhebt. Zudem ist der (kassenfinanzierte) Laborwert Hämoglobin nicht geeignet, eine rechtzeitige und genaue Aussage über einen Eisenmangel zu machen. Die Mitarbeiterin führte auf eigene Kosten einen Ferritin-/Transferin-Labortest durch und bestätigte den starken Eisenmangel. Nach einer Überweisung der Mitarbeiterin an eine erfahrene Gynäkologin, der die Eisenproblematik bekannt war, wurden mehrere Eiseninfusionen angesetzt, da ein solch schwerer Eisenmangel über die orale Substitution nicht angemessen schnell behoben werden kann. Die Symptome bildeten sich innerhalb weniger Tage vollständig zurück.

Wichtig

Allen drei Beispielen ist gemeinsam, dass bei ihnen eine Vermischung aus arbeitsbezogenen Problemen, zum Teil hohen Fehlzeiten, psychischen Problemen, Stress und körperlichen Symptomen auftrat, die zuvor nicht in ihrem Gesamtbild betrachtet und verstanden wurden.

Die multifaktorielle Krankheitsentstehung

Das Krankheitstrichtermodell (vgl. Abbildung 1) beschreibt den Verlauf der Krankheitsentstehung: Die privaten und beruflichen Entstehungsfaktoren, die sich auf das psycho-physiologische Stresssystem des Menschen auswirken, stehen auf der linken Seite des Krankheitstrichtermodells. In diesem System entstehen Krankheitsvorstufen, die noch ohne Krankschreibung auskommen, jedoch zunehmend Leistungsverluste mit sich bringen. Diesen Bereich nennt man **Präsentismus.** Weiter rechts in dem Modell folgen dann zunächst kürzere und dann längere Abwesenheiten, die **Absentismus** genannt werden.

Im Folgenden erläutere ich das Krankheitstrichtermodell von links nach rechts. Dabei führe ich in mehreren Exkursen wichtige Grundbegriffe ein und belege sie mit Studien und Lesetipps.

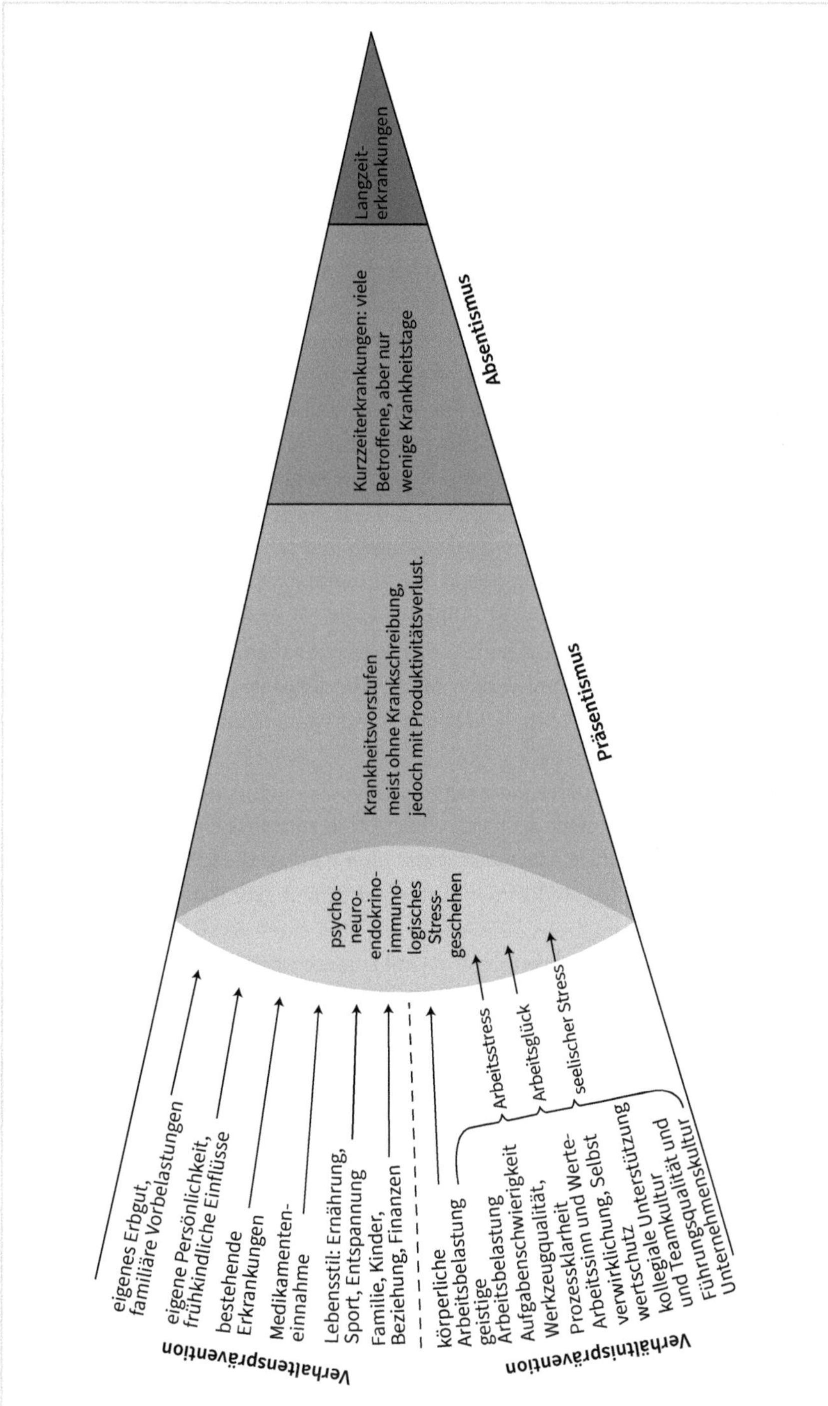

Abb. 1: Das Trichtermodell zur Entstehung von Krankheiten (Quelle: eigene Darstellung)

1.2.1 Ursachenfaktoren

Die obere Hälfte der Ursachenfaktoren im Krankheitstrichtermodell (Abbildung 1) bezieht sich auf private, persönliche Themen:

- **Genetische Einflüsse** bestimmen bei vielen Krankheiten die Wahrscheinlichkeit einer Erkrankung mit, jedoch meist nicht ausschließlich. Ein gesunder Lebensstil kann die Vulnerabilität auch hier deutlich senken. Dennoch sollten Menschen mit familiären Krankheitshäufungen einen besonderen Fokus auf die persönliche Prävention legen.
- **Frühkindliche Einflüsse** fassen die Entwicklung von Vertrauen, von Kontrollüberzeugung und Selbstwirksamkeit sowie die Konstruktion eines stabilen (oder instabilen) Selbstwertes zusammen. Hierunter fallen auch frühkindliche Stress- und Traumaerfahrungen. Die Wirkungen dieser frühkindlichen Prozesse zeigen sich in der Stressverarbeitung. Belastete Menschen zeigen deutlich früher Anzeichen von negativem Stress, Angstreaktionen und Überforderung, während stabile Menschen deutlich höhere Belastungen aushalten und schweren Herausforderungen mit mehr Selbstvertrauen begegnen. Die Auswirkungen von psychischem Stresserleben auf das neuro-endokrino-immunologische System sind enorm, weswegen wir dem Thema den Abschnitt 1.2.2 gewidmet haben.
- **Bestehende Erkrankungen** wirken ins psycho-physiologische Stresssystem hinein. Sie erhöhen die Vulnerabilität des Stresssystems und reduzieren die Leistungsfähigkeit.
- **Medikamente als Krankheitsursache:** Dass Medikamente die Ursache von Krankheiten sein können, erschließt sich vielen Laien zunächst nicht. Bei näherer Betrachtung wird deutlich, dass hier sogar eine häufige Ursache von Krankheiten liegt. Immerhin gelten Medikamente als die dritthäufigste Todesursache weltweit nach Herzinfarkt und Krebs.[1] Die Aufklärung über einen vorsichtigen Umgang mit frei verkäuflichen und verordneten Medikamenten gehört meines Erachtens in den Themenkatalog eines modernen Gesundheitsmanagements. Insbesondere sind jedoch die Fahr- und Maschinenbedienungsverbote zu beachten.
- Die Faktoren **Lebensstil, Ernährung und Sport** dürfen natürlich nicht fehlen. Dort setzt die Gesundheitsförderung an. Dem Thema Ernährung kommt eine größere Bedeutung zu als dem Sport. Gerade für die Themen Gewichtsreduktion und Diabetes zeigen Studien eine schnelle Heilwirkung durch Ernährungsumstellung auf, während Sport allein diesen Effekt nicht zu haben scheint.
- **Familie, Beziehung, Kinder, häusliche Pflege und Finanzen** sind die privaten Stressthemen bei vielen Mitarbeiterinnen und Mitarbeitern. Hier setzen die Employee-Assistent-Programme, Sozialberatungen und psychologischen Mitarbeiterberatungen an, die Menschen bei der Bewältigung ihrer Probleme helfen.

---

1 Vgl. http://www.3sat.de/page/?source=/nano/medizin/180931/index.html (Zugriff: 09.01.2019).

Die untere Hälfte der Ursachenfaktoren im Krankheitstrichtermodell (Abbildung 1) befasst sich mit arbeitsbezogenen Themen:

- Die **körperlichen Arbeitsbelastungen** haben starke Auswirkungen etwa auf die Entstehung von Muskel-Skelett-Erkrankungen. Arbeitsschutz und Arbeitssicherheit sowie ergonomische Ansätze werden hier seit Jahre erfolgreich platziert und haben historisch zu einem starken Rückgang der Fehlzeiten geführt. Die Gestaltung ergonomischer Arbeitsplätze muss hier weiter mit hoher Priorität fortgeführt werden, da – wegen des steigenden Altersdurchschnitts der arbeitenden Bevölkerung – die Häufigkeit von Muskel-Skelett-Erkrankungen zunimmt.
- Die folgenden Ursachenfaktoren werden durch drei Faktoren vermittelt. Dabei unterscheide ich zwischen **Arbeitsstress** und **Arbeitsglück** sowie dem **privaten oder seelischen Stress**. Während der Arbeitsstress etwa durch die Arbeitsmenge oder Hürden in Prozessabläufen oder unpassenden Werkzeugen entsteht, kommt seelischer Stress auf, wenn z. B. Teamkonflikte vorhanden sind oder die Führungskraft einen nicht-partnerschaftlichen Führungsstil ausübt. Seelischer Stress hat eine deutlich negativere Gesundheitswirkung als Arbeitsstress, sofern Arbeitsstress durch Arbeitsglücksfaktoren wie Sinnerleben bei der Arbeit, Werteübereinstimmung oder einer intrinsischen Motivation abgefangen wird.
- **Geistige Arbeitsbelastungen** ist ein Sammelbegriff für alle Arten von kognitiven und emotionalen Stressoren. Hierunter fallen Anforderungen an die Konzentration, an das Verbergen von Gefühlen, weil man im ständigen Kundenkontakt ist, oder die Anforderungen, die durch die Arbeit mit Kindern oder schwierigen sozialen Gruppen entstehen.
- Der Faktor **Aufgabenschwierigkeit** umfasst die Bedeutung einer guten Aufgabenpassung zu fachlichen und operativen Kompetenzen von Mitarbeiterinnen und Mitarbeitern. Wegen rasanter Technologieentwicklung und disruptiver Geschäftsprozessveränderungen kommt dem lebenslangen Lernen eine große Bedeutung zu. Führungskräfte müssen auf erlebte Überforderung als Stressor achten, da diese mit Versagensängsten, Selbstabwertungen und der Angst vor den Folgen von Scheitern einhergeht.
- **Werkzeugqualität und Prozessklarheit:** Zahlreiche Gefährdungsbeurteilungen zeigen auf, dass Arbeitsorganisationsfaktoren wie Prozesse, Schnittstellen und Werkzeuge häufig als Fehlbelastungen und als Ursachen für Arbeitsstresserleben genannt werden.
- **Sinnverlust:** Die oben eingeführte zunehmende Automatisierung und Roboterisierung von Arbeitsplätzen, an denen Menschen nur noch Zuarbeiten leisten, führt zu einem Sinnverlust der eigenen Arbeit. Sinn wird nur noch rudimentär aus der monetären Kompensation gezogen, gelingt aber nicht mehr inhaltlich. Stolz auf die Arbeit und Freude stellen sich nicht mehr ein. Neben seelischem Stress sind Motivationsverluste, Lebenskrisen und leider auch erhöhte motivationsbedingte Fehlzeiten die Folge.

- Der Faktor **Werteverwirklichung** oder auch Wertekongruenz meint die Möglichkeit, eigene Werte auch im Arbeitsleben verwirklichen zu können oder zumindest nicht verletzen zu müssen. Werden werteverletzende Anforderungen gestellt, entstehen seelische Krisen und Stress.
- **Selbstwertschutz** ist ein zentrales Motiv und Grundbedürfnis von Menschen. Existieren abwertende und selbstwertverletzende Arbeitskontexte, werden starke seelische Krisen ausgelöst. Motivationsverluste, sozialer Rückzug, Leistungseinbußen und die Entwicklung psychischer Störungen sind hochwahrscheinlich.
- **Kollegiale Unterstützung und Teamkultur** sind wertvolle Schutzfaktoren und stärken das Arbeitsglück. Die Förderung ist umso wichtiger, je weniger Sinnerleben aus dem Arbeitsinhalt gezogen werden kann. Gerade in Teams mit hochautomatisierten Prozessen sollte die Kollegialität und eine aktive Teamkultur gefördert werden.
- **Führungsqualität** wird wissenschaftlich vor allem über eine partnerschaftliche, situative Führung operationalisiert.
- **Unternehmenskultur**. Die Kulturwahrnehmung orientiert sich stark am Vorbildverhalten der oberen Führungsebene sowie in der Umsetzung von Werten in verbindliche Regeln, deren Einhaltung überwacht wird. Ein guter Umgang mit Konflikten, gelebte Wertschätzung und die Abwesenheit einer »gläsernen Decke« zwischen Führung und Mitarbeiterschaft sind wesentliche Faktoren. Eine ungute Unternehmenskultur wirkt vor allem negativ auf Werteverwirklichung und Sinnerleben.

1.2.2 Das psycho-neuro-endokrino-immunologische Stresssystem

Wir nehmen hier die aktuellen Forschungserkenntnisse unterschiedlicher Disziplinen mit in die Betrachtung auf, weil sie häufig überraschend genau erklären, wie eine Krankheit oder zunächst Vorstufen einer Krankheit entstehen:

- Die Stressmedizin untersucht die Effekte von Stresshormonen wie Cortisol oder Adrenalin, aber auch die Entstehung von oxidativen und nitrosativen Stressreaktionen auf den Körper und die Krankheitsentwicklung. So haben dauerhaft erhöhte Cortisollevel eine Vielzahl von krankheitsförderlichen Effekten.
- Psycho-Neuro-Endokrino-Immunologie, die Wissenschaft von der Interaktion zwischen Psyche, Gehirn, Hormon- und Immunsystem
- Ernährungs- und Darmmedizin
- Pharmakologie, Pharmakokinetik und Toxikologie
- Psychologie

Lesetipp

→ **»Glück beginnt im Darm: Wie Sie mit der richtigen Ernährung Depressionen, Ängste und mentale Erschöpfung erfolgreich behandeln können«** (Riva Verlag, 2018) von Dr. med. Raphael Kellman

Das Buch informiert über den Zusammenhang von Psyche, Darm, Mikrobiom und Schilddrüse und schließt damit eine wichtige Lücke in der medizinischen Versorgung, die vor allem Frauen betrifft. Das Buch ist für Laien geeignet und ich empfehle es als Einstieg in die Psycho-Neuro-Immunologie.

→ **»Die Darm-Hirn-Connection: Revolutionäres Wissen für unsere psychische und körperliche Gesundheit«** (Schattauer Verlag, 2019) von Prof. Dr. med. Gregor Hasler

Der Autor ist Professor für molekulare Psychiatrie und untersucht Darm, Mikrobiom und Ernährung von psychisch kranken Menschen. Das Buch sensibilisiert für die Bedeutung des Darms, den vorsichtig-zurückhaltenden Einsatz von Antibiotika, die Notwendigkeit des Wiederaufbaus der Darmflora und die Wichtigkeit einer gesunden, natürlichen Ernährung.

→ **»Was die Seele essen will: Die Mood Cure«** (Klett-Cotta Verlag, 2017) von Julia Ross ist ein Klassiker. Julia Ross ist Ernährungstherapeutin und heilt psychische Erkrankungen und Essstörungen mit Nahrung. Dabei fokussiert sie auf den unter anderem stressbedingten Serotoninmangel, der durch fehlerhafte Nahrungszusammensetzung verstärkt wird.

→ **»Psychoneuroimmunologie und Psychotherapie«** (Schattauer Verlag, 2014) von Dr. med. Christian Schubert. Der Autor ist einer der Vorreiter des Forschungszweiges. Dieses Fachbuch stellt den aktuellen Wissensstand zu den Interaktionen und Abhängigkeiten von Psyche, Gehirn, Immunsystem und sozialem Umfeld dar.

Schubert untersucht unter anderem die Auswirkung von frühkindlichen Traumatisierungen auf Entzündungserkrankungen im Erwachsenenalter. Das Buch ist für Laien nicht zu empfehlen.

1.2.3 Vorstufen von Krankheiten

Dem Vorstufenbereich in unserem Krankheitstrichtermodell kommt auch deswegen eine so hohe Bedeutung zu, weil sich durch frühzeitiges Erkennen von gesundheitlichen Fehlentwicklungen Fehltage sogar vollständig vermeiden ließen, vorausgesetzt das Gesundheitswissen führt betroffene Mitarbeiter:innen zu den passenden Ärzten oder Therapeuten. Hier stoßen Gesundheitsmanagement und gelebte Selbstfürsorge an die Qualitätsprobleme in der Versorgung im Gesundheitssystem. Mitarbeiter:innen mit einem geringen Einkommen haben zudem die Hürde, dass eine adäquate Diagnostik oder Therapie oft Selbstzahlerleistungen sind. Eine geringe Gesundheitskompetenz verringert die eigenmotivierte Selbstfürsorge.

Der Vorstufenbereich (vgl. Abbildung 1) enthält vielfach Mitarbeiter:innen, die Präsentismus betreiben, also mit Erkrankung oder Beschwerden zur Arbeit gehen. Die Produktivitätsschäden für Unternehmen sind bei Präsentismus um den Faktor 2 bis 6 höher als bei Schäden, die durch Fehltage entstehen.

Tipp

Betriebliche Krankenzusatzversicherungen (bKV)
In Kapitel 5.13 über ambulante Aufstockungstarife betrieblicher Krankenzusatztarife (bKV) erfahren Sie, wie mittels einer solchen bKV die Hürde von Selbstzahlerleistungen gesenkt werden kann.

1.2.4 Fehlzeiten und Langzeiterkrankungen

Der normale **Fehlzeitenbereich** umfasst Krankheiten, die zu Fehlzeiten führen, aber nicht chronisch sind. Laien gehen häufig davon aus, dass das betriebliche Gesundheitsmanagement auf diesen Bereich abzielt, und überschätzen seinen Umfang. Hypothese 3 in Kapitel 1.4.3 zeigt, dass Mitarbeiter:innen mit **Langzeiterkrankungen** mindestens 50 % der Fehlzeiten, vereinzelt sogar deutlich mehr, produzieren. Dabei handelt es sich häufig nur um eine kleine Anzahl von Mitarbeiter:innen. Diese Tatsache ist frustrierend, bedeutet es doch für uns Gesundheitsmanager:innen, dass wir in großen Teilen kaum Einfluss auf das Krankheitsgeschehen haben.

Auf der anderen Seite macht es die Bedeutung der in diesem Buch beschriebenen alternativen Sichtweise auf psychische Erkrankungen deutlich. Denn die psychischen Erkrankungen mit den meisten Fehlzeiten (Depressionen und Angststörungen) sind überwiegend – glaubt man den neuesten Forschungen zur Psycho-Neuro-Endokrino-Immunologie – körperlich bedingt oder mitbedingt. Die langen Fehlzeiten bei Depression und Burnout sind schlicht die Folge einer mangelhaften Diagnostik und Versorgung des gesetzlich finanzierten Gesundheitssystems.

Deswegen möchte ich Ihnen das in Kapitel 4 dargestellte Modell zur Identifikation von körperlichen Ursachen für psychische Erkrankungen besonders ans Herz legen.

1.3 Die Kernstrategien des betrieblichen Gesundheitsmanagements

Im Vergleich zur ersten Auflage erweitere ich die Strategieformulierung für das betriebliche Gesundheitsmanagement. In zahlreichen Gesprächen aus meinen Lehrgängen und mit Gesundheitsmanager:innen in meinen Kundenprojekten haben sich die folgenden sechs Strategien herauskristallisiert. Ich führe jede Strategie in den Folgeabschnitten weiter aus:

1. Datengestützte, punktgenaue Problemlokalisierung und Lösungsapplikation mit regelmäßigen Gesundheitsbefragungen
2. Frühzeitiges Erkennen von gesundheitlicher Fehlentwicklung
3. Förderung von Selbstfürsorge und die Vermittlung von Gesundheitswissen

4. Einrichtung einer betrieblichen Beratungsstelle für nichtfachliche Probleme am Arbeitsplatz
5. Förderung des Gesundheitswissens und der Gesundheitskompetenz
6. Einbindung von Führungskräften zur Umsetzung gesundheitsbezogenen Führungshandelns und Etablierung einer Fürsorgestruktur

1.3.1 Strategie 1: Datengestützte, punktgenaue Problemlokalisierung und Lösungsapplikation mit regelmäßiger Gesundheitsbefragungen

Eine **Gesundheitsbefragung** ist in meinem Verständnis eine Erweiterung der Gefährdungsbeurteilung psychischer Arbeitsbelastungen um Faktoren, die für eine Planung und Gestaltung eines Gesundheitsmanagements benötigt werden. Sie ist aber immer auch vollumfänglich als eine solche Gefährdungsbeurteilung gültig, weil es nicht sinnvoll ist, diese beiden Prozesse voneinander zu trennen.

Da in der Gesundheitsbefragung nicht alle benötigten Informationen abgefragt werden können, ziehen wir als weitere Informationsquellen die **nationalen Gesundheitsreports** des BKK Dachverbandes (BKK Gesundheitsreport) und ggf. den AOK-Fehlzeitenreport heran, um allgemeine Trends der Fehlzeitenursachen zu identifizieren. In Kapitel 2 lernen Sie dazu, welche Themen interessant sind und wie man die Diagramme liest.

Sodann fordern Sie als Gesundheitsmanager:innen die **Gesundheitsreports der größeren Krankenkassen** für Ihr Unternehmen an. Wie Sie diese Berichte harmonisieren und zu einer Gesamtauswertung zusammenfassen, erfahren Sie in Kapitel 2.2.

Aus diesen Informationsquellen lassen sich folgende **handlungsleitende Fragen** ableiten:

- Welche **gesamtunternehmerischen Handlungsfelder** gibt es in Bezug auf Verbesserung der Arbeitsbedingungen und der Arbeitgeberattraktivität?
- Welche **Krankheitsbilder** benötigen einen besonderen Fokus durch verhaltenspräventive Gesundheitsfördermaßnahmen oder durch Gesundheitsthemenkampagnen, Vorsorgeuntersuchungen usw.?
- In welchen Bereichen und Abteilungen gibt es **stark negativ ausgeprägte Arbeitsbedingungen** (Arbeitsorganisation, Zusammenarbeit, Software, Umgebungsfaktoren, Arbeitsinhalte) **oder soziale Beziehungsprobleme** (Führung, Team, Mobbing, Belästigung usw.)?
- In welchen Bereichen und Abteilungen gibt es **Häufungen von Mitarbeitenden mit starker Erschöpfung, schlechter Work-Life-Balance, Schlafstörungen und privaten Überlastungen**? Zwar sind die Informationen nicht personenspezifisch, aber die Häufung zeigt die Notwendigkeit von Fürsorgegesprächen an.

Anhand einer ausführlichen Red-Flag-Analyse und einer Identifikation von kritisch überlasteten Abteilungen erfolgen im Anschluss die Maßnahmen- und Lösungsplanung und die Applikation bzw. die Intervention.

Der Kern dieses Vorgehens ist die möglichst punktgenaue Anwendung von Lösungen und Interventionen. Punktgenau hängt von der Datenauflösung ab. Meist ist die kleinste Datenauflösung auf Abteilungs- oder Teamebene. Da jedoch auch Fürsorgegespräche eine Form der nichtstrukturierten »Datenerhebung« sind, kann auch die individuelle Maßnahme für einen betroffenen Mitarbeitenden als punktgenaue Intervention verstanden werden.

Tabelle 1 zeigt die unterschiedlichen Instrumente im Rahmen des Gesundheitsmanagements auf, die zu einer Lösungs- und Maßnahmenanwendung führen.

Instrument	**Auflösungsgrad**	**Akteur**	**Findet wann statt?**	**Maßnahmen, Lösungen und Interventionen**
Gesundheitsbefragung inkl. Gefährdungsbeurteilung psych. Belastungsfaktoren	Abteilung, Team	Steuerkreis Gesundheit, Führungskräfte	alle 2–3 Jahre	verhältnispräventive Gesamtunternehmensmaßnahmen, abteilungsbezogene Interventionen, verhaltenspräventive Gesundheitsförderung, Gesundheitsthemenkampagnen
Fürsorgegespräch	Mitarbeiter:in	Führungskraft, Business Partner	bei Anlass	Ggf. individuelle Maßnahmen der Arbeitsentlastung oder Vereinbarung von persönlichen Maßnahmen des/der Mitarbeiter:in
Rückkehrgespräch	Mitarbeiter:in	Führungskraft	nach Krankheit oder längerer Abwesenheit	Ggf. individuelle Maßnahmen der Arbeitsentlastung oder Vereinbarung von persönlichen Maßnahmen des/der Mitarbeiter:in
Gesundheitsreports des Unternehmens von den Krankenkassen	Unternehmen	Gesundheitsmanager:in	jährlich	verhaltenspräventive Gesundheitsförderung, Gesundheitsthemenkampagnen

Instrument	Auflösungs-grad	Akteur	Findet wann statt?	Maßnahmen, Lösungen und Interventionen
Unfallbuch und Gespräche mit dem Betriebsarzt	Abteilungen, Unternehmen	Gesundheits-manager:in	gelegentlich oder nach Unfällen	verhältnispräventive Gesamtunternehmens-maßnahmen, abteilungs-bezogene Interventionen, verhaltenspräventive Gesundheitsförderung, Gesundheitsthemen-kampagnen
BEM-Gespräch	Mitarbeiter:in	Personal-referent:in	bei Erfüllen der Kriterien	Ggf. individuelle Maßnahmen aus dem BEM oder Vereinbarung von persönlichen Maßnahmen des/der Mitarbeiter:in
Gesundheits-themen-kampagnen	Mitarbeiter:in	Mitarbeiter:in	bei Erkennt-nisgewinn aus der Kampagne	persönlichen Maßnahmen des/der Mitarbeiter:in auf Basis des erworbenen Gesundheitswissens oder Nutzung von kampagnen-bezogenen Angeboten

Tab. 1: Übersicht über die Instrumente des Gesundheitsmanagements

1.3.2 Strategie 2: Frühzeitiges Erkennen von gesundheitlicher Fehlentwicklung, Fürsorgegespräche und Angebot von Lösungen

Arbeitsbezogene Problematiken werden in einigen Unternehmen ignoriert, solange es nicht die explizite Forderung seitens des Topmanagements gibt, dass deren Behebung Aufgabe jeder Führungskraft ist. Ich beobachte auch immer wieder starke Filterprozesse im Informationsfluss von unten nach oben. Organisationen, in denen Führungskräfte belohnt werden, wenn sie Probleme von übergeordneten Führungskräften verbergen, neigen zu starken Fehleinschätzungen über die motivationale, körperliche und psychische Gesundheit ihrer Belegschaft und deren Arbeitsbedingungen.

Ein zweiter Faktor ist die **mangelnde Selbstfürsorge** und die menschliche Neigung, Krankheitssymptome möglichst lange zu ignorieren. Daher entwickeln sich Krankheiten lange im Verborgenen. Meist sind sie jedoch von außen bereits sichtbar oder deuten sich zumindest an. Nun ist der betriebliche Kontext nicht geeignet, Diagnosen zu stellen. Das ist immer noch Aufgabe von Ärzten, Heilpraktikern und Therapeuten. Doch die mit gesundheitlichen Fehlentwicklungen einhergehenden Verhaltensauffälligkeiten sind auch für Laien erkennbar.

Ein **frühzeitiges Erkennen von gesundheitlichen Fehlentwicklungen** löst beide Probleme. Zum einen werden motivationale Probleme wie innere Kündigung, Gratifikationskrisen und Kündigungsabsichten in ihrer Quantität erkannt, was das Topmanagement immer wieder aufschrecken lässt. Zum anderen wird »heldenhafter« Präsentismus, also das »Krank-zur-Arbeit-Gehen«, sichtbar gemacht und eine gering ausgeprägte Selbstfürsorge wird erkennbar. Ich messe dies seit zehn Jahren in jedem Gesundheitsbefragungsprojekt. Der Präsentismus hat seit der Coronakrise und der massenhaften Einführung von Homeoffice noch stark zugenommen.

Gelingt es, eine fürsorgliche Grundhaltung bei Führungskräften zu etablieren und bietet man seitens des Gesundheitsmanagements eine Reihe von passenden Lösungen und externen Unterstützungspartnern an, so kann eine Führungskraft frühzeitig handeln, wenn sie bei Mitarbeitenden eine Fehlentwicklung wahrnimmt. Jemand geht in eine Ehekrise, ist lustlos und demotiviert und die Führungskraft motiviert den Mitarbeiter, eine Eheberatung in Anspruch zu nehmen. Jemand hat Schulden und droht, spielsüchtig zu werden. Die Führungskraft bekommt das im Fürsorgegespräch mit und motiviert, zu einer Suchtberatung zu gehen und eine Schuldnerberatung anzunehmen. Jemand ist stark übergewichtig und verletzt damit Arbeitssicherheitsvorschriften für das Arbeiten in einem Hochregallager für hochexplosive Chemikalien. Er müsste nämlich körperlich in der Lage sein, das Lager in 45 Sekunden verlassen zu können, bevor es in einem Notfall mit Stickstoff geflutet wird. Der übergewichtige Mitarbeiter droht, seinen Job zu verlieren. Die Führungskraft vermittelt eine Ernährungstherapie und das Unternehmen übernimmt einen Teil der Kosten für eine Gewichtsreduktion.

Der Kern dieser Strategie ist das frühzeitige Erkennen von Fehlentwicklungen im betrieblichen und ggf. privaten Kontext und das frühzeitige Angebot einer passenden Hilfe und Unterstützung bei der Problembewältigung, damit im Nachgang keine motivationalen, psychischen oder körperlichen Gesundheitsprobleme auftreten. Es ist also der Kernauftrag des BGMs, die Reduktion von Fehltagen.

Umgesetzt wird das frühzeitige Erkennen durch:

- Gesundheitsbefragung mit Gefährdungsbeurteilung (siehe Kapitel 3)
- Fürsorgegespräche (siehe Kapitel 7)
- Rückkehrgespräche (siehe Kapitel 7)
- BEM-Gespräche

1.3.3 Strategie 3: Förderung von Selbstfürsorge und die Vermittlung von Gesundheitswissen

In den frühen BGM-Ansätzen hat man die Gesundheitsförderangebote den Mitarbeiterinnen und Mitarbeitern regelrecht aufgenötigt. Es wurden Kurse angeboten, dass man glauben konnte, Unternehmen wollten Fitnessstudios eröffnen. Jahre später stellen wir frustriert fest, dass Menschen immer noch mit einer geringen Selbstfürsorge und selbstschädigendem Verhalten unterwegs sind.

Doch die **Selbstfürsorge ist das entscheidende persönliche Motiv**, um eine Verhaltensänderung einzuleiten. Sie äußert sich etwa darin, dass man früher einen Arzt aufsucht, mehr Pausen macht, sich besser ernährt oder Stressoren anspricht und abstellt. Selbstfürsorge kann auch durch Gesundheitswissen initiiert werden.

Selbstfürsorge muss insbesondere bei leistungsstarken Mitarbeiterinnen und Mitarbeitern regelrecht »erlaubt« und angestoßen werden. Oft ist erst ein Anstoß von außen, etwa durch ein Fürsorgegespräch, notwendig.

Bei Menschen mit geringer Bildung ist die Einsicht in eine selbstfürsorgliche Verhaltensnotwendigkeit häufig nicht ausgeprägt. Sie erleben verhaltenspräventive Hinweise als Bevormundung und setzen diese nicht um, selbst dann nicht, wenn sie bereits ernsthaft krank sind und die Hinweise von einem Arzt gegeben werden.

Es besteht zu dem bei vielen Mitarbeiterinnen und Mitarbeitern mit einem niedrigen Bildungsstatus und bei ungelernten Tätigkeiten nur eine geringe Bindung zum Unternehmen oder zur Tätigkeit, sodass nur wenig Motivation für eine Vermeidung von Fehltagen vorhanden ist. Hier sind restriktivere Maßnahmen, wie »Krankenschein ab dem ersten Fehltag« oder eine frühzeitige Einladung zu einem Fehlzeitengespräch ab der dritten Krankmeldung oder bei mehr als zehn Fehltagen, sinnvoll.

Selbstfürsorge kann durch folgende Maßnahmen gesteigert werden:

- Fürsorgegespräche (siehe Kapitel 7.5.1),
- Resilienz- und Stressseminare,
- Sport- und Ernährungskurse,
- Gesundheitsthemenkampagnen (siehe Kapitel 5),
- Laboruntersuchungen und Vorsorge-Check-ups,
- Hochwertige, didaktische Themengesundheitstage (siehe Kapitel 5.10),
- Interdisziplinäre Gesundheitsberatung.

Selbstfürsorge ist in Deutschland nicht einfach

Auf dem Weg zur Umsetzung einer besseren Selbstfürsorge sind gesetzlich versicherten Menschen in Deutschland einige Hürden gesetzt, die zwar allseits bekannt sind, aber gelegentlich verleugnet werden, und die gerade bei dem Wunsch nach einer ursachenbezogenen Diagnostik und nach naturheilkundlichen Therapien besonders hoch sind. Solche **Hürden** sind:

- 4-Minuten-Medizin von Hausärzten, die sich aufgrund der geringen Gebühren keine ausführlichen Arzt-Patienten-Gespräche leisten können;
- viel zu geringe Laborbudget-Ausstattung von Ärzten;
- gesetzliche Kassen übernehmen sinnvolle Laboruntersuchungen nicht und leugnen ihren medizinischen Nutzen;
- naturheilkundliche und stressmedizinische Therapien werden ebenfalls oft nicht übernommen und ihr Nutzen trotz Wirkbelegen nicht anerkannt (siehe: Vitamin-D- oder nichtanämischer Eisenmangel);
- lange Wartezeiten bei Fachärzten trotz neuer Gesetzgebung;
- sehr lange Wartezeiten bei Psychotherapeuten;
- keine somatopsychologische Diagnostik bei psychischen Erkrankungen.

Ansätze zur Hürdensenkung

Daher kommt der Hürdensenkung im BGM eine wesentliche Bedeutung zu. Folgende Ansätze zur Hürdensenkung sollten verfolgt werden:

- Beratungsangebote für Mitarbeiter:innen wie *Employee-Assistance*-Programme (EAP), Sozialberatung, interdisziplinäre Gesundheitsberatung (Kapitel 4.4.2) usw.;
- betriebliche Krankenzusatzversicherungen, die privatärztlich-ambulante Leistungen abdecken (sog. Kostenerstattungstarif bzw. ambulante Aufstockung, vgl. Kapitel 5.13.4);
- hochwertige Gesundheitstage (siehe Kapitel 5);
- organisierte Vorsorge-Check-ups.

Die in Kapitel 5 beschriebene Themenkampagnenstruktur ist das ideale Transportmittel für hürdensenkende Angebote.

1.3.4 Strategie 4: Einrichtung einer betrieblichen Beratungsstelle für nichtfachliche Probleme am Arbeitsplatz

Nachdem ich in mehreren Unternehmen im Rahmen des Gesundheitsmanagements versucht habe, eine Fürsorgekultur bei den Führungskräften zu etablieren, musste ich feststellen, dass dies nicht in allen Unternehmen gelingen kann, denn die Voraussetzung dafür ist eine im Topmanagement tief verwurzelte Überzeugung, dass dies notwendig ist. Jedes Lippenbekenntnis ist zum Scheitern verurteilt, weil es automatisch dazu führt, dass das System »Unternehmen« – im Sinne der Systemtheorie – mit Zielkonflikten konzipiert wird und Anreizsysteme für z. B. Führungskräfte sich durchsetzen, die fürsorgliches Verhalten dann doch nicht belohnen.

Exkurs: Die Problematik nicht gelebter Werteproklamationen im Gesundheitsmanagement am Beispiel eines unechten Fürsorgeverhaltens

Unternehmen sind Systeme, die von Menschen konstruiert werden. Rollen sind ausgestattet mit Ressourcen, Fachkompetenzen und Entscheidungsbefugnissen. Zwischen den Rollen gibt es Prozesse, die das Verhalten koordinieren. Rollen werden über Ziele, Strategien und Aufgaben gesteuert. Verhalten kann auf zweierlei Weise beeinflusst werden. Einerseits kann dies durch eine Vollkontrolle über alle Prozessschritte bis ins Detail (Fließbandarbeit) erfolgen. In diesem Fall brauche ich keine Anreizsysteme für komplexeres oder höheres Verhalten, weil das Verhalten über Kontrolle gesteuert wird. Belohnt oder bestraft wird über Bezahlung und Kündigungsdrohung.

Andererseits muss das Unternehmen in den meisten Systemkonstruktionen auf die Intelligenz und Motivation ihrer Rolleninhaber setzen und Anreizsysteme schaffen (Beförderung, Zugang zu inoffiziellen Machtkreisen, Ansehen, Geld), um ein Verhalten im Sinne des Unternehmens zu erhalten. Es gibt offizielle Anreizsysteme, z. B. leistungsbezogene Vergütungen, die auch »wertekonformes« Verhalten mit in ihre Bewertung einbeziehen sollen. Leider sind solche Systeme meist sehr manipulationsanfällig und es kommt hier immer wieder zu Frustration von ehrlichen Mitarbeitenden und Führungskräften. Daneben gibt es inoffizielle Anreizsysteme, etwa »inoffizielle Machtzirkel« oder Seilschaften, die die eigentlichen Entscheidungen treffen.

Das Topmanagement ist die oberste systemische Gestaltungsmacht des Unternehmens. Sie ist gleichzeitig die oberste Macht für Belohnungsanreize. Daher richten sich in der Regel alle Menschen in einem Unternehmen nach ihnen aus. Sollte also im Topmanagement »Fürsorgeverhalten« als echter Wert begriffen worden sein, wird ein solches Verhalten bei untergeordneten Führungskräften durch Wohlwollen und Zustimmung des Topmanagements belohnt und damit in der Zukunft verstärkt. In einem solchen Fall braucht ein Gesundheitsmanagement deutlich weniger Institutionen und festgeschriebene Prozesse und Budgets, weil das Unternehmen und die Führungskräfte im Einzelfall fürsorglich entscheiden. Daher gibt es in solchen Unternehmen auch weniger Betriebsvereinbarungen und es entsteht eine Wahrnehmung von Ehrlichkeit und Verbindlichkeit. Mitarbeitende belohnen das mit einer hohen Loyalität und der Bereitschaft, sich für das Unternehmen einzusetzen.

Ist der Fürsorgeansatz hingegen nicht als Wert in den Herzen des Topmanagements verankert, sondern wird lediglich als »Feigenblatt« (so ähnlich wie »Greenwashing«) verwendet, um sich einen sozialen Anstrich zu geben, so wird echtes fürsorgliches Verhalten von Führungskräften nicht belohnt, sondern eher bestraft, jedoch inoffiziell. Es kommt dann zu Zielkonflikten zwischen unterschiedlichen Prozessen und Zielvorgaben. So wird einerseits ausgesagt, dass Mitarbeiter:innen mit gesundheitlichen Problemen sich vertrauensvoll an ihre Führungskraft wenden sollen und man »finde dann schon eine Lösung«, aber andererseits werden gleichzeitig keine Zielanpassungen für ein Team erlaubt, wenn in einem Team jemand krankheitsbedingt ausfällt und auch die erkrankte Person erhält keine Absenkung der Jahreszielerwartung. Führungskräfte führen dann Pseudogespräche, die keinerlei Entgegenkommen und keinerlei Entlastung oder Hilfe anbieten, sondern sogar versteckte Drohungen enthalten. Das ist leider Realität. In einem solchen Fall können Fürsorgegespräche nicht funktionieren und das Gesundheitsmanagement hat es schwer und muss sich institutionell etablieren. Es muss festgeschriebene Strukturen verschaffen und ein Budget sichern, um entkoppelt vom Managementhandeln den Mitarbeitenden dennoch fürsorglich begegnen zu können.

Aufgrund dieser Erfahrungen habe ich die alleinige Strategie der Fürsorgegespräche aufgegeben, da sie in der Regel nicht funktionieren (und ich freue mich über jede Ausnahme). Wir benötigen also eine Anlaufstelle, die neutral neben Arbeitgeber, Führungskräften und Betriebsrat steht.

Das Konzept einer **innerbetrieblichen Beratungsstelle** hieß früher »Sozialberatung«, doch es soll hier erweitert werden. Ausgehend von dem meist sehr gut funktionierenden betrieblichen Eingliederungsmanagement vereinen wir in der Beratungsstelle eine allgemeine Anlaufstelle für Gesundheits- und Belastungsfragen (Menschen mit Burnout, Depression, Kopfschmerzen, Überforderung), die betriebliche Suchtanlaufstelle, die gesetzlich vorgeschriebene Beratungs- und Beschwerdestelle für sexuelle Belästigung und Diskriminierung und ggf. das BEM, sofern es nicht extern organisiert ist.

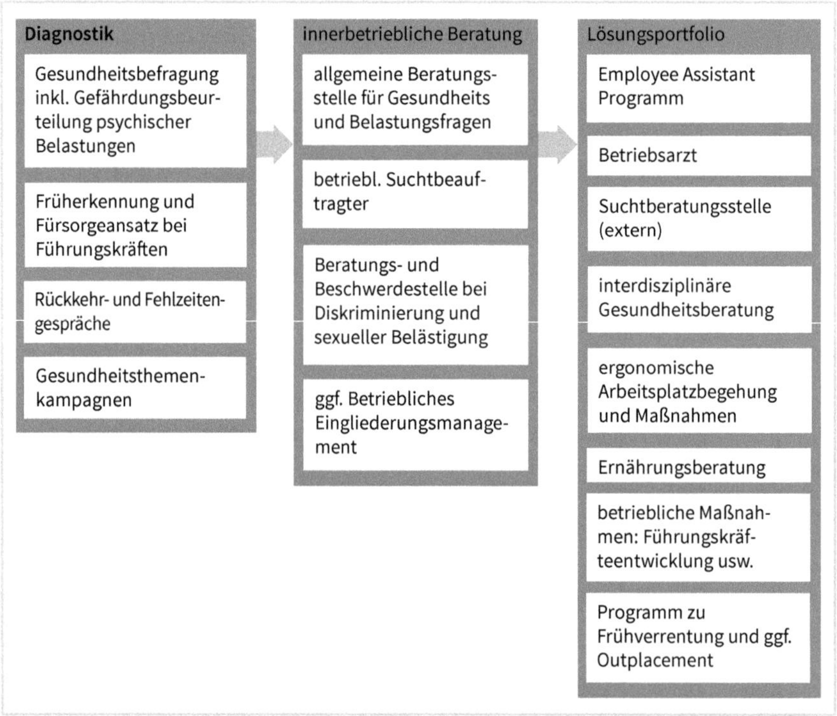

Abb. 2: Die innerbetriebliche Beratungsstelle als Bindeglied zwischen unterschiedlichen Diagnostikstellen (wo der Bedarf entdeckt wird) und den Lösungsangeboten, die für unterschiedliche Probleme geeignet sind (Quelle: Eudemos, 2023)

Die Beratungsstelle nimmt eine **Mittler- und Lotsenfunktion** ein. Sie therapiert nicht, aber sie hört empathisch zu und versucht, den Kern einer Problematik zu ergründen und dann einen passenden Lösungspartner zu finden. Gleichzeitig kann sie – deutlich einfacher als eine Führungskraft – eine »verbindliche« Vereinbarung über persönliche Maßnahmen treffen, die vom Arbeitgeber eigentlich nicht eingefordert werden dürfen.

Sie muss die Stärken und Schwächen der externen Lösungspartner gut kennen. Wenn sie weiß, dass die Psychologen des EAP-Dienstleisters und der Betriebsarzt keine somatopsychologische und stressmedizinische Kompetenzen haben (vgl. Kapitel 4), dann schickt sie einen Mitarbeiter mit entsprechender Symptomatik eher in die interdisziplinäre Gesundheitsberatung. Wenn eine Mitarbeiterin häusliche Gewalt erlebt, dann kontaktiert die Beratungsstelle entsprechende Hilfestellen und organisiert ein vertrauliches Treffen für die betroffene Mitarbeiterin in der Firma und in der Arbeitszeit (weil gewalttätige Ehemänner häufig die Frauen von der Arbeit abholen und jeden Schritt und auch das Mobiltelefon überwachen). Ich weiß, dass dies Einzelfälle sind, aber sie kommen vor und ich habe sie in meiner Beratungspraxis mehrfach so erlebt.

Die Wirkung einer solchen Beratungsstelle hängt von zwei Faktoren ab:

1. Werden die Menschen, die diese Beratungsstelle ausfüllen, als empathisch, zugewandt und neutral und verschwiegen erlebt?
2. Gelingt es der Beratungsstelle zusammen mit dem Gesundheitsmanagement, gute Lösungspartner zu finden?

Ich weise hier auf die Kapitel 4 und 5 hin, denn ich arbeite seit vielen Jahren als somatopsychotherapeutischer Berater (ich bin selbst Psychotherapeut) für Firmen, mache psycho-neuro-endrokrino-immunologische (PNEI) Anamnesen und leite die betroffenen Mitarbeitenden zu geeigneten Ärzten (meist sind das Spezialisten wie Stressmediziner, orthomolekulare Mediziner, Mitochondrien- oder Darmgesundheitsspezialisten oder PNEI-Ärzte) weiter, die eine passende Labordiagnostik durchführen. Aufgrund der Laborbefunde kann ich meine eigenen anamnestischen Hypothesen gegenprüfen. Wir brauchen im Gesundheitsmanagement eine Öffnung in diese Richtung und können uns nicht allein auf die Medizin, die durch Krankenkassen bezahlt wird, verlassen. Ich vermeide hier den Begriff »Schulmedizin«, weil auch die von mir oben aufgeführte Medizin »Schulmedizin« ist, denn sie ist in Lehrbüchern, Studien, Fachzeitschriften und Kongressen ausgesprochen gut belegt und lässt sich über Laborbefunde und Heilungserfolge verifizieren. Es muss also andere Gründe geben, warum sie als »Alternativmedizin« oder »Naturheilkunde« diskreditiert wird.

Sie werden als Gesundheitsmanager:in irgendwann in diesen Streit hineingeraten, vielleicht mit dem Betriebsarzt oder mit der Geschäftsführung, die vielleicht ein anderes Medizinverständnis hat.

Eignung und Ausbildung

Je nach Größe des Unternehmens braucht es dafür ggf. eine eigene (halbe) Stelle. Bei verzweigten Standorten können auch mehrere Mitarbeitende diese Rolle übernehmen. Bei kleineren Unternehmen kann dies ein Teil der Stellenbeschreibung von Gesundheitsmanager:innen sein.

Personalreferent:innen oder Business Partner und Betriebsräte eignen sich eher nicht für diese Aufgabe, weil sie in einen Rollenkonflikt geraten könnten. Gesundheitsmanager:innen sind zwar auch meist der Personalabteilung zugeordnet, aber nicht in der Rollen von Personalreferent:innen tätig, die auch unangenehme Gespräche sowie Kündigungen aussprechen müssen. Das verträgt sich nicht.

Als Ausbildung eignet sich eine **Grundausbildung in klientenzentrierter Gesprächstherapie**, z. B. der Gesellschaft für Klientenzentrierung (https://gfkt-ev.de/). Diese Grundausbildung ist mit vertretbarem Aufwand zu absolvieren. Systemische Therapie- und Coachingausbildungen sind zwar beliebt, eignen sich aber nicht für diese Rolle, weil sie einen stark diagnostisch-therapeutischen Ansatz vertreten (systemisches Denken und Arbeiten ist von seiner Natur her bereits eine Intervention). Die klientenzentrierte Gesprächsführung arbeitet stark an einer empathischen, bedingungslosen Zuwendung und Grundannahme, mit aktivem Zuhören und einer Förderung der sog. Selbstexploration. Sie fördern also die Problemwahrnehmung und Beschreibung beim Klienten und halten sich selbst deutlich zurück. In der Grundausbildung wird nicht mit diagnosespezifischen Therapiekonzepten gearbeitet. Es ist also Haltungsarbeit, die für die Rolle der Beratungsstelle ausgesprochen wertvoll ist.

Es empfiehlt sich, eine **Zusatzklausel in den Arbeitsvertrag** aufzunehmen und diese Tätigkeit im Arbeitsvertrag aufzuführen. Die Klausel sichert einen Geheimnisschutz zu, der einen Offenlegungszwang durch übergeordnete Führungskräfte ausschließt. Damit können die Gesprächsinhalte mit Verschwiegenheitsverpflichtung geführt werden.

1.3.5 Strategie 5: Förderung des Gesundheitswissens und der Gesundheitskompetenz

Gesundheitswissen und Gesundheitskompetenz sind wesentliche Elemente der formulierten Gesamtstrategie, denn sie sind meist recht schlecht ausgeprägt. Führungskräfte stoßen in ihren Fürsorgegesprächen regelmäßig an die Grenze, dass Mitarbeitende eine Krankheit haben, mit der sie im Gesundheitssystem nicht weiterkommen. Die Frage »Waren Sie schon beim Arzt?« hilft hier nicht weiter. Deswegen empfehle ich, das betriebliche Gesundheitsmanagement um Aufklärungskampagnen zu häufigen Krankheitsbildern zu ergänzen. Hierbei sollten neben schulmedizinischen Erläuterungen auch seriöse naturheilkundliche Diagnose- und Therapieansätze und neuere Forschungserkenntnisse einbezogen werden. So kann ein Artikel über Winkelfehlsichtigkeit (minimale Achsverschiebung der Augen) als Ursache für migräneähnliche Kopfschmerzen den entscheidenden Hinweis geben, der zu einer medikamentenfreien Lösung eines Kopfschmerzproblems führt. Auch kann eine Aufklärung über die Wirkung von Vitamin D auf das Immunsystem die Infektionsraten von grippalen Infekten deutlich senken, was die Grippeschutzimpfung aufgrund ihres eingeschränkten Wirkspektrums nicht vermag. Der Hinweis auf menstruations- oder ernährungsbedingten Eisenmangel kann die Lösung bei Erschöpfungs- und Depressionssymptomen von Frauen sein usw. Die im Rahmen des BGM angebotenen Gesundheitswissenskampagnen sollten gut recherchierte Lösungsansätze aufzeigen, sie können sich jedoch nicht auf Sichtweisen der Krankenkassenmedizin beschränken.

Gesundheitswissen stellt Lösungswissen für den verhaltenspräventiven Teil des BGMs dar. Hier wird Lösungswissen vermittelt, auf das Führungskräfte im Rahmen von Fürsorgegesprächen verweisen können, ohne dass sie selbst diese Lösungen kennen oder erklären müssen.

Geeignete Themen für Gesundheitswissen und viele Beispiele finden Sie in Kapitel 5. Beispielthemen sind:

- Ernährung,
- Sporttheoretische Grundlagen des Ausdauersports,
- Schlaf, Entspannung, Pausen und Konzentration,
- Suchterkrankungen,
- Schilddrüsenunterfunktion,
- Diabetes Typ 2 und das metabolische Syndrom,
- Körperliche Ursachen von Erschöpfung und Depression,
- Kopfschmerzen und Migräne.

1.3.6 Strategie 6: Einbindung von Führungskräften zur Umsetzung gesundheitsbezogenen Führungshandelns mithilfe einer digitalen Toolbox

In Strategie 2 haben wir schon den Fürsorgeansatz beschrieben, der die Mitwirkung von Führungskräften braucht. Jedoch ist ein gesundheitsorientiertes Führungshandeln nicht darauf beschränkt. Die Entwicklung eines entsprechenden Curriculums ist notwendig und wird in Kapitel 7 beschrieben.

Ein wesentliches Element für eine stärkere Verbindlichkeit im Führungshandeln ist der Einsatz einer sog. **Führungskräfte-Toolbox für gesundheitsorientiertes Führen**.

Die Toolbox stellt den Führungskräften sämtlich notwendiges Wissen und alle Werkzeuge, die für gesundheitsorientiertes Führungshandeln benötigt werden, digital zur Verfügung. Typische Themen sind:

- Suchterkrankungen am Arbeitsplatz,
- Fürsorge-, Rückkehr- und Fehlzeitengespräche,
- Betriebsvereinbarungen für mobiles Arbeiten und flexibles Arbeiten,
- Ergonomie am Arbeitsplatz,

- Erste Hilfe,
- Psychologische Erste Hilfe,
- Eltern-Kind-Vereinbarkeit, Elterngeld,
- Häusliche Pflege,
- Umgang mit Mobbing,
- Konflikte im Team,
- Ggf. Supervision.

Neben einer höheren Handlungssicherheit durch Verfügbarkeit und Auffindbarkeit rund um die Uhr können wir so auch Ausreden wie »nicht gewusst« deutlich verringern und eine Verbindlichkeit bei unwilligen Führungskräften erreichen.

Im Jahr 2019 wertete ich etwa 10.000 Datensätze aus Erstbefragungen von Volks- und Raiffeisenbanken, die wir zwischen 2013 und 2018 durchgeführt hatten, aus. Ich untersuchte zusammen mit meinem Kollegen Michael Romeis die Fragestellung, inwieweit sog. »weiche Faktoren« einen Einfluss auf die Arbeitszufriedenheit, die Erschöpfungsentwicklung und den Arbeitsfähigkeitsindex hatten. Wir verwendeten einfache deskriptive Statistik, um die Ergebnisse zu visualisieren, denn der Einfluss ist so deutlich ausgeprägt, dass er hoch signifikante Differenzen zeigte.

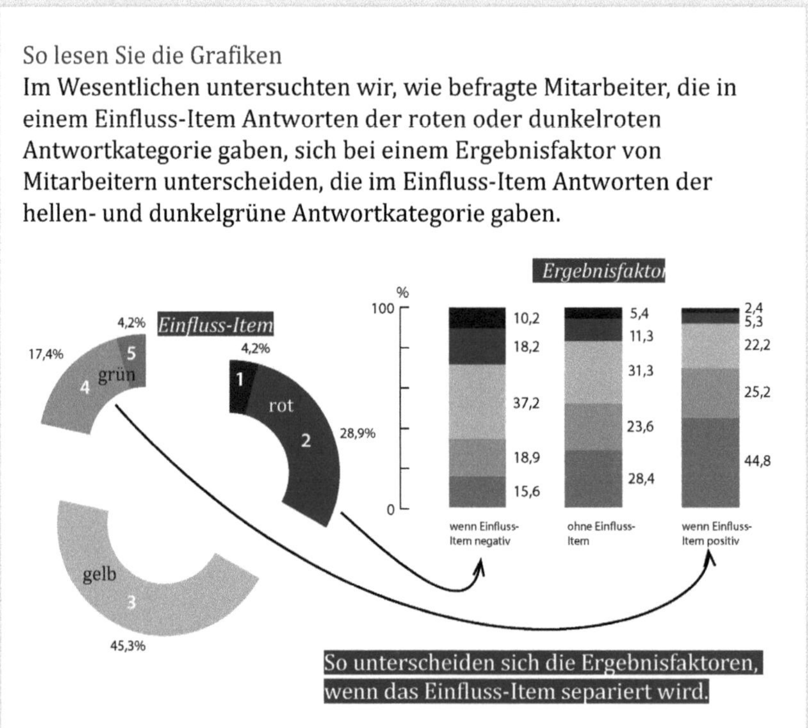

Abb. 3: Leseart der Untersuchungen der Faktorausprägungen in der Volksbankenstudie (Quelle: Volksbankenstudie, 2019, Eudemos)

Abbildung 3 veranschaulicht die durchgeführten Untersuchungen. Auf der linken Seite wurde ein bestimmtes Item ausgewählt und die gesamte Stichprobe entlang dieses Items in zwei Extremgruppen geteilt. Die Itemwerte 4 + 5 entsprechen »grünen«, d.h. positiven Antwortausprägungen. In dieser Teilstichprobe befanden sich also die Menschen, die das Einflussitem positiv beantwortet hatten. Die zweite Extremgruppe enthielt die Antworten 1 + 2, also die negativen Antwortausprägungen. Anhand dieser beiden Teilstichproben haben wir nur andere Faktoren betrachtet und untersucht, ob sich die Faktorausprägungen unterscheiden.

Die Studie können Sie beim Autor kostenlos per E-Mail anfordern: th.artmann@eudemos.de, Stichwort: Volksbankenstudie).

Zunächst untersuchten wir zwei Fragen aus der Vereinbarkeit von Beruf, Familie und Privatleben. Dieser Faktor hatte sich als ausgesprochen bedeutsam herausgestellt, weil er bei stark negativer Ausprägung deutliche Negativwirkungen u.a. auf die Erschöpfungsentwicklung hat. Das konnten wir hier eindrücklich zeigen.

23,5% gaben für das Item »Meine Arbeit erzeugt Stress, der es schwierig macht, privaten ... Verpflichtungen nachzukommen.« eine dunkelgrüne und 34% eine hellgrüne Antwort. Zusammen gaben also 57,5% aller Befragten an, dass der Arbeitsstress die Familie nicht negativ beeinflusst. 4,6% plus 17,3%, also 21,9% gaben hingegen eine starke Stressbelastung mit Auswirkung auf die Familie an. Die beiden Gruppen wurden jetzt im Faktor Erschöpfung/Burnoutgefährdung und im Bezug auf den Work-Ability-Index (WAI) gegenübergestellt.

In der oberen rechten Grafik der Abbildung 4 sehen wir links die »stark belastete« Gruppe mit 18,6% plus 30,3% gleich 48,9% hoher Burnoutgefährdung, während die ganz rechte Säule lediglich 4,1% Burnoutgefährdung aufweist, also 10 mal weniger!

Betrachten wir nun den WAI-Gesamtwert – die obere Punktelinie in der Grafik unten rechts aus Abbildung 4. Hier ist der WAI-Gesamtwert der dunkelroten Antwortkategorie (»Arbeitsstress beeinflusst Familie«) bei ca. 32 Punkten. Bei der dunkelgrünen Antwortkategorie (»Kein Arbeitsstress, kein negativer Einfluss auf Familie«) liegt der WAI-Gesamtwert bei ca. 42 Punkten auf einer Skala von 7–49 WAI-Punkten. Somit sehen wir eine Differenz von 10,3 WAI-Punkten zwischen den beiden Kategorien.

Daraus können wir schlussfolgern, dass eine Verbesserung der Work-Life-Balance und der Vereinbarkeit von Beruf und Familie ausgesprochen großen Einfluss auf den Work-Ability-Index haben. Weitere Items aus dem Faktor Familie/Beruf stützen diesen Befund, weshalb das hier nicht weiter dargestellt werden soll.

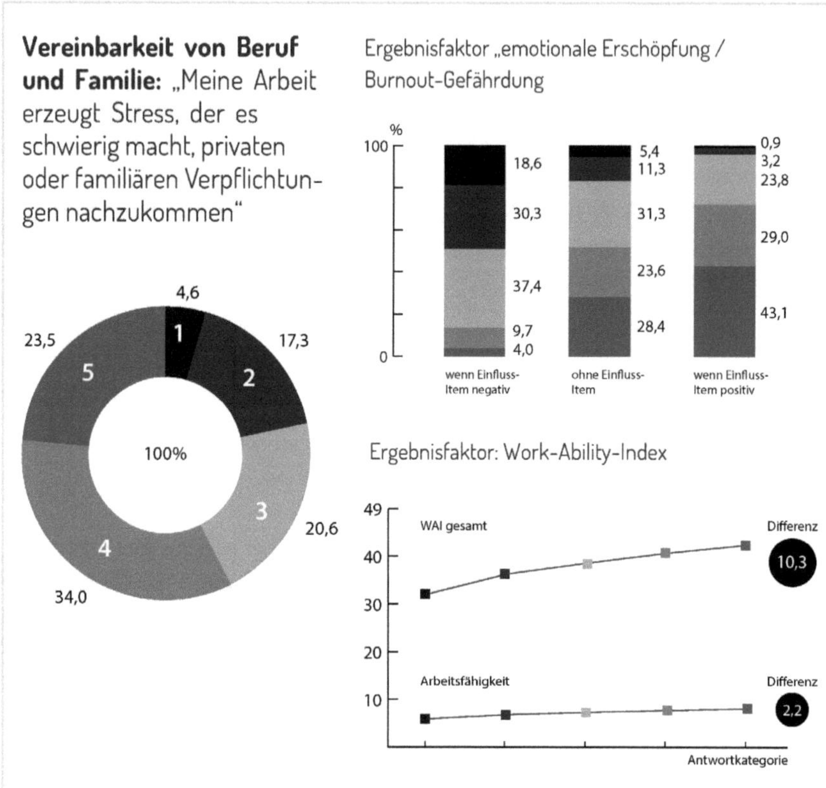

Abb. 4: Ergebnisse zur Vereinbarkeit von Beruf und Familie (Quelle: Volksbankenstudie, 2019, Eudemos)

In der zweiten Grafik stellen wir nach derselben Methodik den Einfluss des Kulturitems »Führungskräfte und Mitarbeiter richten sich … an gemeinsamen Regeln und Werten aus.« dar. Die Frage stammt aus dem Copenhagen Psychosocial Questionnaire (COPSQO) und soll das Vorhandensein von Regeln und Werten und deren gemeinsame Anwendung erfragen.

Man sieht hier, dass nur 2,8% plus 9,6% gleich 12,4% diese Frage negativ beantworten, also insgesamt scheint die Werteausrichtung bei den Volksbanken ganz gut zu funktionieren. Es gibt jedoch einen deutlichen Effekt auf die Burnoutgefährdung: 32,9% hohe Burnoutgefährdung da, wo die Werteausrichtung nicht klappt, hingegen nur 10,1% bei denen, wo die Werteausrichtung gut funktioniert – immerhin eine Verdreifachung. Auch der WAI-Gesamtwert reagiert mit 7,5 Punkten Unterschied.

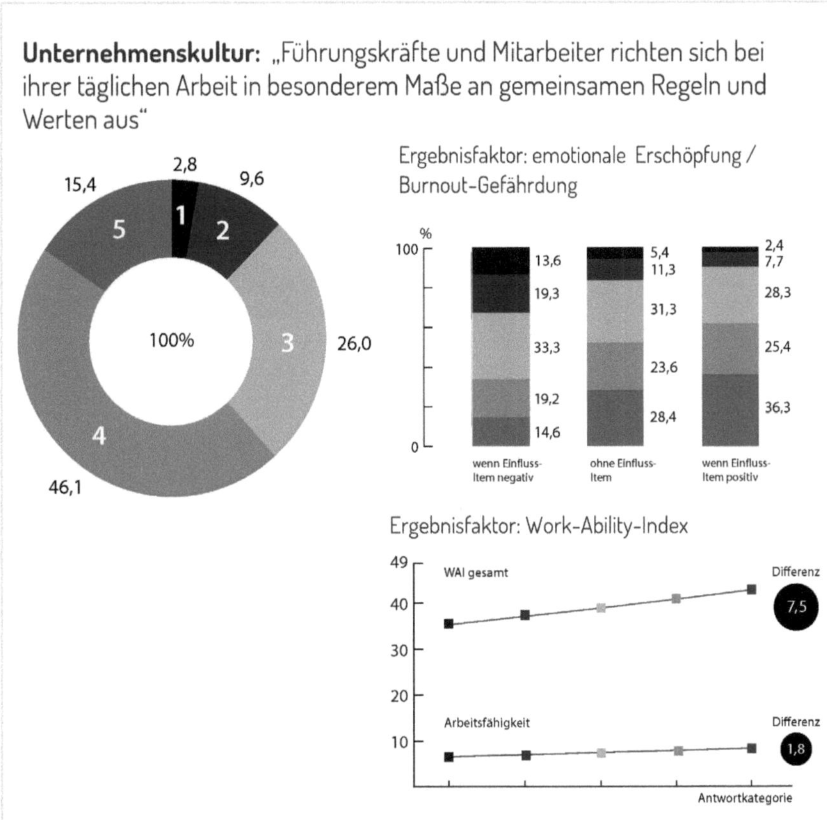

Abb. 5: Ergebnisse zur Unternehmenskultur (Quelle: Volksbankenstudie, 2019, Eudemos)

Seit 2019 setzen wir diese Art der Darstellung in den Ergebnisberichten der von uns durchgeführten Gefährdungsbeurteilungen ein. Wir konnten die Effektivität dieser Methode auch für weitere Fragen bestätigen.

Die Schlussfolgerung lautet: Führungshandeln, Unternehmenskultur und die sog. Soft Factors haben signifikante Einflüsse auf die Mitarbeitergesundheit und können deutlich dazu beitragen, den Schaden durch Fehltage aber auch Auswirkungen auf die Produktivität zu mindern.

2 Handwerkszeug für Gesundheitsmanager:innen

2.1 Zentrale Grundbegriffe

2.1.1 Pathogenese

Pathogenese meint die Entstehung und ursächliche Betrachtung von Krankheiten. Dieser wichtige Ansatz wird vor allem in der Arbeitsmedizin immer noch und zurecht herangezogen, um arbeitsbedingte Krankheitsursachen zu minimieren oder auszuschließen. Im Gesundheitsmanagement wird die Pathogenese zugunsten der Salutogenese verdrängt, was ich nicht für einen Vorteil halte.

2.1.2 Salutogenese

Der wichtige und richtige Ansatz der Salutogenese wurde von dem israelischen Wissenschaftler Aaron Antonovsky (1997) formuliert. Er fordert die Abkehr einer rein krankheitsorientierten Sichtweise auf Gesundheit. Der Satz »Nicht krank ist nicht gleich gesund« beschreibt den neuen Ansatz sehr treffend. Antonovsky ging davon aus, dass jeder Mensch generalisierte Ressourcen gegen alle Arten von Stressoren habe, die im Leben so auf einen einprasseln.

Zentral in Antonovskys Argumentation ist das Kohärenzgefühl. Es ist schwierig, diesen Begriff in wenigen Worten zu erklären. Kohärenz bedeutet so etwas wie Sinnhaftigkeit. Antonovsky sieht drei Aspekte der Kohärenz:

- Die Fähigkeit, Zusammenhänge im Leben zu erkennen und zu verstehen. Dinge, die passieren, sind ergründbar. Er nennt es das Gefühl der **Verstehbarkeit** und beschreibt damit einen Vorläufer dessen, was Klaus Grawe das Grundbedürfnis nach Kontrolle nennt. Der unbedingte Wille zur Durchdringung und Ergründung der Welt ist getragen von der Überzeugung, dass sie zu verstehen ist. Menschen, die darin stark sind, sind häufig sehr leistungsstark, jedoch auch eigensinnig, denn nicht nachvollziehbare Entscheidungen, fehlende Begründungen sind ihnen ein Graus.
- Die Überzeugung, sein Leben in die Hand nehmen und gestalten zu können. Antonovsky nennt es das Gefühl der Handhabbarkeit oder **Selbstwirksamkeitsüberzeugung**. Der Selbstwirksamkeitsüberzeugung kommt eine sehr große Bedeutung im Stresssystem des Menschen zu, denn sie moderiert, ob eine Anforderung als Heraus- oder Überforderung erlebt wird. Hier docken die im Krankheitstrichtermodell (vgl. Abbildung 1) beschriebenen frühkindlichen Einflüsse an.

- Der Glaube an eine **Sinnhaftigkeit** im Leben. Hier kommen religiöse oder spirituelle Sichtweisen zum Tragen, die weniger eine chaotisch-zufällige Weltordnung als eine sinnhafte, wenn auch nicht immer einsichtige Ordnung erkennen können.

Lesetipp

→ **»Gesundheit ist ansteckend: Praxisbuch Salutogenese«** (Irisiana Verlag, 2014) von Theodor Dierk Petzold. Das Buch ist eine Inspirationsquelle für die weichen und nachdenklichen Töne in der Gestaltung von Gesundheitsmanagement. Auch für die *höhere* Führungskräfteentwicklung ist es ein gutes Theoriefundament.

→ **»Wie Gesundheit entsteht. Salutogenese: Schatzsuche statt Fehlerfahndung«** (Beltz Verlag, 2001) von dem Arzt und Psychotherapeuten Eckhard Schiffer. Der Autor begibt sich auf eine Schatzsuche nach den schöpferischen Kräften, die Gesunderhaltung ermöglichen.

2.1.3 Präsentismus

Der Bereich **Vorstufen von Krankheiten** im Krankheitstrichtermodell (Abbildung 1) erläutert den Begriff des **Präsentismus**. Präsentismus beschreibt das Phänomen, mit manifesten Erkrankungen oder Beschwerden zur Arbeit zu gehen. Während viele Führungskräfte und Geschäftsführer noch immer davon ausgehen, dass der Produktivitätszugewinn durch die Anwesenheit eines kranken Mitarbeiters höher sei als der Produktivitätsverlust durch einen abwesenden Mitarbeiter, zeigt die Forschung ein ganz anderes Bild. Sie benötigen für Ihre Argumentation gegenüber der Geschäftsleitung eine Sensibilisierung für das Phänomen Präsentismus:

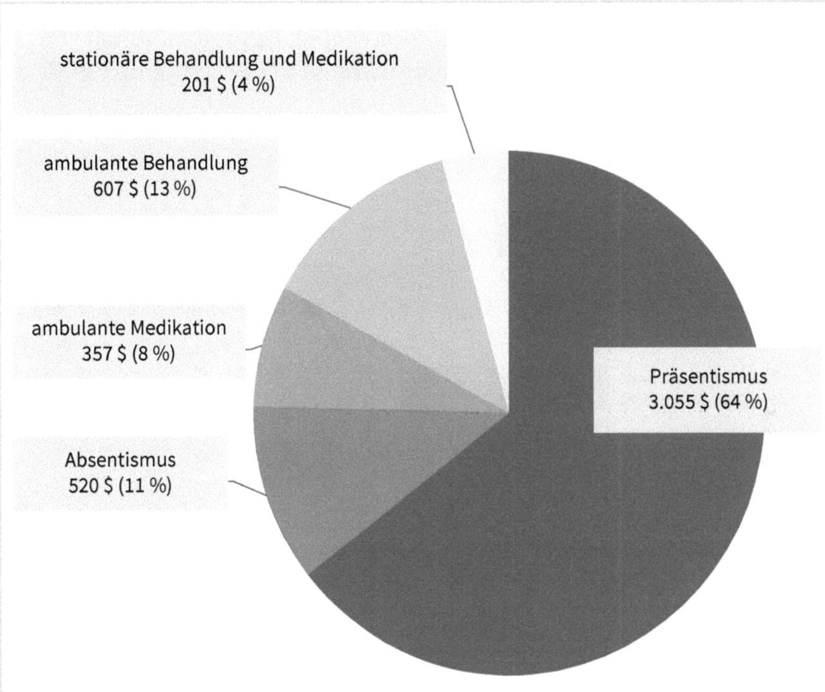

Abb. 6: Übersicht der Gesamtkosten für Absentismus, Präsentismus und medizinische Behandlungskosten pro Person und Jahr in US-$ (Quelle: Nagata et al. 2018, S. e278)

Eine aktuelle japanische Studie (Nagata et al., 2018) untersuchte in vier Großunternehmen insgesamt 13.130 Mitarbeiterinnen und Mitarbeiter hinsichtlich der vollständigen Kosten durch Fehlzeiten (Absentismus), Präsentismus und erfassten auch die Behandlungskosten für ambulante und stationäre Versorgung. Das Ergebnis bestätigt frühere Studien, die im deutschsprachigen Raum und in den USA durchgeführt wurden: Die in Kosten umgerechneten **Produktivitätsverluste** liegen für absente Mitarbeiter:innen bei 520 US-$ pro Jahr. Beim Präsentismus sind es 3.055 US-$ pro Jahr. Im Vergleich zu dieser Summe fallen die ambulanten und stationären Behandlungskosten kaum ins Gewicht, nur trägt die Präsentismuskosten der Arbeitgeber allein.

Die Produktivitätsverluste durch Präsentismus sind durch psychische Störungen und durch Muskel-Skelett-Erkrankungen besonders hoch. Hier entfallen etwa 950 US-$ pro Jahr und Vollzeitstelle allein auf Präsentismus und 850 US-$ auf die muskel-skeletalen Probleme. Damit übersteigen die Kosten für Präsentismus den **Absentismus** um knapp das Sechsfache. Absentismus meint die krankheitsbedingten Fehlzeiten.

Wie gefährlich Präsentismus Unternehmen werden kann, zeigt eine Grafik des BKK-Gesundheitsreports 2010. Dort wurden IT-Beschäftigte gefragt, welche Arten von Beschwerden bei ihnen innerhalb eines 12-Monatszeitraums aufgetreten waren und ob dabei Fehlzeiten auftraten.

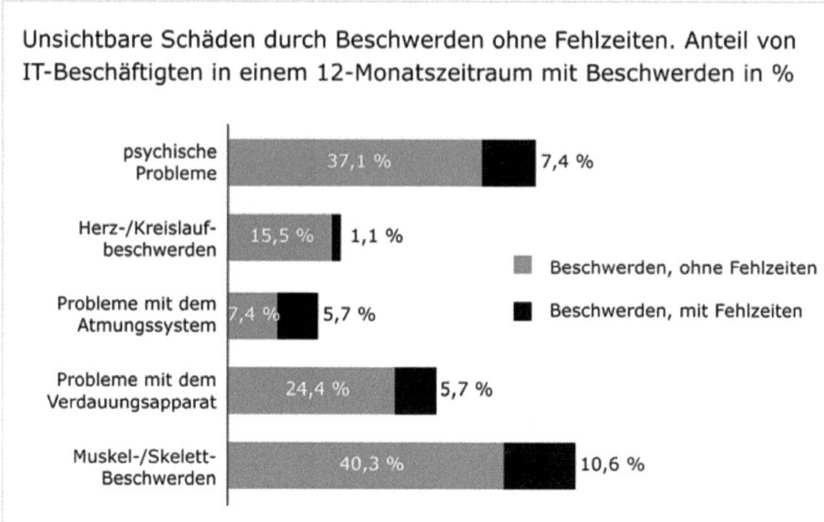

Abb. 7: Unsichtbare Schäden durch Beschwerden ohne Fehlzeiten, Befragung von IT-Beschäftigten (Quelle: BKK-Gesundheitsreport, 2010, S. 73 ff.)

Die »unsichtbaren« Beschwerden, nämlich diejenigen ohne Fehlzeiten, überwiegen deutlich. Solange Führungskräfte unsensibel oder ignorant gegenüber Frühanzeichen sind, bleiben Produktivitätsverluste lange Zeit verborgen und werden erst durch chronische oder langfristige Krankheitsverläufe sichtbar.

Lesetipp

→ **Einen »Review zum Forschungsstand Präsentismus«** liefert eine Publikation der Bundesanstalt für Arbeitsschutz und Arbeitsmedizin. Sie finden die Datei in den Digitalen Extras zum Buch.

Unsere eigenen Untersuchungen mittels Gesundheitsbefragungen und Gefährdungsbeurteilungen zeigen, dass Präsentismus in erheblichem Ausmaß vorkommt. Wir stellen in unserem Fragebogen die folgende Frage: »**Es kommt öfters vor, dass ich arbeite, obwohl ich mich richtig krank und unwohl fühle.**« Wir erhalten darauf zwischen 30 und 60 % »stimme zu«- bzw. »stimme stark zu«-Antworten. Spätestens seit den COVID-Jahren und der Zunahme an Homeoffice-Tätigkeit beobachten wir eine Zunahme und es wird in offenen Textantworten häufig mitgeteilt, dass die Homeoffice-Tätigkeit den Präsentismus begünstigt.

2.1.4 Absentismus

Absentismus bedeutet die **krankheitsbedingte Abwesenheit von der Arbeit**. Die Reduktion von AU-Tagen ist traditionell ein erklärtes Ziel des Gesundheitsmanagements. Kapitel 2.2 widmet sich ausführlicher der Ursachenanalyse von Absentismus, indem wir uns die Gesundheitsberichte der großen Krankenkassen vornehmen.

2.1.5 Gesundheitsförderung

Betriebliche Gesundheitsförderung (BGF) fokussiert die **Verhaltensprävention**. Diese verfolgt das Ziel, gesundheitsriskante Verhaltensweisen zu vermeiden bzw. zu minimieren und gesundheitsgerechte Verhaltensweisen bei Menschen zu fördern. Es hat sich gezeigt, dass dies nicht ausreicht und von den Mitarbeiter:innen, gerade in Unternehmen mit Kulturproblemen, als zynisch empfunden werden kann. Gelegentlich kommt es sogar vor, dass einige Mitarbeiter:innen sich den Gesundheitsförderangeboten gegenüber verweigern, weil sie die Verbesserung der Verhältnisse, also des Umgangs miteinander usw., fordern.

Lesetipp

→ **»Iga.Report 28 – Wirksamkeit und Nutzen betrieblicher Prävention«** Der Report zeigt eine Sammlung von wissenschaftlichen Wirksamkeitsnachweisen für 2006 bis 2012. Insgesamt ist die Wirksamkeit eher moderat und es wird ein gemischtes Fazit gezogen. Dennoch ist diese Veröffentlichung eine der raren Quellen für Fragen nach einem Return-on-Investment der Geschäftsleitung.

2.1.6 Gesundheitsmanagement

Betriebliches Gesundheitsmanagement (BGM) wird weiter gefasst und fokussiert auch die **Verhältnisprävention**. Badura (2010) definiert BGM als »[...] die Entwicklung betrieblicher Rahmenbedingungen, betrieblicher Strukturen und Prozesse, die die gesundheitsförderliche Gestaltung von Arbeit und Organisation und die Befähigung zum gesundheitsförderlichen Verhalten der Mitarbeiter/innen zum Ziel hat.«

Dies kann durch die Verknüpfung folgender Ansätze geschehen:
- Verbesserung der Arbeitsorganisation und der Arbeitsbedingungen,
- Förderung einer aktiven Mitarbeiterbeteiligung,
- Stärkung persönlicher Kompetenzen,
- Verbesserung der Führungs-, Team- und gelebten Unternehmenskultur.

Das betriebliche Gesundheitsmanagement kombiniert Verhaltens- und Verhältnisprävention. Verhältnisprävention verfolgt das Ziel, die Arbeitsumwelt vorbeugend gesundheitsgerecht zu gestalten bzw. gesundheitsförderliche Arbeitsstrukturen zu schaffen.

Lesetipp

→ **»Sozialkapital: Grundlagen von Gesundheit und Unternehmenserfolg«** (Springer Verlag, 2008) von Bernhard Badura, Wolfgang Greiner u. a. Das Buch ist ein Klassiker der BGM-Literatur. Obwohl schon von 2008, so liefert es doch einen wichtigen Aspekt gelingender Verhältnisprävention: die Entwicklung des Sozialkapitals eines Unternehmens. Während die Investition in das Humankapital bewährte Praxis ist – hier ist die Kompetenzentwicklung und Förderung einzelner Mitarbeiter:innen gemeint –, fokussieren wir noch zu wenig auf die Förderung des Miteinanders. Das »Dazwischen«, also der soziale Raum, macht ein Unternehmen erst erfolgreich und krisensicher. In dem Gedanken, das *Wir* über das *Ich* zu stellen, kommt Antonovsky wieder zum Vorschein.

2.2 Studium und Analyse der Gesundheitsberichte

Jährlich erscheinen Analyseberichte aller großen Krankenkassen. Sie sind eine Pflichtlektüre für Gesundheitsmanager:innen, um zu neuen Themen und der gesellschaftlichen Krankenstandsentwicklung auf dem Laufenden zu bleiben. Die Berichte sind zudem eine wertvolle Informationsquelle für die Überzeugungsarbeit im eigenen Unternehmen und liefern erste Anhaltspunkte für eine sinnvolle Schwerpunktsetzung des eigenen Gesundheitsmanagements, solange Sie noch keine eigenen Daten haben.

Dachverband der Betriebskrankenkassen	Der Gesundheitsreport enthält alle Daten sämtlicher Betriebskrankenkassen. Er liefert jährliche Standardauswertungen und wechselnde Schwerpunktthemen. Der Schwerpunkt liegt hier deutlich auf den gut aufbereiteten Krankenkassendaten.
Fehlzeiten-Report der AOK	Gute Tradition hat der Fehlzeiten-Report der AOK. Hier legt die Krankenkasse jährlich ein Schwerpunktthema auf und publiziert Fachartikel sowie aktuelle Beiträge zu diesem Thema. Aus diesem Grund lohnen sich auch frühere Ausgaben. Im zweiten Buchteil werden die Krankenkassendaten aufbereitet.
Gesundheitsreport der Barmer	Weniger umfangreich als die beiden großen Reports ist der Barmer-Gesundheitsreport. Zudem enthalten die Berichte der Barmer keine Schwerpunktthemen.

Tab. 2: Übersicht der wichtigsten Gesundheitsberichte der Krankenkassen

Im Folgenden werden einzelne Aspekte aus den Berichten herausgegriffen und analysiert. Dabei werden sechs Hypothesen aufgestellt, die ein wirksames betriebliches Gesundheitsmanagement auszeichnet:

Hypothese 1

Es sind drei große Themen, die ein Gesundheitsmanagement angehen sollte: die Reduktion von Muskel-Skelett-Erkrankungen, eine Verringerung von Fehltagen wegen psychischer Störungen sowie die Minimierung von Schäden durch Atemwegsinfekte.

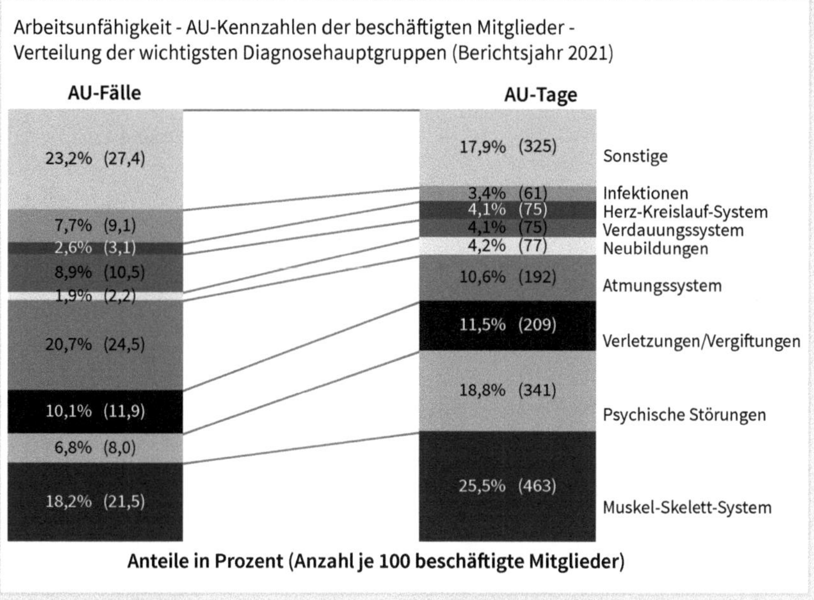

Abb. 8: Prozentuale Verteilung der AU-Fälle und -Tage aller Beschäftigten BKK-Mitglieder aus dem Jahr 2021 (Quelle: Knieps & Pfaff, 2022, S. 102)

Wir werden uns mit diesen drei Themen noch näher befassen. Insbesondere für die psychischen Störungen und die Atemwegsinfektionen stellen wir in diesem Buch neue Lösungen auf Basis der Stressmedizin und Erkenntnissen aus der Psycho-Neuro-Endokrino-Immunologie vor. In diesen Bereichen können konkrete Erfolge erzielt werden, wenn Sie sich für Vorgehensweisen abseits des Mainstreams öffnen können.

Hypothese 2

Die stetige Zunahme der Fehltage geht hauptsächlich auf zwei Diagnosegruppen zurück: die Muskel-Skelett-Erkrankungen (MSE) und die psychischen Störungen. Die Atemwegsinfekte schlagen etwa alle zwei bis drei Jahre durch, wenn erneut eine heftige Infektionswelle auftritt.

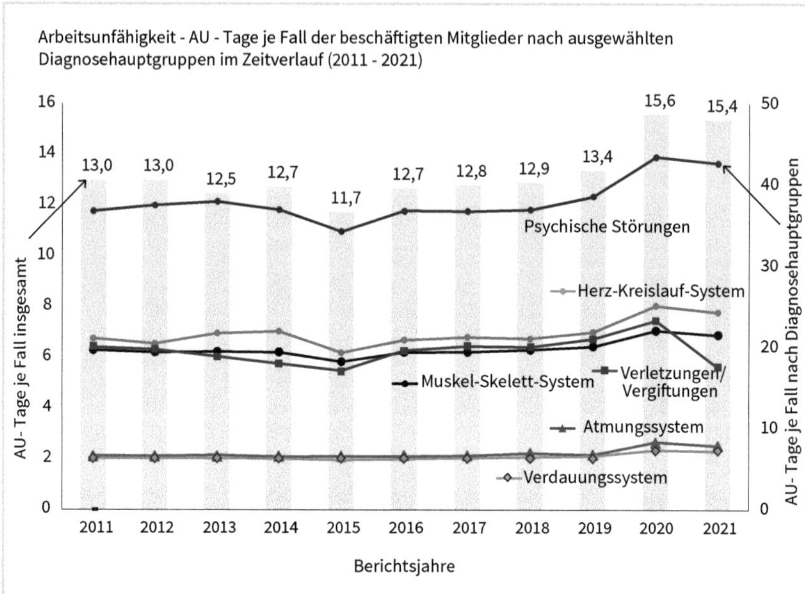

Abb. 9: Arbeitsunfähigkeit – AU-Tage der beschäftigten Mitglieder nach ausgewählten Diagnosehauptgruppen im Zeitverlauf (2011–2021) (Quelle: Knieps & Pfaff, 2022, S. 104)

In der Abbildung fallen die beiden großen Diagnosegruppen Muskel-Skelett-Erkrankungen (MSE) und psychische Störungen besonders auf. Der Anstieg der Muskel-Skelett-Erkrankungen geht vermutlich vornehmlich auf den Anstieg des Durchschnittsalters der arbeitenden Bevölkerung zurück. Ein aktueller Forschungsbericht der Bundesanstalt für Arbeitsschutz und Arbeitsmedizin (Liebers et al., F2255, 2016) macht **die sozioökonomische Bedeutung von MSE** deutlich. Nach einer Auswertung von Daten aller großen Krankenkassen gehen 22,1% aller Fehltage auf MSE zurück. Ursächlich sind vor allem die manuelle Lastenhandhabung (Heben, Tragen, Schieben, Ziehen), das Arbeiten in erzwungenen Körperhaltungen (Knien, Beugen, Über-Kopf) und das Arbeiten mit erhöhten Kraftanstrengungen (Hämmern). Allerdings ist auch die muskuläre Unterforderung wegen sitzender Tätigkeiten ein großes Problem.

Historische Fehlzeiten-Entwicklung

Die positiven Auswirkungen guter Arbeitsmedizin und einer funktionierenden Arbeitssicherheit sieht man auch im historischen Vergleich.[2] Im Jahr 1970 lag die AU-Quote bei 5,70% und sank 2007 zwischenzeitlich auf 3,22%. Im Jahr 2011 traten 14,7 AU-Tage bei den beschäftigten Mitgliedern der BKK auf und stiegen bis 2021 auf 18,2. Der Anstieg lässt sich zurückführen auf den Anstieg der psychischen Störungen, das steigen-

2 http://www.sozialpolitik-aktuell.de/tl_files/sozialpolitik-aktuell/_Politikfelder/Arbeitsbedingungen/Datensammlung/PDF-Dateien/abbV1.pdf (Zugriff: 09.01.2019).

de Durchschnittsalter der Arbeitnehmer sowie eine sinkende Arbeitslosigkeit, denn bei höherer Arbeitslosigkeit kommt es zu niedrigeren Fehlzeiten als in Zeiten des Fachkräftemangels.

Hypothese 3

Ein Großteil der AU-Tage entsteht durch Langzeiterkrankungen. Die beiden Diagnosegruppen Muskel-Skelett-Erkrankungen und psychische Störungen produzieren die meisten Fehltage in der Kategorie »> sechs Wochen Krankschreibungsdauer«. Maßnahmen zur Verhinderung von Langzeiterkrankungen können hochwirksam sein. Sie richten sich nur an wenige Einzelpersonen.

Eine Gegenüberstellung von Falldauer und Fehltagen zeigt auf, dass 2021 ein nur geringer Prozentsatz von 5,5% aller Krankschreibungen eine wirklich lange Fehldauer aufwies. Die dadurch verursachte Menge an Fehltagen ist jedoch enorm. So zeigt sich im BKK-Report 2022 in Abbildung 10, dass 50,1% der Fehltage auf solch lange Falldauern zurückgehen.

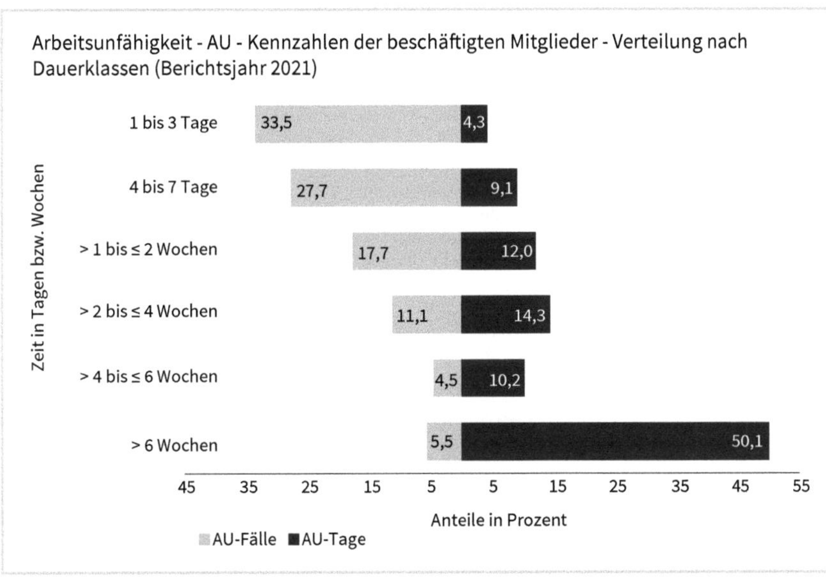

Abb. 10: Prozentuale Verteilung von AU-Fällen und AU-Tagen. Lange Erkrankungsdauern machen den größten Anteil am AU-Geschehen aus (Quelle: Knieps & Pfaff, 2022, S. 99)

Innerhalb eines AU-Falles (hierzu zählen auch unterbrochene Krankschreibungen, sofern sie vom Arzt als zusammenhängend gekennzeichnet werden) kommt es nach sechs Wochen zur Lohnfortzahlung durch die Krankenkassen. Die prozentuale Verteilung dieser Krankengeldtage in Abbildung 11 zeigt, dass Muskel-Skelett-Erkrankungen und psychische Störungen hier noch mehr dominieren. Auch die Herz-Kreislauf-Erkrankungen und die Neubildungen (Tumore, Krebs) sind hier sichtbarer. Ihnen kommt am gesamten AU-Tage-Aufkommen sonst kaum Bedeutung zu.

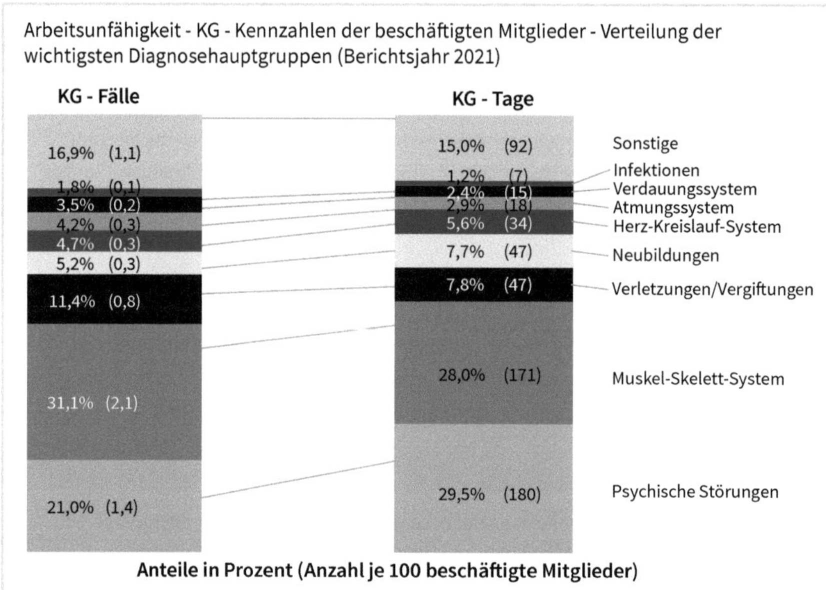

Abb. 11: Prozentuale Verteilung von Krankengeldtagen. Beachten Sie die Unterscheidung von den allgemeinen AU-Tagen. Als Krankengeldtage werden diejenigen Fehltage bezeichnet, die entstehen, wenn Mitarbeiter:innen länger als sechs Wochen am Stück krankgeschrieben sind und die Krankenkassen die Lohnfortzahlung übernehmen. Anhand dieser Zahl kann man die Diagnosegruppen erkennen, die die längsten Krankschreibungsdauern verursachen. (Quelle: Knieps & Pfaff, 2022, S. 106)

In Abbildung 12 zeigt der BKK-Gesundheitsreport die durchschnittliche Falldauer pro Krankheitsfall auf. Bei den psychischen Störungen kann davon ausgegangen werden, dass hier die schlechte Versorgung im Gesundheitssystem, eine mangelhafte Diagnostik über Ursachen von psychischen Symptomen und falsche Therapieansätze verantwortlich sind. Das wird ausführlich in Kapitel 4 erläutert.

Setzen wir die relativ geringen Fallzahlen der psychischen Erkrankungen (siehe Abbildung 8) mit der sehr langen Falldauer von etwa 42 Tagen aus Abbildung 12 in Beziehung, erklärt das die hohe Anzahl an AU-Tagen, die durch die psychischen Erkrankungen verursacht wird. Auch die Falldauer von ca. 21 Tagen bei den Muskel-Skelett-Erkrankungen mit der großen Fallmenge erklärt, warum diese Krankheitsgruppe der »Blockbuster« der AU-Tage ist.

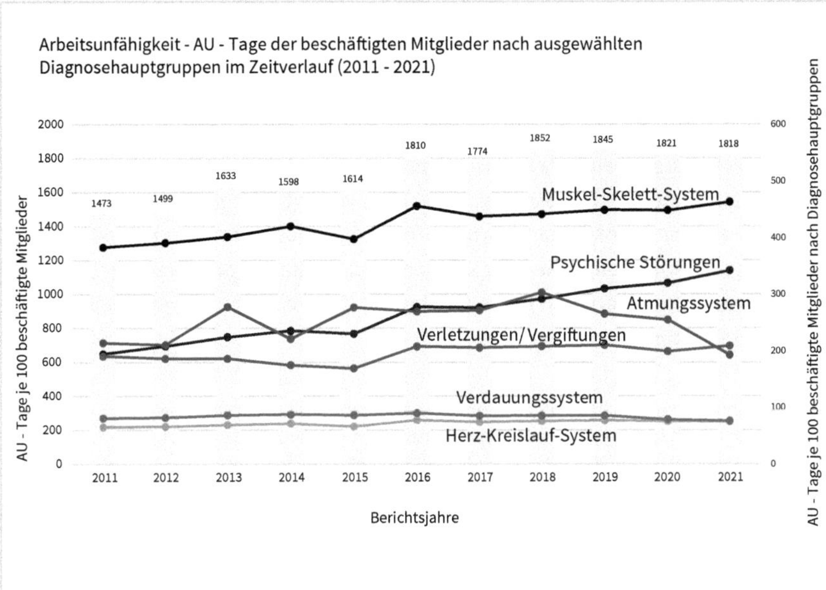

Abb. 12: Die durchschnittliche Falldauer zeigt auf, wie lange die Ausheilung eines Krankheitsfalls dauert (Quelle: Knieps & Pfaff, 2022, S. 105)

Hypothese 4

Unternehmen mit einem hohen Altersdurchschnitt, der durch lange Betriebszugehörigkeiten kontinuierlich steigt, müssen mit ebenso stetig steigenden Fehltagen im Bereich MSE und Psyche rechnen. Andere Diagnosehauptgruppen sind nicht alterskorreliert. Unternehmen mit einem hohen Frauenanteil werden mehr Fehltage durch psychische Störungen verzeichnen.

Es besteht ein enger Zusammenhang zwischen Fehltagen und dem Durchschnittsalter der Belegschaft. Deshalb gehört eine regelmäßig aktualisierte Altersstrukturanalyse, die abteilungsbezogene Durchschnittsalter ausweist, zum Repertoire der Gesundheitsmanager:innen.

Hypothese 5

Das Fehltageaufkommen ist eng mit dem Bildungsstatus gekoppelt. Mitarbeiterinnen und Mitarbeiter mit einem niedrigeren Bildungsstatus weisen deutlich mehr Fehltage auf.

Den Zusammenhang zwischen Bildungsstatus und Fehltagen sollten Sie sensibel behandeln, da dieser Aspekt etwa von Führungskräften ohne akademischen Abschluss als abwertend verstanden werden kann. Doch der Einfluss von Bildungsstatus und insbesondere des höchsten Berufsabschlusses auf den sozialen Status, auf das verfügbare Gehalt und damit auf den Zugang zu Ressourcen, wie hochwertiger Nahrung oder Unterstützung im Haushalt, sind relevant. Mitarbeiter:innen mit einem niedrigeren sozialen Status weisen ein geringeres gesundheitsbewusstes Verhalten auf, etwa bei der Ernährung, bei Tabak- und Alkoholkonsum. Zudem weisen die Arbeitsplätze von Mitarbeiter:innen mit einem niedrigeren Berufsabschluss geringere Gestaltungsmöglichkeiten und Freiräume auf und bieten somit wenig Anreiz für eine intrinsische – aus der Arbeitstätigkeit heraus entstehende – Motivation und Freude. Die Tätigkeiten sind häufig körperlich anstrengender und es kommt zu mehr Verschleiß. Die Auswirkungen auf den Krankenstand sind enorm. In Abbildung 13 zeigen Knieps und Pfaff die AU-Tage für hoch komplexe Tätigkeiten mit 9,1 Fehltagen pro Versichertenjahr bei beschäftigten Mitgliedern und einen Anstieg auf 27,3 Fehltage bei Helfern und angelernten Mitarbeitern pro Versichertenjahr.

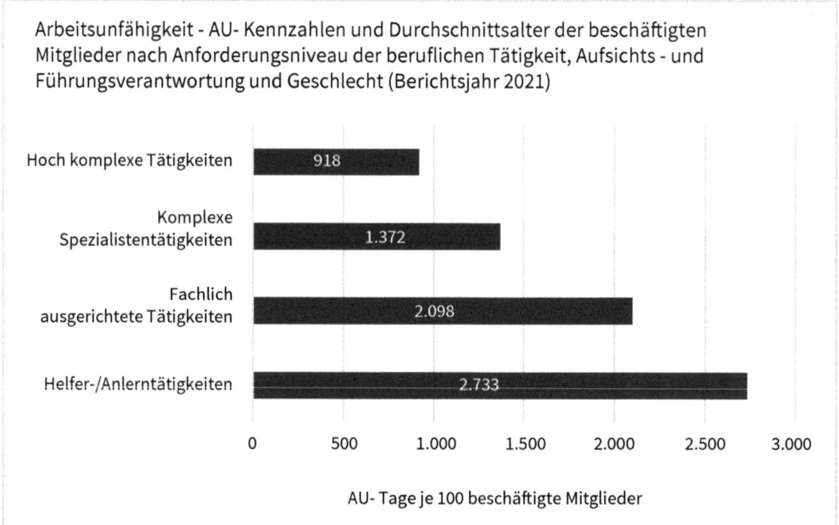

Abb. 13: Krankenstand nach Berufsausbildung und Führungsposition (Quelle: Knieps & Pfaff, 2022, S. 147)

Ich verweise hier auf Abschnitt 7.5 über Fürsorge- und Fehlzeitengespräche. Es hat sich in Unternehmen mit einem hohen Anteil von Mitarbeiter:innen mit geringer beruflicher Qualifikation als notwendig herausgestellt, eine Fehlzeitengesprächsstruktur einzuführen. Erneut ohne diskriminieren oder pauschal verurteilen zu wollen, berichten Gesundheitsmanager:innen aus solchen Unternehmen, dass es einen **größeren Anteil motivational bedingter Fehlzeiten** gibt bzw. es immer wieder auch zu Fehlzeitenbetrug kommt.

Es gibt natürlich einen starken Zusammenhang zwischen den AU-Tagen und dem Alter der beschäftigten Mitarbeiter:innen. Zum Beispiel steigen die Fehltage pro Person wegen Muskel-Skelett-Erkrankungen von 1 AU-Tag pro Versichertenjahr bei den 20-Jährigen auf 10–11 AU-Tagen pro Versichertenjahr bei den 60- bis 64-Jährigen an – eine

Verzehnfachung. Auch die AU-Tage wegen psychischer Störungen weisen in diesem Alterssprung etwa eine Versechsfachung auf.

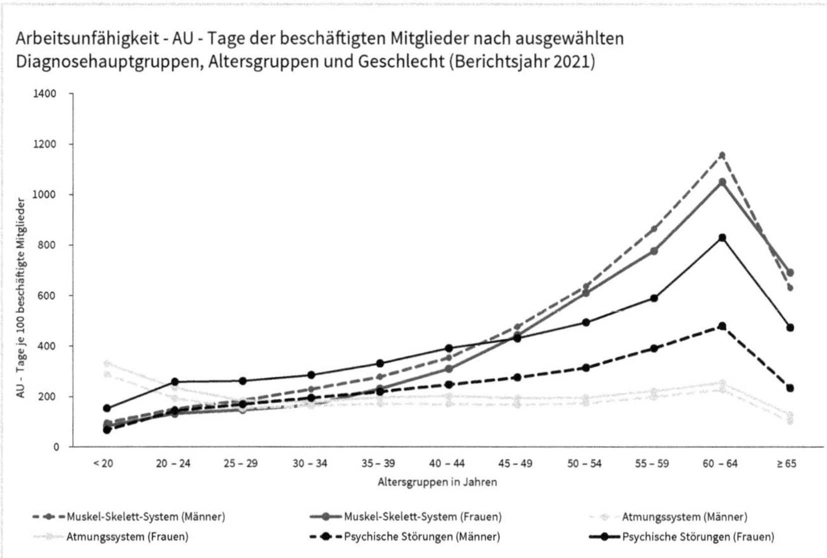

Abb. 14: Altersabhängiger Anstieg von Fehltagen für die drei großen Diagnosegruppen (Quelle: Knieps & Pfaff, 2018, S. 52)

Frauen weisen unabhängig vom Bildungsstatus höhere AU-Tage und AU-Fälle auf. Da sie nicht generell krankheitsanfälliger sind, ist dies anders zu erklären. Frauen sind generell körpersensibler, suchen schneller einen Arzt auf. Und – das dürfen wir nicht vergessen – Frauen sind (immer noch) einer größeren Doppel- oder Dreifachbelastung durch Kinderversorgung und Haushaltsarbeit ausgesetzt. Gerade in den unteren sozialen Schichten ist die traditionelle Rollenverteilung meist weiterhin gegeben und Frauen sind durch die Folgen von Scheidungen oder die Alleinversorgung von Kindern sowie geringeren Rentenansprüchen im Alter stärker betroffen. Es gibt drittens eine Reihe von frauenspezifischen Krankheiten, etwa der häufig übersehene menstruationsbedingte Eisenmangel, der durch die Einnahme der Antibabypille noch stark gefördert wird, oder eine starke Häufung von Schilddrüsenunterfunktionen bei Frauen. Auch Erkrankungen infolge von Hormonumstellungen in der Menopause treten auf.

Die Problematik von hohen Krankenständen bei gering qualifizierten Menschen wird im Zuge der Entwicklung hin zu hochautomatisierten, roboterisierten und digitalisierten Arbeitsplätzen noch zunehmen, so meine Vermutung, weil die Bindung an das Unternehmen und das eigene Sinnerleben bei der Tätigkeit mehr abnehmen.

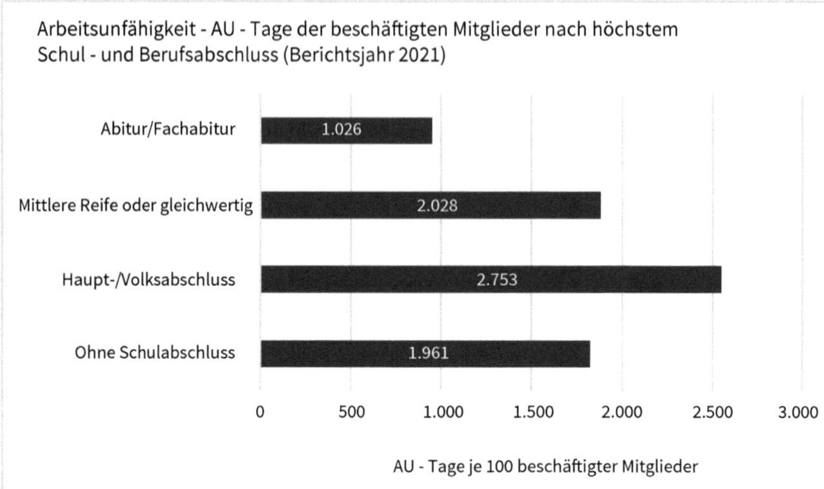

Abb. 15: Fehltage nach dem höchsten Schulabschluss für drei ausgewählte Diagnosegruppen (Quelle: Knieps & Pfaff, 2022, S. 66)

2.2.1 Gesundheitskompetenz

Eine geringe Gesundheitskompetenz, also wenig Wissen über Krankheiten, über das Gesundheitssystem und die eigenen Patientenrechte, die Gefahren von Medikamentenmissbrauch sowie der richtige Umgang mit Medikamenten sind eine wichtige Ursache von Fehlzeiten. Sie betreffen insbesondere ältere Arbeitnehmer und solche mit einem niedrigen Bildungsstatus.

Das Konzept der **Gesundheitskompetenz** soll schon an dieser Stelle eingeführt werden, weil es eine weitere sehr wichtige Erklärung für die hohen Fehlzeiten bei Mitarbeiter:innen insbesondere mit niedrigerem Bildungsstatus bereithält. Die Entwicklung und Förderung von Gesundheitswissen und Gesundheitskompetenz ist meines Erachtens im Gesundheitsmanagement deutlich wichtiger als die rein auf Sport und Bewegung ausgerichteten primärpräventiven Ansätze der Gesundheitsförderung.

Gesundheitskompetenz ist die Fähigkeit, sich um seine eigene Gesundheit gut zu kümmern, Maßnahmen für die eigene Gesunderhaltung zu treffen, etwa durch die Auswahl von Nahrungsmitteln oder den Verzicht auf Alkohol oder Rauchen, aber auch durch den kritischen Umgang mit Angeboten aus dem Gesundheitssystem. Sie umfasst die kritische Auswahl von Gesundheitsinformationen und die Fähigkeit, diese zu lesen und zu verstehen. Sie umfasst die Fähigkeit, passende Ärzte und Therapeuten auszuwählen und zu erkennen, wann ein Wechsel sinnvoll ist. Sie umfasst die Kompetenz, Leistungen von Versicherungen einzuschätzen und diese sinnvoll einzusetzen.

Aufgrund der vielfältigen auch wirtschaftlichen Interessen und den teils großen Problemen im Gesundheitssystem sowie einem heftigen Schulenstreit ist der kritische Umgang mit ärztlichen Empfehlungen, Verordnungen und Medikationen sowie dem vielfältigen Informationsangebot an Büchern und Portalen dringend angeraten.

Es gab vor ein paar Jahren eine große europäische Studie zur sogenannten ***Health Literacy***. Das ist der wissenschaftliche Begriff für Gesundheitskompetenz. Der Versuch einer Definition von *Health Literacy* ist meiner Ansicht nach bei Sørensen et al. (2012) gut gelungen: »*Health Literacy (Gesundheitskompetenz) erfordert Wissen, Motivation und die Kompetenz von Menschen, Gesundheitsinformationen zu suchen, zu verstehen und hinsichtlich ihrer Qualität einzuschätzen mit dem Ziel, Schlussfolgerungen zu ziehen und Entscheidungen zu treffen für die eigene Gesundheitserhaltung, Krankheitsvorbeugung und Therapie von bestehenden Erkrankungen zur Wiederherstellung und dem Erhalt von Lebensqualität.*« (Übersetzung des Autors nach Sørensen et al., 2012, S. 3)

Schaeffer und Pelikan (2016) untersuchten in Deutschland die Gesundheitskompetenz in Abhängigkeit verschiedener Merkmale, etwa dem Bildungsniveau, dem Geschlecht oder einem vorliegenden Migrationshintergrund.

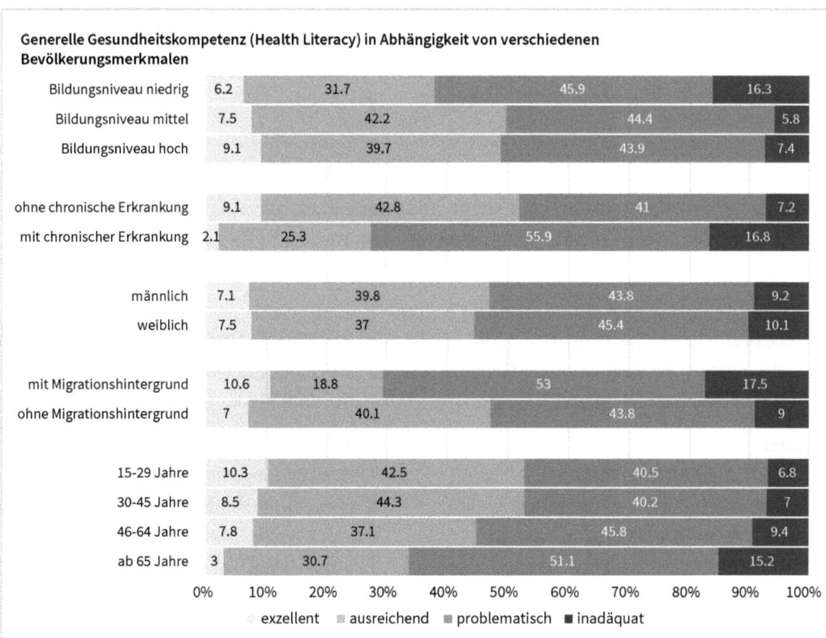

Abb. 16: Die allgemeine Gesundheitskompetenz (»General Health Literacy«) in Deutschland unterscheidet sich stark in Abhängigkeit verschiedener Bevölkerungsmerkmale (Quelle: Schaeffer & Pelikan, 2016, S. 8)

Die Untersuchung bestätigt, dass die Gesundheitskompetenz vom Bildungsniveau abhängt. Ein stärkerer Faktor ist meines Erachtens aber das Alter und dieser Aspekt ist für eine Planung und Ausrichtung des hier vorgestellten BGM-Ansatzes relevant, denn ältere Menschen scheinen deutlich weniger gesundheitskompetent zu sein als jüngere. Auch der Migrationshintergrund hat einen Einfluss. Es gibt einen kleineren, gut informierten Teil von Menschen mit Migrationshintergrund. Immerhin mit 10,6 % die größte Gruppe mit einer exzellenten Gesundheitskompetenz, doch gleichzeitig tritt hier auch die größte Gruppe mit 17,5 % mit einer inadäquaten Gesundheitskompetenz auf. Wir dürfen hier das Bildungsniveau und andere Faktoren nicht außer Acht lassen. So sind Sprachschwierigkeiten eine große Hürde.

Beachten Sie noch, dass es kaum Geschlechtsunterschiede gibt und das gängige Vorurteil, Frauen seien gesundheitskompetenter, hier nicht bestätigt wird.

Die Suche nach dem Zusammenhang zwischen geringer Gesundheitskompetenz und dem Vorliegen einer chronischen Erkrankung führt zu der Frage: Hat die geringe Gesundheitskompetenz durch einen unangemessenen Lebensstil, schlechte Ernährung und andere gesundheitliche Fehlentscheidungen zum Entstehen der chronischen Erkrankung geführt? Anders kann dieses Ergebnis gar nicht verstanden werden, denn eigentlich führt eine chronische Erkrankung dazu, dass man sich mehr mit seiner Gesundheit beschäftigt, liest und nach anderen Informationen sucht.

Führen wir alle Erkenntnisse aus den Gesundheitsreports und den Untersuchungen zur Gesundheitskompetenz zusammen und legen wir ein Profil unserer Mitarbeiterschaft daneben, können wir eine recht adäquate Einschätzung der zu erwartenden Krankheitsschwerpunkte, der Schwierigkeiten im betrieblichen Gesundheitsmanagement machen:

Charakteristik von Mitarbeiter:innen mit erwartbar *hohem* Krankenstand und einer *geringen* Gesundheitskompetenz	**Charakteristik von Mitarbeiter:innen mit erwartbar niedrigem *Krankenst*and und einer *hohen* Gesundheitskompetenz**
• älter • niedriges Bildungsniveau • ggf. in Kombination mit Migrationshintergrund und einem niedrigen Bildungsniveau oder Sprachschwierigkeiten	• jünger • höheres Bildungsniveau • ohne Migrationshintergrund bzw. mit Migrationshintergrund und einem hohen Bildungsniveau

Tab. 3: Charakterisierung von Mitarbeiter:innen mit einer hohen und geringen Fehltagequote

Diese Tabelle darf keinesfalls als Aufforderung zur Diskriminierung verstanden werden. Dass Arbeitgeber tendenziell z. B. Menschen ohne Migrationshintergrund bevorzugen, ist Realität und dürfte auch der Tatsache geschuldet sein, dass Arbeitgeber den Zusammenhang zur AU-Quote selbst gezogen haben.

Gesundheitskompetenz und Migrationshintergrund
Die Studienlage dazu ist unterschiedlich. Während Berens et al. (2022) die Gesundheitskompetenz von Menschen mit Migrationshintergrund (türkisch und russischstämmig) im Vergleich zur Bevölkerung ohne Migrationshintergrund nur geringfügig niedriger einschätzt, finden Messer et al. (2015) deutlich schlechtere Gesundheitskompetenz im Vergleich zu jeweiligen Vergleichsbevölkerung in EU-Ländern.

Die Problematik wird auf mehrere Faktoren zurückgeführt, die miteinander vermischt sind:
- häufig geringerer Bildungsstatus als Vergleichsbevölkerung,
- häufig niedrigerer sozialer Status,
- häufiger körperliche Tätigkeiten,
- Sprachschwierigkeiten, insbesondere in der Verständigung mit Ärzten.

All diese Kriterien erfüllen auch viele Mitarbeitende ohne Migrationshintergrund in gewerblichen Tätigkeiten und im Niedriglohnsektor im Service (die Sprachschwierigkeiten beziehen sich hier auf das Verständnis komplexer Sprache). Daher braucht das Gesundheitsmanagement von Unternehmen mit einem großen Produktions- oder Serviceanteil – unabhängig vom Migrationshintergrund – eine **Ausrichtung auf leichte Sprache, einfache Konzepte, zielgruppenpassende Rezeptionsformate** (i. S. von Youtube, TikTok und Instagram, warum sollte Gesundheitskompetenz nicht auch mittels solcher einfacher Formate gestärkt werden?).

Zudem brauchen Unternehmen niedrigschwellige technologische Reichweite, unabhängig von betrieblichen E-Mail-Adressen oder Zugang zu Firmencomputern. Ein Intranet (mit BGM-Teil) mit unbedingter Anbindung an eine App, die über die gängigen App-Stores installierbar ist, muss heute zum Standard von größeren mittelständischen und Großunternehmen gehören.

Meine **Schlussfolgerung für die Gesundheitskompetenz** insgesamt ist:
- Arbeitgeber müssen die negativen Folgen verschiedener gesellschaftlicher Entwicklungen auffangen, die sie nicht zu verantworten haben.
- Es findet in der Ausbildung von Kindern und Jugendlichen **keine Gesundheitsbildung** statt. Die Themen Ernährung, gesundes Leben sowie Auswahl, Lesen und Verstehen von Gesundheitsinformationen sind in Schulen zu wenig präsent. Zudem werden dort »Bildungsmaterialien« verwendet, die von Unternehmen gesponsort sind und oft Falschinformationen oder tendenziöse Informationen enthalten.
- Die **Gesundheitsinformation ist flächendeckend durchsetzt mit lobbyistischen und werblichen Informationen**, die für Laien nur schwer hinsichtlich ihres Wahrheitsgehaltes auseinanderzuhalten sind. Zudem wird auch die scheinbar wissenschaftliche Information lobbyistisch verzerrt und der Schulenstreit etwa zwischen

der etablierten Medizin und der Naturheilkunde wird mit unsachlichen, teils falschen Argumenten und sehr erbittert geführt. Allein der Versuch, Orientierung in den unterschiedlichen Ernährungslehren zu finden, ist für Laien zum Scheitern verurteilt.

- Die **Integration von Menschen mit Migrationshintergrund gelingt gesamtgesellschaftlich nur schlecht** und Gesundheitskompetenz wird nicht gezielt vermittelt. Es ist zu erwarten, dass aufgrund ausländerfeindlicher Erlebnisse von Menschen mit Migrationshintergrund das Commitment zur Gesellschaft und damit auch zum Arbeitgeber nicht immer stark ausgeprägt ist und es deshalb – ich betone – *auch vereinzelt* zu höheren motivationsbedingten Fehlzeiten kommt.
- **Frauen haben frauenspezifische Gesundheitsthemen**, wie die Menstruation, im hohen Maße der dauerhafte Konsum der Antibabypille mit ihrer Schädigungswirkung, stärkere hormonelle Schwankungen und deren Auswirkungen etwa in und nach der Menopause sowie eine deutliche Doppelt- und Dreifachbelastung im Privatleben mit Karrierebrüchen durch Kinder und einer systematischen Diskriminierung etwa bei Beförderung und Entlohnung.

Praxistipp

Nutzen Sie die Gesundheitsreports der Krankenkassen sowie andere Quellen dazu, eine Argumentationslinie für die Kommunikation mit der Geschäftsleitung aufzubauen. Analysieren Sie dazu Ihre Mitarbeiterschaft und schätzen Sie Bildungsniveau sowie die anderen genannten Faktoren ein. Leiten Sie daraus erste Schwerpunkte für Ihr BGM-Programm ab. Achten Sie bei der Planung von Gesundheitswissens- und Gesundheitskompetenz-Aktionen auf eine adressatengerechte Sprache und Schwierigkeitsgestaltung.

2.2.2 Gesundheitsberichte von Krankenkassen richtig nutzen

Gesetzliche Krankenkassen bieten Unternehmen den Service an, eine Gesundheitsberichtserstattung über versicherte Mitarbeiter:innen zu erhalten. Ein Bericht wird ab 50 Versicherten erzeugt, allerdings ist die Aussagekraft bei kleinen Gruppen gering, da keine Differenzierungen etwa nach Alter oder Geschlecht getroffen werden können.

Es lohnt sich für größere Unternehmen, die drei bis fünf größten Krankenkassen – nach Zahl der versicherten Mitarbeiterinnen und Mitarbeiter – um einen Bericht zu bitten. Die Berichte sind Teil des Datenpools, den Sie als Gesundheitsmanager:in aufbauen sollten.

Sie werden jedoch eine rechnerische Zusammenführung der Daten vornehmen müssen.

2.2.2.1 Vorteil und Nutzen

Aus der Zusammenführung der Daten Ihrer versicherten Mitarbeiterinnen und Mitarbeiter lassen sich Aussagen über das Mengengerüst von **Diagnosehauptgruppen** ableiten. Sie können die **AU-Fälle und die AU-Tage nach Falldauern** auswerten und die Verteilung von Lang- und Kurzzeiterkrankungen ablesen.

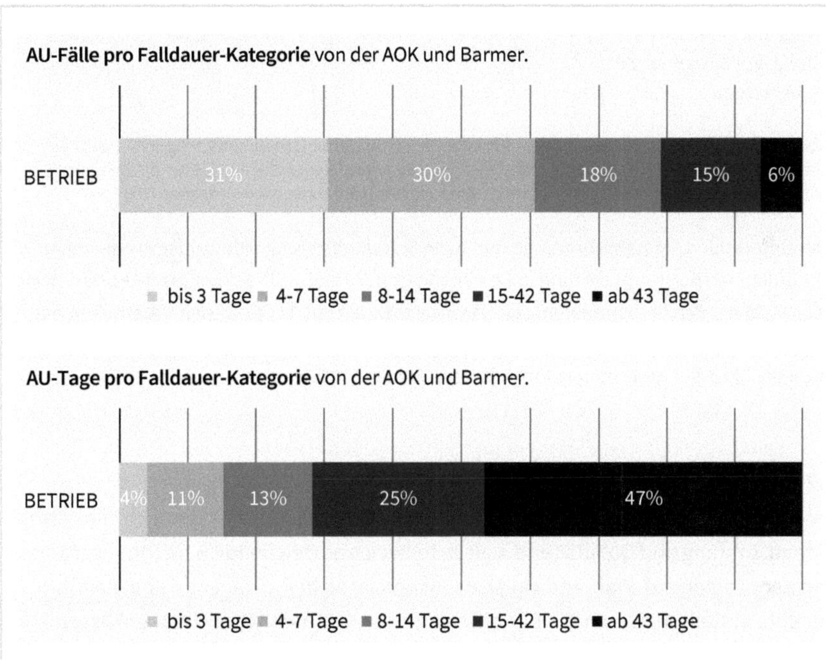

Abb. 17: Die Daten eines Beispielunternehmens zeigen, dass nur etwa 6 % aller Mitarbeiter:innen 47 % der AU-Tage produzieren.

Standardisierte Daten: Schnell übersehen

Einige Krankenkassen berechnen eine alters- und geschlechtseffektbereinigte Standardisierung der Krankendaten. Die Barmer schreibt dazu in ihrem Gesundheitsreport: »*Üblicherweise unterscheiden sich die Alters- und Geschlechtsverteilung Ihres Unternehmens von denen der Vergleichsgruppen. Um die Kennzahlen verschiedener Gruppen inhaltlich sinnvoll vergleichen zu können – auch wenn sich die Populationen bekanntermaßen hinsichtlich ihrer Alters- und Geschlechtsstruktur unterscheiden – ist eine sog. Standardisierung notwendig.*

Dies bedeutet, dass allen Gruppen rechnerisch eine identische Alters- und Geschlechtsstruktur unterlegt wird. So können Daten unterschiedlicher Jahre oder Gruppen miteinander verglichen werden, ohne dass es zu Verzerrungen aufgrund unterschiedlicher Alters- und/oder Geschlechtsstrukturen kommt.«

Zwar ist die von den Krankenkassen vorgenommene Standardisierung aus deren Sicht sinnvoll, um eine Vergleichbarkeit zu ermöglichen. Allerdings verfälscht es den Blick fürs eigene Unternehmen, weil hier Zahlen – beispielsweise für den Krankenstand – angegeben werden, die nicht den beobachteten Zahlen entsprechen. Wie stark diese Abweichung sein kann, zeigt die folgende Tabelle eines Unternehmens:

	AOK	Barmer	BKK	DAK	Techniker	Gesamt
Krankenstand in % nach Berichtsangaben, standardisiert	5,5%	4,4%	6,08%	4,0%	6,02%	5,3%
tatsächlicher Krankenstand, auf Basis von 250 Arbeitstagen	7,2%	9,3%	8,8%	7,4%	8,8%	8,28%

Tab. 4: Vergleich mehrerer Gesundheitsberichte eines Kundenunternehmens. Verglichen wird der standardisierte Krankenstand, wie er von den jeweiligen Krankenkassen für die bei ihr versicherten Mitarbeiter berechnet wurde, und der reale Krankenstand auf Basis von Fehltagen.

Der Unterschied entsteht zum einen durch die Standardisierung. Zum anderen berechnen Unternehmen den Krankenstand mit einer anderen Formel als Krankenkassen. Es darf Ihnen also nicht der Fehler unterlaufen, standardisierte Daten mit Ihren eigenen Unternehmensdaten zu vergleichen. Krankenkassendaten dienen lediglich der Orientierung. Zur Unterschiedlichkeit der Berechnungsformeln lesen Sie Kapitel 2.3.

2.2.2.2 Kritik an der Berichtsqualität

Die Berichte der einzelnen Krankenkassen unterscheiden sich deutlich hinsichtlich Aufbau, Umfang und Qualität und weisen teilweise abweichende Berechnungsformeln und Kennzahlen auf. Während einige Krankenkassen hervorragende und ausführliche Berichte erstellten, waren die Berichte anderer auch namhafter Krankenkassen kurz, wenig aussagekräftig und es fehlten relevante Daten.

Leider sind auch die Krankheitsgruppen nicht deckungsgleich. Es fehlen in den Berichten einzelner Krankenkassen demografische Daten über Geschlechter- und Altersverteilung oder schlicht die Angabe, ob ein Wert standardisiert oder beobachtet ist.

Die von Krankenkassen angegebenen Branchenwerte weichen untereinander teils deutlich ab. Die Branchenwerte ergeben sich aus allen Versicherten der jeweiligen Krankenkasse, von denen die Branchenzugehörigkeit bekannt ist (vgl. Tab. 5). Besser wäre ein vereinheitlichter Gesamtbranchenwert.

	AOK	Barmer	BKK	DAK	Techniker
Branche	Branche Bund; 2017	WZ 8610 DE; 2017	WGRP; 2017	Branche Gesundheitswesen; 2017	WZ 86; 2017
Branchenwert	**4,9%**	**5,2%**	**4,54%**	**4,6%**	**4,03%**

Tab. 5: Die Branchenvergleichswerte des Krankenstandes (standardisiert) unterscheiden sich zwischen den einzelnen Krankenkassen deutlich, hier am Beispiel »Gesundheitswesen«. (Quelle: Fünf Gesundheitsreports eines Unternehmens der Gesundheitsbranche. Berichte für das Jahr 2017)

2.3 Formeln für die Berechnung von Krankenstand und wirtschaftlichem Schaden

2.3.1 Berechnung des Krankenstandes durch die Krankenkassen

Bei den Krankenkassen werden die Arbeitsunfähigkeitstage auf ein vollständiges Versicherungsjahr (Vj) bezogen und durch 365 Tage dividiert. Um einen Prozentwert zu erhalten, wird mit 100 multipliziert. Somit ergibt sich folgende Formel:

$$\frac{\textit{Anzahl der AU - Tage je Versichertenjahr}}{365\ \textit{Tage}} \times 100$$

Krankenkassen erfassen nur die Krankmeldungen, die mit einem Krankenschein erfolgten. Kurzzeiterkrankungen ohne Schein lassen sich nicht erfassen. Dafür werden auch Wochenenden mitgezählt.

2.3.2 Berechnung des Krankenstandes im Unternehmen

Eine Berechnung des tatsächlichen Krankenstandes ohne Bereinigung durch Standardisierungen erlaubt einen Überblick über den tatsächlichen Schaden, der im Unternehmen entsteht. Die Unternehmensformel lautet:

$$\frac{\textit{Summe AU - Tage (beobachtet)}}{\textit{Summe Beschäftigtentage}} \times 100$$

Auf Basis einer Tabelle, die Sie auf www.schulferien.org/Arbeitstage/ finden, berechnen wir die **Soll-Arbeitstage** zum Beispiel im Jahr 2023 mit 254 (schwankt zwischen Bayern = 253 und Berlin = 256) und multiplizieren sie mit der Beschäftigtenanzahl. Bei dieser Berechnung können **Ungenauigkeiten** auftreten, da die Beschäftigtenanzahl mit Vollzeitäquivalenten (VZÄ) gleichgesetzt wird. Es ist aber davon auszugehen, dass ein Teil der Beschäftigten in Teilzeit arbeitet und an bundesländerübergreifenden Standorten.

2.3.3 Wirtschaftlicher Schaden durch Fehlzeiten – einfache Berechnungsformeln

Mit dieser bekannten Formel kann überschlagen werden, wie hoch der wirtschaftliche Schaden durch krankheitsbedingte Fehlzeiten ungefähr ist.

Sie benötigen:

Anzahl Mitarbeiter:innen	schnelle Formel: Anzahl Köpfe genaue Formel: Anzahl VZÄ
Anzahl Führungskräfte	schnelle Formel: Anzahl Köpfe genaue Formel: Anzahl VZÄ
Anzahl Fehltage pro Mitarbeiter:in	schnelle Formel: Fehltage pro Kopf genaue Formel: Fehltage pro VZÄ
Anzahl Fehltage pro Führungskraft	schnelle Formel: Fehltage pro Kopf genaue Formel: Fehltage pro VZÄ
Bruttojahreslohn pro Mitarbeiter:in im Durchschnitt	Jahresbrutto inkl. aller Sonderbezüge im Mittel über alle Mitarbeiter. Sofern Sie mit VZÄ rechnen, muss sich der Bruttolohn auf eine VZÄ beziehen.
Bruttojahreslohn pro Führungskraft im Durchschnitt	Jahresbrutto inkl. aller Sonderbezüge im Mittel über alle Mitarbeiter:innen. Sofern Sie mit VZÄ rechnen, muss sich der Bruttolohn auf eine VZÄ beziehen.
Anzahl der gesetzlichen Arbeitstage pro Kalenderjahr (Urlaub darf nicht abgezogen werden)	Diese Information schwankt zwischen den Bundesländern. Auf www.schulferien.org/Arbeitstage/ finden Sie die jeweils gültige Liste.

Tab. 6: Berechnung des wirtschaftlichen Schadens durch Fehlzeiten

Berechnung des wirtschaftlichen Schadens bei Mitarbeiter:innen
In der Beispielrechnung rechnen wir mit VZÄ. Zunächst berechnen wir die Arbeitgeberkosten pro Mitarbeiter:in und Fehltag:

Mitarbeiter-Bruttojahreslohn pro VZÄ × 1,25[3] / Anzahl gesetzlicher Arbeitstage

40.000 EUR × 1,25 = 50.000

↓

50.000 / 250 gesetzliche Arbeitstage in Hessen = **200 EUR**

↓

200 EUR Arbeitgeberkosten pro Fehltag

Jetzt berechnen wir alle Fehltage:

Anzahl Fehltage pro VZÄ × Anzahl VZÄ

3 Der Faktor interpoliert die zusätzlichen Arbeitgeberkosten, wie Krankenversicherung und Sozialabgaben.

10,5 Fehltage pro VZÄ × 450 Mitarbeiter = **4.725 Mitarbeiter-Fehltage**

Anschließend werden die Gesamtkosten aller Fehltage pro Jahr berechnet:

4.725 × 200 EUR = **945.000 EUR**

Berechnung des wirtschaftlichen Schadens bei Führungskräften
Die gleiche Rechnung wird nun auch für die Führungskräfte durchgeführt, jedoch mit einem höheren Bruttojahreslohn und meist geringeren Fehltagen pro VZÄ.

Beachten Sie bei der Interpretation die folgenden Hinweise:

- Die 945.000 EUR entsprechen dem Mindestproduktivitätsverlust pro Jahr für alle Mitarbeiter:innen. Hier fehlen die Verluste an Produktivität, die nicht durch das Gehalt gegengerechnet sind. Idealerweise ist ein Mitarbeiter ja produktiver, als er kostet.
- Es fehlen die Kosten für zusätzliches Personal, das benötigt wird, um das kranke Personal zu ersetzen. Diese Kosten sind hier ebenfalls nicht enthalten.
- Es fehlt der schleichende Verschleiß gesunder Mitarbeiter:innen, die die Mehrbelastungen auffangen müssen und dafür später krank werden.
- Sie dürfen nicht die Aussage treffen, dass durch das betriebliche Gesundheitsmanagement eine Kostenersparnis erfolgt, die die Fehlzeitenkosten reduziert. Denn das Unternehmen wird die nichtkranken Mitarbeiter ja weiterhin bezahlen müssen. Es erhält dafür aber die produktive Leistung dieser Mitarbeiter. Durch die angestrebte Senkung der Fehltage erfolgt eine Steigerung der Produktivität der Mitarbeiter:innen und es sinken die Kosten für den Personalersatz.
- Auch sollten Sie nicht annehmen, dass durch das betriebliche Gesundheitsmanagement die Fehltage vollständig oder zu einem großen Teil gesenkt werden können. Unterschiedliche Studien gehen von einem Mindestkrankenstand von 2,5 bis 3% aus.

Berechnung der Produktivitätszugewinne durch Senkung der Fehltage
Für die Berechnung der Produktivitätszugewinne infolge einer Senkung der Fehltage berechnen wir zunächst die Krankenquote aus den oben genannten Angaben. Als Erstes brauchen wir die Gesamtzahl aller Arbeitstage aller Mitarbeiter:innen pro Jahr:

Anzahl VZÄ × Anzahl gesetzlicher Arbeitstage = Arbeitstage pro Jahr

↓

450 VZÄ × 250 Arbeitstage = **112.500** Arbeitstage pro Jahr

Jetzt berechnen wir die Fehltage pro Jahr:

Anzahl VZÄ × Anzahl Fehltage pro VZÄ = Fehltage pro Jahr

↓

450 VZÄ × 10,5 Fehltage pro VZÄ = **4.725** Fehltage pro Jahr

Nun bilden wir den Quotienten aus beidem:

4.725 Fehltage pro Jahr / 112.500 Arbeitstage pro Jahr

= **4,2 % Krankenquote**

Wenn Sie die im Buch beschriebenen Maßnahmen konsequent umsetzen, ist es realistisch, die **Krankenquote innerhalb von zwei Jahren um etwa 0,5 bis 1,5 Prozentpunkte zu senken**. Beachten Sie, dass ich hier von Prozentpunkten spreche. Damit ist gemeint, dass die 4,2% minus 0,5% = 3,7% bzw. 4,2% minus 1,5% = 2,7% Krankenquote ergeben. Zu den Maßnahmen gehören ein konsequentes Gesundheitsmanagement mit einer soliden Führungskräfteentwicklung, die Umsetzung der in diesem Buch beschriebenen Kampagnen sowie eine Gefährdungsbeurteilung psychischer Belastungen.

Mit der folgenden Formel lässt sich der Effekt auf die Gesamtkosten aller Fehltage berechnen:

(**0,5** % / 4,2 %) × 945.000 EUR = **112.500 EUR Produktivitätsgewinn**

(**1,5** % / 4,2 %) × 945.000 EUR = **337.500 EUR Produktivitätsgewinn**

Diese Rechnung ist hinreichend genau und zudem äußerst konservativ, d.h. sie überschätzt die wirtschaftlichen Effekte keinesfalls. Sie ist sinnvoll im Einsatz bei Geschäftsleitung und Führungskräften, um sich die Dimension und Bedeutung des betrieblichen Gesundheitsmanagements zu verdeutlichen.

2.4 Aufbauorganisation und Rollen des Gesundheitsmanagements

2.4.1 Steuerkreis Gesundheitsmanagement

Der Steuerkreis Gesundheitsmanagement (vgl. Punkt in Abbildung 17) ist das zentrale Gremium zur Gestaltung des betrieblichen Gesundheitsmanagements. Er ist weder gesetzlich vorgegeben noch in seiner Zusammensetzung reguliert. Die folgende Aufzählung enthält einige Überlegungen zu den Mitgliedern des Steuerkreises und seiner Funktion:

- Der Steuerkreis ist das oberste **mandatgebende Organ**. Er steht über der Arbeitssicherheit und auch über dem Betriebsarzt, auch wenn deren Tätigkeiten durch gesetzliche Vorgaben reguliert sind und der Steuerkreis dabei nicht weisungsbefugt ist.
- Um dem betrieblichen Gesundheitsmanagement Gewicht zu verleihen, sollte der **Vorsitz durch ein Mitglied der Geschäftsleitung** übernommen wird. Nur zur Not kann der Personalleiter diese Funktion übernehmen. Aufgrund seiner hochrangigen Besetzung genügen **zwei bis drei Sitzungen pro Jahr**.
- Die **Teilnahme von Sicherheitsfachkraft und Betriebsarzt sind nicht bei jeder Sitzung notwendig**. Hintergrund ist, dass gerade bei externen Dienstleistern über den Arbeitsschutzausschuss (ASA) hinaus zusätzliche Sitzungen gesondert berechnet werden. Da das BGM viele Personal-, Führungs-, Kultur- und Arbeitsprozessthemen anspricht, sind Sicherheitsfachkraft und Betriebsarzt nicht immer notwendig. Sie sollten nur bei Bedarf hinzugezogen werden. Von diesem Vorschlag kann abgewichen werden, wenn die beiden im Unternehmen angestellt sind und maßgeblich zu den oben genannten Themen beitragen können.
- Die **Schwerbehindertenvertretung** muss nicht zwingend Mitglied des Steuerkreises sein. Gerade in öffentlichen Verwaltungen wird dies jedoch verlangt. Es bleibt dem Unternehmen überlassen und es spricht nichts gegen eine Teilnahme.
- Im Steuerkreis wird nicht operativ gearbeitet, sondern die **Zielsetzung und Strategie festgelegt**. Zudem werden hier verbindliche Qualitätsvorgaben und Standards gesetzt, etwa bei der Bereitstellung von Methoden, Vorgehensweisen und Dienstleistern, denn es sollte kein Wildwuchs entstehen. Der Steuerkreis hat damit auch die **Methodenhoheit**.
- Grundsätzlich ist es empfehlenswert, die **Teilnahme des Betriebs- oder Personalrates im Steuerkreis** vorzusehen. Der Vertreter wird jedoch zu einer Trennung von Betriebsrat und Steuerkreis verpflichtet, darf also Dokumente, die er im Rahmen seiner Steuerkreisarbeit erhalten hat, nicht für die Betriebsratsarbeit einsetzen, solange diese nicht freigegeben sind.
- Zusätzlich sollten **Führungskräftevertreter** paritätisch eingeladen werden. Wählen Sie wohlwollende Schwergewichte, d.h. Führungskräfte direkt unterhalb der

Geschäftsleitungsebene, die dem BGM positiv gegenüberstehen und ggf. auf die Geschäftsleitung Einfluss nehmen können.

- Sofern Sie die Rolle der **Gesundheitskoordinatoren** vorsehen, sollten zwei Vertreter der Gruppe am Steuerkreis teilnehmen und danach der übrigen Gesundheitskoordinatorengruppe Bericht erstatten.
- **Lokale Arbeitskreise** sind eine gute Idee, wenn Ihr Unternehmen mehrere große Standorte hat, die eine gewisse Autarkie fordern. Bilden Sie die lokalen Gesundheitsmanager:innen in einem gemeinsamen Lehrgang aus. Lokale Arbeitskreise müssen die Methoden, Werkzeuge und Theorien des zentralen Steuerkreises mit vertreten, haben jedoch Freiheitsgrade bei der Adaption an lokale Belange.
- **Gesundheitszirkel** sind eine alternative Form der BGM-Arbeit geeignet für Produktionsbereiche und Servicebereiche, Hausmeister- und Reinigungstätigkeiten sowie alle Tätigkeiten, wo viele Menschen einer ähnlichen Tätigkeit nachgehen.

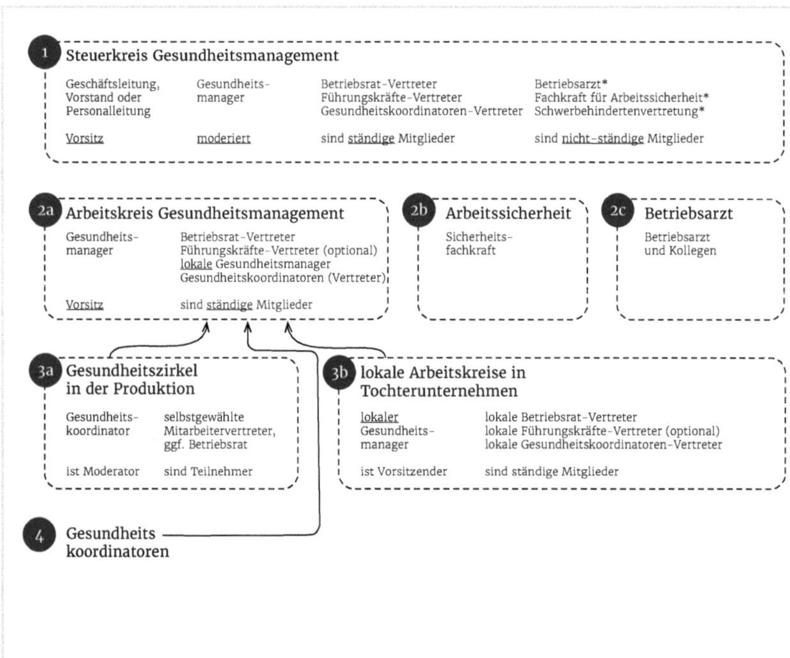

Abb. 18: Schematische Aufbauorganisation für ein Unternehmen mit mehreren Standorten oder Werken (Quelle: eigene Darstellung)

Aufgaben des Steuerkreises

- Festlegung der strategischen Ausrichtung und Zielsetzung des betrieblichen Gesundheitsmanagements
- Richtlinienkompetenz: Vorgabe von Arbeitsrichtlinien für die BGM-Arbeit in untergeordneten Strukturen
- Methodenauswahl: verbindliche Festlegung von Methoden und Werkzeugen der BGM-Arbeit für untergeordnete Strukturen
- Einberufung von Gesundheitszirkeln oder lokalen Arbeitskreisen in untergeordneten Strukturen
- Initiierung von zentralen Maßnahmen des BGM (z. B. Gesundheitsbefragungen, Gesundheitstage, Führungskräfteprogramme, Akutinterventionsprogramme)
- Aufbau einer Controlling-Instanz zur Budgetverwaltung und Gewährleistung eines angemessenen Mitteleinsatzes
- Wahl und Beauftragung eines Arbeitskreises für die operative Arbeit des Steuerkreises
- Beauftragung der Kommunikation der BGM-Aktivitäten

Die Methoden- und Richtlinienkompetenz des Steuerkreises

Der zentrale Steuerkreis ebenso wie der zentrale Arbeitskreis sollten die Aufgabe der zentralen Methoden- und Richtlinienkompetenz sowie der Anbieterauswahl ernst nehmen, um eine einheitliche Qualität, Qualitätssicherung sowie Theoriekonformität[4] sicherzustellen.

Die Dokumentation kann in einem **zentralen Methodenkoffer** erfolgen. Beispiele für typische Inhalte sind:

- **Problemerfassungsinstrumente**, wie die Materialsammlung »Kein Stress mit dem Stress« oder Vorlagen für die Protokollierung von Gesundheitszirkelsitzungen (→ einheitliche Methoden und Qualitätssicherung).
- Jeder Gesundheitszirkel sollte als erste Sitzung eine Einführung in die Gesundheitszirkelarbeit erhalten. Hierfür sollte ein **standardisiertes Einführungsprogramm** erarbeitet werden (→ einheitliche Methoden und Theoriekonformität).
- Die **Gesundheitszirkelmoderatoren** sollten eine eigene **Schulung** erhalten, die sie auf ihre Rolle vorbereitet (→ einheitliche Methoden und Qualitätssicherung).
- Eine **Gefährdungsbeurteilung psychischer Belastungen wird zentral organisiert und durchgeführt**. Kein Wildwuchs, keine unterschiedlichen Anbieter oder Vorgehensweisen (→ einheitliche Methoden und Qualitätssicherung).
- Das **Kerngerüst von Gesundheitstagen** kann im Vorfeld vom Steuergremium entwickelt und die **Verhandlungen mit externen Anbietern zentral geführt** werden. Die lokalen Arbeitskreise können dieses Kerngerüst auf ihren Bereich anpassen. Hierdurch gibt es starke organisatorische und finanzielle Synergieeffekte.
- Ebenfalls sollten das **Marketing für BGM und die Vermittlung von Gesundheitswissen** zentral entwickelt werden (Corporate-Design-Vorlagen für Poster, Flyer,

4 Widerspruchsfreiheit von Theorien externer Anbieter von BGM-Maßnahmen, Stichwort: »Paleo oder vegan – was ist gesund?«.

Broschüren, Roll-ups usw., welche dann in den lokalen Gesundheitszirkeln nur noch an die Inhalte angepasst werden. Dadurch lassen sich Kosten und Zeit einsparen).
- Die Form des **Ablaufs von einzelnen Gesundheitszirkelsitzungen**, also die Beschlussfassung, die Protokollierung und die Berichterstattung an das Steuergremium, sollte in einer Prozessbeschreibung vereinheitlicht und systematisiert werden.
- **Vorsorgeuntersuchungen, Ergonomietage, Beratungstage von Krankenkassen** usw. sind ebenfalls zentral vorzubereitende Werkzeuge.
- **Gesundheitsförderungsangebote** wie Sportkurse, Fitnessclub-Förderung, Ernährungs- und Entspannungskurse, Formate wie die aktive Pause, Betriebssportgruppen usw. sollten zentral mit örtlichen Anbietern vom Arbeitsausschuss verhandelt werden. Es sollten Rahmenverträge ausgehandelt werden, sodass die einzelnen Gesundheitszirkel keine eigenen Verhandlungen führen müssen. Eine lokale Anbietersuche findet nur statt, wenn die Gesundheitszirkel in räumlich voneinander entfernten Niederlassungen verortet sind.

2.4.2 (Zentraler) Arbeitskreis Gesundheitsmanagement

In großen Unternehmen ist der Steuerkreis oft ein Politikum. Jeder wichtige Akteur möchte dort vertreten sein, auch wenn er oder sie nichts beizutragen hat. Steuerkreise sind dann sehr steif und formal und es wird dort nichts Spontanes entwickelt oder erarbeitet.

Daher hat es sich bewährt, dem Steuerkreis einen Arbeitskreis (vgl. Punkt 2a in Abbildung 17) zur Seite zu stellen, der aus maximal fünf Mitgliedern bestehen sollte. Hier sollten fähige, mit operativen Kompetenzen ausgestattete Menschen vertreten sein. Achten Sie darauf, ein gutes, arbeitsfähiges Team zusammenzustellen. Folgende **Mitglieder** sollten vorhanden sein:
- Zentrale:r Gesundheitsmanager:in (Vorsitz)
- Führungskraft mit Rückhalt der Geschäftsleitung (kurzer Draht!) → optional
- Betriebsrat
- Gesundheitskoordinator:innen oder lokale Gesundheitsmanager:innen (ggf. nur Vertreter:innen)
- Mitarbeiter:innen aus der Kommunikationsabteilung (bei Bedarf)
- Mitarbeiter:innen aus der IT-Abteilung (bei Bedarf)
- ggf. ein:e externe:r Berater:in mit operativen Kompetenzen zur Prozessbegleitung (der/die also nicht nur strategisch arbeitet, sondern IT-kompetent, diplomatisch, sozial kompetent und im Unternehmen gut vernetzt ist) → optional

Typische Aufgaben des Arbeitskreises

- Vor- und Nachbereitung der Sitzungen des Steuergremiums
- Entwicklung der strategischen Ausrichtung und Zielsetzung
- Vorbereitung von Richtlinien, Auswahl von Dienstleistern (jeweils vorbereitend)
- diplomatische Vor- und Nachgespräche, Netzwerken
- Umsetzung sämtlicher Aufgaben, für die im Steuerkreis das Mandat erteilt wurde
- Integration von inner- und außerbetrieblichen Expert:innen, die nicht dauerhaft im Steuergremium sind, Kostenverhandlung, Beauftragung von externen Expert:innen und Berater:innen
- innerbetriebliche Kommunikation: Artikel schreiben, Erfahrungsberichte von Teilnehmern von Maßnahmen erbitten, ein Intranet, eine Sharepoint-Seite oder eine Mitarbeiterzeitung zum Thema entwickeln oder beliefern
- außerbetriebliche Kommunikation und Marketing: Zusammenarbeit mit Marketingabteilung, Marketing zu BGM-Aktionen als Teil des Marketings zur Arbeitgeberattraktivität, Hinzuziehen von Fotograf:innen und Berichterstatter:innen der lokalen oder überregionalen Presse (je nach Größe und Bedeutung des Unternehmens) oder Vertreter:innen der Marketingabteilung mit diesen Aufgaben
- Projektmanagement und Budgetverwaltung

2.4.3 Gesundheitsmanager:innen

Gesundheitsmanager:innen – oder auch BGM-Beauftragte – sind unternehmensinterne Leiter des Steuerkreises. In größeren Unternehmen ist das eine eigene Stelle. Doch auch bei kleinen und mittelständischen Unternehmen kommt dieser Stelle eine wichtige Rolle zu und sie sollte mit etwa 20 bis 25 % Arbeitszeit ausgestattet sein.

Aufgaben der Gesundheitsmanager:innen

- Koordination, Vor- und Nachbereitung des großen BGM-Steuerkreises
- oberste:r Projektmanager:in für alle aus dem BGM-Projekt abgeleiteten Projekte. Jedoch arbeiten ihr/ihm die jeweiligen Kollegen aus den Arbeitsgruppen zu.
- Bericht an den Vorstand bzw. die Geschäftsleitung
- Moderation der Steuerkreise
- Budgetverantwortung

Wer ist die ideale Besetzung für eine Position als Gesundheitsmanager:in?

Aufgrund meiner Erfahrungen in zahlreichen BGM-Projekten möchte ich folgende Anforderungskriterien für eine:n Gesundheitsmanager:in ableiten:

- Die Person kann aus der **Personalabteilung** kommen. Es kann jedoch meist nicht die Personalleitung sein, weil diese zu viele andere Aufgaben hat.
- Die Person **sollte kommunikativ, offen und freundlich** sein und keine Angst haben, Gruppen zu leiten.

- Ideal ist eine **Moderationsausbildung**.
- Sie sollte sich umfassend in das Themengebiet Gesundheitsmanagement eingelesen und eingearbeitet haben und eine **Gesundheitsmanagerausbildung** absolviert haben.
- Sie sollte unbedingt **Erfahrungen im Projektmanagement** haben.
- Sie sollte **präsentieren** und **vortragen** können.
- Sie sollte **keine höhere Führungskraft** sein und auch **kein Betriebsrat**. Beide Gruppen werden als nicht neutral angesehen. Obwohl das Gesundheitsmanagement häufig von Betriebsräten vorangetrieben wird, stoßen Projekte, die von einem Betriebsrat geleitet werden, zu oft bei der Geschäftsleitung auf taube Ohren.

Typische Fehler bei der Besetzung der Position als Gesundheitsmanager:in

- Der Person kein Zeitbudget geben, sondern die Aufgabe ehrenamtlich *on top* verlangen. → Das führt mit Sicherheit zum Scheitern des Projekts oder zum teuren Einkauf externer Dienstleister.
- Der Person kein finanzielles Budget geben, sondern jede Maßnahme einzeln genehmigen lassen. → Der Prozess verzögert sich deutlich.
- Eine Verlegenheitswahl treffen, d.h. eine Person auswählen, die eigentlich nicht geeignet ist und Angst vor Gruppen, Moderation und Präsentation hat.
- Eine Person auswählen, die sich vorher nicht fortbilden darf, denn betriebliches Gesundheitsmanagement funktioniert nicht (allein) mit dem gesunden Menschenverstand (auch wenn der nicht schadet).

2.4.4 Gesundheitszirkel: Eine alte Methode neu beleben

2.4.4.1 Was ist ein Gesundheitszirkel

Die Integration und Partizipation von Beschäftigten bei der betrieblichen Organisationsentwicklung entstand in den 1960er-Jahren und stammt ursprünglich aus Japan. Dort wurde die Qualitätssicherung auf die Ebene der Mitarbeiter:innen geholt und diese zu hochaktiven problemlösungsorientierten Kleingruppen zusammengefasst. Kaoru Ishikawa entwickelte das Konzept der Qualitätszirkel, das einen solch durchschlagenden Erfolg z. B. in der Automobilindustrie hatte, dass es in den 1980er-Jahren auch von westlichen Industrienationen übernommen wurde. **Gesundheitszirkel sind eine Übertragung dieser Qualitätszirkel auf den Bereich der Gesundheit.**[5]

In den Anfängen der Entwicklung von Gesundheitszirkeln gab es zwei Modelle, die mit jeweils unterschiedlichen Ansätzen und Zielsetzungen arbeiteten.

5 Laireiter & Meister, 2002, S. 348 f.

Das **Berliner Modell** hatte als Zielsetzung die Analyse und Bewältigung von arbeitsbezogenen und psychosozialen Belastungen innerhalb einer betrieblichen Einheit. **Mitglieder des Zirkels stammen nur aus einer Hierarchieebene oder aus einem Arbeitsbereich.** Daher sind typische Zielgruppen Organisationseinheiten, die besonders hohen Belastungen ausgesetzt sind. Ziele dieser Zirkel sind:

- Erkennen und Analysieren von betrieblichen, kommunikativen, arbeitsbezogenen und psychosozialen Belastungen, die zu intensiven Belastungen und Beanspruchungen bei den Mitarbeiter:innen führen;
- Erarbeiten von Möglichkeiten zu einem besseren persönlichen Umgang damit;
- Entwicklung körperlicher und psychischer Ressourcen zu deren Bewältigung;
- Erwerb und Vertiefung des Wissens über die Entstehung gesundheitlicher Belastungen;
- Veränderung objektiver betrieblicher Bedingungen, die zu den Belastungen führen;
- Schaffung eines gesundheitsförderlichen Arbeitsklimas.

Zusammenfassend kann man sagen, dass hier ein **stärkerer Fokus auf der Entwicklung von individuellen Kompetenzen zur Belastungsbewältigung** liegt. Die Veränderung von organisationalen Belastungen ist auch Bestandteil, steht allerdings nicht so im Vordergrund, wie es uns sinnvoll erscheint. Wir nennen diesen Typ im Folgenden **Interventionsgesundheitszirkel**.

Das **Düsseldorfer Modell** wurde ein paar Jahre vor dem Berliner Modell entwickelt. Es hat zwei zentrale Ziele:

- die Analyse und Klärung besonders belastender und beanspruchender Arbeitsanforderungen und deren Möglichkeiten zur Bewältigung;
- die Ermittlung und Entwicklung von konkreten Änderungsmöglichkeiten.

Charaktermerkmale dieses Typs von Gesundheitszirkeln sind, dass die Gruppe hierarchieübergreifend und systematisch zusammengesetzt ist (aus Beschäftigten, Meistern, Sicherheitsfachkräften, Betriebsrat, Betriebsarzt und Vorgesetzten) und dass die Beschäftigten von Kollegen gewählt werden und als Vertreter fungieren, d.h. sie bringen auch Problemstellungen der nicht beteiligten Kollegen mit ein.

Beim Düsseldorfer Modell ist problematisch, dass sich Beschäftigte in dem hierarchieübergreifenden Kontext oft nicht trauen, ihre Problemstellungen öffentlich zu äußern, da sie für sich Nachteile beim Vorgesetzten befürchten. Positiv ist zu bemerken, dass durch die fachliche Breite der Teilnehmer:innen die Problemstellungen viel fundierter analysiert werden und durch die Anwesenheit von Vorgesetzten häufig direkt umgesetzt werden können. Im Düsseldorfer Modell liegt der Fokus auf **organisationalen**

Veränderungen.[6] Diese Form des Gesundheitszirkels entspricht dem, was wir als **Steuerkreis BGM** bzw. **Steuerkreis Gesundheit** bezeichnen.

Aufgabe von Gesundheitszirkeln ist es, durch eine umfassende und genaue Analyse von arbeitsbedingten Belastungen und Erkrankungen sowie deren Ursachen und eine Erarbeitung von konkreten Lösungsvorschlägen einen kontinuierlichen Veränderungsprozess anzustoßen, der zu einer Reduzierung von krankmachenden Faktoren in der Arbeitswelt und zu einer Förderung von gesundheitsbegünstigenden Faktoren führt.

Eine hierarchisch und fachlich übergreifende Kleingruppe von (Produktions-)Mitarbeiter:innen, Vorgesetzten, Betriebsrat und anderen (Arbeitsschutz-)Expert:innen trifft sich über einen begrenzten Zeitraum in regelmäßigen Abständen. Unter der Leitung eines geschulten Moderators werden die folgenden Themen behandelt:

- Theoretische, organisatorische und methodische Grundlagen der Gesundheitsarbeit;
- Anfordern von Gesundheitsberichten der Krankenkassen für relevante Arbeitsbereiche, um möglichen Zusammenhängen zwischen Erkrankungen und Arbeitsbedingungen im betrieblichen Umfeld nachzugehen (bspw. Belastung im Bereich »Heben & Tragen«);
- Interpretation vorliegender Gesundheitsinformationen (Erfahrung, Gesundheitsbefragung, Gesundheitsbericht, Gefährdungsbeurteilungen für physische und psychische Belastungen);
- Arbeitsanforderungen im eigenen Arbeitsbereich, die die Mitarbeiter:innen als gesundheitlich beeinträchtigend erleben, sammeln und Vorschläge zu ihrer Verringerung bzw. Beseitigung im Sinne einer gesundheitsgerechten Arbeitsgestaltung erarbeiten;
- Erarbeitung der Ursachen gesundheitlicher Beschwerden am Arbeitsplatz;
- Ableitung belastungsreduzierender und ressourcenstärkender Maßnahmen;
- Umsetzung der Maßnahmen bzw. Einleitung des Instanzenvorgangs;
- Entwicklung von technischen, ergonomischen und organisatorischen Lösungsvorschlägen und dabei Beachtung der aktiven Einbeziehung der Beschäftigten in Planung und Umsetzung von Maßnahmen im betrieblichen Arbeitsumfeld.

Die **Ziele der Gesundheitszirkel** sind auf mehreren Ebenen zu sehen:

- für die Beschäftigten stehen die Reduktion von krankheitsverursachenden Arbeitsbelastungen physischer und psychischer Art und die Vermeidung von Schädigungen an erster Stelle;

---

6 Laireiter & Meister, 2002, S. 348 f.

- für das Management steht eine Senkung des Krankenstandes und der Fluktuation sowie im Idealfall eine Steigerung der Motivation und Arbeitszufriedenheit der Beschäftigten im Vordergrund;
- für den Betriebsrat ist das wichtigste Ziel die Verbesserung der Arbeitsbedingungen.[7]

Die Unterschiedlichkeit der Ziele ist berechtigt und muss von allen Beteiligten verstanden und akzeptiert werden.

2.4.4.2 Teilnehmer:innen

Unverzichtbare und fakultative Teilnehmer

Die folgenden Expert:innen und Personengruppen sollten an einem Gesundheitszirkel teilnehmen.

Unverzichtbare Teilnehmer:innen
Beschäftigte des betroffenen Arbeitsbereiches (mind. 50 %) Vorgesetzte:r/Meister des jeweiligen Bereichs Betriebsratsvertreter:in (kann, aber muss nicht dauerhaft teilnehmen) Sicherheitsfachkraft (kann, aber muss nicht dauerhaft teilnehmen) Moderator:in
Fakultative Teilnehmer:innen, je nach Thema
Betriebsarzt/Betriebsärztin Betriebs- oder Abteilungsleiter:in zu Beginn und Ende eines Zirkels Expert:innen je nach Notwendigkeit: Ergonom:in, betriebliche Frauenbeauftragte, Sozialarbeiter;in, Psycholog:in Personal-/HR-Vertreter:in Vertreter:in der Krankenkasse Vertreter:in der Berufsgenossenschaft

Tab. 7: Teilnehmer:innen am Gesundheitszirkel

Die unverzichtbaren Teilnehmer sollten möglichst kontinuierlich an den Sitzungen teilnehmen. Insbesondere bei Gesundheitszirkeln, in denen es um technische oder organisationale Veränderungen geht, sollten unbedingt alle Teilnehmer vertreten sein, damit die Lösungsdiskussion und deren Umsetzung zügig und ohne Misstrauen und Widerstände vollzogen werden können.

Weitere Expert:innen. Gegebenenfalls können zu einem Zirkel weitere Expert:innen hinzugezogen werden, z. B. die betriebliche Frauenbeauftragte, wenn es um ausge-

7 Franke, 1992, S. 429.

sprochene Frauenbereiche geht, der Schwerbehindertenbeauftragte oder der betriebliche Sozialberater.

Anzahl der Teilnehmer:innen. Erfahrungsgemäß sollte für eine effektive Gruppenarbeit die Gruppe 12–14 Teilnehmer:innen nicht übersteigen. Davon sollte die Hälfte Belegschaftsvertreter:innen sein.

2.4.4.3 Freiwilligkeit und Eignung der Teilnehmer:innen

Teilnehmer:innen des Gesundheitszirkels sollten freiwillig und engagiert teilnehmen. Ratsam ist es, Mitglieder zu gewinnen, die nicht nur großes Basis-/Erfahrungswissen aus der Organisation mitbringen, sondern die auch Erfahrung auf dem Gebiet des Betrieblichen Gesundheitsmanagements/der Betrieblichen Gesundheitsförderung haben. Dies ist aber nicht zwingend erforderlich.

Eine konstruktive Beteiligung der Teilnehmer:innen mit einem Gespür zum Umsetzbaren ist ratsam. Ebenso sind eine ausgesprochene soziale und emotionale Kompetenz der Teilnehmer:innen sowie deren vertrauensvolles Verhältnis zur Unternehmensleitung und zu den eigenen Kolleg:innen empfehlenswert. Es sollte aktives Erwartungsmanagement betrieben werden, d.h. es sollte klargestellt werden, dass nicht alle Vorschläge umgesetzt werden können.

2.4.4.4 Auswahl der Teilnehmer:innen

Die Expert:innen sollten mit dem betroffenen Unternehmensbereich vertraut sein. Die Auswahl der Belegschaftsvertreter:innen ist nicht ganz einfach. Ist beispielsweise der Problembereich recht homogen, d.h. führen die meisten Beschäftigten des Unternehmensbereiches, in dem der Zirkel durchgeführt wird, ähnliche Tätigkeiten aus, kann die Wahl durch die Beschäftigten selbst erfolgen. Bei heterogenen Tätigkeiten sollten aus den unterschiedlichen Tätigkeitsfeldern jeweils erfahrene Mitarbeiter:innen am Zirkel teilnehmen.

Freiwilligkeit. Die Teilnahme an einem Gesundheitszirkel muss absolut freiwillig sein. Damit ist gemeint, dass die grundsätzliche Bereitschaft zur Mitarbeit im Zirkel freiwillig sein muss. Durch die Teilnahme oder Nichtteilnahme dürfen Mitarbeiter:innen keinerlei Nachteile entstehen.

Wahl der Belegschaftsvertreter:innen. Ideal ist, wenn die Beschäftigten ihre Vertreter:innen selbst wählen. Dies kann nach entsprechender **Vorabinformation** (durch Aushang) auf der ersten Informationsveranstaltung geschehen. Die Wahl bedarf allerdings einiger Vorbereitungen. Die Vorabinformation kann z.B. in Form eines Posters gestaltet werden. Sie sollte über die nebenstehenden Inhalte informieren. Unter

Umständen ist es wichtig, darüber zu informieren, dass Vertreter:innen aus bestimmten Bereichen und mit einem gewissen Erfahrungshintergrund gebraucht werden. Vorgesetzte oder der Betriebsrat können im Vorfeld auch gezielt erfahrene Mitarbeiter:innen ansprechen und diese bitten, sich zur Wahl aufstellen zu lassen. Es sollte der Belegschaft vor der Informationsveranstaltung klar sein, dass die zu wählenden Belegschaftsvertreter:innen erfahren und aus den unterschiedlichen Tätigkeitsfeldern kommend sein müssen.

2.4.4.5 Phasen und Aufgaben

Prinzipiell können wir einen typischen Gesundheitszirkel in fünf Phasen unterteilen. Im Ablaufplan wird deutlich, dass diese fünf Phasen nicht linear ablaufen, sondern z. B. die Ergebnispräsentation mehrfach in Form von Zwischeninformationen stattfindet.

Phase	Schritte
1. Vorbereitung	• Vorbereitende Vereinbarungen, Planungen und Zielklärung • Vorbereitende Informationsveranstaltung in betroffenem Arbeitsbereich • Wahl der Delegierten aus der Gruppe der Beschäftigten • Klärung organisatorischer Rahmenbedingungen, wie Zeitpunkt, Ort, Häufigkeit der Treffen, Räumlichkeiten
2. Durchführung	• Durchführung der Zirkelsitzungen zur Problembeschreibung, Ursachenanalyse und Lösungserarbeitung
3. Ergebnispräsentation	• Präsentation des Zwischenstandes nach Problembeschreibung und Ursachenanalyse vor AK Gesundheit • Ergebnispräsentation nach Lösungserarbeitung vor AK Gesundheit • Ergebnispräsentation vor Belegschaft
4. Umsetzung	• Schnelle Umsetzung von Maßnahmen mit geringer finanzieller Belastung und organisatorischer Reichweite • Umsetzung von Maßnahmen mit größerer finanzieller Belastung und organisatorischer Reichweite
5. Evaluation	• Auswertung/Evaluation durch die Zirkelteilnehmer:innen • Auswertung/Evaluation durch Belegschaft nach sechs Monaten durch Umfrage • Auswertung von betrieblichen Unterlagen und Statistiken • Evtl. eine begleitende Evaluationsstudie

Tab. 8: Phasen des Gesundheitszirkels
Quelle: modifiziert nach Laireiter & Meister, 2002, S. 344

2.4.4.6 Ablaufplan eines Gesundheitszirkels

Der folgende Ablauf stellt eine unverbindliche Empfehlung der Autoren da. Er ist keine Vorgabe und kann daher an die individuellen Gegebenheiten angepasst werden.

Sitzung	Themen und Aufgaben	Teilnehmer
1.	Planungssitzung • Entscheidung über Durchführung eines Gesundheitszirkels • Planung der Informationsveranstaltung • Information der Belegschaft über Gesundheitszirkel und anstehende Wahl	Arbeitskreis Gesundheit, Bereichs-/Abteilungsleiter:in, Moderator:in, Betriebsrat
2.	Informationsveranstaltung • Information über Gesundheitszirkel • Information über Arbeitsaufwand, Zeit usw. • Wahl der Belegschaftsvertreter:innen • Statement von Bereichs-/Abteilungsleiter:in über Commitment zur Maßnahme und Bereitschaft zur Umsetzung der Vorschläge	gesamte Belegschaft des Bereichs, Moderator:in, Bereichs-/Abteilungsleiter:in, Meister/Vorgesetzte, Betriebsrat
3.	Einführung in Grundlagen von BGM und Zirkelarbeit • Grundlagen betrieblichen Gesundheitsmanagements • Zusammenhang von Arbeitsbedingungen und Gesundheit, wissenschaftliche Befunde • Struktur und Ablauf des Gesundheitszirkels • Grundlagen der Zirkelarbeit, Regeln • Eigene Haltung zum Thema »Veränderungen«	Belegschaftsvertreter:innen und alle Zirkelmitglieder, die diese Einführung noch nicht erhalten haben
4.	Erste Zirkelsitzung • Kennenlernen in der Gruppe • Analyse der AU-Statistik für die beteiligten Arbeitsbereiche • Identifizierung von Problembereichen • Entscheidung über Ortsbegehung, Auswahl der zu besuchenden Arbeitsplätze • Entwicklung eines Arbeitsplans	Belegschaftsvertreter:innen, Moderator:in, Betriebsarzt, Sicherheitsfachkraft, Meister/Vorgesetzte, Betriebsrat
5.	Befragung • Vorbereitung, Durchführung und Auswertung der Mitarbeiterbefragung	Moderator:in, Betriebsrat
	Ortsbegehung, Schichtmitfahrt (optional)	Moderator:in, Meister/Vorgesetzte, Sicherheitsfachkraft oder Werksarzt
6.	Zweite Zirkelsitzung • Analyse der Befragungsergebnisse • Aufstellung der Problembereiche • Detaillierte Erfassung der Problembereiche	Belegschaftsvertreter:innen, Moderator:in, Betriebsarzt, Sicherheitsfachkraft, Meister/Vorgesetzte, Betriebsrat
7.	Dritte/Vierte Zirkelsitzung • Detaillierte Erfassung der Problembereiche • Ursachenanalyse	nur Belegschaftsvertreter:innen, Moderator:in

Sitzung	Themen und Aufgaben	Teilnehmer
8.	Dritte/Vierte Zirkelsitzung • Detaillierte Erfassung der Problembereiche • Ursachenanalyse	nur Meister/Vorgesetzte, Moderator:in
9.	Zwischeninformation • Bericht über Ergebnisse der Problem-erfassung und Ursachenanalyse	Arbeitskreis Gesundheit, Bereichs-/Abteilungsleiter:in, Moderator:in, ausgewählte Zirkelteilnehmer, Betriebsrat
10.–13.	Fünfte bis achte Zirkelsitzung • Lösungsentwicklung	Belegschaftsvertreter:innen, Moderator:in, Betriebsarzt, Sicherheitsfachkraft, Meister/Vorgesetzte, Betriebsrat
14.	Zwischeninformation und Dialogveranstaltung • Bericht über Ergebnisse der Lösungsentwicklung • Diskussion der Lösungsvorschläge mit Entscheidungsträgern	Arbeitskreis Gesundheit, Bereichs-/Abteilungsleiter:in, Moderator:in, ausgewählte Zirkelteilnehmer:innen, Betriebsrat
15.	Information der Belegschaft	Gesamte Belegschaft, Moderator:in, ausgewählte Zirkelteilnehmer:innen, Betriebsrat
16.	Neunte Zirkelsitzung • Umsetzungsplanung	Bereichs-/Abteilungsleiter:in, Moderator:in, Belegschaftsvertreter:innen, Betriebsarzt, Sicherheitsfachkraft, Meister/Vorgesetzte, Betriebsrat
17.	Zehnte Zirkelsitzung • Bilanz • Abschlussrunde	Belegschaftsvertreter:innen, Moderator:in, Betriebsarzt, Sicherheitsfachkraft, Meister/Vorgesetzte, Betriebsrat
18.	Kontrolle/Evaluation (nach 6–12 Monaten) • Bewertung der Umsetzung • Analyse von Kennzahlen • Berichte aus der Belegschaft	Belegschaftsvertreter:innen, Moderator:in, Betriebsarzt, Sicherheitsfachkraft, Meister/Vorgesetzte, Betriebsrat

Tab. 9: Ablaufplan eines Gesundheitszirkels

Ein solcher Ablaufplan kann in dieser Form mehrfach hintereinander durchgeführt werden, wenn ein Gesundheitszirkel als permanente Institution eingeführt ist. Jedoch würde ich empfehlen, die Teilnehmenden regelmäßig zu rotieren, sodass immer wieder neue Mitarbeitende hinzukommen. Das führt zu einem breiten Verständnis der Arbeit und verhindert, dass ein solcher Zirkel degeneriert und verkrustet und die Teilnahme daran zum Statussymbol wird. Nach jedem Durchlauf sollte die Hälfte der Teilnehmenden ausgetauscht werden und kein Teilnehmender sollte mehr als zwei Runden hintereinander dabei sein.

2.4.5 Lokale Arbeitskreise

Lokale Arbeitskreise im Gesundheitsmanagement eignen sich für Unternehmen mit regional verteilten größeren Standorten oder für Unternehmen, die aus Zukäufen unterschiedlicher Unternehmen entstanden sind, die in ihren Standorten unterschiedliche Kulturen haben. Hier sind die Freiheitsgrade größer und die Zusammensetzung erfolgt analog zum übergeordneten Arbeitskreis.

Der lokale Arbeitskreis kann wiederum selbst permanente Steuerkreise organisieren. Er arbeitet größtenteils autonom, ist nur hinsichtlich der Strategie und Zielsetzung, den Arbeitsrichtlinien und Methoden sowie der Anbieterauswahl an die Anweisungen des obersten Steuerkreises gebunden und berichtet an die übergeordnete Arbeitsgruppe.

Ausbildung zum betrieblichen Gesundheitsmanager

Lassen Sie alle Mitglieder des zentralen Arbeitskreises, die Moderator:innen der Gesundheitszirkel und alle Mitglieder der lokalen Arbeitskreise in einer gemeinsamen Schulung zu Gesundheitsmanager:innen ausbilden. Das gemeinsame Theoriefundament trägt maßgeblich zu einer effektiven Arbeitsweise teil.

2.4.6 Gesundheitskoordinator:innen

Gesundheitskoordinator:innen sind in Unternehmen die Multiplikatoren von Gesundheit. Sie sind sozusagen der verlängerte Arm der Gesundheitsmanager:innen. Ihre Ausbildung ist etwas kürzer und sie sind Ansprechpartner für Gesundheitsangebote und für die Mitarbeiter:innen vor Ort.

Arbeitsziele und Selbstverständnis von Gesundheitskoordinator:innen
Gesundheitskoordinator:innen:

- sind eine Wertschätzung an die Mitarbeiter:innen.
- unterstützen Mitarbeiter:innen bei der Strukturierung ihrer Probleme und suchen gemeinsam nach einem Lösungspartner oder einem Lösungsangebot.
- motivieren und initiieren eine frühzeitige (Selbst-)Fürsorge bei Mitarbeitern:innen, die sie ansprechen.
- unterstützen die Gesundheitserhaltung, ohne zu bevormunden, zu bedrängen oder zu belehren.
- sind Lotsen, keine Therapeuten.

Aufgaben von Gesundheitskoordinator:innen

- **Lotse und niedrigschwellige Kontaktfläche** für Kolleginnen und Kollegen zu den vorhandenen Lösungsangeboten. Sie müssen aber selbst keine Lösungen entwickeln.
- **Unterstützung bei Aktionen**
Gesundheitskoordinator:innen unterstützen und begleiten Maßnahmen des BGM.
- **Informationen aktiv weitergeben**
Gesundheitskoordinator:innen informieren den eigenen Bereich über Angebote des BGMs und BGFs.
- **Kenntnisse der Angebote und Lösungspartner**
Gesundheitskoordinator:innen informieren sich regelmäßig über Angebote und Lösungspartner im Intranet und über den GK-Newsletter.

Umgang mit vertraulichen Informationen

Der Umgang mit vertraulichen Informationen kann für Gesundheitskoordinator:innen belastend sein. Im Rahmen eines Projekts zur Etablierung der Rolle von Gesundheitskoordinator:innen konnte ich erleben, dass vertrauliche Vorab-Informationen von einigen der anwesenden Gesundheitskoordinator:innen einer Stadtverwaltung nicht als Vertrauensbeweis verstanden, sondern als Belastung erlebt wurden.

Da Gesundheitskoordinator:innen aus dem Kollegenkreis stammen, sind sie den Umgang mit vertraulichen Informationen nicht gewohnt und erleben Stress, wenn sie nicht offen mit ihren Kolleginnen und Kollegen sprechen können.

Wir haben im Workshop dafür folgende **Regelung** gefunden:

Es werden nur diejenigen vertraulichen Informationen mitgeteilt, die für die Arbeit der Gesundheitskoordinator:innen relevant sind. Im monatlichen Newsletter wird ein Farbcode eingeführt, der die Informationen kennzeichnet:

- Grün = Information darf verteilt werden.
- Gelb = Information ist noch nicht in allen Details geklärt, es darf aber schon darüber informiert werden. Es muss darauf hingewiesen werden, dass noch nicht alle Details geklärt sind.
- Rot = Information ist vertraulich und darf noch nicht verteilt werden.

Schutz vor Überforderung in der Rolle als Gesundheitskoordinator:in

Die Tätigkeit als Gesundheitskoordinator:in soll und darf nicht zu einer Belastung der eigenen Person werden. Daher empfehle ich folgende Regeln bzw. Schutzvorschriften:

- Bitten Sie die Gesundheitskoordinator:innen, bei einer Hilfeanfrage durch eine Mitarbeiterin oder einen Mitarbeiter den Dringlichkeitsgrad abzufragen und die Bearbeitung dann mit den eigenen privaten und beruflichen Anforderungen auszubalancieren. Erst anschließend soll entschieden werden, wann ein Gesprächstermin stattfinden kann.

- Belastet ein Fall den/die Gesundheitskoordinator:in sehr, so gibt diese:r den Fall so schnell wie möglich ab. Ein Eingeständnis der eigenen Betroffenheit gegenüber der Mitarbeiterin oder dem Mitarbeiter ist völlig in Ordnung.
- Bei Belastungen sucht der/die Koordinator:in z. B. im Rahmen einer kollegialen Fallberatung Hilfe bei Kollegen.
- Gesundheitskoordinator:innen können jederzeit ihr Ehrenamt beenden, ohne Ansehensverlust.

Beachten Sie dabei die folgenden Punkte:
- Gesundheitskoordinator:innen brauchen eine **Grundausbildung**. Ich empfehle einen ein- bis zweitägigen Workshop, der Grundlagenwissen vermittelt, die Rolle klärt, grundlegende Gesprächstechniken und einige »küchenpsychologische« Tipps gibt sowie vor allem ein profundes Wissen um die vorhandenen Angebote und Lösungspartner aufbaut.
- Etwa **vierteljährlich sollte ein vierstündiger Workshop** erfolgen, in dem jeweils neue Lösungsangebote vorgestellt werden und – wichtig – eine Intervisionsrunde (→ kollegiale Fallberatung) durchgeführt wird. Die Kolleginnen und Kollegen brauchen die Möglichkeit einer emotionalen Verarbeitung von schwierigen Gesprächen und dem Erleben des Scheiterns, das in dieser Rolle nicht ausbleibt.
- Richten Sie eine **digitale Plattform** (→ geschützter Bereich im Intranet) ein, auf der die Gesundheitskoordinator:innen eine Dokumentation aller Hilfsangebote finden.
- Senden Sie monatlich einen **Newsletter** an die Gesundheitskoordinator:innen, in dem Sie vorab über Neuigkeiten informieren.

Nutzen Sie die in diesem Kapitel vorgeschlagenen Aufgaben und Ziele sowie die Regeln zum Schutz vor Überlastung im Rahmen der Einführungsworkshops als Inspiration und passen Sie sie gegebenenfalls an.

2.4.7 Gesundheitszirkel und Gesundheitskoordinator:innen

Eine naheliegende Kombination ist die Moderation von Gesundheitszirkeln durch Gesundheitskoordinator:innen.

3 Die Gefährdungsbeurteilung – Einsatz und Prozessablauf im Unternehmen

Kernbotschaften des Kapitels

Die Gefährdungsbeurteilung (GBU) bildet die Datenbasis für eine punktgenaue Problemlokalisation und Interventionsplanung im Unternehmen. Die Gefährdungsbeurteilung psychischer Belastungen gilt zwar als Bestandteil der allgemeinen Gefährdungsbeurteilung, gehört aber nicht allein in die Hände von Fachkräften für Arbeitssicherheit. Denn es sind kulturelle und soziale Themen, Themen der Führungsqualifizierung und auch der Prozesssteuerung und Werkzeugausstattung, die als negativ erlebte Belastungsfaktoren wirksam sein können.

In diesem Kapitel lernen Sie die Gefährdungsbeurteilung anhand der Leitlinien der Gemeinsamen Deutschen Arbeitsschutzstrategie (GDA) kennen. Dabei erfahren Sie, welche Schritte notwendig sind, um eine rechtssichere, vollständige Umsetzung der Gefährdungsbeurteilung zu erhalten. Es geschieht in der Praxis leider recht oft, dass die Analyse, etwa die Durchführung einer Befragung, als ausreichend angenommen wird, während der relevante Teil einer wirksamen Maßnahmenableitung und -umsetzung vergessen wird.

Zudem erhalten Sie in diesem Kapitel detaillierte Anleitungen für die Vermarktung und Bewerbung, für die didaktische, laienverständliche Berichtgestaltung sowie praxiserprobte Prozesstipps für die Ergebnisaufarbeitung und Maßnahmenableitung.

Darüber hinaus erfahren Sie in Kapitel 7, wie eine vollständige Führungskräfteentwicklung hin zu einer gesundheitsorientierten Führung aussieht und wie Führungskräfte mittels einer Führungskräfte-Toolbox wirksam entlastet werden können.

3.1 Rechtliche Grundlagen der Gefährdungsbeurteilung psychischer Belastungen

Falls Sie schon Profi sind, können Sie diesen Abschnitt überspringen. Hier wird das Grundwissen, etwa die Aufgaben einer Berufsgenossenschaft, die rechtssichere Vollständigkeit sowie die rechtlichen Grundlagen einer Gefährdungsbeurteilung im Unternehmen dargestellt.

3.1.1 Regelungen des Arbeitsschutzgesetzes

Die folgenden Paragraphen regeln die Gefährdungsbeurteilung:

- § 5 des ArbSchG wurde um den Absatz 3, Punkt 6 ergänzt, der die psychischen Belastungen explizit als Gefährdungsfaktor benennt;
- § 6 regelt die Dokumentationspflicht des Arbeitgebers und die Pflicht zur Erfassung von Arbeitsunfällen ab einer bestimmten Unfallschwere;
- § 7 legt fest, dass die Aufgabenübertragung den Fähigkeiten des Beschäftigten angemessen sein muss;
- § 8 definiert, dass mehrerer Arbeitgeber bei der Gefährdungsbeurteilung zusammenarbeiten müssen, wenn Arbeitnehmer unterschiedlicher Arbeitgeber an einem Arbeitsplatz zusammenarbeiten;
- § 13 definiert die zuständigen Rollen für die Umsetzung des Arbeitsschutzes und der Gefährdungsbeurteilung psychischer Belastungen. **Leitende Führungskräfte werden explizit benannt. Zudem ist die schriftliche Pflichtenübertragung erläutert**;
- § 21 und 22 regeln die Zuständigkeit von Behörden und Unfallversicherern bei der Überwachung der Arbeitssicherheitsgesetzgebung und der entsprechenden Auflagen.

Ich empfehle die Lektüre des fünften und sechsten Abschnittes des ArbSchG im Internet (§§ 20a bis 26, http://www.gesetze-im-internet.de/arbschg/).

3.1.2 Aufgaben der Berufsgenossenschaften und Unfallkassen

Die Berufsgenossenschaften übernehmen wichtige Sicherungsaufgaben für alle Mitarbeiter:innen eines Unternehmens:

- Vermeidung von Arbeitsunfällen und berufsbedingten Erkrankungen,
- Unfallversicherung bei Arbeitsunfällen,
- Übernahme von Behandlungskosten bei Arbeitsunfällen,
- Herausgabe der Unfallverhütungsvorschriften (UVV),
- Überprüfung der Umsetzung der UVV in Betrieben durch Aufsichtspersonen mit hoheitlichen Befugnissen,
- Beratung und (kostenlose) Schulungen zur Arbeitssicherheit,
- Wiederherstellung der Leistungsfähigkeit nach einem Arbeitsunfall durch Rehabilitationsmaßnahmen,
- Entschädigung von Versicherten und ggf. Hinterbliebenen,
- finanzielle Unterstützung zur Wiedereingliederung.

Damit sind Berufsgenossenschaften wichtige Partner beim Gesundheitsschutz der Mitarbeiter:innen. Als Gesundheitsmanager sollten Sie in regelmäßigem Kontakt und

Austausch mit Ihrer Berufsgenossenschaft stehen, da diese über umfangreiche Fachkompetenzen, Hilfs- und Geldmittel verfügen.

3.1.3 Rechte der Berufsgenossenschaften

Die Berufsgenossenschaften haben gemäß § 19 SGB VII verschiedene hoheitliche Rechte, auf die Sie vorbereitet sein sollten:

- BG-Aufsichtspersonen dürfen zu den Betriebs- und Geschäftszeiten Grundstücke und Betriebsstätten betreten, besichtigen und prüfen – und dies ohne Vorankündigung.
- Aufsichtspersonen dürfen vom Unternehmer die zur Durchführung ihrer Überwachungsaufgabe erforderlichen Auskünfte verlangen.
- Sie untersuchen, ob und auf welche betrieblichen Ursachen ein Unfall, eine Erkrankung oder ein Schadensfall zurückzuführen ist.
- Sie dürfen die Begleitung durch den Unternehmer oder eine von ihm beauftragte Person verlangen.
- Außerdem sind die Aufsichtspersonen der Berufsgenossenschaften berechtigt, Arbeitsmittel und persönliche Schutzausrüstungen sowie deren bestimmungsgemäße Verwendung zu prüfen.
- Die Aufsichtspersonen dürfen Arbeitsprozesse und Abläufe untersuchen.
- Sie dürfen die Sicherheit von Arbeitsmitteln untersuchen und dafür verlangen, dass Maschinen abgeschaltet werden.
- Sie dürfen Schadstoffmessungen vornehmen.
- Sie sind befugt, das Vorhandensein und die Konzentration gefährlicher Stoffe und Zubereitungen zu ermitteln oder, soweit die Aufsichtspersonen und der Unternehmer die erforderlichen Feststellungen nicht treffen können, auf Kosten des Unternehmens ermitteln zu lassen.

3.1.4 Konsequenzen einer fehlenden Gefährdungsbeurteilung

Die Frage nach den Konsequenzen einer fehlenden Gefährdungsbeurteilung stellt jede Geschäftsleitung, wenn sie eine Entscheidung über ein solches Projekt treffen soll. Die folgende Argumentation für die Durchführung einer Gefährdungsbeurteilung in Ihrem Unternehmen ist einer Ihrer größten Hebel, um eine Genehmigung für dieses Projekt von der Geschäftsleitung zu erhalten. Die negativen Folgen bei Nichtdurchführung einer Gefährdungsbeurteilung betreffen verschiedene Bereiche.

Kontrollwahrscheinlichkeit

Eine belastbare Aussage zur Wahrscheinlichkeit, dass Ihr Unternehmen von Ihrer Berufsgenossenschaft oder der Gewerbeaufsicht kontrolliert und die Gefährdungsbeurteilung verlangt wird, lässt sich nicht treffen. Manchmal erhalten die Behörden den Tipp eines Mitarbeiters oder Betriebsrates. Die Wahrscheinlichkeit hierfür steigt, wenn eine ungünstige Führungs- oder Unternehmenskultur vorliegt. Allerdings steigt die Kontrollwahrscheinlichkeit, wenn es zu einem Leistungsfall der Berufsgenossenschaft kommt. Sollte ein Arbeitnehmer eine Berufsunfähigkeit aufgrund überwiegend arbeitsbedingter psychischer Überlastung anerkannt bekommen, und die Berufsgenossenschaft tritt als Leistungsgeber ein und zahlt z. B. einen Rentenausgleich, dann ist die Wahrscheinlichkeit hoch, dass eine Prüfung der Gefährdungsbeurteilung psychischer Belastung des Arbeitgebers erfolgt, meist auch genau in der Abteilung, in der der Leistungsempfänger gearbeitet hat.

Meist wird bei Nichtvorliegen der Gefährdungsbeurteilung zunächst eine Frist gesetzt. Doch bevor Sie in Zeitnot geraten, sollten Sie die Gefährdungsbeurteilung besser selbst durchführen.

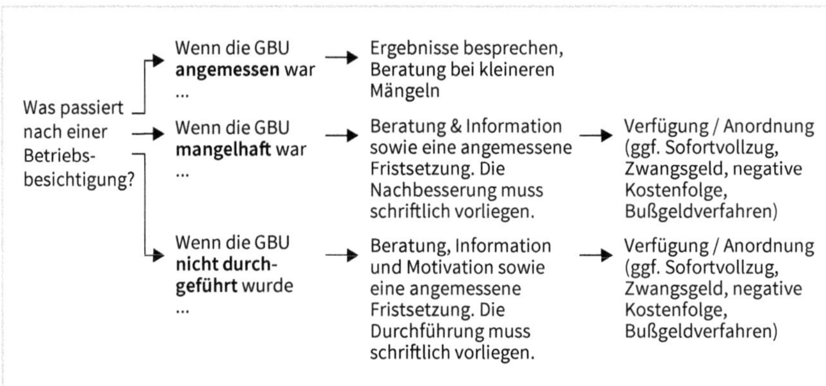

Abb. 19: Konsequenzen einer Betriebsprüfung (Quelle: Leitlinie Gefährdungsbeurteilung und Dokumentation, Nationale Arbeitsschutzkonferenz)

Bußgelder

Die Bußgelder liegen zwischen 5.000 und 50.000 EUR bei vorsätzlichen oder fahrlässigen Verstößen gegen unterschiedliche Verordnungen. Für die Nichtdurchführung einer Gefährdungsbeurteilung psychischer Belastungen dürften die Bußgelder eher im unteren Bereich liegen. Allerdings können bei Zuwiderhandlung einer Anordnung zur Erstellung einer Gefährdungsbeurteilung bis zu 25.000 EUR auferlegt werden.[8]

Ansprüche der Arbeitnehmer

Mitarbeiterinnen und Mitarbeiter haben Anspruch auf eine Beurteilung der Gefahren, die mit einer Beschäftigung verbunden sind. Allerdings steht ihnen bei Fehlen der *psychischen* Gefährdungsbeurteilung, wie sie häufig genannt wird, kein Leistungsverwei-

8 Quelle: §§ 25 Abs. 1 Nr. 2 ArbSchG, siehe https://www.gesetze-im-internet.de/arbschg/__25.html

gerungsrecht zu. Man geht hier nicht von einer Gefahr für Leib und Leben aus. Anders sieht das bei der *allgemeinen* Gefährdungsbeurteilung aus. Hier dürfen Mitarbeiter:innen bei wahrgenommenen Gefährdungen die Arbeit verweigern.

Mitarbeiter:innen haben ein Vorschlagsrecht zu Fragen des Arbeitsschutzes und dürfen die Behörde nach einer vergeblichen betrieblichen Beschwerde unterrichten.[9]

Arbeitsrechtliche Nachteile
Es gibt hierzu kaum belastbare Quellen, doch ist davon auszugehen, dass beispielsweise krankheitsbedingte Kündigungen bei fehlender Gefährdungsbeurteilung psychischer Belastung deutliche Schwierigkeiten vor einem Arbeitsgericht haben werden. Dies wird in Gesprächen mit Arbeitsrechtsanwälten und Personalmitarbeitern, die mit solchen Prozessen betraut sind, regelmäßig bestätigt.

Regressforderung durch die Berufsgenossenschaft
Leistet die Berufsgenossenschaft etwa bei einem Fall von Frühverrentung aufgrund eines »Burnouts« die Differenz zur vollen Rente und fehlt eine entsprechende Gefährdungsbeurteilung psychischer Belastung, so kann die Berufsgenossenschaft für ihre Leistungen beim Unternehmen Regress fordern. Bei psychischen Fehlbelastungen ist der Nachweis, dass ein Schaden überwiegend arbeitsbedingt entstanden ist, viel schwieriger als bei körperlichen Schäden. Letztlich ist das finanzielle Risiko hier jedoch einfach zu groß, um es als Unternehmer in Kauf zu nehmen.

3.1.5 Pflichten von leitenden Führungskräften

Im Rahmen eines Kundenprojektes mit einer eher unwilligen Geschäftsleitung ging es um die **Frage, inwiefern die Maßnahmenvorschläge, die im Rahmen von Nachbereitungsworkshops mit Mitarbeiter:innen erarbeitet wurden, verbindlich umzusetzen sind oder nicht.** Wir baten die Rechtsabteilung des recht großen Unternehmens um eine Einschätzung, die wir hier wiedergeben (stellt dennoch keine Rechtsberatung dar):

> *Der Arbeitgeber ist nach den gesetzlichen Vorgaben zur Durchführung von Gefährdungsbeurteilungen psychischer Belastungen verpflichtet. Sollten als Folge einer solchen Gefährdungsbeurteilung bestimmte Maßnahmen als erforderlich angesehen werden, ist der Arbeitgeber dazu verpflichtet, diese Maßnahmen zeitnah umzusetzen. Andernfalls besteht grundsätzlich ein Auswahl- und Umsetzungsermessen, sofern lediglich optionale Möglichkeiten als Ergebnis einer Gefährdungsbeurteilung beschrieben werden. Sofern Maßnahmen als erforderlich erachtet werden, sind diese daher auch so wie beschrieben umzusetzen.*

9 Quelle: § 25 Abs. 1 Nr. 2 ArbSchG, siehe https://www.gesetze-im-internet.de/arbschg/__25.html

Solche erforderlichen Maßnahmen sollten jedoch immer auf Basis konkreter Gestaltungsempfehlungen getroffen werden. Eine Abwägung, ob eine Maßnahme erforderlich oder optional ist, ist nicht ganz einfach. Grundsätzlich empfehlen wir, Maßnahmen, die in Nachbereitungsworkshops erarbeitet wurden, eher als optional zu kennzeichnen, um den zuständigen Entscheidern die Möglichkeit zu lassen, diese mit anderen Erfordernissen abzugleichen. Sie sehen, es ist nicht ganz einfach, aber die Geschäftsleitung kann den Prozess auch nicht unter den Tisch fallen lassen.

3.1.6 Risikomatrix nach Nohl im Einsatz bei der Gefährdungsbeurteilung psychischer Belastung

Sollte es unklar sein, ob Maßnahmen erforderlich oder optional einzustufen sind, können Sie die Risikomatrix nach Nohl[10] verwenden. Die beiden Achsen (Dimensionen) der Matrix beschreiben die **Eintrittswahrscheinlichkeit** (W) × die **Schwere der Folgen** (F) und ergibt das **Risiko** (R).

Ich übertrage dies (und greife etwas vor) auf das weiter unten vorgestellte Faktoren- und Red-Flag-Modell der Gefährdungsbeurteilung. Als Beispiel verwenden wir den Faktor **Vereinbarkeit von Beruf, Familie und Privatleben.** In einem Beispiel soll hier angenommen werden, dass 10% der Befragten eine sehr hohe Belastung anzeigen (hier: Eintrittswahrscheinlichkeit = 4) und 25% eine hohe Belastung (hier: Eintrittswahrscheinlichkeit = 3). Aus Korrelations- oder Regressionsberechnungen, die wir in jedem Projekt durchführen, wissen wir, dass ein sehr enger Zusammenhang zwischen diesem Faktor und dem Auftreten von starken Erschöpfungssymptomen und einer geringen Arbeitszufriedenheit besteht. Auch die Kündigungsabsicht geht deutlich nach oben. Damit werden die Folgen als hoch eingeschätzt, denn lange Krankschreibungen und Kündigungen sind deutliche gesundheitliche und wirtschaftliche Folgen. Damit fällt der Belastungsfaktor Familie/Beruf in die Kategorie »Maßnahmen mit erhöhter Schutzwirkung sind dringend erforderlich«.

10 Nohl, T. & Thiemecke, H. (1988). Systematik zur Durchführung von Gefährdungsanalysen. Schriftenreihe der Bundesanstalt für Arbeitsschutz, 536/542.

Wahrscheinlichkeit (W)		Risiko R = W x F				
immer	4	0	4	8	16	32
wahrscheinlich	3	0	3	6	12	24
gelegentlich	2	0	2	4	8	16
ausnahmsweise	1	0	1	2	4	8
nie	0	0	0	0	0	0
		0	1	2	4	8
		ohne Folgen	gering	mäßig	hoch	Extremfall (Tod)
		Folgen (F)				

In der Matrix lässt sich aus dem Schnittpunkt von Eintrittswahrscheinlichkeit (W) und Folgen (F) direkt die Risikogruppe 0 1–2 3–6 8–32 ablesen.

Risikogruppe	Risiko	Maßnahmen
8 – 32	groß	Maßnahmen mit erhöhter Schutzwirkung dringend notwendig
3 – 6	mittel	Maßnahmen mit normaler Schutzwirkung dringend notwendig
1 – 2	klein	Organisatorische und personenbezogene Maßnahmen ausreichend
0	–	keine zusätzlichen Maßnahmen notwendig

Abb. 20: Beispiel für die Bestandteile einer Risikomatrix mit Eintrittswahrscheinlichkeit, Folgen, Risiko und Risikogruppe (Quelle: DGUV Information 205-021, S. 14 f.)

In den Maßnahmenworkshops, die nun in diesem Beispiel folgen, werden mehrere konkrete Lösungen für eine Verbesserung der Vereinbarkeit von Familie und Beruf von Mitarbeitenden entwickelt. Einmal eine teambezogene Rücksichtnahme auf Kita-Schließzeiten, die nicht mit den regulären Arbeitszeiten zusammenpassen. Hier könnte das Gleitzeitmodell mit einer unkomplizierten Absprache zwischen Teamkollegen helfen. Allerdings hilft das nur wenigen Einzelfällen, vielmehr müsste dringend ein Springerpool eingerichtet werden, da Stellen unbesetzt sind und der Krankenstand hoch ist (Stellen müssen natürlich auch nachbesetzt werden). Der Springerpool ist aber deswegen notwendig, weil es eine statistische Gesamtabwesenheitsquote von im Schnitt 15% gibt (Krankheit, Urlaub, Schwangerschaft, kranke Kinder und Fortbildung), sodass im Durchschnitt zu jedem Zeitpunkt 15% der Mitarbeitenden fehlen. Der Springerpool müsste also mindestens diese 15% ausgleichen können.

Der Vorschlag ist zwar sinnvoll, aber kann ein Arbeitgeber zu so einem Schritt durch eine GBU gezwungen werden? Letztlich nicht, denn der Arbeitgeber hat die letzte Entscheidungsgewalt über die zu treffenden Maßnahmen aus der GBU und er muss den Empfehlungen aus den Maßnahmenworkshops nicht folgen. Er muss jedoch unter Abwägung von wirtschaftlichen und gesundheitlichen Interessen etwas tun, das seiner

Meinung nach (und es durch Wiederholung der GBU belegen kann) die Vereinbarkeit von Beruf und Familie tatsächlich verbessert.

Ein wirklich unwilliger Arbeitgeber hat über diese schwammigen Vorgaben die Möglichkeit, kostspieligere Maßnahmen hinauszuzögern und es letztlich auf die sehr seltenen arbeitsrechtlichen Auseinandersetzungen ankommen zu lassen. In der Regel ist der Weg lang, bis es zu schmerzhaften Regresszahlungen käme.

Der wirtschaftliche Schaden dürfte jedoch schon deutlich früher beträchtlich werden, denn Mitarbeitende, die wahrnehmen, dass der Arbeitgeber einer Gefährdungsbeurteilung nicht ernst nimmt und nur Pseudomaßnahmen oder Lippenbekenntnisse von sich gibt, treffen für sich die Entscheidung, zu kündigen, und zwar in der Regel die leistungsstarken, die hohe Chancen auf eine andere Stelle haben. Eine Negativselektion ist in Gang gesetzt und kann zu einer Abwärtsspirale in der Leistungskraft und Qualität der Mitarbeiterschaft führen.

3.2 Das Belastungs-Beanspruchungs-Modell

Das Belastungs-Beanspruchungs-Modell ist für das Grundverständnis der Gefährdungsbeurteilung psychischer Belastungen bedeutsam. Deswegen wird es in diesem Abschnitt erläutert. Sie sollten und können dieses Modell auch für Informationsveranstaltungen von Führungskräften und Mitarbeiter:innen einsetzen, da es gut erklärt, was Belastungen sind und was nicht.

Viele Menschen in betrieblichen Kontexten nehmen an, dass die Gefährdungsbeurteilung der psychischen Belastung eine Erfassung der psychischen Gesundheit sei. Doch das ist grundfalsch. Auch die häufig sogar in professionellen Kreisen getroffene Annahme, die Reduktion psychischer Belastungen würde auf die Reduktion psychischer Erkrankungen abzielen, ist ein Missverständnis. Richtig ist, dass die Reduktion psychischer Fehlbelastungen eine Reduktion verschiedener Arten von Stress bewirkt, was weitreichende positive Gesundheitsfolgen hat. Doch zunächst die Grundbegriffe.

3.2.1 Psychische Belastung

Anders als im umgangssprachlichen Gebrauch, wird der Begriff **Belastung** nicht negativ verstanden. Vielmehr umfasst er alle äußeren Faktoren, die in einer Situation auf die Psyche einwirken. Die DIN EN ISO 10075-1 beschreibt den Begriff der Belastung als *»Gesamtheit aller erfassbaren Einflüsse, die von außen auf den Menschen zukommen und diesen psychisch beeinflussen«*.

Jede geistige Anforderung stellt eine Belastung dar. Ob diese als positiv oder negativ wahrgenommen wird, liegt an sehr vielen, größtenteils individuellen Faktoren. Etwa, ob eine Aufgabe im Vergleich zu den eigenen Kompetenzen als bewältigbar wahrgenommen wird oder ob sie Spaß macht. Auch physische Faktoren können als psychische Belastung wirken. So kann es sehr stören, wenn man selbst einen Text lesen will, während der Kollege telefoniert. Hier sinkt die Konzentration und man würde die Belastung als negativ bewerten.

Wichtig: Die Belastung wird unabhängig von ihrer Wirkung auf die Person bewertet.

3.2.2 Psychische Beanspruchung

Als **Beanspruchung** werden die unmittelbaren, also zeitnahen Auswirkungen von Belastungsfaktoren auf eine Person bezeichnet. Hier findet also eine Interaktion zwischen dem Belastungsfaktor am Arbeitsplatz und dem Mitarbeiter statt. Die DIN EN ISO 10075-1 definiert Beanspruchung als *»unmittelbare Auswirkung der psychischen Belastung im Individuum in Abhängigkeit von seinen jeweiligen individuellen Voraussetzungen«*.

Wenn beispielsweise eine Aufgabe zu einfach und sehr monoton ist, entstehen als Beanspruchung bei dem Mitarbeiter etwa Langeweile und Unkonzentriertheit. Das ist die unmittelbare Folge von Monotonie. Bitte verwechseln Sie die Beanspruchung nicht mit den Beanspruchungsfolgen, die im folgenden Absatz definiert werden. Eine solche Folge von Langeweile kann etwa Frustration darüber sein, dass die eigenen Fähigkeiten nicht genutzt werden. Der Mitarbeiter wird unmotiviert und seine Kündigungsabsicht steigt.

Kurz- und langfristige Beanspruchungsfolgen – Gesundheitszustand
Den etwas holprigen Begriff der Beanspruchungsfolgen möchte ich in den Begriff des Gesundheitszustands umbenennen. Die Wissenschaft unterscheidet zwischen kurz- und langfristigen Folgen von positiven und negativen Belastungen.

- Typische **kurzfristige Folgen einer positiven Beanspruchung** sind Aufwärm- bzw. Lern- und Übungseffekte. Diese kurzfristigen Effekte zählen wir noch nicht zum Gesundheitszustand, doch summieren sie sich in messbaren langfristigen Folgen.
- Typische **langfristige Folgen einer positiven Beanspruchung** sind Kompetenzentwicklung sowie Arbeitszufriedenheit und Arbeitsglückerleben. Daraus folgen verbessertes Engagement und eine Verringerung von Einstellungen der inneren Kündigung oder der Kündigungsabsicht.
- **Negativ werden folgende kurzfristige Folgen** beschrieben: psychische und physische Ermüdung, Monotonie und herabgesetzte Wachheit, Sättigung oder Stressreaktionen.

- **Langfristig können folgende negativen Folgen** auftreten: Erschöpfungszustand, innere Kündigung oder Kündigungsabsicht.

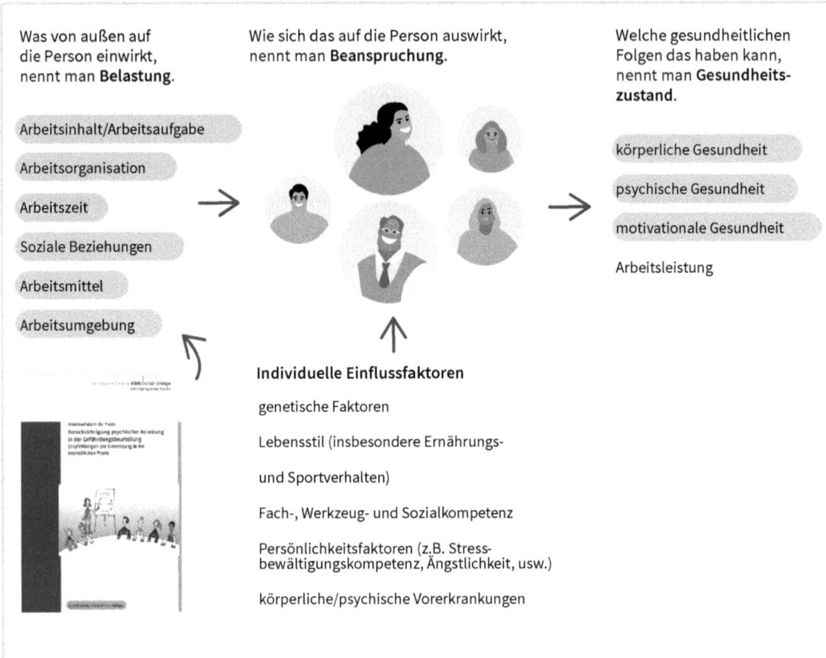

Abb. 21: Das erweiterte Belastungs-Beanspruchungs-Modell zeigt u. a. Hilfsmaterialien, wie die GDA-Leitlinien, die die vier Merkmalsbereiche von Belastung definieren, und die BAuA-Toolbox mit einem umfangreichen Forschungsstand zu jedem Belastungsfaktor. Die individuellen Faktoren werden gut durch das in Kapitel 1 (Abbildung 1) vorgestellte Krankheitstrichtermodell zusammengefasst. (Quelle: eigene Darstellung)

Das Belastungs-Beanspruchungs-Modell macht deutlich, wie sich arbeitsbezogene Belastungsfaktoren, persönliche Eigenschaften und Voraussetzungen (etwa genetische oder Lebensstilfaktoren) auf Menschen auswirken und bei ihnen einen Gesundheitszustand hervorrufen, der sich auf die Leistungsfähigkeit auswirkt.

Die **Belastungsfaktoren** werden durch die Leitlinien der Gemeinsamen Deutschen Arbeitsschutzstrategie (GDA) festgelegt und sind durch weitere Belastungsfaktoren der jeweils beurteilten Arbeitssituation zu ergänzen. Diese Merkmalsbereiche und ihre jeweiligen Untermerkmale finden Sie in der GDA-Leitlinie (dort im Anhang 3). Es ist wichtig, diesen Zusammenhang genau zu verstehen: Die GDA-Merkmalsbereiche sind eine Orientierung, aber letztlich entscheiden Sie als Arbeitgebervertreter, welche psychischen Belastungsfaktoren Sie wahrnehmen. Solche **besonderen Belastungsfaktoren** können sein:

- Arbeiten im Homeoffice,
- Arbeiten im Mobile Office oder im Außendienst,

- Fahrtätigkeit bzw. Reisetätigkeit,
- Arbeiten mit Kundenkontakt, Patientenkontakt oder mit Kindern,
- Arbeiten mit schwierigen Menschen,
- mögliche Gewalt am Arbeitsplatz.

Lesetipp

Zwei wichtige Dokumente sind die *Empfehlungen zur Umsetzung* und die *Leitlinien zur Überwachung* von der Gemeinsamen Deutschen Arbeitsschutzstrategie (www.gda-portal.de).

→ Die **Gemeinsame Deutsche Arbeitsschutzstrategie** schreibt die zu beurteilenden Belastungs-Merkmalsbereiche und ihre Untermerkmalsfaktoren vor, mit der Auflage, dass Unternehmen weitere Belastungsfaktoren aufnehmen, sofern dies die zu beurteilenden Arbeitsplätze, Teams oder Rollen notwendig machen. Die aktuelle 4. Auflage aus dem Jahr 2022 ist erheblich überarbeitet und erweitert worden und hat viele Unzulänglichkeiten der früheren Auflagen behoben. Die Handlungsempfehlung ist zur Lektüre empfohlen.

→ Die **Bundesanstalt für Arbeitsschutz und Arbeitsmedizin** (BAuA) ist ebenfalls ein wichtiger Ressourcenpartner für Sie. Sie hat für viele Belastungsfaktoren den aktuellen Wissensstand zusammengetragen. Auf mehr als 3.000 Seiten werden für die meisten Untermerkmalsfaktoren die jeweiligen Wissensstände zusammengetragen.

Menschen reagieren unterschiedlich auf gleiche oder ähnliche Belastungen, weil sie unterschiedliche Voraussetzungen mitbringen. Diese Faktoren bestimmen sehr stark, wie wir eine Belastung verarbeiten. Erleben wir sie als negativen Stress oder als positive Herausforderung? Haben wir körperlich oder psychisch die Kraft, sie zu bewältigen?

- Die **Genetik** ist überall mit im Boot und für viele Krankheiten mitverantwortlich. Sie wird im BGM aber nicht beachtet.
- Der **Lebensstil** ist außerordentlich entscheidend für die Bewältigungsfähigkeit von Belastungen. Starkes Übergewicht oder lange Partynächte können die Leistungsfähigkeit einschränken (vgl. auch Abbildung 1).
- Die **individuellen Kompetenzen** entscheiden, ob man eine Aufgabe als Herausforderung oder Überforderung erlebt. Das macht im Stresssystem einen großen Unterschied.
- Die **Persönlichkeit** spielt eine Rolle, weil Menschen aufgrund ihrer Erziehung sehr unterschiedlich von ihrer Selbstwirksamkeit überzeugt sind. Für den einen ist eine neue Aufgabe eine gute Möglichkeit, sich weiterzuentwickeln. Der andere hat Angst, Fehler zu machen.
- Und natürlich beeinflussen **vorhandene Krankheiten** die Bewältigungsfähigkeit. Auch der beste Mitarbeiter kann mit einer Grippe nicht klar denken.

3.2.3 Messung des Gesundheitszustands

Um aus der Gefährdungsbeurteilung sinnvolle Ziele ableiten zu können, brauchen Sie unbedingt eine **Messung des Gesundheitszustands.** Dabei möchte ich zwischen einem körperlichen, psychischen und motivationalen Gesundheitszustand unterscheiden. Die motivationale Gesundheit umfasst etwa die Arbeitszufriedenheit, eine innere Kündigung oder eine Kündigungsabsicht. Die Arbeitsleistung wird übrigens in der Gefährdungsbeurteilung nicht gemessen.

Als Messinstrument der körperlichen Gesundheit eignen sich:

- **Symptomliste**: Hier sollten Sie jedoch gut begründen können, warum diese für die Gesundheitsbefragung relevant sind, etwa, weil Sie dafür Gesundheitsaktionen planen wollen.
- **Arbeitsfähigkeitsindex (Work-Ability-Index, WAI)**: Dieser Fragebogen ist ein wunderbares Instrument einer validen Messung der gesundheitsbezogenen Arbeitszufriedenheit.
- **Rückenschmerzen:** Es sollte zumindest danach gefragt werden, um die wichtigen Ergonomiemaßnahmen treffen zu können.

Beispiel: Gefährdungsbeurteilung mit Gesundheitsprofil für eine Polizeidirektion

Die Polizeidirektion einer größeren Stadt fragte uns nach einer Gefährdungsbeurteilung psychischer Belastungen am Arbeitsplatz in Kombination mit einem Gesundheitsprofil, dass ein Gesundheitsfeedback an den einzelnen Mitarbeiter geben sollte.

Obwohl diese Anfrage zunächst unmöglich umzusetzen scheint, da die Anonymität der Datenerhebung gegen eine individuelle Auswertung spricht, kann dies dennoch datenschutzkonform umgesetzt werden. Zunächst die **technischen Aspekte der Umsetzung**:

- Verwendet wurde die **mittlere Fassung des GBU-Q-Fragebogens** von Eudemos (ca. 80 Fragen) ergänzt um **tätigkeitsspezifische Sonderfragen** (siehe unten). Dazu wurden die Kurzform des **Arbeitsfähigkeitsindexes** (WAI) und eine **Symptomliste** erhoben.
- Es wurden **keine soziodemografischen Daten** erhoben (Alter, Geschlecht).
- Es wurde die **Gruppenzugehörigkeit** erhoben. Die Gruppen waren jedoch in der Regel um die 80–100 Mitarbeiter groß.
- Jede:r Mitarbeiter:in erhielt ein ausgedrucktes (nicht der Person zugeordnetes) Einladungsschreiben mit einem eindeutigen Zugangsschlüssel für den Befragungsserver. Dieser Zugangsschlüssel war gleichzeitig die einzige Identifikation für das Gesundheitseinzelprofil.
- Die Mitarbeiter:innen konnten sich einen **Ausdruck des Gesundheitsprofils**, der sich in einem verschlossenen Umschlag befand, durch Vorzeigen des Einladungsschreibens (Zuordnung erfolgte über den Zugangsschlüssel) beim Personalrat abholen.

Zusatzfragen für die Polizeiarbeit: Die folgenden Fragen haben wir in Zusammenarbeit mit dem Arbeitskreis Gesundheit der Polizei erarbeitet:

Arbeitsmenge und Zeitdruck	Die **große Bandbreite an Aufgaben**, die ich täglich zu tun habe, erlebe ich als stark überfordernd bzw. belastend.
	Die **hohe Aufgabendichte in Kombination mit den hohen Dokumentationsanforderungen** führt dazu, dass ich nicht mehr hinterher komme und häufig länger arbeite oder ich die nachfolgende Schicht damit belasten muss.
Werkzeuge	Meine **persönliche Schutzausrüstung** funktioniert nicht oder ist nicht ausreichend bzw. unvollständig.
Psychische Symptome	Wegen des Schichtdienstes kommt es bei mir zu **Schlafstörungen**, die ich versuche, durch Einsatz von Schlafmedikamenten in den Griff zu bekommen.
Schichtarbeit	Das Arbeiten im aktuellen Schichtmodell belastet mein Privat- und Familienleben über Gebühr stark negativ (über die normalen Belastungen, die ein Schichtmodell hat hinaus).
	Durch besondere Einsätze (Einsatzdichte und Einsatzlänge) werden meine geplanten monatlichen Dienstzeiten so häufig »über den Haufen geworfen«, dass dies stark negative Auswirkungen auf mein Privat- und Familienleben hat.
	Bitte benennen Sie negative Auswirkungen des aktuellen Schichtmodells auf Ihr Privat- und Familienleben (offene Textfrage).
Überschreiten der gesetzlichen Arbeitszeit	Ich muss häufig über die gesetzliche Arbeitszeit hinaus arbeiten (mehr als 13 Stunden am Stück).
	Durch die Überschreitung der Dienstzeiten habe ich das Gefühl, dass dies die Sicherheit auf meinem Nachhauseweg stark negativ beeinflusst (z. B. wenn ich mit dem Auto nach Hause fahre).
Gewalterfahrungen	Im Rahmen meines Dienstes (sowohl Streifendienst als auch Sondereinsätze) kommt es häufig zu verbaler Gewalt und zu Beschimpfungen, die ich als stark belastend erlebe.
	Im Rahmen meines Dienstes (sowohl Streifendienst als auch Sondereinsätze) kommt es häufig zu körperlicher Gewalt, die ich als stark belastend erlebe.
	Ich habe den Eindruck, dass die in meinem Dienst erlebte Gewalt sich auf mich auch längerfristig negativ auswirkt.
	Die vielen, manchmal auch nur kleinen Gewalterfahrungen in meinem Dienst summieren sich für mich zu einer großen, negativen Belastung.
	Bitte beschreiben Sie diese Auswirkungen, die Sie bei sich wahrnehmen (offene Textantwort).

Gewaltfolgenbewältigung und Unterstützung	Es fällt mir inzwischen schwer, diese Gewalterfahrungen für mich zu bewältigen. Sie haben auch negative Auswirkungen auf mein Privat- und Familienleben.
	Das Angebot des psychologischen Dienstes ist für mich und meinen Gesprächsbedarf zeitlich/örtlich erreichbar und verfügbar.
	Das Angebot des psychologischen Dienstes ist für mich und meinen Gesprächsbedarf qualitativ ausreichend.
	Über das Angebot des psychologischen Dienstes hinaus würde ich das Angebot einer Gruppensupervision nutzen wollen.
Medienpräsenz	Die allgegenwärtige Präsenz von Medien bzw. filmenden Smartphones führt für mich zu einer starken Zusatzbelastung im Einsatz/Dienst, weil ich das Gefühl habe, mir keine Fehler leisten zu dürfen.

Des Weiteren haben wir folgende **Symptome** abgefragt:

Welche der folgenden Stressfolgesymptome treten bei Ihnen häufiger bzw. regelmäßig auf?	
SYM01	**Bauchschmerzen**
SYM02	Kopfschmerzen
SYM03	Migräne
SYM04	Rücken-/Nackenschmerzen oder -verspannungen
SYM05	nächtliches Zähneknirschen
SYM06	Schwindel
SYM07	Herzrasen
SYM08	Geringe Toleranz gegenüber stressigen Ereignissen
SYM10	Sodbrennen

Die Auswahl der Symptome entspricht häufigen stressassoziierten Folgen, jedoch auch somatischen Folgen durch z. B. Gewalteinwirkungen auf den Schädel oder die Wirbelsäule.

Der Nutzen des Gesundheitseinzelprofils

Im Gesundheitsprofil wird der individuelle WAI-Wert mit einer Empfehlung dargestellt. Zudem werden die Symptomlisten ausgewertet und es wird auf mögliche gesundheitliche Probleme hingewiesen.

Einleitung

Hiermit erhalten Sie Ihr persönliches Gesundheitsprofil. Die Daten können nicht Ihrer Person zugeordnet werden, sondern sie werden lediglich dem verwendeten Zugangsschlüssel zugeordnet.

Der Nutzen des Profils ist es, Ihnen einige Hinweise auf mögliche Gesundheitsthemen zu geben. Sie finden eine Reihe von Tipps, Links und Leseempfehlungen. Alle Empfehlungen sind nichtwerblich und die Links sind auch keine Affiliate-Links, sondern erfolgen rein auf Basis von Erfahrungen aus dem Gesundheitsmanagement. Das Profil stellt keine ärztliche Beratung dar und soll diese auch nicht ersetzen.

Arbeitsfähigkeitsindex (WAI)

Der Arbeitsfähigkeitsindex ist für Sie ein sehr wichtiges Maß für die Einschätzung Ihrer eigenen gesundheitsbezogenen Arbeitsfähigkeit. Der WAI-Indexwert hat eine Bandbreite von 7-49 Punkten.

Ihr persönlicher Indexwert ist: **34**

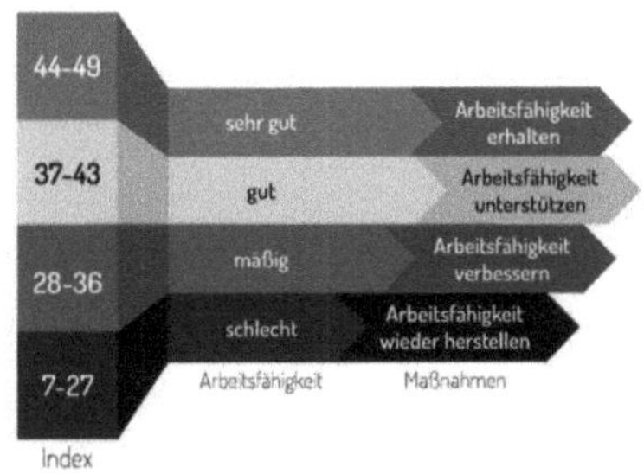

Empfehlung:

Ihre Arbeitsfähigkeit wird aufgrund Ihrer Daten als mäßig eingeschätzt. Es wird dringend empfohlen eine ärztliche Beratung in Erwägung ziehen.

Bedeutung des Arbeitsfähigkeitsindexes

Der WAI wurde bereits 1981 in Finnland entwickelt und wissenschaftlich untersucht. Im Mittelpunkt stand die Frage, wie sich die Arbeitsfähigkeit von Beschäftigten im Zusammenhang mit persönlichen und betrieblichen Faktoren entwickelt. Dafür wurden sieben Fragedimensionen mit einer guten Vorhersagekraft für die zukünftige Entwicklung der Arbeitsfähigkeit formuliert.

In Deutschland wird auch der Begriff Arbeitsfähigkeitsindex bzw. Arbeitsbewältigungsindex (ABI) benutzt. Der WAI wird weltweit in der betriebsärztlichen Betreuung und in der betrieblichen Gesundheitsförderung zahlreicher Unternehmen und Berufsgruppen verwendet.

Der WAI Punktwert zeigt an, inwieweit eine Person hinsichtlich ihrer persönlichen Voraussetzungen und den Arbeitsbedingungen in der Lage ist, aktuell und künftig ihre Arbeit zu verrichten.

Der WAI Wert gibt Auskunft darüber, inwieweit die individuellen Fähigkeiten und Fertigkeiten einer Person mit den gestellten Anforderungen der Arbeit übereinstimmen. Mit anderen Worten: Beim WAI steht das Potenzial eines Menschen im Mittelpunkt, zu einem bestimmten Zeitpunkt eine bestimmte Arbeitsanforderung zu erfüllen bzw. zu bewältigen.

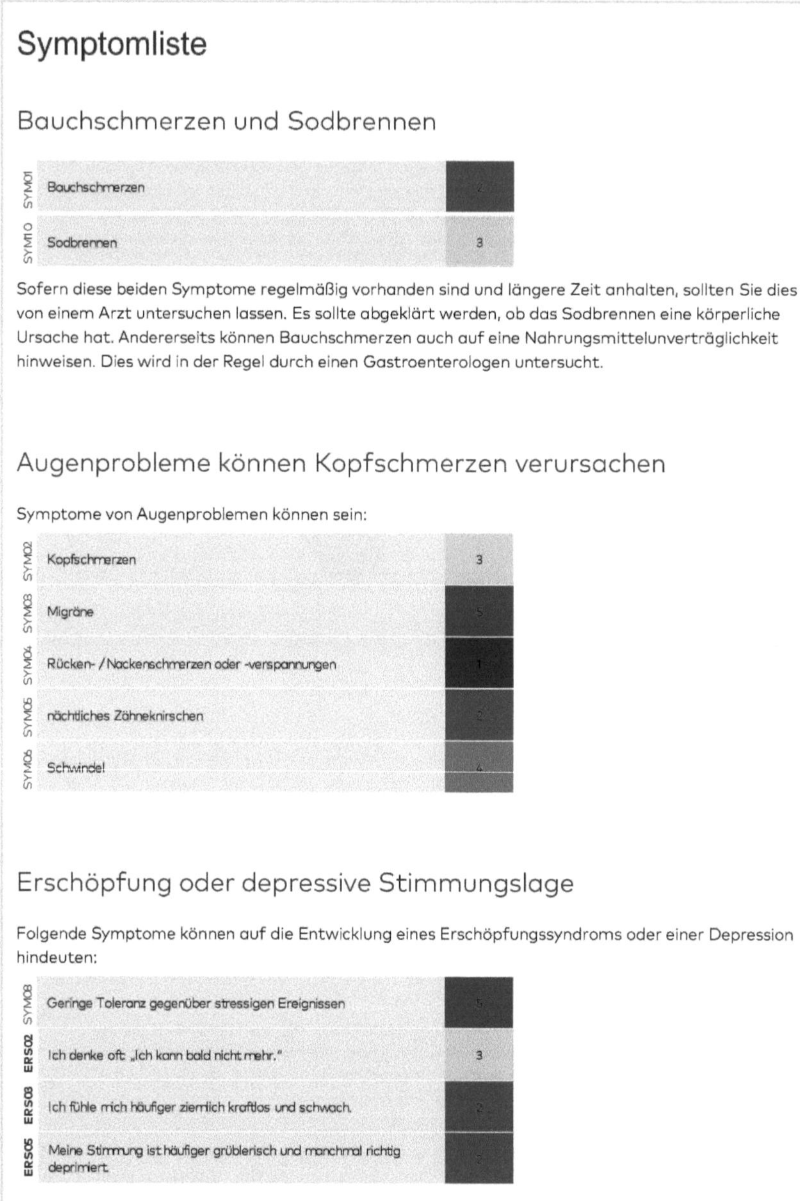

Symptomliste

Bauchschmerzen und Sodbrennen

SYM01	Bauchschmerzen	2
SYM10	Sodbrennen	3

Sofern diese beiden Symptome regelmäßig vorhanden sind und längere Zeit anhalten, sollten Sie dies von einem Arzt untersuchen lassen. Es sollte abgeklärt werden, ob das Sodbrennen eine körperliche Ursache hat. Andererseits können Bauchschmerzen auch auf eine Nahrungsmittelunverträglichkeit hinweisen. Dies wird in der Regel durch einen Gastroenterologen untersucht.

Augenprobleme können Kopfschmerzen verursachen

Symptome von Augenproblemen können sein:

SYM02	Kopfschmerzen	3
SYM03	Migräne	5
SYM04	Rücken- / Nackenschmerzen oder -verspannungen	1
SYM05	nächtliches Zähneknirschen	2
SYM06	Schwindel	4

Erschöpfung oder depressive Stimmungslage

Folgende Symptome können auf die Entwicklung eines Erschöpfungssyndroms oder einer Depression hindeuten:

SYM08	Geringe Toleranz gegenüber stressigen Ereignissen	5
ERS02	Ich denke oft: „Ich kann bald nicht mehr."	3
ERS03	Ich fühle mich häufiger ziemlich kraftlos und schwach.	2
ERS05	Meine Stimmung ist häufiger grüblerisch und manchmal richtig deprimiert.	2

Abb. 22: Beispielseiten des Gesundheitsprofils

Ein solches Profil bietet die Möglichkeit einer erweiterten Ergänzung durch Hinzufügen von Elementen des Gesundheitswissens oder Verweisen auf örtliche Ärzte und Spezialisten. Dies war bei der Polizei aufgrund des behördlichen Hintergrundes nicht gewünscht. Es wurde jedoch im Einzelfall sehr nachdrücklich der amtsärztliche Dienst und die psychologische Betreuung empfohlen, mit denen das Profil abgestimmt war.

3.2.4 Faktenbasierte Handlungsvorschläge für Gesundheitsmanager:innen

Die Bundesanstalt für Arbeitsschutz und Arbeitsmedizin stellt einen hilfreichen Wissensschatz zur Verfügung. In einem von ihr geförderten Projekt wurden umfangreiche Literaturrecherchen durchgeführt, um den **aktuellen Forschungsstand zu allen Merkmals- und Untermerkmalsbereichen der psychischen Belastungsfaktoren** festzustellen. Daraus entstanden Berichte, in etwa 3.000 Seiten, die Sie nicht zu lesen brauchen. Es lohnt sich aber, zumindest die Zusammenfassung und das Kapitel 1 zu lesen, da dort ein kurzer Theorieabriss über das jeweilige Thema zu finden ist. Manchmal lohnt es sich auch, die Ergebnisse der Recherche, meist das letzte Kapitel, zu überfliegen. Im Folgenden erhalten Sie eine Anleitung, wie Sie dabei als Gesundheitsmanager:in vorgehen.

Beispiel 1

Der Merkmalsbereich »Vereinbarkeit von Beruf und Familie« fällt negativ auf. Die Geschäftsleitung möchte nur Maßnahmen ergreifen, deren Wirksamkeit wissenschaftlich belegt ist.

Ihre Vorgehensweise als Gesundheitsmanager:in

Sie navigieren zur BAuA-Webseite und rufen den Bericht *Work-Life-Balance* auf. Lesen Sie dort zunächst das Abstract. Das ist die Zusammenfassung am Anfang auf den Seiten 4 bis 8. Und schauen Sie sich das Inhaltsverzeichnis an. In Kapitel 7 »Gestaltungsaussagen« finden Sie eine für Laien lesbare Zusammenfassung dazu, was Sie nun Ihrer Geschäftsleitung empfehlen können.

Beispiel 2

In Ihrem Hotelbetrieb hat die Gruppe der Kellnerinnen und Kellner auf fehlendes Feedback hingewiesen. Der Betriebsrat fordert nun, dass Führungskräfte täglich jeden Mitarbeiter drei Mal loben sollen.

Ihre Vorgehensweise als Gesundheitsmanager:in

Sie sind sich nicht sicher, ob diese Maßnahme wirklich zum Ziel führt, und öffnen den BAuA-Bericht *Rückmeldung*. Sie lesen in Kapitel 7 »Gestaltungshinweise« auf Seite 65, dass Lob für Routinetätigkeiten als Überwachung wahrgenommen und zu negativen Effekten bei der Leistung und zu einer Verringerung der Arbeitszufriedenheit führen kann. Sie schlagen dem Betriebsrat daraufhin vor, die Lobkultur anders zu verbessern.

Beispiel 3

Ihre Fachkraft der Arbeitssicherheit wundert sich über die hohen psychischen Belastungen durch Lärm. Er hatte doch im Rahmen der normalen Gefährdungsbeurteilungen Lärmmessungen durchgeführt, die alle innerhalb der Grenzwerte lagen.

Ihre Vorgehensweise als Gesundheitsmanager:in
Sie suchen und finden den BAuA-Bericht *Lärm*. Gleich auf Seite 4 im Abstract finden Sie heraus, dass es bei der Analyse psychischer Belastung nicht um die Lautstärke, sondern um Sprachschall geht. Offensichtlich werden Konzentration und Arbeitsgedächtniskapazität gestört, wenn man ein Telefonat oder ein Gespräch von Kollegen mithören muss.

3.3 Einsatz der Gefährdungsbeurteilung – Problemerkennung und Maßnahmenplanung

Eigentlich ist das Prinzip der datengestützten, punktgenauen Problemerkennung und Maßnahmenanwendung logisch und nachvollziehbar, denn:

- **Problemausprägungen sind sehr unterschiedlich** und lassen sich mit unscharfen oder oberflächlichen Aktionen oder Maßnahmen nicht lösen. Es braucht präzise Maßnahmen, und die betroffenen Menschen (eines Teams) sind die besten Experten für mögliche Lösungen.
- **viele Unternehmen haben schon ein gutes Lösungs- und Unterstützungsportfolio**, es wird nur nicht genutzt. Durch die punktgenaue Analyse kann die Lösung zum Problem kommen.

Dennoch vergeben viele Unternehmen die Chance, ihre verpflichtende Gefährdungsbeurteilung gleich so zu nutzen, dass auch ein sinnvolles Ergebnis herauskommt.

3.3.1 Beispiele für eine punktgenaue Problemerkennung und Lösungsentwicklung

Anhand von **zwei Beispielen** wird deutlich, warum eine punktgenaue Problemerkennung und eine ebenso passende Lösungsentwicklung notwendig sind:

Beispiel 1

In einer Filiale mit Kundenverkehr arbeiten mehrere Verkäuferinnen, die Teilzeitverträge haben und wegen ihrer schulpflichtigen Kinder nur vormittags arbeiten können. Zwar bietet das Kaufhaus flexible Teilzeitmodelle und auch Gleitzeit, allerdings kann Letztere im Verkaufsbereich wegen der Öffnungszeiten nicht angewendet werden. Nun gibt es einige Kollegen, die keine Kinder haben und für die Notwendigkeit der Verkäuferinnen mit Kindern, pünktlich nach Hause gehen zu können, kein Verständnis haben. Die kinderlosen Kollegen kommen immer wieder mal zu spät und rechtfertigen dieses Verhalten mit dem Gleitzeitmodell.

Das Problem ist äußerst vielschichtig. Zum einen scheint die Führungskraft hier nicht hinzuschauen, sonst hätte sie das Problem längst lösen können, zum anderen ist die

Gleitzeit nicht richtig kommuniziert worden. Zudem scheinen Konflikte im Team vorzuliegen, die die Stimmung verschlechtern.

Die Lösung kann und muss punktgenau auf diese Situation passen und ebenso vielschichtig sein wie das Problem. Erkannt worden ist die Problematik übrigens über die Faktoren Konfliktkultur, Teamzusammenhalt und Vereinbarkeit von Beruf, Familie und Privatleben.

Beispiel 2

In einem Kundenservice-Center fielen die hohe Arbeitsüberlastung und der Zeitdruck auf. Außerdem zeigten sich rote Werte im Faktor Konzentrationsprobleme.

Anhand der Ergebnisse der Befragung konnte das BGM-Team das Problem nicht eingrenzen. In den Workshops zur Ergebnisbesprechung brachte das Team dann zur Sprache, dass fehlende Schallschutzmaßnahmen und minderwertige Headsets eine hohe Belastung durch sogenannten Sprachschall verursachen. Damit ist gemeint, dass die Telefongespräche anderer Kollegen so laut zu hören waren, dass man sich selbst nicht gut konzentrieren konnte. Für eine solche punktgenaue Problemerkennung braucht es eine gute, differenzierte Datengrundlage.

Damit ein Unternehmen die Probleme punktgenau registriert, braucht es sogenannte sensible Kontaktflächen, also definierte Sensoriken, wie eine Fehlentwicklung bzw. ein Problem wahrgenommen wird. Das folgende Modell (Abbildung 23) zeigt die Strategie der Früherkennung und Lösungsanbringung und den Bezug zur Gefährdungsbeurteilung.

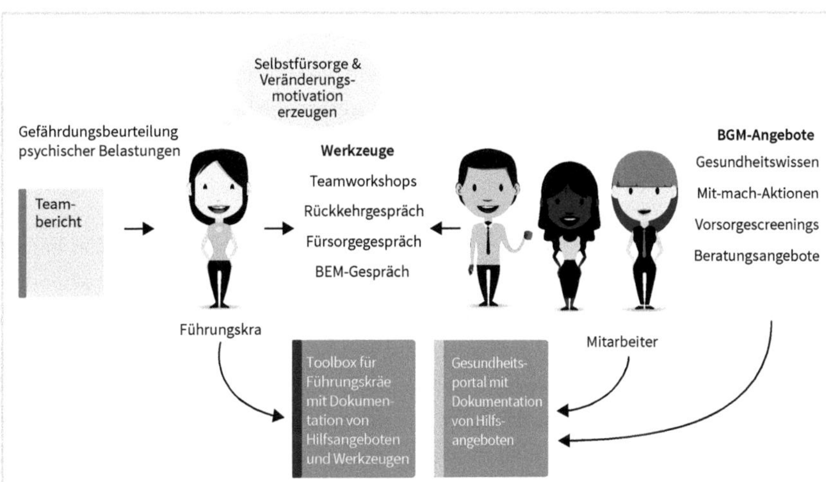

Abb. 23: Strategie der Früherkennung (Quelle: eigene Darstellung)

3.3.2 Die Rolle der Führungskraft bei der Früherkennung von Problemen

Die Führungskraft ist die wichtigste sensible Kontaktfläche für die Früherkennung von Problemen. Ihr stehen dafür verschiedene Werkzeuge zur Verfügung bzw. sie muss in der Anwendung dieser Werkzeuge geschult werden. Das Modell zur Früherkennung von Problemen liest sich so:

- Die Führungskraft nutzt den Teambericht mit den Gruppenergebnissen der Gefährdungsbeurteilung, um sich ein erstes Bild über Themen, Wünsche, Sorgen und Belastungen zu machen.
- Sie hat dann mehrere Werkzeuge, um die Probleme genauer zu verstehen: im Team etwa die Teamworkshops zur Ergebnisaufarbeitung.
- Einige Themen sind so vertraulich, dass sie nicht im Team besprochen werden können. Hier greift dann das Fürsorgegespräch.
- Andere Gesprächsanlässe sind die regelmäßig stattfindenden Rückkehrgespräche oder auch ein gut geführtes Gespräch zur Wiedereingliederung eines Mitarbeiters (BEM-Gespräch). Hier ist allerdings die Führungskraft eher in einer Nebenrolle.
- Bei all diesen Kontaktpunkten kommt die Führungskraft in Berührung mit Probleme privater und persönlicher Natur (im Krankheitstrichtermodell (Abbildung 1) die obere Hälfte der Faktoren) oder mit arbeitsplatzbezogenen Problemen (im Krankheitstrichtermodell die untere Hälfte der Faktoren).
- Für die privaten oder gesundheitlichen Themen bleibt der Führungskraft letztlich nur der Appell an die Selbstfürsorge und das Erzeugen von Veränderungsmotivation. Zusätzlich könnten Gesundheitswissensangebote zu bestimmten Krankheitsbildern oder zur Unterstützung bei der Arztwahl helfen, die in einer Art Gesundheitsintranet angeboten werden. Das entlastet die Führungskraft sehr, weil sie selbst dieses Wissen nicht haben muss und auch nicht in der Rolle ist, es weiterzugeben.
- Für die arbeitsplatzbezogenen Probleme greift die Führungskraft auf eine Toolbox zurück, in der alle nichtfachlichen Führungswerkzeuge beschrieben und das notwendige Wissen vorhanden sind. Die Toolbox kann durch E-Learnings usw. ergänzt und vertieft werden.

In diesem Modell zur Früherkennung von Problemen findet die Synthese aller in diesem Buch bisher beschriebenen und im weiteren Verlauf noch zu beschreibenden BGM-Strategien und -Lösungen statt. Es ist das Gespräch zwischen Führungskraft und Mitarbeiter:in, etwas abgeschwächt auch das Gespräch mit einem/einer Gesundheitskoordinator:in das letztlich den entscheidenden Selbstfürsorgeimpuls und eine Hinlenkung auf eine mögliche Lösung bringt. Nur so kann echte Wirksamkeit im Sinne der Ziele des betrieblichen Gesundheitsmanagements gelingen.

3.3.3 Glücksfall: Matching von Leistungskennzahlen, Alter und Krankenstand mit Daten der Gefährdungsbeurteilung

Aufgrund der Sensitivität der GBU-Daten können in den Fragebögen keine objektiven Leistungskennzahlen, das richtige Alter oder den tatsächlichen Krankenstand abgefragt werden. Ein seltener Glücksfall in einem größeren Projekt ermöglichte uns ein nachträgliches Matching dieser Daten auf Gruppenebene mit der gerade durchgeführten Gefährdungsbeurteilung. Es fand keine Verletzung der Anonymität statt, weil das Matching nicht auf Personenebene stattfand (wäre auch technisch nicht möglich gewesen), sondern auf Gruppenebene.

Die Leistungskennzahlen waren objektiv, weil 25 Organisationseinheiten mit identischer Zusammensetzung und gleichen Aufgabenprofilen zur Verfügung standen. Die von uns durchgeführte Korrelationsanalyse erscheint uns für eine Ableitung von Trends ausreichend. Höherwertige Analysen konnten aufgrund der Datenstruktur nicht verwendet werden. Im weiteren Verlauf werde ich die einzelnen Befunde kommentieren und erläutern, warum bestimmte Korrelationen negativ ausfallen, was mit der Datenpolung zusammenhängt.

- Zunächst sehen wir eine **hohe Interkorrelation zwischen Arbeitsmenge und Zeitdruck und der Vereinbarkeit von Beruf, Familie und Privatleben** (r=.91). Das unterstreicht erneut, dass die Arbeitsmenge der wichtigste Ursachenfaktor für eine gute oder schlechte Vereinbarkeit von Beruf und Privatleben ist.
- Spannend ist die **Korrelation der Führungsqualität mit den AU-Tagen**. Hier gibt es eine höhere Korrelation von r=.57 mit den Kurzzeit-AU-Tagen. Man könnte dies so interpretieren, dass bei einer schlechten Führungsqualität es ggf. auch zu motivationsbedingten Fehlzeiten kommt, während die Langzeiterkrankungen meist auf echte Erkrankungen zurückgehen und daher nicht mehr Führungskraft zusammenhängen.
- Die **Arbeitsmenge und der Zeitdruck sind wesentlich wichtiger für die Kündigungsabsicht, als die Führungsqualität**. Da das Unternehmen aus dem Bereich Pflege kam, ist das nachvollziehbar, weil hier die Überlastungsprobleme durch die Gesundheitspolitik verursacht sind und in der Regel nicht durch die Unternehmen oder Führungskräfte.
- Die wichtige **Leistungskennzahl** (hier wurde die Differenz zur Durchschnittsleistung verwendet) wird durch hauptsächlich zwei Faktoren negativ beeinflusst: durch die Kurzzeit-AU-Tage und durch das Alter. Beides ist theoriekonform. Der Zusammenhang zwischen Leistung und einer schlechten Vereinbarkeit von Beruf und Familie ist von der Wirkrichtung her nicht klar.
- Eine **schlechte Vereinbarkeit von Beruf und Familie** bedingt eine hohe Kündigungsabsicht. Damit kommt der Verbesserung der Work-Life-Balance eine hohe Bedeutung zu, denn es gibt starke Zusammenhänge zu Kündigung, zur Leistung und zu den Kurzzeit-AU-Tagen.

	Arbeitsmenge und Zeitdruck	Vereinbarkeit von Beruf, Familie und Privatleben	Führungsqualität	Kündigungsabsicht	Differenz zur durchschnittichen Leistungskennzahl	AU-Tage (Kurzzeit)	AU-Tage (Langzeit)	AU-Tage	Altersdurchschnitt
Arbeitsmenge und Zeitdruck		0,91	0,40	0,80	-0,16	0,39	0,12	0,27	-0,41
Vereinbarkeit von Beruf, Familie und Privatleben	0,91		0,34	0,72	-0,31	0,37	0,13	0,26	-0,32
Führungsqualität	0,40	0,34		0,30	0,06	0,57	0,18	0,39	-0,03
Kündigungsabsicht	0,80	0,72	0,30		-0,04	0,35	0,10	0,24	-0,46
Differenz zur durchschnittichen Leistungskennzahl	-0,16	-0,31	0,06	-0,04		-0,35	-0,03	-0,19	-0,39
AU-Tage (Kurzzeit)	0,39	0,37	0,57	0,35	-0,35		0,45	0,78	0,28
AU-Tage (Langzeit)	0,12	0,13	0,18	0,10	-0,03	0,45		0,91	0,21
AU-Tage	0,27	0,26	0,39	0,24	-0,19	0,78	0,91		0,28
Altersdurchschnitt	-0,41	-0,32	-0,03	-0,46	-0,39	0,28	0,21	0,28	

Dategrundlage: 25 Leistungszentren mit insgesamt 1.977 Mitarbeitenden, Korrelationen wurden jedoch auf Gruppenebene berechnet, weil Leistungskennzahlen, AU-Tage und Altersdurchschnitt nur auf Gruppenebene vorlagen. Die Leistungskennzahlen sind sehr valide, weil die Leistungszentren ein einheitliches Tätigkeitsprofil hatten und daher gut miteinander verglichen werden konnten.

Abb. 24: Korrelationsanalyse (auf Gruppenebene) von Daten einer Gefährdungsbeurteilung und anderen nachträglich den Gruppen zu geordneten Daten wie Leistung, Altersdurchschnitt oder AU-Tage (Quelle: Eudemos, 2023)

3.4 Die sieben Schritte der GDA-Leitlinie

Die Materialien der Gemeinsamen Deutschen Arbeitsschutzstrategie (GDA) sind maßgeblich für die Überprüfung Ihrer Gefährdungsbeurteilung auf Vollständigkeit. Auch wenn die beiden Broschüren nicht geeignet sind, die praktische Umsetzung der Gefährdungsbeurteilung zu begleiten – dafür fehlt das Praxiswissen –, geben sie wichtige Strukturinformationen. Beachten Sie auch, dass die 4. Auflage aus dem Jahr 2022 erhebliche Erweiterungen der Handlungshilfen enthält.

Tipp

Schauen Sie doch gleich einmal in die Handlungshilfe der GDA hinein. Ab Seite 20 finden Sie die sieben Schritte beschrieben. Sie werden merken, dass dort einiges fehlt, was hier beschrieben wird.

Die Empfehlungen zur Umsetzung der Gefährdungsbeurteilung werden in den sieben Prozessschritten (vgl. Kapitel 3.4.1 bis 3.4.6) beschrieben. Daran entscheidet sich, ob Ihre Gefährdungsbeurteilung einer rechtlichen Prüfung standhält. Der Prozess wird in Kapitel 3.5 ausführlich dargestellt:

- **Schritt 1** erfordert eine Festlegung der zu beurteilenden Gruppen oder Tätigkeitsbereiche. Wie Sie in Kapitel 3.4.1 sehen werden, treffen Sie hier eine grundlegende Entscheidung, die für den Erfolg des Projektes ausschlaggebend ist. Denn die meisten psychischen Belastungsfaktoren sind abhängig von ihrem sozialen Kontext, weniger von der konkreten Arbeitstätigkeit. Eine Untersuchung nach Gruppen, Abteilungen und Teams bietet sich daher an.
- **Schritt 2** stellt Ihnen drei Methoden zur Auswahl, mit denen Sie eine Belastungsanalyse durchführen können. Jede Methode hat ihre Vor- und Nachteile für unterschiedliche Unternehmen und kulturelle Gegebenheiten. Auch variieren sie im Preis, sodass Sie in Kapitel 3.4.2 recht ausführlich erläuterte Entscheidungskriterien finden, um eine gute Methodenwahl zu treffen.
- **Schritt 3** ist eigentlich eine Selbstverständlichkeit, denn natürlich müssen Sie die Ergebnisse analysieren. Doch der Teufel steckt im Detail. Denn es kommt sehr darauf an, dass die Ergebnisse grafisch gut aufbereitet werden, damit auch Laien sie einfach verstehen können. Passend dazu finden Sie entsprechende Hinweise und Anforderungen an die Berichtsgestaltung.
- **Schritt 4** ist sehr wichtig und Sie sollten ihn keinesfalls vergessen. Denn die reine Belastungsanalyse genügt nicht. Erst die Ableitung konkreter Maßnahmen, die auch wirklich umgesetzt werden, erfüllen die Vollständigkeitskriterien der GDA.
- **Schritt 5** unterstreicht das noch einmal, denn Sie müssen tatsächlich nachweisen, dass die beschlossenen Maßnahmen auch umgesetzt wurden, und prüfen, ob sie wirksam waren.
- **Schritt 6** legt fest, dass Sie die Wirksamkeit der getroffenen Maßnahmen nachweisen müssen, in der Regel durch eine Wiederholung der Befragung nach zwei bis drei Jahren. Einen genauen Zeitraum gibt es nicht, aber aus meiner Projekterfahrung ist ein Abstand länger als vier Jahre zu lang.
- **Schritt 7** ist leicht erklärt. Es geht zum einen darum, dass die Gefährdungsbeurteilung für neu entstehende Belastungen etwa bei neuartigen Arbeitsbedingungen ergänzt werden muss, zum anderen sind genaue Anforderungen an eine vollständige Dokumentation zu erfüllen. Beides wird in Kapitel 3.4.7 erklärt.

Rückwärts gedacht – Ein Perspektivwechsel erleichtert das Verständnis für den Sieben-Schritte-Prozess
Viele Gesundheitsmanager:innen fokussieren stark auf den Vorgang der Befragung, Datenerfassung und Auswertung. Dieser zugegeben technisch schwierigere Part scheint doch ziemlich viel Stress zu verursachen. Auch in der Geschäftsleitung wird der Fehler gemacht, zu glauben, mit der Befragung und einem Bericht sei man fein raus. Das ist ein Irrtum. Und damit Ihnen das nicht auch passiert, lassen Sie uns mal »rückwärts« denken.

Was soll eigentlich am Ende herauskommen? Es geht um die Verbesserung des Gesundheitszustandes bzw. die Verhinderung von Erkrankung durch die Reduktion von negativen Belastungsfaktoren am Arbeitsplatz. Eine Wirkung ist also nur dann zu erwarten, wenn sich tatsächlich etwas ändert, wenn sich also in den Teams und Abteilungen, bei den Führungskräften, bei den Prozessen oder bei der Arbeitsplatzausstattung wirklich etwas tut. Nur dann sind Sie erfolgreich gewesen.

Damit etwas passiert, brauchen insbesondere die Führungskräfte:
1. eine sehr genaue und möglichst nur auf ihr Team bezogene Aufstellung, welche Problembereiche vorliegen (also den Team- oder Gruppenbericht), und
2. es sollte auch gleich schon die Lösung mitgeliefert werden. Denn viele Führungskräfte neigen dazu, das Problem woanders zu suchen und nicht im eigenen Team (deswegen die Teamberichte) und sich an vorhandene Lösungen, die irgendwann einmal kommuniziert wurden, nicht mehr zu erinnern (vgl. Kapitel 7.4).

Damit etwas passiert, sollten die Führungskräfte mit ihren Teams die Ergebnisse *wirklich* besprechen, und das sollten Sie kontrollieren. Daher gilt: Fordern Sie Protokolle an und setzen Sie eine Frist. Und damit aber auch *wirklich* etwas passiert, kontrollieren Sie auch, ob die beschlossenen Maßnahmen umgesetzt wurden. Und schon sind Sie bei den sieben Schritten der GDA-Handlungsempfehlung und ihren geforderten Dokumenten. Es ist doch eigentlich ganz einfach.

3.4.1 Schritt 1: Festlegen der zu beurteilenden Tätigkeitsfelder oder Bereiche

Gleich beim ersten Schritt müssen Sie eine grundlegende Entscheidung treffen: Beurteilen Sie die Gefährdungen anhand von Tätigkeitsbereichen mit ähnlichen Belastungen oder nach Organisationseinheiten mit einer zusammenhängenden sozialen Struktur.

a) Sortierung der Mitarbeiter:innen nach Tätigkeitsbereichen
Die **erste Sortierungsmöglichkeit** besteht anhand von Arbeitsplatz-, Tätigkeits- oder Berufsgruppen, etwa »Führungskräfte«, »Bürokraft«, »Steuerfachangestellte« oder »Schichtleiter«. Hier werden ähnliche Arbeitsplätze und Tätigkeiten zusammengefasst. **Diese Einteilung ist meiner Meinung nach wenig geeignet,** um eine hinreichende Beurteilung psychischer Belastungen vorzunehmen. Dafür gibt es drei Argumente:

1. **Die meisten Belastungen treten nicht tätigkeitsbezogen auf**, sondern sind an Gruppen, Teams, Kollegen und Führungskräfte gekoppelt. Der soziale Kontext geht verloren und es kann nicht an der wirklichen Ursache gearbeitet werden.
2. **Für eine punktgenaue Problemlokalisierung ist die tätigkeitsbezogene Beurteilung ebenfalls nicht geeignet**, weil keine genaue Aussage über den Problemort gemacht werden kann (Beispiel: »Bürokräfte erleben unvollständige Delegation und deswegen einen zu geringen Handlungsspielraum.« Diese Aussage stimmt nicht, weil das nur bei einigen so ist, abhängig vom Delegationsstil der Führungskraft).
3. **Um Veränderungen zu bewirken, braucht es Führungskräfte, die Verantwortung übernehmen.** Bei allgemeinen Aussagen, die für Mitarbeiter:innen desselben Tätigkeitsbereiches aus mehreren Abteilungen gelten, tritt das »Nicht-bei-mir«-Syndrom ein. Führungskräfte wollen nicht tätig werden.

Von der generellen Ablehnung der tätigkeitsbezogenen Belastungsbeurteilung sollten Sie eine **Ausnahme** machen, wenn Sie eine Gruppe mit besonderen Belastungen haben, z. B. »Hausmeister« oder »Mitarbeiter mit Außendiensttätigkeit«. Dabei können Sie wie folgt vorgehen: Sie lassen die Mitarbeiter:innen im Rahmen Ihrer gewählten Vorgehensweise innerhalb ihres sozialen Bezugs (Teamzugehörigkeit) an der Gefährdungsbeurteilung teilnehmen, stellen aber die Fragen zur Außendiensttätigkeit hier nicht, wenn dies die Anonymisierung der Personen aufheben würde (Kombination aus »Mitarbeiter im Team A der Servicetechniker« und »im Außendienst tätig« ergibt weniger als fünf infrage kommende Mitarbeiter:innen). Im Anschluss führen Sie einen Workshop, z. B. eine Arbeitssituationsanalyse mit mehreren Mitarbeiter:innen des Tätigkeitsbereiches »Außendienst« durch, in dem Sie nur die psychischen Belastungen der Außendiensttätigkeit beurteilen.

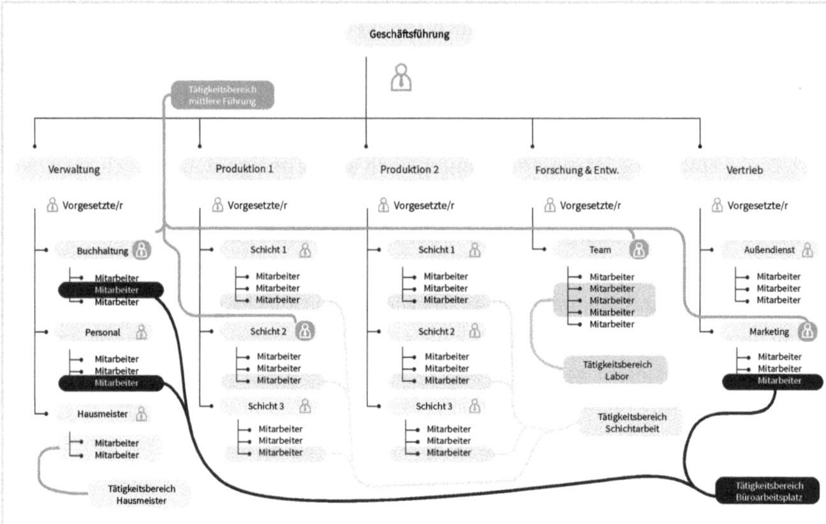

Abb. 25: Beispiel für die wenig sinnvolle Einteilung nach Tätigkeitsbereichen. Hier gehen Informationen über Belastungen, die im sozialen Kontext auftreten, verloren. (Quelle: eigene Darstellung)

Manchmal sind Sie sogar gezwungen, eine Kombination vorzunehmen. Wenn Sie beispielsweise eine Abteilung »Facility Management« und darin eine Gruppe »Hausmeister« und eine Gruppe »Gebäudeplanung und Bauleitung« haben, dann dürfen Sie diese Gruppen nicht mischen, denn ihre Tätigkeit unterscheidet sich zu sehr. Hier wählen Sie bitte ebenfalls die gerade beschriebene Vorgehensweise.

b) Sortierung der Mitarbeiter:innen nach Organisationseinheiten

Die **zweite Sortierungsmöglichkeit** folgt den Organisationseinheiten, etwa »alle Mitarbeiterinnen und Mitarbeiter der Personalabteilung«, »alle Mitarbeiterinnen und Mitarbeiter im Produktionsbereich 1«, »alle Mitarbeiterinnen und Mitarbeiter aus Personal und Buchhaltung« usw. Hier werden die Mitarbeiter einer Abteilung, eines Teams oder einer Gruppe zusammengefasst.

Diese äußerst sinnvolle Clusterung ermöglicht:

1. die Beurteilung der Belastungen im sozialen Kontext,
2. die punktgenaue Lokalisierung von Problemfeldern,
3. eine Verantwortungsübernahme der Führungskräfte für Probleme in ihrem Bereich.

Bei sehr großen, homogenen Gruppen, etwa einer Gruppe »Produktion 2«, die sich in drei Schichtzüge mit jeweiligen Schichtleitern unterteilt, ist diese Unterteilung zu wählen, sofern die Mindestgröße für eine Anonymitätswahrung gegeben ist.

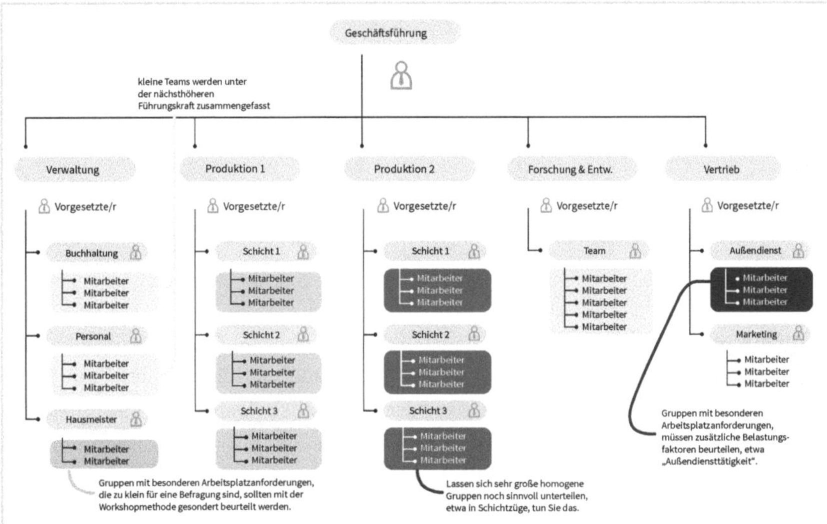

Abb. 26: Beispiel für die sinnvolle Einteilung nach Organisationseinheiten. Beachten Sie die Ausnahmen für kleine Gruppen und für Gruppen mit besonderen Gefährdungen. (Quelle: eigene Darstellung)

Warum führen viele Anbieter dennoch Beurteilungen nach Tätigkeitsbereichen durch?

1. Die Praxis stammt aus der Tradition der *generellen* Gefährdungsbeurteilung, die dort recht sinnvoll ist. Die Sicherheitsfachkraft beurteilt Gefährdungen physischer Art, die sich aus den Ausführungsbedingungen ergeben, anhand von Arbeitsplatztypen. So ist davon auszugehen, dass Muskel-Skelett-Erkrankungen bei allen sitzenden Tätigkeiten gleichermaßen auftreten, also genügt die Beurteilung von einigen Schreibtischarbeitsplätzen.
2. Der Gesetzgeber hat bei der Beurteilung psychischer Belastung die freie Wahl gelassen. Es ist also gesetzlich nicht falsch, den Tätigkeitsbezug zu wählen, auch wenn es für die vom Gesetzgeber intendierte Wirkung nicht sinnvoll ist.
3. Die Vorgehensweise nach Tätigkeitsbereichen ist deutlich billiger und weniger aufwendig. Sie wird daher von den Anbietern solchen Kunden vorgeschlagen, die »keine Lust« auf einen wirksamen Prozess haben.

3.4.2 Schritt 2: Ermittlung der psychischen Belastungen – Wahl der Methodik

Für die Ermittlung psychischer Belastungen sieht der Gesetzgeber (nach EN ISO 10075-3:2004, Seite 8) drei Methoden vor:

- Befragungsmethode,
- Workshop-Methode,
- Methode der Einzelinterviews und Arbeitsplatzbeobachtung.

Diese drei Methoden sind jedoch nicht äquivalent, sondern sollten unter Berücksichtigung von Unternehmensgröße, kulturellen Voraussetzungen, dem Bildungsniveau der Mitarbeiterinnen und Mitarbeiter und den Zielsetzungen, die Sie mit der Gefährdungsbeurteilung verfolgen, ausgewählt werden.

Analysetiefen von Beurteilungsverfahren[11]
Alle Verfahren, die Sie zum Einsatz bringen möchten, lassen sich in drei Analysetiefen unterteilen:

a) Orientierende Verfahren
Verfahren auf dieser Stufe ermöglichen dem Anwender, auf einem niedrigen Präzisionsniveau Informationen über die psychische Arbeitsbelastung zu gewinnen. Sie liefern, ohne übermäßig hohen Einsatz von Ressourcen, allgemeine Informationen über die jeweiligen Arbeitsbedingungen, subjektive und psychophysiologische Zustände des Arbeitenden bezüglich psychischer Arbeitsbelastung. Informationen auf dieser Stufe sollten es ermöglichen, negativen Auswirkungen vorzubeugen, indem die jeweiligen Ergebnisse Managemententscheidungen auf einer operativen Ebene zulassen, wie etwa die Veränderung der Arbeitsaufgaben und/oder der Arbeitsverfahren und Arbeitsbedingungen. Messungen auf dieser Stufe sind üblicherweise auf orientierende Messungen beschränkt, bei denen nur sehr grobe Methoden (mit mäßigenden Graden an Zuverlässigkeit, Validität usw.) zur Analyse von Arbeitsaufgaben, der subjektiven Einschätzung der Akzeptanz von Arbeitsbedingungen und des subjektiven Erlebens in Bezug auf alle Aspekte der psychischen Arbeitsbelastung zum Einsatz kommen (aus: EN ISO 10075-3:2004, Seite 8).

Orientierende Verfahren[12] sind:
- Prüfliste Psychische Belastung: Unfallversicherung Bund und Bahn (www.uv-bund-bahn.de)
- IAG-Standard (www.dguv.de/iag)
- Fragebogen BGW miab, BGW ISAK (www.bgw-online.de)
- FIT 2.0: Fragebogen zum Erleben von Intensität und Tätigkeitsspielraum in der Arbeit (www.fitbefragung.com)
- KPB: Kurzverfahren Psychische Belastung (www.springer.com/de/book/9783662548974)

b) Screening-Verfahren
Die Messung auf dieser Stufe entspricht einem mittleren Präzisionsniveau und wird in der Regel dazu verwendet, eine Gesamtübersicht zu gewinnen, die eine höhere

11 Paridon, 2015, S. 23 f.
12 https://www.haufe.de/personal/haufe-personal-office-platin/grenzwertbestimmung-in-der-gefaehrdungsbeurteilung-psychi-2-methoden-und-instrumente-zur-erfassung-und-bewertung-psychischer-belastungen_idesk_PI42323_HI10529438.html

Präzision als orientierende Messungen erfordert, z.B. dort, wo Probleme bezüglich der psychischen Arbeitsbelastung zu erwarten sind oder wo den Ursachen einer unangemessenen Arbeitsbelastung nachzugehen ist. Auf dieser Stufe anzuwendende Verfahren haben höhere Zuverlässigkeiten, nachgewiesene Validitäten und sollten in der Lage sein anzuzeigen, ob korrektive Maßnahmen erfolgen sollten (aus: EN ISO 10075-3:2004, Seite 8).

Screening-Verfahren[13] sind:

- COPSOQ: Copenhagen Psychosocial Questionnaire, deutsche Standardversion (copsoq.de und andere Anbieter)
- GPB: Gefährdungsbeurteilung psychischer Belastungen (Universität Heidelberg)
- IMPULS-TEST|2: Bewertung psychischer Belastung
- KFZA: Kurz-Fragebogen zur Arbeitsanalyse
- SPA: Screening psychischer Arbeitsbelastungen: SPA-S (Situation), SPA-P (Person) und SPA-W (Wirkungen)
- Salsa: Salutogenetische Subjektive Arbeitsanalyse

Der von uns entwickelte **GBU-Q-Fragebogen** ist ebenfalls als Screening-Verfahren einzustufen. Des Weiteren empfehle ich, die älteren Verfahren (Salsa, SPA, KFZA, GPB) vor dem Hintergrund der GDA-Leitlinien zu betrachten und die Faktoren und Fragen auf Vollständigkeit zu prüfen.

c) Experten-Verfahren

Der Zweck der Erfassung der psychischen Arbeitsbelastung auf dieser hohen Präzisionsstufe ist es, zuverlässige und gültige Angaben über die Art der Ursache von Unter- bzw. Überforderung zu erhalten, um eine Optimierung der Arbeitsbedingungen vornehmen zu können. Die Verfahren auf dieser Stufe sind sehr wahrscheinlich nur von Fachleuten anwendbar, z.B. Psychologen, Arbeitswissenschaftlern, Arbeitsmedizinern und Arbeitsphysiologen sowie sonstigen arbeitsmedizinischen Fachkräften mit einer angemessenen Ausbildung in den theoretischen Grundlagen und der Anwendung dieser Verfahren sowie in der Interpretation der Ergebnisse (aus: EN ISO 10075-3:2004, Seite 8).

Experten-Verfahren[14] sind:

- AVEM: Arbeitsbezogenes Verhaltens- und Erlebensmuster
- TBS: Tätigkeitsbewertungssystem (Bestellung bei Prof. Dr. W. Hacker, Prof. Dr. P. Richter, Technische Universität Dresden Fachbereich Psychologie)
- WAI: Work-Ability-Index/Arbeitsfähigkeitsindex.

13 Ebd.
14 Ebd.

Die Analysetiefe ist für Sie relevant, weil die alleinige Durchführung orientierender Verfahren nicht ausreicht, wenn keine vertiefende Analyse nachgeschoben wird. Viele orientierende Verfahren sind zwar kurz (ein häufiger Wunsch der Geschäftsführung), decken jedoch nicht die Merkmalsbereiche und Untermerkmalsbereiche der Gemeinsamen Deutschen Arbeitsschutzstrategie (GDA) ab.

Die Aufzählung der Verfahren ist nicht vollständig. Zudem sind die hier dargestellten Verfahren nicht alle gleich gut. Einige der hier aufgeführten Verfahren sind sogar so alt, dass man sie nicht online einsehen oder bestellen kann. Zwar mögen sie hinsichtlich ihrer Testgütekriterien (Validität, Reliabilität) wissenschaftlich vorbildlich sein – unter anderem das fordert die EN ISO 10075-3 – aber in der Praxis sind **Einsatztauglichkeit** (Prozessablauf der Befragung) und **Ergebnisdarstellung** (Berichtsqualität, Verständlichkeit, Übersichtlichkeit) wesentlich wichtiger.

Die Auswahl eines für Sie günstigen Verfahrens würde ich anhand der Fragen und Skalen treffen, die in den einzelnen Tests vorkommen, und auch davon abhängig machen, ob die Verwendung des Tests (nicht die Auswertung) kostenlos ist.

Der WAI ist als Fragebogen zur Gefährdungsbeurteilung psychischer Belastungsfaktoren meines Erachtens nicht geeignet. Er ist ein hervorragendes Ergänzungsinstrument und kann zur Detailanalyse bei besonders belasteten Bereichen und Einzelpersonen eingesetzt werden, jedoch nicht als alleiniges Verfahren.

Methode 1: Gesundheitsbefragung

Eine Gesundheitsbefragung ist als Basis für die Gefährdungsbeurteilung – unter Berücksichtigung einiger Voraussetzungen – das ideale Instrument, um die Strategie der punktgenauen Problemlokalisierung und Lösungsintervention umzusetzen. Sie ist zudem die kostengünstigste Methode, wenn Sie anhand des Organigramms beurteilen wollen.

Ohne externe Unterstützung lässt sich eine Befragung nicht effektiv und kosteneffizient umsetzen. Es gibt viele Fehlerquellen, etwa bei der Datenaufbereitung und Berichterstellung. Und die Datenlogistik, d. h. die Aufbereitung der Daten für die verschiedenen Datennutzer, nimmt viel Zeit in Anspruch und gelingt selbst in Eigenregie nicht ansprechend und laienverständlich.

Eine ausführliche Prozessbeschreibung der Befragungsmethode finden Sie in Kapitel 3.5).

Methode 2: Workshop

Die Workshop-Methode eignet sich vor allem für kleine Unternehmen oder Organisationen. Wenn Sie nach Organisationseinheiten und nicht nach Tätigkeitsfeldern vorgehen, liegt die Obergrenze für Workshops bei etwa acht Gruppen. Diese Zahl können Sie natürlich überschreiten, wenn Sie bereit sind, die Kosten zu tragen.

Um in kleinen Unternehmen aussagekräftige Ergebnisse zu erhalten, sollten Sie anstreben, **möglichst alle Mitarbeiter:innen zur Teilnahme an den Workshops** zu bewegen. So werden kleine Teamentwicklungseinheiten daraus.

Eine ausführliche Prozessbeschreibung der Workshop-Methode finden Sie in Kapitel 3.8.2.

Methode 3: Einzelinterview und Arbeitsplatzbeobachtung
Grundsätzlich sollten Sie vor der Durchführung einer Gefährdungsbeurteilung eine Begehung der Arbeitsplätze durchführen. Dabei schauen Sie sich recht grob orientierend diejenigen Arbeitsplätze an, die Sie noch nicht kennen. Dies ist nicht gleichzusetzen mit der hier beschriebenen dritten Methode.

Einzelinterviews und Arbeitsplatzbeobachtungen gelten von der Analysetiefe als Expertenverfahren. Sie sollten von einem Arbeitspsychologen durchgeführt werden. Es braucht viel Erfahrung, vor allem wenn es um Arbeitsplätze mit besonderen Anforderungen geht. Diese Methode ist für den Ersteinsatz überdimensioniert. Nutzen Sie zunächst eines der anderen Verfahren, um Belastungsschwerpunkte zu identifizieren. Setzen Sie dann als Intervention diese vertiefende Analyse ein für:

a) **auffällige Belastungsbereiche,**
b) **Arbeitsplätze mit besonders hohen Risiken** oder mit **besonders exotischen Arbeitsbedingungen** und
c) **sicherheitsrelevante Arbeitsplätze** – etwas Messwarten oder Überwachungsplätze von technischen Anlagen mit Gefahrenpotenzial (Chemie, Atomkraft usw.).

Es gibt nur eine Veröffentlichung, in der Sie zu dieser Methode etwas finden. Die »Gefährdungsbeurteilung psychischer Belastungen« der Bundesanstalt für Arbeitsschutz und Arbeitsmedizin. Im Infoteil B finden Sie eine Anleitung für Einzelinterviews.

Zusammenfassende Bewertung der drei Methoden
In der folgenden **Übersicht** werden verschiedene Aspekte, wie Kosten, Unternehmensgröße und Marketingaufwand, miteinander verglichen. Sie sind damit in der Lage, die für Sie passende Methode auszuwählen.

	Befragung	Workshop	Einzelinterview
Unternehmensgröße	Für Unternehmen ab 50 Mitarbeiter:innen geeignet. Sofern die Beurteilung nach Organisationseinheiten erfolgt, ist die Befragungsmethode ab 100 Mitarbeiter:innen das einzige sinnvolle Verfahren.	Für kleine Unternehmen geeignet. Ausweichmethode, wenn die Kultur eines Unternehmens eine Befragung nicht zulässt. Unabhängig von der Unternehmensgröße ist dieses Verfahren bei der Beurteilung von Tätigkeitsfeldern eine Alternativmethode.	Einzelinterviews und Begehungen werden eigentlich nicht als Einstiegsmethode angewendet, sondern erst bei Auffälligkeiten. Unter kulturell sehr schwierigen Umständen kann das Einzelinterview für die Beurteilung von Tätigkeitsfeldern angewendet werden.
Kommunikations- und Vertrauenskultur	Herrscht großes Misstrauen zwischen Unternehmensleitung und Mitarbeiter:innen, wird die Befragungsmethodik meist abgelehnt. Dabei ist sie das genaueste Verfahren, das die größte Anonymität gewährleistet.	Gerade von Betriebsratsseite werden Workshops bevorzugt, in der Hoffnung, dort kämen »die Dinge auf den Tisch«. Die Erfahrung zeigt, dass die Anonymität und Vertraulichkeit in Workshops am geringsten ist. Es braucht gute Vorarbeit, um hier eine offene Atmosphäre zu schaffen. Es ist sicherzustellen, dass die Protokollierung keine Rückschlüsse auf die teilnehmenden Personen zulässt. Die Teilnehmerlisten sind (in einem Klima des Misstrauens) in der Personalabteilung unter Verschluss zu halten.	Einzelinterviews werden in einer Atmosphäre von sehr großem Misstrauen und Angst auch als Ersterhebungsmethodik eingesetzt. Die Ergebnisse sind nicht repräsentativ und hängen sehr von der Auswahl der Teilnehmenden ab. Es ist sicherzustellen, dass die Interviewpartner anonym bleiben und die Protokollierung keine Rückschlüsse auf die Person zulässt.
Kosten	Wird nach Organisationseinheiten beurteilt, ist die Befragungsmethode ab etwa 100 Mitarbeiter:innen am kostengünstigsten. Bei Beurteilung nach Tätigkeitsfeldern macht sie bei größeren Organisationen Sinn, um Reisekosten und Aufwand zu reduzieren.	Bei der Beurteilung nach Tätigkeitsfeldern und bei kleinen Unternehmen unter 100 Mitarbeiter:innen ist die Workshop-Methode am kostengünstigsten. Sie kann bei sehr kleinen Unternehmen mit etwas Vorbereitung auch ganz ohne externe Hilfe durchgeführt werden.	Die Einzelinterviewmethode ist keine Ersterhebungsmethode. Wird sie als solche verwendet, ist sie mit Abstand die teuerste Methode.

	Befragung	Workshop	Einzelinterview
Marketingaufwand	Bei der Befragung kommt es auf hohe Teilnahmequoten an. Daher ist der operative Aufwand hier höher, fällt kostentechnisch aber kaum ins Gewicht.	Der Aufwand hängt von dem Auswahlprozess der Workshopteilnehmer ab. Da die Teilnahme grundsätzlich freiwillig ist, wird Werbung für die Workshopteilnahme notwendig sein, jedoch nicht in dem Umfang, wie bei der Befragung.	Der Aufwand ist sehr gering, weil die Teilnehmer meist direkt angesprochen und um die Teilnahme gebeten werden.
Wirkung im Unternehmen	Eine echte Verhältnisprävention gelingt mit dieser Befragungsmethodik am besten, insbesondere bei größeren Unternehmen. Allerdings hängt das stark vom nachgelagerten Aufarbeitungsprozess ab.	Bei kleinen Unternehmen ist die Wirkung mit der Befragung gleichzusetzen. Bei größeren Unternehmen hängt die Wirkung davon ab, wie gut die Ergebnisse kommuniziert und die Maßnahmen wirklich umgesetzt werden.	Als Methode der Beurteilung von speziellen Arbeitsplätzen ist eine sehr gute Wirkung gegeben, sofern die abgeleiteten Maßnahmen umgesetzt werden. Als Ersterhebungsmethodik ist die Wirkung als gering einzuschätzen, weil die Stichprobe sehr klein ist und die meisten Mitarbeiter:innen gar nicht mitbekommen haben, dass eine Gefährdungsbeurteilung abläuft.

Tab. 10: Bewertung der drei Beurteilungsmethoden

3.4.3 Schritt 3 und 4: Analyse der Ergebnisse und punktgenaue Ableitung von Maßnahmen

In dem dritten und vierten Schritt der GDA-Leitlinie wird die Notwendigkeit der Ergebnisanalyse und der Ableitung von Maßnahmen beschrieben. In Kapitel 3.6 werden diese beiden Schritte ausführlich dargestellt.

3.4.4 Schritt 5: Umsetzungskontrolle und Wirksamkeitsüberprüfung

Die Umsetzungskontrolle und Wirksamkeitsüberprüfung der GDA-Leitlinie finden in vielen Gefährdungsbeurteilungen nicht statt.

- **Umsetzungskontrolle** bedeutet, dass Sie dokumentieren müssen, welche Maßnahmen wann umgesetzt wurden. Das kann beispielsweise in Form eines Sitzungsprotokolls geschehen oder in Form einer Maßnahmenliste mit Verantwortlichem und einer Notiz, wann es umgesetzt wurde. Die GDA-Leitlinie fordert zudem, dass ein Umsetzungstermin gesetzt wurde.

- Die **Wirksamkeitsüberprüfung** geht sehr viel weiter. Dabei soll geprüft werden, ob die psychische Belastung sich durch die Maßnahme(n) verringert hat. Wenn Sie mit einem Fragebogen gearbeitet haben, empfiehlt sich eine erneute Durchführung der Befragung nach einem gewissen Zeitraum (siehe Schritt 6).

Die **Umsetzungskontrolle** soll hier kurz erläutert werden. Der ausführliche Prozess wird in Kapitel 3.5 beschrieben. Die Umsetzungskontrolle schließt a) an die in den Einzelprotokollen der Teamworkshops beschlossenen Maßnahmen und b) an die zentrale Beschlussfassung über Maßnahmen aller ausgewerteten Protokolle an.

Die Führungskräfte oder Moderatoren der Teamworkshops müssen etwa sechs Monate nach den Teamworkshops in einer Teamsitzung dokumentieren, welche der im Team beschlossenen Maßnahmen umgesetzt wurden. Dieses Protokoll ist der Arbeitsgruppe BGM zuzusenden, es gehört in die Dokumentation.

Verwenden Sie für die Abschlussdokumentation einfach die »Beschlussfassung über Maßnahmen« (vgl. Abbildung 27). Notieren Sie, was umgesetzt wurde, bestätigen Sie es mit Unterschriften und drucken Sie es für die Ablage aus.

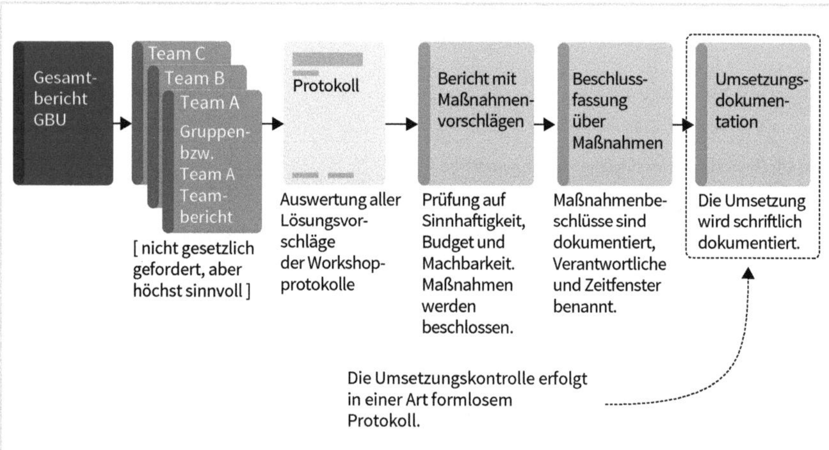

Abb. 27: Der Dokumentenfluss einer GBU, vom Gesamtbericht über die Workshop-Protokolle bis zur Umsetzungsdokumentation (Quelle: eigene Darstellung)

3.4.5 Schritt 6: Nachweis der Wirksamkeit

Der Nachweis der Wirksamkeit kann durch die Wiederholung der Befragung umgesetzt werden. Alternativ muss die Wirksamkeit durch Einzelüberprüfung in den Abteilungen erfolgen. Es empfiehlt sich, dies nicht allein über die Führungskraft durchführen zu lassen.

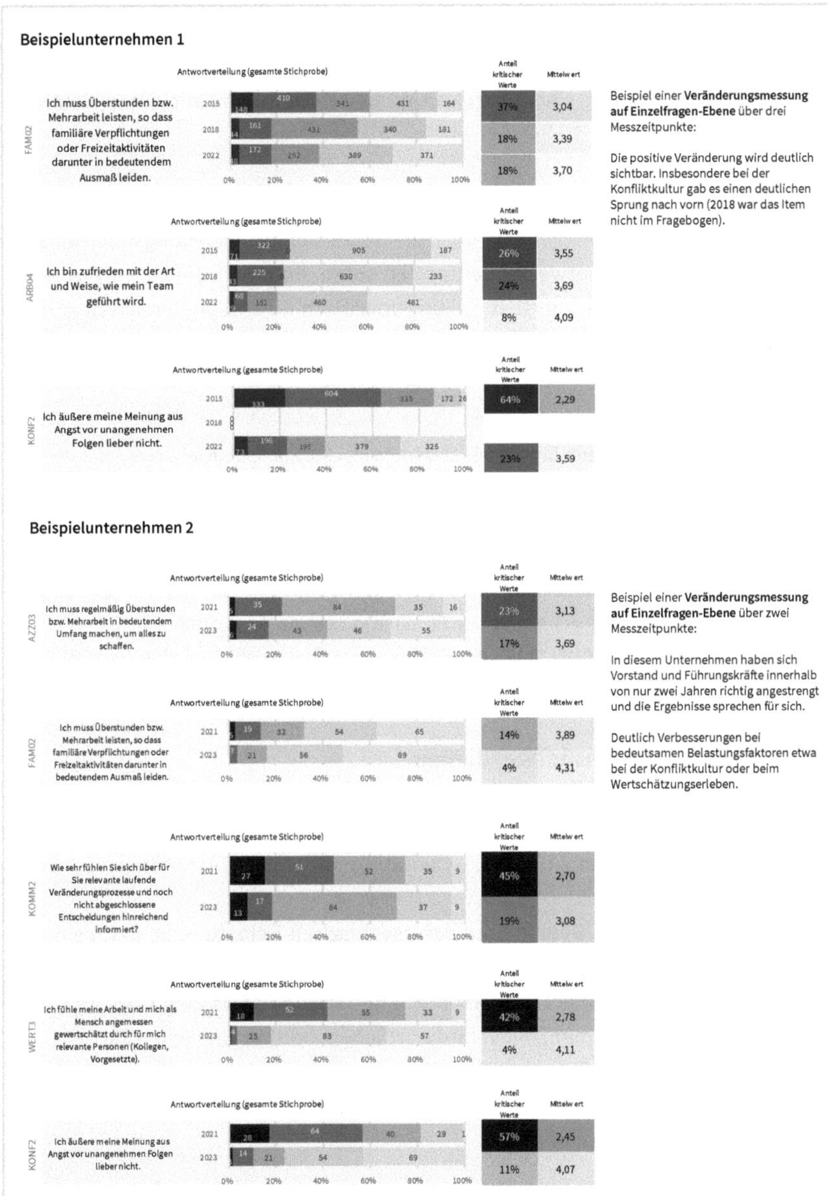

Abb. 28: Beispieldaten aus zwei aktuellen Projekten mit dem Wirksamkeitsnachweis für einzelne Fragen. Insgesamt vergleichen wir auch auf Faktorebene. Die positiven Veränderungen sind teilweise sowohl im Mittelwert als auch in der Reduktion der kritischen Antwortausprägungen sehr deutlich zu sehen (Quelle: eigene Darstellung)

3.4.6 Schritt 7: Fortschreibung

Schritt 7 fordert eine Fortschreibung der Gefährdungsbeurteilung. Damit ist gemeint, dass der Arbeitgeber und seine Vertreter verpflichtet sind, fortwährend nach neuen Gefährdungen Ausschau zu halten, etwa wenn neuartige Arbeitsbelastungen hinzugekommen sind. Beispiele sind Restrukturierungen, neuartige Tätigkeiten oder neue Maschinen.

Eine zeitliche Vorgabe dafür gibt es nicht. Ein Berufsgenossenschaftsmitarbeiter sagte dazu einmal, dass der Arbeitgeber jährlich die Gefährdungsbeurteilung durchschauen und auf Aktualisierungsnotwendigkeit prüfen sollte. Kommen Gefährdungen hinzu, so ist zeitnah eine Gefährdungsbeurteilung spezifisch für diesen Bereich bzw. diese Tätigkeit nachzureichen.

Tipp

Führen Sie bereits direkt beim **Eintritt einer Neuerung** eine kurze Beurteilung durch: »Welche psychischen Fehlbelastungen sind hier zu erwarten?« Erstellen Sie eine schriftliche Einweisung, in der Sie die Mitarbeiter:innen auf die wahrgenommenen Fehlbelastungen hinweisen und wie damit umzugehen ist.

Wenn die Mitarbeiterinnen und Mitarbeiter nach ein paar Wochen erste Erfahrungen mit der neuen Situation gesammelt haben, führen Sie einen kurzen Workshop durch, in dem Sie die Belastungen, Fehlbelastungswahrnehmungen und deren Folgen abfragen und gemeinsam nach adäquaten Lösungen suchen.

3.4.7 Dokumentationsnotwendigkeit

Die Dokumentation ist in § 6 des ArbSchG vorgeschrieben. Die zweite GDA-Leitlinie zur Gefährdungsbeurteilung und Dokumentation fordert als Bestandteile der Dokumentation:

- den **Bericht über die Beurteilung der psychischen Belastungen**, darin sind der Gesamtbericht und alle Team-/Gruppen- oder Abteilungsberichte enthalten,
- die **erarbeiteten Maßnahmenvorschläge**, die **Beschlussfassung** über die durchzuführenden Maßnahmen, mit Verantwortlichem und verbindlichen Terminen,
- den **Nachweis der Maßnahmendurchführung**,
- einen **Nachweis über die Überprüfung der Wirksamkeit**,
- und das **Datum der Erstellung**.

Übertragen auf die beiden Hauptmethoden Befragung und Workshop ergeben sich folgende Dokumente, die Sie ausgedruckt als Dokumentation bereithalten.

Dokumentations- und Berichtsanforderungen für die Befragungsmethode

- **Gesamtbericht:** Der Bericht über die Belastungsanalyse basiert auf den Befragungsdaten. Der Bericht sollte eine *Management Summary* mit Hypothesen zu übergeordneten Themen enthalten, eine Red-Flag-Analyse, die Ursache-Wirkungs-Beziehungen sowie alle Faktoren in der Einzeldarstellung.
- **Vorstandsbereichsberichte** oder auch Geschäftsbereichsberichte enthalten die Daten des jeweiligen Vorstands- oder Geschäftsbereiches und eine Aufschlüsselung aller zugehörigen Teams und Abteilungen. *kein Pflichtbestandteil*
- **Team- oder Abteilungsberichte:** Lassen Sie Teamberichte erstellen, die bereits Lösungswissen enthalten und von Laien lesbar sind. Ideal ist eine individuelle Interpretation durch das BGM-Team mit einer schriftlichen Schwerpunktsetzung und Empfehlung an das Team.
- **Protokolle der Teamworkshops/Gesundheitszirkel:** Die Protokolle der Teamworkshops sowie der Gesundheitszirkel fassen alle beschlossenen Maßnahmen zusammen. Diejenigen Maßnahmen, die in Eigenregie vom Team beschlossen und umgesetzt werden können, müssen vom Verantwortlichen unterzeichnet und mit einem Umsetzungsdatum versehen sein. Es sollte dokumentiert sein (etwa sechs Monate später), was davon auch wirklich gemacht wurde. Diese Protokolle können in die Word-Version der Teamberichte als Vorlage integriert werden und die Protokollierung kann direkt in den Berichten erfolgen.

Dokumentations- und Berichtsanforderungen für die Workshop-Methode

- **Gesamtbericht:** Dies ist der Bericht über die Belastungsanalyse. Er basiert auf den Workshop-Protokollen und enthält auch Hypothesen über größere Themenkomplexe. Im Prinzip sollten alle relevanten Informationen darin enthalten sein.
- **Workshop-Protokolle aller Gruppen:** Die Protokolle enthalten die Einschätzung der Workshopteilnehmer, idealerweise mit der dargestellten Nohl-Matrix. Darin sind die Stressor-Nennungen samt Beispielen und die Lösungsideen enthalten.
- **Maßnahmenableitung:** Sie sollten aus allen Workshop-Protokollen die beschlossenen Maßnahmen zusammenfassend darstellen.
- **Umsetzungsdokumentation:** Die umgesetzten Maßnahmen müssen per Protokoll schriftlich bestätigt werden.

3.5 Der Prozess der Gesundheitsbefragung

In diesem Abschnitt lernen Sie den vollständigen Schritt-für-Schritt-Prozess für den Ablauf der Gefährdungsbeurteilung mit der Befragungsmethodik kennen. Sie finden die gesamte Prozessdarstellung als PDF in den Digitalen Extras zum Download.

Die Zahlen hinter den Überschriften in diesem Abschnitt verweisen auf die hellgrauen Kreise mit Nummern in der Abbildung 29.

1 Fragebogenentwicklung
Auswahl eines geeigneten Fragebogens und Entwicklung von Zusatzfragen, ggf. WAI.

2 Steuerkreissitzung
gibt das Mandat zur Durchführung und ist offizielles Startsignal.

3 Projektvorstellung vor dem Betriebsrat
Offizielle Vorstellung des Projektes und Einarbeitung der Rückmeldungen und Vorschläge.

4 Konzeption der Marketingmaterialien
Entwicklung des Sprechertextes für den Film, Einsprechen des Textes, digitale Animation des Films, z. B. in Adobe After-Effects, Erarbeitung der Infobroschüre mit FAQ-Teil für die Führungskräfte und Infoposter, ggf. Einladungstexte für das Intranet.

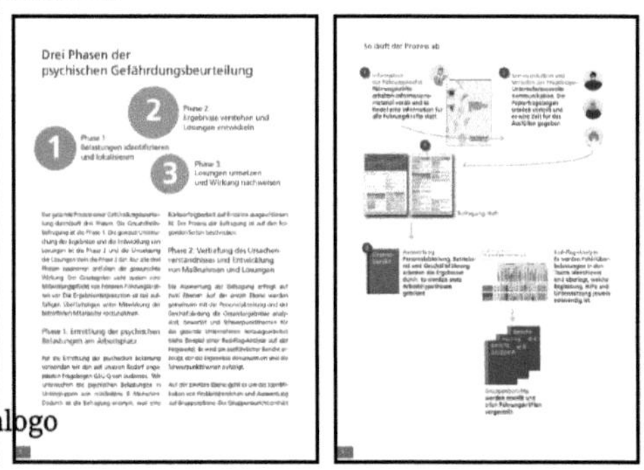

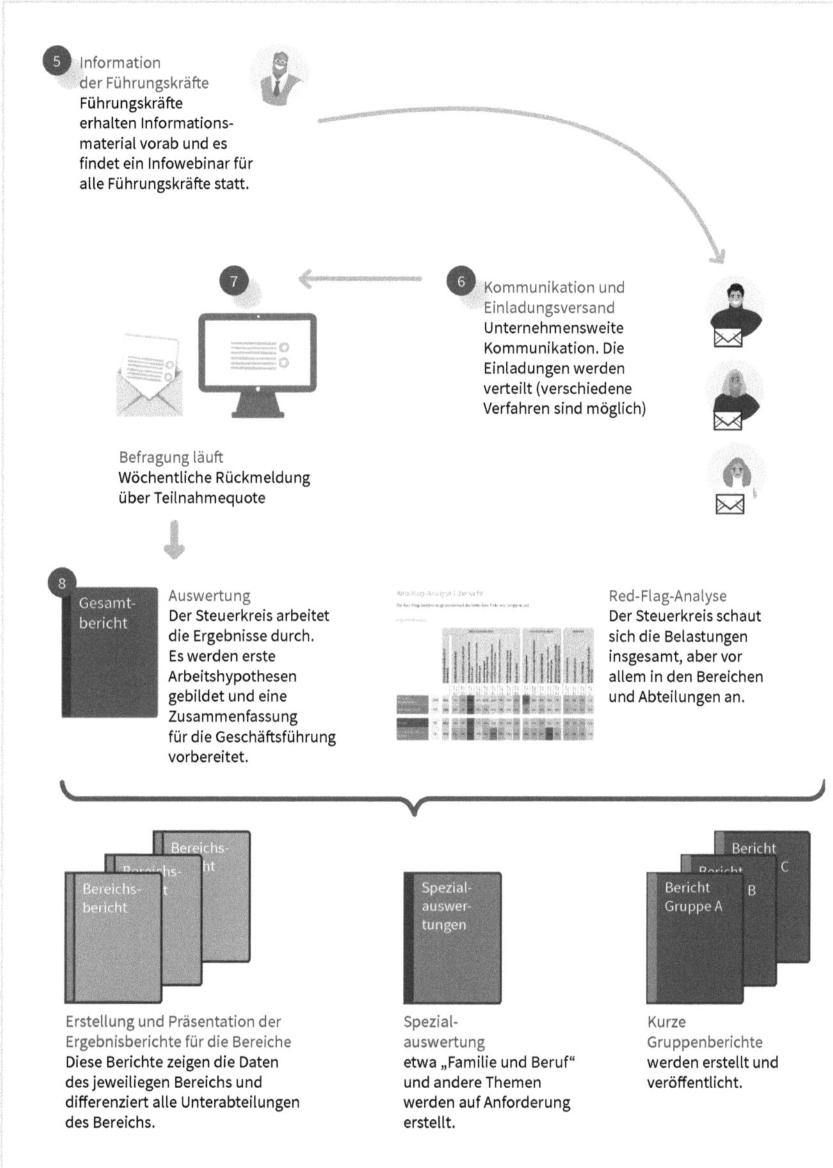
5
Information der Führungskräfte
Führungskräfte erhalten Informationsmaterial vorab und es findet ein Infowebinar für alle Führungskräfte statt.
6
Kommunikation und Einladungsversand
Unternehmensweite Kommunikation. Die Einladungen werden verteilt (verschiedene Verfahren sind möglich)
7
Befragung läuft
Wöchentliche Rückmeldung über Teilnahmequote
8
Gesamt-bericht
Auswertung
Der Steuerkreis arbeitet die Ergebnisse durch. Es werden erste Arbeitshypothesen gebildet und eine Zusammenfassung für die Geschäftsführung vorbereitet.
Red-Flag-Analyse
Der Steuerkreis schaut sich die Belastungen insgesamt, aber vor allem in den Bereichen und Abteilungen an.
Bereichs-bericht
Spezial-auswer-tungen
Bericht C
Bericht B
Bericht Gruppe A
Erstellung und Präsentation der Ergebnisberichte für die Bereiche
Diese Berichte zeigen die Daten des jeweiligen Bereichs und differenziert alle Unterabteilungen des Bereichs.
Spezial-auswertung
etwa „Familie und Beruf“ und andere Themen werden auf Anforderung erstellt.
Kurze Gruppenberichte
werden erstellt und veröffentlicht.

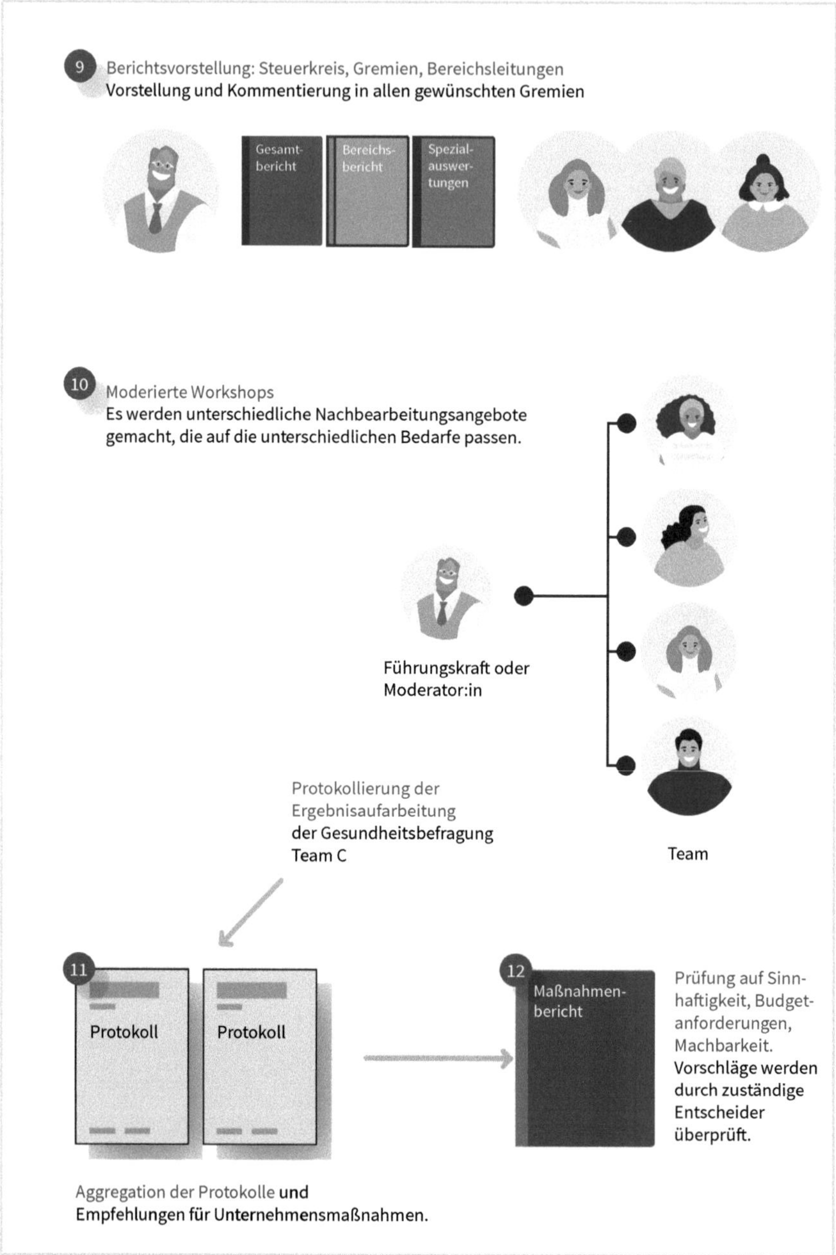

Abb. 29: Der Prozess der Gesundheitsbefragung (Quelle: eigene Darstellung unter Verwendung von Stockmedien von stock.adobe.com)

3.5.1 Fragebogenauswahl und Anonymisierungsverfahren ①

Es gibt viele Befragungsinstrumente und das Angebot ist unübersichtlich und nicht nur für Laien schwer zu beurteilen. Die Auswahl sollte sich an folgenden Kriterien orientieren:

- Wie alt ist der Fragebogen? Versionen vor 2013 sollten nicht verwendet werden, weil sie die gesetzlichen Vorgaben häufig nicht berücksichtigen.
- Wird der Fragebogen weiterentwickelt? Viele Instrumente sind einmalige Entwicklungen einer Universität und werden nicht fortgeführt. Doch die Arbeitsplätze ändern sich und damit auch die Gefährdungen.
- Deckt der Fragebogen die vorgeschriebenen Merkmalsbereiche (GDA-Leitlinie) ab? Das ist häufig nicht der Fall. Prüfen Sie, ob der Fragebogen alle für Sie notwendigen Belastungsfaktoren enthält.
- Weist das Instrument mindestens die Analysetiefe *Screening-Verfahren* auf (siehe Kapitel 3.4.2)?
- Gibt es Zusatzskalen? Können Sie eigene Fragen dazu entwickeln?
- Insbesondere nach Erscheinen der 4. Auflage der GDA-Handlungsempfehlungen müssen **vorhandene Fragebögen auf Vollständigkeit geprüft** werden.

3.5.1.1 COPSOQ-Fragebogen

Der **COPSOQ-Fragebogen** (Copenhagen Psychosocial Questionnaire) ist aus einem europäischen Forschungsprojekt entstanden. Er liegt in mehreren Sprachfassungen vor, allerdings müssen diese von den jeweils nationalen Forschungsstellen angefordert werden. Es gibt keine Seite, wo alle Sprachversionen auf einmal zu finden sind.

Es gibt mehrere Anbieter auf dem Markt, die mit dem COPSOQ arbeiten. Die Qualität der Ergebnisberichte und die Aufbereitung der Daten sind äußerst unterschiedlich, teilweise sind die Berichte so schlecht, dass Projekte deswegen abgebrochen wurden. Es ist daher unbedingt notwendig, sich die Ergebnisberichte vorher vom jeweiligen Anbieter zeigen zu lassen.

Vorteile:

- Der Fragebogen liegt in mehreren Sprachen vor.
- Es gibt Referenzdaten, allerdings nur, wenn man mit dem FFAW-Institut zusammenarbeitet. Lassen Sie sich Berichtsstruktur, -aufbau und Diagrammdarstellung im Vorfeld zeigen.

Nachteile:

- Viele Fragen sind zu unpräzise gestellt und es kommt – das ist zumindest unsere Erfahrung nach acht Jahren COPSOQ-Einsatz – regelmäßig zu Fehlinterpretationen bei Anwendern.

- Die Faktorisierung der Items stimmt nicht. Es werden Fragen zu Faktoren zusammengefasst, die eigentlich inhaltlich nicht zusammenpassen.

Fazit: Der COPSOQ kann angewendet werden. Es sollten jedoch Zusatzfragen zu den notwendigen soziokulturellen Aspekten, zu Belästigung und Diskriminierung, zu neuen Arbeitsformen und anderen Themen der modernen Zusammenarbeit entwickelt werden. Die Berichtsqualität ist entscheidend.

Bezug: www.copsoq.de

3.5.1.2 Work-Ability-Index

Der Work-Ability-Index (WAI, Arbeitsfähigkeitsindex) ist kurioserweise als Instrument zur Gefährdungsbeurteilung zugelassen, obwohl der Fragebogen die GDA-Standards überhaupt nicht erfüllt. Er ist dennoch ein sehr *wertvolles Instrument*, denn er liefert Daten, die wir aus keiner anderen Quelle erhalten, etwa das Vorhandensein von Beschwerden und Krankheiten (auch ohne Krankschreibung), die Einschätzung der gesundheitsbezogenen Leistungsfähigkeit u.v.m. Besonders wertvoll ist der Indexwert: ein Punktwert zwischen 7 und 49 Punkten, der sich in vier Arbeitsfähigkeitskategorien unterteilen lässt (siehe Modell).

Der Arbeitsfähigkeitsindex misst die *gesundheitsbezogene Arbeitsfähigkeit relativ zu den Arbeitsanforderungen*. Die Arbeitsfähigkeit ist dabei eine wesentliche Grundlage für das Wohlbefinden von Mitarbeiter:innen sowie für die Produktivität von Unternehmen, schreiben Hans Martin Hasselhorn und Dr. Gabriele Freude in ihrem lesenswerten Leitfaden (vgl. Lesetipp). Der ursprüngliche Entwickler des WAI ist Juhani Ilmarinen aus Finnland. Er beschreibt die Arbeitsfähigkeit als die Fähigkeit eines Menschen, eine gegebene Arbeit zu einem bestimmten Zeitpunkt zufriedenstellend ausführen zu können.

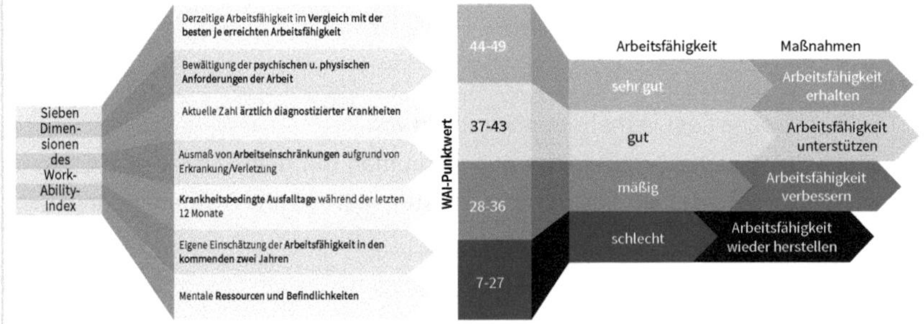

Abb. 30: Der Work-Ability-Index fragt sieben Dimensionen mit ungefähr 20 Fragen ab. Zusammengerechnet ergibt sich der WAI-Gesamtwert zwischen 7 und 49 Punkten. Diese Punkteskala ist in vier Abstufungen unterteilt.

Damit wird die Arbeitsfähigkeit unabhängig vom konkreten Beruf und vom konkreten Gesundheitszustand einer Person beschrieben. Ein querschnittsgelähmter Physiker kann zu 100% arbeitsfähig sein, da er seine Beine für die Lehr- und Forschungstätigkeit nicht benötigt. Als Kellner in einem Restaurant wäre diese Person nur gering arbeitsfähig, weil er die Anforderungen nicht erfüllen könnte.

Es ist gerade diese Besonderheit der relativen Arbeitsfähigkeit, die den WAI so wertvoll macht. Denn es ist mit ihm möglich, Menschen unterschiedlicher Berufsgruppen zu vergleichen und gleichzeitig eine Messung der Wirksamkeit von Gesundheitsmanagement vorzunehmen. Mein Tipp: Nutzen Sie den WAI-Gesamtunternehmenswert als Marker für die Wirksamkeit Ihres BGMs. Diese Kennzahl ist wesentlich besser, als ausschließlich die Krankenquote zu betrachten. Diese ist aufgrund ihrer Abhängigkeit von wenigen Langzeitkranken extrem volatil und teilweise durch das betriebliche Gesundheitsmanagement nicht beeinflussbar. Zudem verschleiert sie die Produktivitätsverluste im Präsentismusbereich.

Lesetipp

→ Der »**Work-Ability-Index – ein Leitfaden**« von Prof. Dr. med. Hans Martin Hasselhorn und Dr. rer. nat. Gabriele Freude ist ein übersichtliches Einführungswerk in den Nutzen des Arbeitsfähigkeitsindexes.

Link: www.wainetzwerk.de

Der Work-Ability-Index (WAI) stellt ca. 20 Fragen und lässt das Vorhandensein mehrerer Krankheitsgruppen einschätzen. Aus diesen Angaben werden sieben Dimensionen errechnet, die im Folgenden in ihrem jeweiligen Aussagenutzen dargestellt werden:

1. derzeitige Arbeitsfähigkeit im Vergleich mit der besten jemals erreichten Arbeitsfähigkeit	Diese Dimension gibt an, wie sehr sich Menschen als »abbauend« erleben.
2. derzeitige Arbeitsfähigkeit in Bezug auf die körperlichen und psychischen Anforderungen der Arbeit	Hier wird das subjektive Empfinden der Bewältigungsfähigkeit abgefragt.
3. aktuelle Zahl ärztlich diagnostizierter Krankheiten	Über die vorhandenen Krankheitsgruppen ist eine sehr wichtige und differenzierte Auswertung möglich. Sie zeigt deutlich besser als die Krankenkassenberichte, welche Krankheitsgruppen im Unternehmen vorhanden sind.
4. Ausmaß von Arbeitseinschränkungen aufgrund von Erkrankung/Verletzung	Hier wird nach der erlebten Arbeitseinschränkung und nach Präsentismusverhalten gefragt.

5. krankheitsbedingte Ausfalltage während der letzten 12 Monate	Den tatsächlichen Krankenstand können Sie einer Befragung ja nicht zuordnen, weil Sie die Befragungsteilnehmer nicht kennen. Deswegen ist diese Angabe hilfreich, um Ursache-Wirkungs-Analysen machen zu können.
6. eigene Einschätzung der Arbeitsfähigkeit in den kommenden zwei Jahren	Hier schätzen die Mitarbeiter:innen ein, ob sie diesen Job noch in zwei Jahren ausführen können. Diese Dimension kann einen vorzeitigen Berufsausstieg oder eine Langzeiterkrankung ziemlich gut vorhersagen (Tuomi, 1997).
7. mentale Ressourcen und Befindlichkeiten	Das ist ein Optimismusfaktor. Er hat eine gute Aussagekraft über die Motivationslage und die Sicht auf die Zukunft.

Tab. 11: Die sieben Beurteilungsdimensionen des WAI-Fragebogens und ihr Aussagenutzen

Aus den sieben Dimensionen wird ein Punktwert zwischen 7 und 49 Punkten errechnet. Tabelle 12 zeigt die Einordnung der Punktwerte:

44–49	sehr gut	Arbeitsfähigkeit erhalten	Referenzpunkt
37–43	gut	Arbeitsfähigkeit unterstützen	-4,9 %
28–36	mäßig	Arbeitsfähigkeit verbessern	-12,0 %
7–27	schlecht	Arbeitsfähigkeit wiederherstellen	-26,6 %

Tab. 12: Kategorien des WAI und Handlungsempfehlungen aus dem WAI-Leitfaden. In der letzten Spalte steht der mittlere Produktivitätsverlust relativ zum Referenzpunkt nach einer Studie von Tilja van den Berg (2010).

Mit dem WAI wurde viel geforscht. Die niederländische Wissenschaftlerin Tilja van den Berg (2010[15]) untersuchte 10.500 Arbeitnehmer hinsichtlich des mittleren Produktivitätsverlustes in Abhängigkeit zu ihrem WAI-Punktwert. Ihre Ergebnisse finden sich in der letzten Spalte von Tabelle 12. Zwei wichtige Ergebnisse ihrer Untersuchung sind: Der Produktivitätsverlust scheint besonders mit einem niedrigen Optimismusfaktor (Dimension 7) zu korrelieren und der Produktivitätsverlust kann teilweise durch größeren beruflichen Handlungsspielraum kompensiert werden.

In der Praxis hat es sich gezeigt, dass Abteilungen mit einem schlechten (also niedrigen) WAI-Punktwert deutlich mehr Fehlbelastungen berichteten. Es besteht ein enger Zusammenhang zwischen Belastungen und der gesundheitsbezogenen Arbeitsfähigkeit. In Projekten, in denen der WAI über mehrere Jahre immer wieder erhoben wurde und in denen ein kontinuierliches Gesundheitsmanagement betrieben wurde, konnte

15 https://www.ncbi.nlm.nih.gov/pmc/articles/PMC3141843/

gezeigt werden, dass sich der WAI signifikant verbesserte. Er gilt als ein sensitives Maß für die Qualität des BGMs, allerdings nur relativ, also im zeitlichen Verlauf eines Unternehmens, da der WAI stark vom Durchschnittsalter der Belegschaft beeinflusst ist.

Vorteile:
- Ein wertvolles Zusatzinstrument zur Validierung des BGMs und zur Selektion von Teams mit starker Überforderung.

Nachteile:
- Kann nicht als alleiniges Instrument bei der GBU eingesetzt werden.
- Stellt recht persönliche Fragen, die nicht von allen Mitarbeiter:innen gerne beantwortet werden. Es kann zu einer Überschätzung des WAI kommen, wenn Mitarbeiter:innen die Fragen zu positiv beantworten, weil sie sie zu intim finden.

Fazit: Der WAI stellt eine wichtige Kennzahl fürs Gesamt-BGM dar und erlaubt präzise Schlussfolgerungen über Produktivität und Arbeitsfähigkeit. Er muss in Kombination mit einem Belastungsanalysebogen verwendet werden.

Bezug: https://www.wainetzwerk.de/de/alles-rund-um-den-wai-579.html

3.5.1.3 GBU-Q von Eudemos

Der GBU-Q wurde von Dipl.-Psych. Thomas Artmann und seinem Team von Eudemos als Alternative zu den bestehenden Fragebögen zur Gefährdungsbeurteilung psychischer Belastungen mit dem Ziel entwickelt, einen Fragebogen für die moderne Arbeitswelt zu haben, der Aspekte wie Unternehmenskultur, Werte und Sinnerleben, aber auch vielfache Probleme auf der Ebene der sozialen Beziehungen abdeckt.

So sind in diesem Fragebogen **differenziertere Skalen zu Homeoffice, Informationsgestaltung, agilen Führungs- und Zusammenarbeitsformen, zu zeitlich flexiblem Arbeiten und zu Problemen am Arbeitsplatz wie Mobbing, Diskriminierung und sexueller Belästigung** verfügbar. Zusatzskalen für die Polizei- und Feuerwehrarbeit, für Erzieher:innen, für Pflegekräfte, für in der Psychiatrie Beschäftigte, für Umgang mit Gefahrstoffen liegen vor.

Es gibt drei Versionen des GBU-Q-Fragebogens:
- **Kurzfassung als orientierendes Verfahren** mit etwa 50 Fragen, in der Regel als Papierfassung einsetzbar für schwer erreichbare Zielgruppen, die keine Computerarbeit gewöhnt sind;
- **Mittellange Fassung als Screeningverfahren** mit etwa 80 Fragen, die häufig als Online-Papier-Kombination eingesetzt wird und sich für Mitarbeitende mit mittlerem und niedrigerem Bildungsniveau eignet;

- **Langfassung als Screeningverfahren** mit etwa 140 Fragen, enthält optional den Work-Ability-Index und eignet sich für Büroangestellte und Knowledge Worker.

Vorteile:
- Die GDA-Merkmals- und Untermerkmalsbereiche sind übererfüllt.
- Die Fragen sind sehr präzise formuliert, sodass weniger Fehlalarme erzeugt werden, also Fehlbelastungen angezeigt werden, wo keine sind.
- Der Fragebogen bietet neben der Belastungsanalyse eine umfangreiche **Analyse von Fehlbeanspruchungsfolgen** wie motivationalen Defiziten, psychischen Stressfolgesymptomen und dem Work-Ability-Index als wichtiger Kennzahl für die Wirksamkeit von Gesundheitsmanagement.

Nachteile:
- Ein Normenvergleich befindet sich im Aufbau, liegt aber noch nicht für alle Branchen vor.

Bezug: Der Fragebogen kann bei Thomas Artmann, Firma Eudemos, th.artmann@eudemos.de angefragt werden.

3.5.1.4 Fragebogen zur Gefährdungsbeurteilung psychischer Belastungen

Der Fragebogen zur Gefährdungsbeurteilung psychischer Belastungen (FGBU) von Dettmers und Krause (2020) wird von verschiedenen Berufsgenossenschaften zur Verfügung gestellt. Der Fragebogen deckt die GDA-Merkmalsbereiche eins zu eins ab, trifft aber unseres Erachtens die Arbeitswirklichkeit nicht. Viele wichtige Bereiche wie Kultur, Führung, Formen agiler Zusammenarbeit oder flexible Arbeitsformen werden nicht abgedeckt. Die Fragenformulierungen sind teilweise sehr weich formuliert.

Vorteile:
- GDA-Konformität ist gegeben.
- Kommt von der Berufsgenossenschaft.

Nachteile:
- Es fehlen wichtige Bereiche des modernen Arbeitslebens, die zum Aufdecken von Fehlbelastungen und deren Ursachen wichtig sind.
- Die Fragen sind teilweise zu unscharf. Es wird erwartet, dass die Belastungen überschätzt werden.

Bezug: http://fgbu.de/

Braucht man Branchenvergleichswerte?

Bei einigen Befragungsverfahren – etwa dem COPSOQ-Fragebogen – werben Anbieter mit dem Vergleich mit Branchenwerten. Diese stammen aus Befragungen anderer Unternehmen derselben Branche und werden häufig insbesondere von der Geschäftsführung geschätzt, in ihrem Nutzen jedoch überschätzt. Folgende Argumente sollten Sie berücksichtigen:

- Branchenvergleichswerte bergen die Gefahr, dass ein Belastungsfaktor im Vergleich zur Branche positiv ausgeprägt ist und dennoch in den Absolutwerten großer Handlungsbedarf besteht.
- Umgekehrt kann ein Faktor im Branchenvergleich schlecht ausfallen und dennoch kein Handlungsbedarf vorliegen.

Letztlich ist die Auswertungs- und Berichtsqualität entscheidender als das Vorliegen von Branchenwerten, da Entscheidungen über Maßnahmen nicht anhand des Branchenvergleichs getroffen werden, sondern anhand der vorliegenden Betroffenheit in den einzelnen Gruppen.

3.5.1.5 Hinweise zur Anonymisierung

Prüfungen unserer Datenschutzbeauftragten ergaben eine Empfehlung für eine minimale Gruppengröße von acht potenziellen Teilnehmenden und mindestens fünf tatsächlichen Teilnehmenden. Es sollten also keine Gruppen unterhalb von acht Mitarbeitenden ohne Führungskraft vorgesehen werden und es sollten keine Einzelgruppen ausgewertet werden, wenn weniger als fünf Personen teilgenommen haben. In der ersten Auflage lagen uns noch andere Aussagen vor (Mindestgruppengröße = 5), aber die genaue Prüfung der Fragen, die teils gesundheitsbezogen sind, hat zu der Mindestgröße von acht Befragten geführt.

Die Abfrage von demografischen Daten wie Alterscluster, Geschlecht oder Betriebszugehörigkeit sowie anderer identifizierende Angaben ist im Rahmen der Gefährdungsbeurteilung als kritisch zu betrachten und ist für den Verwendungszweck nicht notwendig. Die Wichtigkeit der Alters- und Geschlechtsangabe wird oftmals überbewertet. Die Alterseffekte sind in der Regel durch Studien gut belegt und in den Projekten, in denen wir Alter und Geschlecht erhoben haben, waren die Unterschiede nur marginal, mit Ausnahmen bei den Rückenschmerzen (die im Alter zunimmt) und der Kündigungsabsicht, die im Alter abnimmt.

Anhand des folgenden Schemas (Tab. 13) wird deutlich, warum wir so wenige demografische Daten wie möglich abfragen sollten. Die *Kombinationszelle* aus z. B. den vier Angaben a) Geschlecht, b) Altersgruppe, c) Teil- vs. Vollzeit und d) Gruppenzugehörigkeit muss die Mindestgröße von fünf Personen umfassen. Das Schema zeigt, wie groß die Gruppen sein müssten:

	weiblich						männlich					
	< 30		30–50		< 30		< 30		30–50		< 30	
	Teil-zeit	Voll-zeit	Teil-zeit	Voll-zeit	Teil-zeit	Voll-zeit	Teil-zeit	Voll-zeit	Teil-zeit	Voll-zeit	Teil-zeit	Voll-zeit
Gruppe A	>8	>8	>8	>8	>8	>8	>8	>8	>8	>8	>8	>8
Gruppe B	>8	>8	>8	>8	>8	>8	>8	>8	>8	>8	>8	>8
Gruppe C	>8	>8	>8	>8	>8	>8	>8	>8	>8	>8	>8	>8

Tab. 13: Kombinationstabelle zur Feststellung der notwendigen Gruppengrößen. In der kleinsten Zelle müssen mehr als acht Personen enthalten sein.

Anonymisierungsverfahren

Die Teilnahmequote von schlecht durchgeführten Befragungen liegt bei etwa 30%. Das ist natürlich inakzeptabel. Eine der Hauptursachen ist das **mangelnde Vertrauen in die Anonymität der Befragung** seitens der Mitarbeiterinnen und Mitarbeiter, selbst wenn viele Ängste überzogen sind und Mitarbeiter:innen nicht klar ist, dass ein Workshop wesentlich weniger anonym ist als eine Befragung. Und hier gilt ein wichtiger Leitsatz:

Wichtig

Es kommt neben der tatsächlichen Anonymität auch auf die **wahrgenommene Anonymität** an. Die Mitarbeiterinnen und Mitarbeiter müssen sehen, verstehen und fühlen können, dass die Befragung wirklich anonym ist.

Die Erfahrung aus vielen Beratungs- und Befragungsprojekten ist in die folgende Vorgehensweise eingeflossen:

- Erheben Sie **keine soziodemografischen Daten** außer der Teamzugehörigkeit. Die Angaben zum Alter oder Geschlecht sind nicht zwingend erforderlich. Viele Anbieter möchten die Befragungsdaten für ihre wissenschaftliche Forschung nutzen und versuchen Unternehmen davon zu überzeugen, dass diese Angaben wichtig seien.
- Die minimale Gruppengröße sollte **acht Mitarbeiter:innen, besser zehn** betragen. Die Datenschutzrichtlinien geben eine Mindestgruppengröße von fünf an, doch das »fühlt sich zu klein an«.
- Alle **Fragen sollten** bei Onlinebefragungen **freiwillig sein**. Richten Sie keinen technischen »Antwortzwang« ein, sonst haben Sie zu viele Abbrecher.
- Der **Befragungsserver sollte nicht über das Intranet**, sondern über das Internet erreichbar sein. So können auch private Geräte eingesetzt werden (kein IP-Tracking). Unterschätzen Sie diesen Aspekt nicht.
- Die Einladung kann mittels eines ausgedruckten Anschreibens oder per E-Mail erfolgen, beachten Sie jedoch die Option des Tauschens.

Sehr geehrte Damen und Herren,

mit diesem Schreiben erhalten Sie die Unterlagen zur Gefährdungsbeurteilung »Psychische Belastung am Arbeitsplatz«. Die Teilnahme an der Mitarbeiterbefragung ist freiwillig und nimmt ungefähr 30 Minuten Ihrer Zeit in Anspruch.

Die Aussagekraft des Fragebogens ist natürlich dann am größten, wenn alle im Fragebogen enthaltenen Fragen beantwortet werden. Dies ist jedochkeine Voraussetzung für Ihre Teilnahme an der Gesundheitsbefragung. Sollten Sie einzelne Fragen nicht beantworten können oder wollen, so beantworten Sie bitte einfach die verbleibenden Fragen.

Ihre gesamten Angaben werden vollständig anonym erhoben und ausgewertet. Deshalb können Sie den Zugangsschlüssel innerhalb Ihrer Befragungsgruppe problemlos mit einer/m Kollegin/en tauschen, da diese Codes nicht einer Person zugeordnet sind.

Um an der Onlinebefragung teilzunehmen rufen Sie die folgende Internetadresse auf. Sie können dafür **jedes internetfähige Gerät verwenden**, einen PC, ein Tablet oder ein Smartphone. Dabei ist es unerheblich, ob Sie ein berufliches oder privates Gerät verwenden:

www.befragungsserver.de/unternehmenszugang/

Ihr anonymer Zugangsschlüssel: **hkP23**

Der anonyme Code stellt sicher, dass keine fremden Personen die Befragung stören können und dass jeder nur einmal an der Befragung teilnehmen kann

Wir freuen uns, wenn Sie an der Befragung teilnehmen und bedanken uns bereits im Voraus für Ihre Mitarbeit.

Mit freundlichen Grüße,

Personalleiter Betriebsrat BGM-Manager

Abb. 31: Einladung zu einer Gesundheitsbefragung (Beispiel)

- Im Anschreiben werden der **Link zum Befragungsserver** und ein **anonymer Zugangsschlüssel** genannt. Dieser ist individuell und wird jeweils nur einmal vergeben. Über den Zugangsschlüssel stellen Sie sicher, dass eine Person nicht mehrfach teilnimmt und auch keine unbefugten Personen an der Befragung teilnehmen.
- Sie überlassen die **Gruppenzuordnung** den Teilnehmenden selbst und geben ihnen eine entsprechende Auswahl vor. Eine Gruppe mit zehn Mitarbeiter:innen erhält also zehn Einladungsschreiben mit je einem Code.
- Die Erlaubnis, den Fragebogen online auch **mit einem privaten Gerät ausfüllen** zu können, löst die Angst vor dem IP-Tracking, weil selbst böswillige Unternehmen keinen Zugriff auf die IP-Adressen von privaten Internetanschlüssen haben.
- Die Erlaubnis, sich ein **Einladungsschreiben zufällig ziehen** zu dürfen bzw. es innerhalb der eigenen Gruppe zu tauschen, löst die Angst, dass der Mitarbeiter sich anhand des Codes identifizieren lässt.
- Ebenfalls sollte bei E-Mail-Einladungen erlaubt sein, die E-Mail mit anderen Kollegen zu tauschen. Das löst Restmisstrauen auf.

3.5.2 Sitzung des Steuerkreises BGM ②

In dieser Steuerkreissitzung wird das Mandat für die Durchführung der Gefährdungsbeurteilung erteilt sowie das Konzept genehmigt. Legen Sie daher in Ihrer Präsentation dar, in welchen Projektschritten (etwa orientiert an diesem Buchabschnitt) Sie vorgehen. Händigen Sie allen Anwesenden den vollständigen Fragenkatalog aus und möglichst alle bereits fertigen Dokumente.

Folgende Erfahrungen habe ich in diesen Steuerkreissitzungen gemacht:

- Es muss deutlich gemacht werden, dass es nicht um die Beurteilung von psychischen Erkrankungen geht. Erläutern Sie das Belastungs-Beanspruchungs-Modell.
- Sie sollten klar darlegen, dass die eigentliche Arbeit erst nach der Beurteilung stattfindet, nämlich im Aufarbeitungsprozess. Stellen Sie diesen detailliert dar. Machen Sie deutlich, dass ohne eine Aufarbeitung und Umsetzung von Maßnahmen die Gefährdungsbeurteilung nicht nur nicht wirksam ist, sondern sogar eine Vertrauensschädigung einsetzt.
- Machen Sie bei der Begründung Ihrer Wahl der Befragungsmethodik deutlich, dass dies die anonymste und repräsentativste Methode ist.
- Sofern im Steuerkreis auch ein Betriebsrat anwesend ist, sollten Sie bereits im Vorfeld kurz mit dem Kollegen darüber sprechen, dass direkt im Anschluss eine Projektvorstellung vor dem Betriebsrat erfolgt. Es ist ratsam, den Betriebsrat inoffiziell schon vorab einzubinden, auch wenn offiziell eine GBU erst im Steuerkreis beschlossen wird. Das vermeidet unschöne Szenen im Steuerkreis und einen sich sperrenden Betriebsrat, weil dieser sich überrumpelt fühlt.
- Stimmen Sie die GBU mit der Geschäftsleitung vor dem Steuerkreis detailliert ab, auch die Kosten. Die Geschäftsleitung möchte nicht überrascht werden.

3.5.3 Projektvorstellung vor dem Betriebsrat ③

Die Zusammenarbeit mit dem Betriebs- oder Personalrat ist wichtig für den Erfolg einer Gefährdungsbeurteilung. Es sollte also mindestens ein BR-Vertreter im Steuer- und ggf. Arbeitskreis vertreten sein. Sie kommen dennoch nicht umhin, eine Gesundheitsbefragung und eine Gefährdungsbeurteilung vor dem Gesamtbetriebsrat vorzustellen, da es hier Mitbestimmungsrechte gibt. Folgendes gilt es dabei zu beachten:

- Legen Sie dem Betriebsrat den vollständigen Fragebogen im Wortlaut vor. Hier geht es auch um die An- und Abmoderationstexte wie das Anschreiben oder die Begrüßung auf dem Befragungsserver.
- Stellen Sie dem Betriebsrat den vollständigen Prozess vor (etwa so, wie in diesem Abschnitt beschrieben) und händigen Sie eine schriftliche Prozessbeschreibung aus.
- Legen Sie dem Betriebsrat Musterberichte für die Gesamtauswertung und die Gruppenberichte vor.

- Legen Sie den Vertrag zur Auftragsdatenverarbeitung sowie die DSGVO-Erklärung des externen Dienstleisters vor, in der auch die Löschfristen für Rohdaten geregelt ist. Diese sollten allerdings nicht unter sechs Jahren liegen, damit Sie mindestens über zwei Befragungszeiträume rückblickend Vergleiche anstellen können.

Was umfasst das Mitbestimmungsrecht des Betriebsrates?

- Betriebsräte sind bei Befragungen grundsätzlich mitbestimmungspflichtig.
- Sie können einzelne Fragen ablehnen oder Umformulierungen verlangen, sofern Bedenken hinsichtlich der Anonymität bestehen.
- Sie können den Ausführungsprozess einer Befragung und der Nachbearbeitung mitbestimmen und beeinflussen, sofern aus diesem Prozess Nachteile für die Mitarbeitenden zu vermuten sind, etwa durch fehlende Anonymität oder durch Bewertungsprozesse. Das kann insbesondere dann problematisch werden, wenn eine Gefährdungsbeurteilung auch eine Führungskräftebeurteilung beinhaltet (was sie meist tut) und aufgrund der Teamauswertung eine Beurteilung einer einzelnen Führungskraft möglich ist. Meine Erfahrung aus Hunderten von Projekten ist allerdings, dass dies nur sehr selten als problematisch bewertet wird
- Die Sicherstellung der Anonymität – insbesondere durch die Gruppengröße und die Mindestgröße für eine Einzelauswertung – obliegt dem Betriebsrat.
- Der Betriebsrat kann nicht einen bestimmten Dienstleister verlangen oder ablehnen. Es ist aber von Vorteil, wenn es darüber eine Einigung gibt.
- Ebenfalls kann der Betriebsrat nicht eine bestimmte Methodik der Gefährdungsbeurteilung verlangen. Dies liegt beim Arbeitgeber.
- Der Betriebsrat kann nicht verlangen, bei allen Workshops zur Ergebnisbesprechung anwesend zu sein. Dies sollte jedoch möglich sein, wenn ein Team sich das wünscht.
- Zudem empfehle ich nachdrücklich, eine:n Betriebsratsvertreter:in im gesamten Prozess in den Steuer- und in den Arbeitskreis einzubinden. Auch sollte die Ergebnisbesprechung sowie die Maßnahmensichtung nach den Workshops zusammen mit dem Betriebsrat erfolgen.

Tipp

Die Rohdaten von Gesundheitsbefragungen sollten Sie mindestens sechs Jahre verfügbar halten, sofern Sie, dem Vorschlag entsprechend, regelmäßig alle drei Jahre eine Befragung durchführen möchten. So können Sie über jeweils zwei zurückliegende Befragungszeitpunkte vergleichen. Die Papierfragebögen können jedoch nach der digitalen Erfassung sofort vernichtet werden.

- Alle Änderungen des Ablaufs und des Fragebogens (auch wortweise) sind dem Betriebsrat mitzuteilen.
- Treffen Sie eine Regelung über die Geheimhaltung bzw. Veröffentlichungsrechte von Berichten und anderen Daten. Der Betriebsrat, der Mitglied des Steuer- bzw.

Arbeitskreises BGM ist, darf nicht automatisch die ihm zugänglichen Informationen im Betriebsrat mitteilen und dieser darf darauf nicht eine unabgestimmte Veröffentlichung durchführen.

- Regeln Sie im Vorfeld, welchen Bericht der Betriebsrat später offiziell überreicht bekommt. Meine Empfehlung ist ein Gesamtunternehmensbericht, der die Daten vom Gesamtunternehmen und den Bereichen enthält, nicht aber heruntergebrochen auf Abteilungs- oder Teamebene.
- Bitten Sie den Betriebsrat bzw. den/die Vorsitzende:n um aktive Beteiligung bei der Bewerbung der Befragung.

Beispiel

In einem Kundenprojekt unterstützte der Betriebsrat die Bewerbung der Gesundheitsbefragung bzw. Gefährdungsbeurteilung mit folgenden Maßnahmen:

- Am Schwarzen Brett sowie im BR-Bereich des Intranets wurde eine abgestimmte Veröffentlichung getätigt.
- Das Anschreiben, auf dem der Onlinezugang zur Befragung mitgeteilt wurde, war auch von der Betriebsratsvorsitzenden mitunterschrieben.
- Es wurde im Vorfeld ein Erklärfilm erstellt, in dem ein Vorstand und die Betriebsratsvorsitzende mit kurzen Statements für die Befragung warben.
- Bei Mitarbeiterversammlungen stellt der Betriebsrat das Projekt ebenfalls vor bzw. vergab dafür ein Zeitfenster, in dem es vom Gesundheitsmanager vorgestellt werden konnte.

Diese Empfehlungen sind keine Pflichtvorgaben, sondern Erfahrungswerte, die zeigen, wie eine gute Zusammenarbeit mit dem Betriebsrat zu erzielen ist.

3.5.4 Internes Marketing für die Gesundheitsbefragung ④

a) »Toilettenposter«

Eine wirksame Methode – kostengünstig und treffsicher – sind Toilettenposter. Der Name ist Programm. Die Poster hängen tatsächlich in den Toiletten. Wir haben uns die Vorgehensweise von den Autobahnraststätten abgeschaut. Die Poster sind DIN-A3-groß und lassen sich leicht selbst herstellen.

Abb. 32: Beispiel für Toilettenposter zur Gesundheitsbefragung

Abb. 33: Beispiel für Toilettenposter zur Gesundheitsbefragung

Sie erreichen auf diese Weise innerhalb von zwei Stunden wirklich die gesamte Belegschaft. Poster in Aushangkästen oder im Eingangsbereich, wo die Mitarbeiter:innen durchgehen, sich aber nicht natürlicherweise ein bis zwei Minuten aufhalten, werden übersehen.

b) Erklärfilm

Erklärfilme haben sich in vielen meiner Projekte sehr bewährt. Sie sind häufig ein entscheidender Garant für eine hohe Teilnahmequote. Es gibt zwei Argumente für ihren Einsatz:

- **Einheitliche Informationsqualität.** Nicht alle Führungskräfte stehen einer Gefährdungsbeurteilung offen und positiv gegenüber. Sie haben beispielsweise Angst vor einer schlechten Bewertung ihrer Führungsqualität. Dementsprechend schlecht ist die Erklärqualität, wenn sie die Gefährdungsbeurteilung in ihrem Team vorstellen – wenn sie es überhaupt tun. Als Gesundheitsmanager:in haben Sie keine Hoheit über die Dinge, die eine Führungskraft in einer solchen Sitzung sagt. Um die Informationsqualität zu gewährleisten, arbeite ich mit **digital animierten Erklärfilmen.** Diese Filme sind etwa acht bis zwölf Minuten lang. Das ist eine Länge, die für das selbstmotivierte Anschauen im Intranet nicht geeignet ist. Vielmehr muss ein solcher Film im Rahmen eines Teammeetings von der Führungskraft gezeigt werden. Dies ist über eine entsprechende Arbeitsanweisung sicherzustellen.
- **Verkürzung der Vorbereitungs- und Durchführungszeit.** Will eine Führungskraft eine gute Teaminformation erzielen, bräuchte sie etwa zwei Stunden Vorbereitungs- und Durchführungszeit. Multiplizieren Sie beispielsweise 80 Führungskräfte mit zwei Stunden und einem Arbeitgeberkostensatz von etwa 35 EUR pro Stunde, dann belaufen sich die Arbeitgeberkosten auf 5.600 EUR. Durch den Einsatz des Films, in Verbindung mit einem FAQ-Dokument, verkürzt sich die Vorbereitung auf ca. 15 Minuten und die Durchführung auf etwa 30 Minuten. Diese Zeit kostet dann nur noch 2.100 EUR (zzgl. der verringerten Mitarbeiterzeit). Also ist schon rein rechnerisch der Einsatz eines Erklärfilms sinnvoll.

c) Informationsbroschüre inkl. FAQ für Führungskräfte

Eine solche Informationsbroschüre ist z. B. im Rahmen eines Großprojektes geeignet, um mehrere Hundert Führungskräfte möglichst umfänglich zu informieren, bevor sie an einem Kick-off-Webinar zu Befragungsbeginn teilnehmen.

Ich empfehle, folgende Inhalte abzubilden:

- Was ist die Gefährdungsbeurteilung psychischer Belastungen am Arbeitsplatz? Was ist der gesetzliche Auftrag und was ist die Motivation des Unternehmens?
- Wie läuft der Prozess ab?
- Was wird gefragt?
- Was passiert mit den Ergebnissen? Wie werden die Ergebnisse nachbesprochen? Werden die Ergebnisse allen Mitarbeiter:innen zugänglich gemacht?
- Beantwortung aller häufig gestellten Fragen, Angabe von Kontaktdaten für Nachfragen usw.

Die Broschüre sollte als PDF erzeugt und der Einladung zur Informationsveranstaltung der Führungskräfte (nächster Punkt) beigefügt werden.

3.5.5 Information der Führungskräfte ⑤

Mit einer E-Mail an die Führungskräfte kündigen Sie das Projekt etwa zwei Monate im Vorfeld an. Fügen Sie hier die Infobroschüre bei und bitten Sie, diese als Vorbereitung auf ein Informations-Webinar zu lesen.

Beispiel: Führungskräfte-E-Mail

Liebe Führungskräfte,

im Rahmen unseres gesetzlichen Auftrags führen wir im dritten und vierten Quartal des Geschäftsjahres eine sogenannte Gefährdungsbeurteilung psychischer Belastungen durch. Dies ist eine Ergänzung der normalen Gefährdungsbeurteilung, bei der physische Gefährdungen und Fehlbelastungen erfasst und abgestellt werden. Die psychischen Belastungen erfassen wir in Form einer Gesundheitsbefragung.

Ihre aktive Mitwirkung ist dabei nicht nur gewünscht, sondern auch notwendig. Denn die Analyseergebnisse werden im Anschluss zusammen mit Ihnen und durch Sie mit den Mitarbeiterinnen und Mitarbeitern besprochen und vertieft. Zudem sind Sie in der Pflicht, geeignete Maßnahmen zur Lösung von Stressoren und Fehlbelastungen zu finden, natürlich nur solche Maßnahmen, die Sie auch selbst durchführen können. Lösungsideen, die das Unternehmen betreffen, werden ebenfalls aufgenommen und bearbeitet.

Es findet am [Datum] *ein Informations-Webinar mit Teilnahmepflicht statt. Dort wird uns Herr/Frau Mustermann von der Firma NN den Sinn und Nutzen der Gefährdungsbeurteilung erläutern. Es sei schon so viel verraten, dass es sich nicht um eine sinnlose Pflichtveranstaltung handelt, sondern wir diese Gesundheitsbefragung nun in regelmäßigen Abständen durchführen werden. Es geht darum, vermeidbare kulturelle, prozessuale und andere Schwierigkeiten frühzeitig zu entdecken und abzustellen.*

Bitte lesen Sie die beigefügte Informationsbroschüre vor dem Webinar.

Das Informations-Webinar dient dazu, alle Führungskräfte kurz vor Befragungsbeginn zu motivieren und das Marketing zu starten. Es sollte etwa eine Woche vor dem offiziellen Start der Befragung stattfinden, allerdings sollte die Onlinebefragung zu diesem Zeitpunkt schon erreichbar sein und Daten aufnehmen, denn erfahrungsgemäß informieren viele Führungskräfte direkt am Folgetag ihre Teams und diese beginnen mit der Befragung. Diese »Early Birds« wollen wir natürlich nicht verlieren.

Folgende Inhalte sollten Bestandteil des Webinars sein:

- Betonung des gesetzlichen Auftrags und der Pflicht zur Maßnahmenableitung,
- Erläuterung des Ablaufs und Anweisung der aktiven Information aller Mitarbeitenden durch die jeweilige Führungskraft,
- Verfügbarkeit des Informationsfilms,
- ggf. Verteilung der Einladungsschreiben mit Zugangscode,
- Zeitplan für die Ergebnisvorstellung und Nachbearbeitung.

3.5.6 Einladung zur Befragung ⑥

a) Einladung per gedrucktem Anschreiben

Das Einladungsschreiben enthält einen Link zum Befragungsserver sowie einen anonymen Zugangsschlüssel. Dabei sollten Sie der Produktion die folgenden Hinweise geben:

- Das Anschreiben beinhaltet den Link zum Befragungsserver. Dieser sollte nicht kryptisch sein und möglichst kurz. Zur Not kann hier auch ein sogenannter URL-Shortener eingesetzt werden.
- Das Anschreiben braucht auch den eindeutigen und pro Mitarbeiter:in individuellen, anonymen Zugangsschlüssel. Dabei handelt es sich nicht um einen Schlüssel für alle Mitarbeiter:innen, sondern jeweils um einen eigenen Zugangsschlüssel pro Mitarbeiter:in. Jeder Schlüssel kann nur einmal verwendet werden.
- Es sollte ein QR-Code mit dem Link auf den Befragungsserver eingefügt werden.
- Das Anschreiben wird neutral adressiert, also nicht Mitarbeiter:innen zugeordnet.
- Es werden abgezählte Päckchen mit den jeweiligen Stückzahlen für jede Führungskraft vorbereitet.

b) Einladung per E-Mail

Eine Einladung per E-Mail birgt stets die Sorge, dass der individuelle Zugangsschlüssel der E-Mail zugeordnet ist (was ja auch zunächst stimmt). Zwar trennen die Befragungsserver die Befragungsdaten von den Zugangsschlüsseln, jedoch handelt es sich hierbei um einen technischen Prozess, dem die Mitarbeiter vertrauen müssen, ohne ihn überprüfen zu können. Daher schlage ich etwas vor, dass sicher und einfach funktioniert: Sie erlauben den Mitarbeitenden, die Einladungs-E-Mail untereinander zu tauschen.

Die Inhalte sind identisch mit a).

3.5.7 Wöchentliche Rückmeldung der Teilnahmequote ⑦

Nur ein kleines Detail, aber ein wirksames Mittel zur Steigerung der Teilnahmequote ist die Offenlegung der Quote während des Befragungszeitraumes an alle Führungskräfte (nicht an die Mitarbeitenden). Dabei ist es wichtig, dass eine grafische Aufbereitung (mit Quotenberechnung und Färbung von Rot nach Grün) erfolgt und dass alle Führungskräfte dieselbe E-Mail erhalten, sodass jeder die Quoten der anderen Bereiche und Abteilungen ebenfalls sehen kann.

Der psychologische Effekt manifestiert sich darin, dass Führungskräfte nun merken, wie sichtbar sie und ihre Abteilung z. B. gegenüber dem Vorstand sind. Diese Wahrnehmung ist begleitet von einer latenten Besorgnis hinsichtlich möglicher unangenehmer Fragen, die aufgeworfen werden könnten, insbesondere in Bezug auf die ungünstige Quote innerhalb ihrer Abteilung. In der Regel erfolgt direkt im Anschluss an eine solche Rundmail eine hektische Information der Abteilung. Oft hörten wir von Mitarbeitenden, dass sie erst da zum ersten Mal offiziell über die Befragung seitens der Führungskraft informiert wurden.

Im folgenden Beispiel sind Teilnahmequoten über 100% zu sehen. Auch das kommt gelegentlich vor, weil Mitarbeitende sich falsch zuordnen, oder weil die Zugehörigkeitsinformation in der Personalabteilung veraltet ist.

Befragungsbeginn war der 04.07.2022

Hier erfolgte die Offenlegung der Teilnahmequoten an alle Führungskräfte. (↓ zwischen 16.06.2022 und 24.06.2022)

		16.06.2022		24.06.2022		27.06.2022		29.06.2022		01.07.2022	
	Soll	Ist	Quote	Ist	Quote	Ist	Quote	Ist	Quote	Ist	Quote
Beispielunternehmen	1711	748	44%	1095	64%	1163	68%	1202	70%	1260	74%
Bereich 1	1059	428	40%	615	58%	647	61%	671	63%	706	67%
Bereich 2	560	209	37%	333	59%	359	64%	372	66%	388	69%
Bereich 3	20	8	40%	10	50%	12	60%	13	65%	14	70%
Bereich 4	157	73	46%	103	66%	110	70%	111	71%	116	74%
Bereich 5	62	30	48%	34	55%	35	56%	35	56%	36	58%
Bereich 1											
Abteilung 1	13	2	15%	5	38%	5	38%	5	38%	5	38%
Abteilung 2	219	85	39%	125	57%	134	61%	139	63%	143	65%
Abteilung 3	8	6	75%	9	113%	10	125%	10	125%	10	125%
Abteilung 4	49	23	47%	28	57%	28	57%	29	59%	31	63%
Abteilung 5	420	162	39%	232	55%	239	57%	248	59%	258	61%
Abteilung 6	56	24	43%	32	57%	34	61%	36	64%	44	79%
Abteilung 7	274	110	40%	162	59%	174	64%	181	66%	191	70%
Abteilung 8	20	15	75%	21	105%	22	110%	22	110%	23	115%

Abb. 34: Befragungszeitraum: 4 Wochen, nach dem 16.06. wurde die Teilnahmequote in einer Rundmail an alle Führungskräfte offengelegt. Danach erfolgte ein Sprung der Quote um 20%.

3.5.8 Zentrale Analyse und Aufarbeitung der Ergebnisse ⑧

3.5.8.1 Elemente der Ergebnisaufbereitung im Gesamtbericht

Im Folgenden erläutere ich nun, wie ein Gesamtbericht unter dem Gesichtspunkt der allgemeinen Verständlichkeit und Lesbarkeit für Laien (Geschäftsleitung, Bereichsleitung) aufbereitet werden sollte.

Erläuterung der gesetzlichen Pflicht zur Ergebnisnachbereitung und des Folgeprozesses

Zu Beginn des Berichtes empfehle ich einen Text, der die Pflichten zur Ergebnisnachbearbeitung, insbesondere die Diskussion von Ursachen und die Entwicklung von

Maßnahmen und Lösungsideen erklärt. Auch sollte die Pflicht der Protokollierung, der Dokumentation der beschlossenen Maßnahmen und des Nachweises der Maßnahmenumsetzung konkret erklärt werden.

Zudem empfiehlt es sich, entsprechende Vorlagen für die Protokollierung vorzubereiten und direkt in die Berichte hineinzukopieren.

Red-Flag-Analyse

Die Red-Flag-Analyse wird in Kapitel 3.6.2 ausführlich beschrieben. Sie sollte im BGM-Arbeitskreis durchgeführt werden. Alternativ ist auch die Beteiligung des Bereichsleiters sinnvoll. Er nimmt an der intensiven Diskussion über die Daten und ihre Interpretation teil und ist damit bestens vorbereitet, mit seinen Führungskräften weiterzuarbeiten.

Vergleich mit früheren Befragungen

Sofern Folgebefragungen durchgeführt wurden und Sie Daten von Vorjahren haben, sollten die Vergleiche dargestellt werden. Ein solcher Vergleich wurde in Abschnitt 3.4.5 *Schritt 6: Nachweis der Wirksamkeit* bereits dargestellt.

Ergebniszusammenfassung und Bewertung

In diesem Teil werden die wichtigsten Ergebnisse dargestellt und analysiert. Bei auffälligen Fehl- und Überbelastungen kann man hier schon hinweisen, welche Abteilungen besonders stark betroffen sind.

Extremgruppenanalysen

Eine Extremgruppenanalyse ist eine Gegenüberstellung von Positiv-Negativ-Ausprägungen der Befragtengruppe innerhalb eines Faktors. Als Beispiel möchte ich im Folgenden den Faktor der Vereinbarkeit von Beruf, Familie und Privatleben ausführen. Dabei teilen wir die Befragtengruppen in eine **unbelastete Gruppe**, mit einer guten Vereinbarkeit von Beruf und Familie, und eine **belastete Gruppe**, bei denen die Vereinbarkeit nicht gut funktioniert (siehe Abbildung 35).

Wir sehen einen starken Zusammenhang dieses Faktors mit der **Arbeitszufriedenheit** und der **Kündigungsabsicht** (und auch der meisten hier nicht dargestellten anderen motivationalen Faktoren). Auch die Erschöpfungsfaktoren reagieren sehr stark. Menschen in der belasteten Gruppe sind in der Regel deutlich mehr und deutlich stärker erschöpft. Dieser Zusammenhang ist in Korrelations- und Regressionsanalysen meist der stärkste im Faktorenmodell. Auffällig und reproduzierbar ist, dass Menschen mit einer schlechten Work-Live-Balance deutlich geringere **Selbstfürsorge** und deutlich mehr **Präsentismus** zeigen. Wenn ich in Workshops nachgefragt habe, kam häufig als Antwort: »Wir wollen die kostbare Zeit mit der Familie nicht noch mehr verringern.«

Von den Belastungsfaktoren stehen die **Arbeitsmengenüberlastung** und die **kritische Überlastung** (»Die hohe Arbeitsmenge belastet mich so stark, dass ich befürchte, das nicht durchzustehen.«) an erster Stelle.

Nicht dargestellt sind die Auswirkungen auf die Führungszufriedenheit, die in der belasteten Gruppe deutlich schlechter ausfällt.

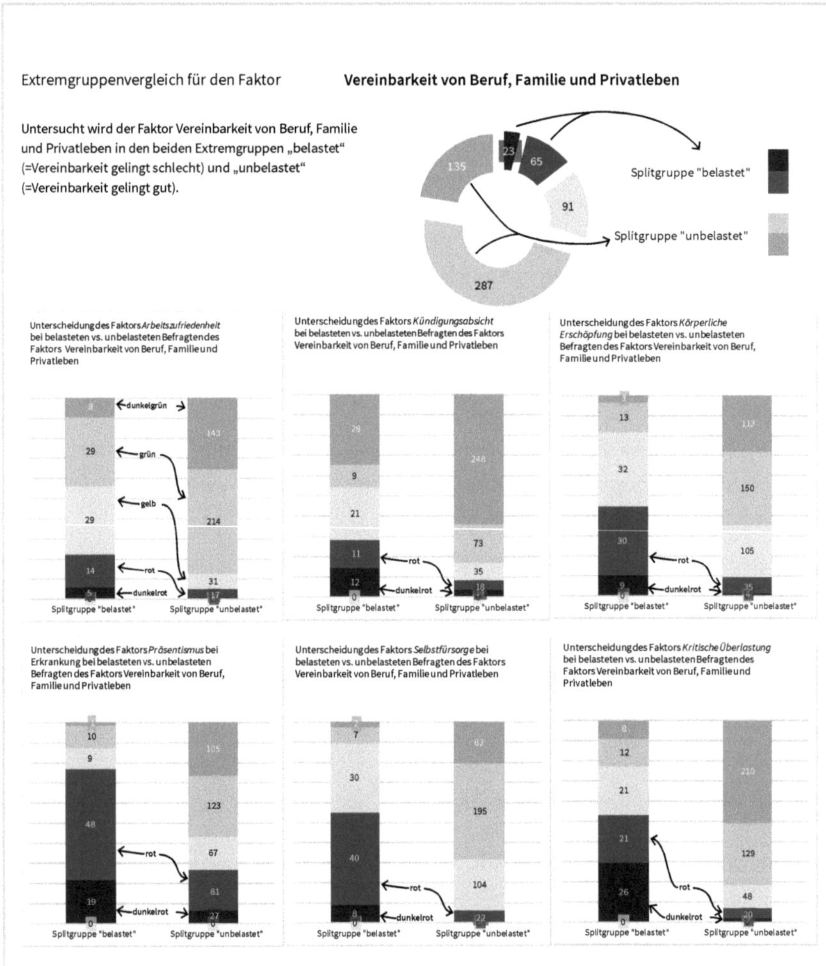

Abb. 35: Beispiel eines Extremgruppenvergleichs einer GBU aus dem Jahr 2023 mit ca. 650 Teilnehmenden eines mittelständischen Unternehmens

Solche Extremgruppenvergleiche sind nicht für jeden Faktor notwendig. Ich empfehle sie zur Untersuchung der Faktoren **Kündigungsabsicht, Arbeitszufriedenheit, Führungszufriedenheit und Erschöpfung**.

Methodisch könnte man die Extremgruppenvergleiche natürlich kritisieren, da deutlich ausgereiftere statistische Analysen zur Verfügung stellen. So führen wir gelegentlich auch Regressionsberechnungen durch, können damit aber nur die Schlussfolgerungen aus unseren einfacheren Darstellungsformen bestätigen. Das Ziel der Ergebnisdarstellung muss immer die Laienlesbarkeit sein.

Auswertung offener Textantworten

Offene Textantworten helfen beim Verstehen von Problemursachen und sind häufig kritischer als die quantitative Analyse. Natürlich stellen sie Einzelmeinungen dar, können dadurch aber trotzdem Probleme differenzierter darstellen.

Folgende Empfehlungen dazu:

- Stellen Sie lieber mehrere offene Textfragen zu einzelnen Themen wie Führungszufriedenheit, Konflikt, Homeoffice, Software und Hardwareproblemen als nur eine Abschlussfrage.
- Die offenen Textantworten müssen vor der Veröffentlichung gelesen werden, weil manchmal Namen darin vorkommen oder es vereinzelt zu diffamierenden oder eskalierenden Äußerungen kommen kann.
- Manchmal wird in der offenen Textantwort um Vertraulichkeit gebeten. Diese Antworten werden aus den Berichten entfernt und werden nur dem Steuerkreis vorgelegt. In einem **Kundenfall** kam über eine offene Textantwort eine **sexuelle Affäre zwischen einer Kollegin und einem Kollegen** ans Licht, die von der Führungskraft wissentlich geduldet wurde, obwohl im Team deswegen erhebliche Unzufriedenheit herrschte, weil diese Affäre in der Arbeitszeit ausgetragen wurde. Das Problem konnte gesichtswahrend durch ein Gespräch zwischen direkter Führungskraft, übergeordneter Führungskraft und den beiden Betroffenen geklärt werden, die ihre Affäre nun außerhalb der Arbeitszeit fortsetzten (Ob dies die arbeitsrechtlich korrekte Lösung ist, lasse ich hier offen).

In großen Stichproben setzen wir für die Analyse die **Software MAXQDA** ein, die für die Auswertung von Texten entwickelt wurde und in der qualitativen Sozialforschung eingesetzt wird. Diese Software erlaubt eine schnelle Kategorisierung und Verschlagwortung, eine Aufsplittung von Antworten in mehrere Themenstränge usw. Sofern Sie dies mit Ihrem Datenschutzbeauftragten abgeklärt haben, kann auch das KI-gestützte automatische Analysetool von MAXQDA eingesetzt werden. Es arbeitet mit der künstlichen Intelligenz von ChatGTP und führt eine automatische Textzusammenfassung, Verschlagwortung und Gewichtung mit erstaunlicher Ergebnisqualität durch.

Benennung von Bereichen und Abteilungen mit kritischen Ergebnisausprägungen und Empfehlung zur extern betreuten Besprechung

Es empfiehlt sich, einen Kriterienkatalog zu entwickeln, anhand dessen Abteilungen, Teams oder Gruppen als auffällig gekennzeichnet werden. Eine solche Kennzeichnung erfolgt natürlich nicht öffentlich, sondern wird lediglich im Gesamt- und im Bereichsbericht dargestellt. In öffentlichen Ergebnisdarstellungen, zum Beispiel in Bereichsleitungsrunden, wird dies nicht dargestellt, um keine öffentliche Beschämung von Führungskräften zu erzeugen. Achten Sie bitte unbedingt darauf, dass Abteilungen und Führungskräfte durch die GBU nicht beschämt oder abgewertet werden, denn die Kennzeichnung als »auffällig« bedeutet nur, dass wir hier eine genauere Analyse und Nachbesprechung der Ergebnisse empfehlen. Sie ist kein Urteil.

Folgende Auswahlkriterien könnten sinnvoll sein:

- mehr als 15% schlechter Arbeitszufriedenheit,
- mehr als 15% Kündigungsabsicht, innerer Kündigung oder Gratifikationskrisen,
- mehr als 20% starker Erschöpfung,
- mehr als 20% kritischer Überlastung,
- mehr als 20% schlechter Führungszufriedenheit,
- Häufungen von Mobbingverdacht, Diskriminierung, Belästigung,
- mehr als 20% nicht gelingender Konfliktkultur,
- wenn es Häufungen von schlechter Arbeitsorganisationsfaktoren gibt.

In Gruppen mit starken Belastungssignalen empfehle ich eine gruppenexterne Begleitung, z. B. durch ein Mitglied des BGM-Arbeitskreises oder einen externen Berater.

Ausführliche Darstellung aller Faktoren und Einzelfragen sowie der Faktorkorrelationen

Im letzten Teil, den wir oft als **Anhang** bezeichnen, erfolgt eine vollständige Darstellung jedes Faktors, seiner zugehörigen Einzelfragen (die Darstellung der Einzelfragen ist für die Interpretation wichtig) und der Korrelationen.

3.5.8.2 Berichtsformen

Neben dem Gesamtbericht, der die Ergebnisse eines Unternehmens insgesamt darstellt, sollten entlang der Hierarchie Unterberichte erzeugt werden.

Bereichsbericht

Jede Bereichsleitung sollte einen eigenen Bericht mit den Ergebnissen des eigenen Bereichs und einer Differenzierung aller eigenen Abteilungen und Teams erhalten. Dieser sollte die gleiche Ausführlichkeit haben, wie der Gesamtbericht.

Gruppen-/Abteilungsbericht

Die Gruppen- und Teamberichte werden mit einer deutlich reduzierten Informationsdichte erstellt. Sie sollten didaktisch aufbereitet sein, sodass ein Laie ohne Nachfragen damit zurechtkommt. Viele Informationen, die im Gesamtbericht enthalten sind, sind hier nicht sinnvoll, weil sie eher verwirren.

Im Folgenden finden Sie ein Beispiel eines Gruppenberichtes, der die Faktoren thematisch bündelt (hier: Arbeitsumgebung), die Ausprägung kurz kommentiert und dann die Einzelfragen (ebenfalls thematisch geclustert) darstellt. Es ist hilfreich für die Analyse, sogenannte **Leitfragen** zu formulieren, die sich Teams stellen sollten, wenn sie eine starke Überlastung haben.

Des Weiteren empfehle ich, in diese Kurzberichte direkt eine Protokollstruktur einzufügen, sodass Team und Führungskraft direkt in das Word-Dokument eines Berichtes ihre Maßnahmen hineinschreiben können.

Integration von Bericht und Protokoll auf Teamebene

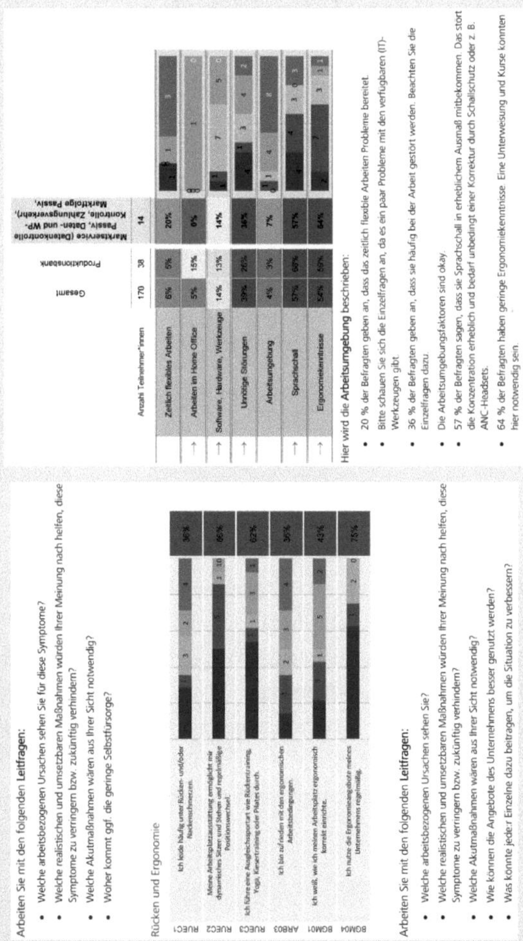

Für die Bearbeitung der Ergebnisse in einem Team integrieren wir die kompakt dargestellten Ergebnisse mit sog. Leitfragen. Diese Fragen dienen der Reflexion im Team, sofern die Ergebnisse auffällig sind.

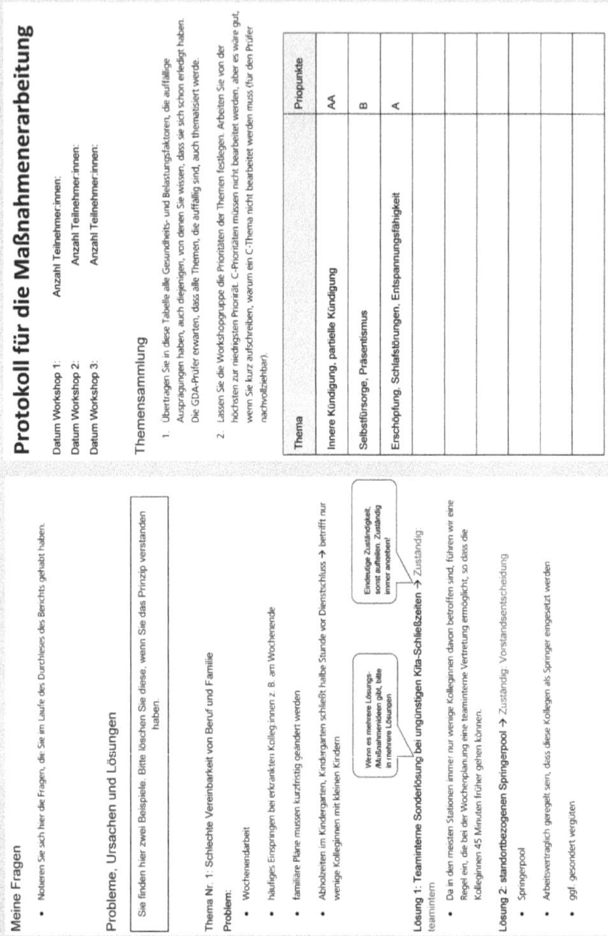

Protokoll für die Maßnahmenerarbeitung

Datum Workshop 1: Anzahl Teilnehmer:innen:
Datum Workshop 2: Anzahl Teilnehmer:innen:
Datum Workshop 3: Anzahl Teilnehmer:innen:

Themensammlung

1. Übertragen Sie in diese Tabelle alle Gesundheits- und Belastungsfaktoren, die auffällige Ausprägungen haben, auch diejenigen, von denen Sie wissen, dass sie sich schon erledigt haben. Die GDA-Prüfer erwarten, dass alle Themen, die auffällig sind, auch thematisiert werde.
2. Lassen Sie die Workshopgruppe die Prioritäten der Themen festlegen. Arbeiten Sie von der höchsten zur niedrigsten Priorität. C-Prioritäten müssen nicht bearbeitet werden, aber es wäre gut, wenn Sie kurz aufschreiben, warum ein C-Thema nicht bearbeitet werden muss (für den Prüfer nachvollziehbar).

Thema	Priopunkte
Innere Kündigung, partielle Kündigung	AA
Selbstfürsorge, Präsentismus	B
Erschöpfung, Schlafstörungen, Entspannungsfähigkeit	A

Meine Fragen

- Notieren Sie sich hier die Fragen, die Sie im Laufe des Durchleses des Berichts gehabt haben.

Probleme, Ursachen und Lösungen

Sie finden hier zwei Beispiele. Bitte löschen Sie diese, wenn Sie das Prinzip verstanden haben.

Thema Nr. 1: Schlechte Vereinbarkeit von Beruf und Familie
Problem:
- Wochenendarbeit
- häufiges Einspringen bei erkrankten Kolleg:innen z. B. am Wochenende
- familiäre Pläne mussen kurzfristig geändert werden
- Abholzeiten im Kindergarten, Kindergarten schließt halbe Stunde vor Dienstschluss → betrifft nur wenige Kolleginnen mit kleinen Kindern

Wenn es mehrere Lösungs-/Maßnahmenideen gibt, bitte in mehrere Lösungen

Eindeutige Zuständigkeit, sonst aufteilen. Zuständig immer angeben!

Lösung 1: Teaminterne Sonderlösung bei ungünstigen Kita-Schließzeiten → Zuständig: teamintern
- Da in den meisten Stationen immer nur wenige Kolleginnen davon betroffen sind, führen wir eine Regel ein, die bei der Wochenplanung eine teaminterne Vertretung ermöglicht, so dass die Kolleginnen 45 Minuten früher gehen können.

Lösung 2: standortbezogenen Springerpool → Zuständig: Vorstandsentscheidung
- Springerpool
- Arbeitsvertraglich geregelt sein, dass diese Kollegen als Springer eingesetzt werden
- ggf. gesondert vergüten

Des Weiteren befinden sich im Bericht ein Protokolltemplate und eine kurze Anleitung, wie Ergebnisdiskussion und Maßnahmenableitung erfolgen sollen.
Im Protokoll sind Ausfüllbeispiele vorhanden, um zu zeigen, wie eine Problemdarstellung und die Lösungsdokumentation aussehen sollen.
Im weiteren sind auch Vorlagen für die Umsetzungsdokumentation vorhanden.
Geraden in komplexeren Gefährdungsbeurteilungsprojekten sind eine einfache Logistik, klare Anleitungen, Fristsetzungen und Vorlagen entscheidend.

Spezialberichte

In größeren Unternehmen können zu folgenden Themen Spezialberichte angefordert werden:

- Familie und Beruf, z. B. für die Zertifizierung »Familienfreundlicher Betrieb«,
- Mobbing, Diskriminierung und Belästigung, sofern es einen Beauftragten oder eine Arbeitsgruppe dafür gibt,

- Arbeitsumgebung und Ergonomie, z. B. für die Sicherheitsfachkraft,
- Software- und Hardwareprobleme, für die IT-Abteilung,
- Sprachschall- und Akustik- sowie Lärmprobleme, für das Gebäudemanagement.

3.5.9 Berichtsvorstellung ⑨

Die Ergebnisse werden immer zuerst im BGM-Arbeitskreis, möglichst ohne Geschäftsleitung, besprochen. Erarbeiten Sie erste Arbeitshypothesen zu übergeordneten Punkten, die Sie in den Daten sehen.

- **Präsentation vor der Geschäftsführung:** Erst diese interpretierte Fassung geben Sie zusammen mit ersten Ideen und Vorschlägen zu übergeordneten Maßnahmen in die Geschäftsleitung.
- **Präsentation vor dem Betriebsrat:** Der Betriebsrat erhält den vorab festgelegten Bericht erst nach Freigabe durch die Geschäftsleitung. Der Bericht sollte fachkundig erläutert werden.
- **Präsentation vor den Bereichsleitungen:** Nach dem Betriebsrat gibt es eine erste Präsentation für alle Bereichsleitungen.
- **Präsentation (online) der Ergebnisse in jedem Bereich**: In größeren Unternehmen bitten Bereichsleitungen häufig um eine extern begleitete Ergebnispräsentation entweder vor der eigenen Führungsmannschaft oder vor dem gesamten Bereich.

3.5.10 Moderierte Workshops ⑩

Die Ergebnisnachbereitung sollte insbesondere bei der Erstdurchführung der Gefährdungsbeurteilung zur Pflicht gehören. Sofern Sie ein Screeningverfahren einsetzen, genügt offiziell die Ergebnisnachbereitung in Abteilungen mit kritischen Ausprägungen, doch aus unternehmenskulturellen Gründen empfehle ich, dies in allen Abteilungen durchführen zu lassen.

Ergebnisnachbesprechung und Maßnahmenableitung durch die Führungskraft selbst
Dies sollte der Standard sein, denn die Themen der GBU sind klassische Führungsthemen. Zur Vorbereitung setzen Sie einen Onlineworkshop mit dem Thema »Lesen und Verstehen der Abteilungsberichte und Durchführung der Maßnahmenableitung« an. Ein solcher Workshop dauert in der Regel zwei bis vier Stunden. Das Protokolltemplate sollte, wie vorgeschlagen, im Gruppenbericht direkt enthalten sein. Setzen Sie eine Frist von zwei Monaten und erinnern Sie zuerst vier und dann wieder zwei Wochen vor Fristende daran.

Protokollierung

Protokolle müssen einheitlich in dem von Ihnen vorgegebenen Template erfolgen und aussagekräftig sein. Lassen Sie keine handschriftlichen Protokolle und keine Protokolle ohne Template zu. Hier ein Vorschlag für eine Protokollstruktur:

Thema Nr. 1: Schlechte Vereinbarkeit von Beruf und Familie

Problem:

- Wochenendarbeit
- häufiges Einspringen bei erkrankten Kolleg:innen z. B. am Wochenende
- familiäre Pläne müssen kurzfristig geändert werden
- Abholzeiten im Kindergarten, Kindergarten schließt halbe Stunde vor Dienstschluss → betrifft nur wenige Kolleg:innen mit kleinen Kindern

Lösung 1*: Teaminterne Sonderlösung bei ungünstigen Kita-Schließzeiten → Zuständig: teamintern**

- Da in den meisten Stationen immer nur wenige Kolleginnen davon betroffen sind, führen wir eine Regel ein, die bei der Wochenplanung eine teaminterne Vertretung ermöglicht, sodass die Kolleg:innen 45 Minuten früher gehen können.

* Wenn es mehrere Lösungs-/Maßnahmenideen gibt, bitte in mehrere Lösungen aufteilen.

** Eindeutige Zuständigkeit, sonst aufteilen. Zuständig immer angeben!

Lösung 2: standortbezogenen Springerpool → Zuständig: Vorstandsentscheidung

- Springerpool
- arbeitsvertraglich regeln, dass bestimmte Kolleg:innen als Springer eingesetzt werden
- ggf. gesondert vergüten

Lösung 3: Anpassung der Betriebsvereinbarung (BV) bzgl. flexiblen Arbeitszeiten → Zuständig: Betriebsrat und Vorstand

- Eine einfache Lösung im Team, dass Mitarbeiter:innen mit kleinen Kindern früher gehen können, um die Abholzeiten einzuhalten, scheitert an den starren Regelungen in der Betriebsvereinbarung. Bitte passen Sie das an!

Umsetzung:

Nr.	Umsetzungsstatus	Begründung bzw. Hinweis zur Modifikation
Lösung 1	umgesetzt	---
Lösung 2	modifiziert umgesetzt	Wurde umgesetzt, jedoch wie folgt …
Lösung 3	nicht umgesetzt	Die bestehende BV enthält die gewünschten Regelungen bereits, sie wurde erneut bekannt gemacht.
Lösung …	umgesetzt modifiziert umgesetzt nicht umgesetzt	

Externe Moderation bei kritischen Teamergebnissen

Gruppen mit kritischen Ergebnissen sollten nicht durch die Führungskraft aufgefangen werden, insbesondere wenn diese in der Kritik steht. Die Moderation kann durch ein Mitglied des BGM-Arbeitskreises erfolgen. Es können auch interne Moderatoren geschult werden oder Sie können externe Unterstützung heranziehen.

Während der COVID-Pandemie sammelte ich umfangreiche Erfahrung in der Moderation per Videokonferenz auch mit Gruppen, die dafür zuvor nicht offen waren. Meine Erfahrungen:

- Zwingen Sie nicht eine ganze Abteilung zur Teilnahme, sondern bitten Sie um mindestens drei Freiwillige, die die Abteilung vertreten.
- Führen Sie das Protokoll live am Bildschirm für alle Teilnehmenden sichtbar und bitten Sie darum, dass das Protokoll direkt korrigiert wird.
- Lassen Sie das Protokoll durch die Teilnehmenden in die Abteilung zurückspiegeln und Ergänzungen einbauen.
- Entscheiden Sie dann gemeinsam mit den Teilnehmenden, ob das Protokoll mit der Führungskraft und den Teilnehmenden zusammen besprochen werden soll oder ob die externe Begleitung dies allein mit der Führungskraft bespricht (meist Letzteres).
- Für den seltenen Fall, dass sich ein echtes Führungsproblem zeigt, sollte das Protokoll zunächst mit der Bereichsleitung besprochen werden. Kritische Feedbackgespräche gehören nicht in die Zuständigkeit des Moderators, sondern sollten durch die Bereichsleitung erfolgen.

Eine entscheidende Erkenntnis, die ich gewonnen habe, ist, dass die Ergebnisaufarbeitung und die Ableitung von Maßnahmen nicht als Teamintervention verstanden werden sollten. Stattdessen ist es angebracht, eine nüchterne und sachliche Analyse durchzuführen. Es ist mir innerhalb eines Projektes passiert, meine Neutralität zwischen den unterschiedlichen Parteien in einem Unternehmen zu verlieren und in ein politisches Tauziehen hineinzugeraten. Ich musste das Projekt an einen Kollegen abgeben. Externen Moderatoren empfehle ich, in den Workshops Neutralität zu wahren und sich weder auf die Seite von Mitarbeitenden noch von Führungskräften oder der Geschäftsleitung zu stellen, dabei jedoch nicht kühl und distanziert zu wirken, sondern zugewandt und empathisch. Wecken Sie keine Hoffnungen, die nicht zu erfüllen sind, aber sichern Sie zu, dass Sie die Erkenntnisse mit den zuständigen Stellen besprechen.

Externe Moderatoren brauchen eine interne Ansprechperson, in der Regel eine:n Gesundheitsmanager:in. Diese:r klärt dann die politischen Spannungen, die auftreten können.

3.5.11 Aggregation der Protokolle ⑪

Dieser Schritt ist für die nachhaltige Wirkung enorm wichtig. Denn in den Aufarbeitungsworkshops können die Teams und Gruppen nur diejenigen Lösungen und Maßnahmen zur Belastungsreduktion beschließen, die sie auch selbst umsetzen können. Der größere Teil an möglichen Lösungen oder Maßnahmen muss jedoch an einer anderen Stelle entschieden und budgetiert werden. Damit diese überwiegend hilfreichen Lösungsideen aus den Workshops nicht verpuffen, bitten wir die Protokollanten, diese Lösungsideen mit einer möglichst konkreten Zuständigkeit zu markieren, z. B. »Geschäftsführungsentscheidung«, »IT-Abteilung«, »BGM« oder »Personalabteilung«.

Diese nicht teamintern zu lösenden Themen werden z. B. in einem Excel-File zusammengeführt. Abbildung 36 stellt eine solche recht einfache Struktur vor.

Die Zusammenführung der Lösungsvorschläge in eine solche Liste erfolgt anhand von Kategorien (senkrechte Spalten) und Zuständigkeiten (»Wer entscheidet?« und »Wer ist verantwortlich für die Umsetzung?«). Dafür müssen alle Protokolle manuell gesichtet und die Zuordnung zu Kategorien und möglichen Zuständigkeiten ggf. korrigiert und in die Excel-Liste übertragen werden.

Anschließend sortieren Sie mithilfe der Filterfunktion von Excel anhand von thematischen Kategorien oder Zuständigkeiten und erzeugen **Arbeitspapiere** für die zuständigen Entscheider:innen. Das wird im folgenden Kasten an einem Beispiel erläutert.

Beispiel

In einem Kundenprojekt kamen aus vielen Abteilungen Verbesserungsvorschläge zum Thema IT. Das ist nicht ungewöhnlich, zählt doch eine nicht funktionierende IT zu den bedeutendsten Stressoren. Hier einzelnen Nennungen aus den Protokollrückläufern. In dem Maßnahmentracking per Excel (siehe Kasten zuvor) bleibt der Zeilenbezug erhalten, sodass immer klar ist, aus welcher Abteilung das Problem stammt.

- **Laufwerkkapazität erhöhen** (zeitnah), damit Absicherung bzw. Speicherung über Nacht für das gesamte Laufwerk gewährleistet ist
- **Internetportal für Fahrgemeinschaften** einrichten
- **Lösungen suchen für wiederkehrende Probleme, die die Arbeit unnötig erschweren** (Formulare, Tickets, Hotline, Verständigung, Programmierung, Schnittstellen für Scan)
- **Bei Freigabekette automatisch eingebaute Erinnerungsfunktion** an die Freigeber einführen (vergleichbar wie bei Rechnungen) z. B. bei Orga sehr relevant
- Bei **Mitarbeiterneuzugängen schneller Berechtigungen und Ausstattungen** geben
- **Hardware bzw. Systemperformance für Videokonferenzen** verbessern
- **WLAN** auf dem kompletten Werksgelände
- Lösung dafür finden, dass es zurzeit **keine ausreichenden Lizenzen für Softwaretools** gibt.
- **Excel-Dateien werden von mehreren Kollegen** gepflegt, kein gleichzeitiger Zugriff möglich→Office 365 und Sharepoint

lfd.Nr.	Bereich	Abteilung	ggf. Team	Titel der ursprünglichen Lösungsidee Kurztitel	Beschreibung der ursprünglichen Lösungsidee Kurzbeschreibung	Arbeitsorganisation	Vereinbarkeit Beruf & Familie	Software, Hardware, IT, Support	BGM, Gesundheitsförderung	Führung und Kultur	Umgebungsfaktoren
1	Bereich 1	Abteilung A	Team A.1	Abholzeit Kita	Einführung von teaminternen Regeln zur Sicherstellung der Abholzeiten von Kitas bei MA mit Kindern.		x				
2	Bereich 1	Abteilung A	Team A.2	Springerpool	Einrichtung eines Springerpools in Höhe der mittleren Gesamtabwesenheitsquote.		x				

Fortsetzung der Zeilen von oben …

Wer entscheidet über die Umsetzung? Entscheidung	(Wie) wird die Lösung umgesetzt? Beschluss	Datum Umsetzung Datum	Beschreibung Lösungsmodifikation oder Grund für Nichtumsetzung Modifikation oder	Wer ist verantwortlich für die Umsetzung? Verantwortlicher	Status der Umsetzung Status
teamintern	wird umgesetzt	01.12.2023		Teamleitung: Fr. Mayer	wurde umgesetzt
Geschäftsführung	wird umgesetzt	01.12.2023		Hr. Müller	wurde umgesetzt

Abb. 36: Vorschlag einer Excel-Liste zum Tracking von Maßnahmen.

- zentrale **Belegungen für Besprechungsräume,** Office 365 und Outlook mit Ressourcenplanung
- **Ablagesystem verbessern bzw. vereinfachen**: Selbsterklärendes System, insbesondere Suchfunktion

Sie sehen: Das ist wirklich Kraut und Rüben. Es wurden dann einfach alle IT-bezogenen Vorschläge in ein Dokument zusammengefasst und der Arbeitskreis BGM besprach die Themen mit dem IT-Leiter. Nach dieser Besprechung war klar: Einige Lösungsvorschläge waren schon in Arbeit, andere mussten in Arbeit genommen werden und wiederum andere konnten anders gelöst werden, etwa weil das ganze Unternehmen auf Office 365 mit Cloud umgestellt werden sollte.

3.5.12 Prüfung auf Sinnhaftigkeit, Budgetanforderungen und Machbarkeit ⑫

Die zuständigen Entscheider arbeiten diese Arbeitspapier aus Schritt 11 durch und treffen sinnvolle Maßnahmenentscheidungen. Es empfiehlt sich, diese Entscheidungen gut im Unternehmen zu kommunizieren.

3.6 Die Auswertung der Gesundheitsbefragung

3.6.1 Datenaufbereitung

Falls Sie noch nie mit einer Gesundheitsbefragung zu tun hatten, ist Ihnen dieses Thema vielleicht nicht so geläufig. Doch regelmäßig scheitern solche Prozesse genau daran, dass die Berichtsqualität und die Aufbereitung für Laien unverständlich sind und zu falschen Schlussfolgerungen führen.

Tipp

Fordern Sie unbedingt im Vorfeld von den zur Auswahl stehenden Dienstleistern **Berichtsbeispiele** an, die zeigen, wie Ihre Ergebnisse abgebildet werden.

Warum Mittelwertdarstellungen nicht geeignet sind

Die Darstellung von Faktorwerten in Form von Mittelwerten ist in der wissenschaftlichen Tradition häufig zu finden. Dort ist sie sinnvoll, weil dazu Berechnungen zur Signifikanz erstellt werden, die Veränderungen abbilden sollen. Auch der Vergleich mit Normstichproben (häufig: Branchenvergleichswerte genannt) ist hier sinnvoll, um Unterschiede sichtbar zu machen.

Was für wissenschaftliche Fragestellungen sinnvoll ist, ergibt jedoch für die Nutzung der Ergebnisse durch BGM-Arbeitsgruppen, Führungskräfte und Teams keinen Sinn, denn hier kommt es auf die Einzelfälle an.

Eine Darstellung wie in Abbildung 37 ist daher für die Praxis des betrieblichen Gesundheitsmanagements nicht zu gebrauchen. Hier sind die Mittelwerte der beiden Geschäftsbereiche A und B für den obersten **Faktor Emotionale Erschöpfung/Burnoutgefährdung** identisch, obwohl – wie weiter unten gezeigt wird – die Situation in den beiden Bereichen sehr unterschiedlich ist.

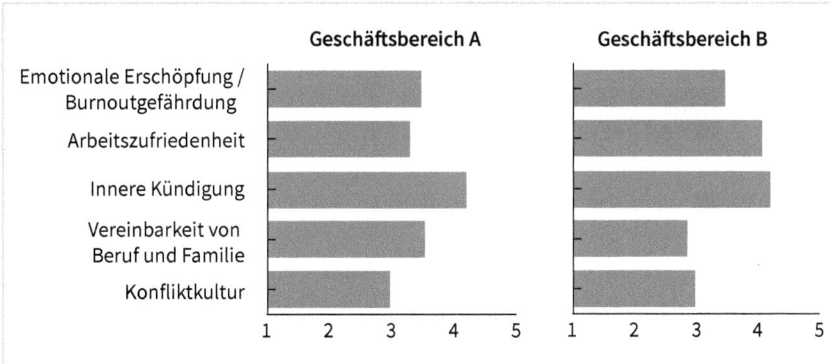

Abb. 37: Warum Mittelwertvergleiche unsinnig sind: Die Aussagekraft ist gering. Die Skalierung ist 1 = schlechte Faktorausprägung, 5 = gute Faktorausprägung. Die Mittelwerte sind nicht standardisiert, sondern Rohwerte.

Unterschiedliches Antwortverhalten wird durch eine Mittelwertbetrachtung unsichtbar. Dies zeigt Abbildung 38. Der Faktor »Burnoutgefährdung« aus dem COPSOQ-Fragebogen kommt zum rechnerisch gleichen Mittelwert (= 3,48), obwohl die Darstellung nach Antwortkategorien zwei völlig unterschiedliche Situationen aufdeckt.

Geschäftsbereich A hat ein großes Problem, denn hochrote Werte in der Burnoutgefährdung weisen auf ausfallgefährdete Mitarbeiter:innen mit Langzeiterkrankungspotenzial hin. Hier sind 19 sehr stark betroffen und 65 immerhin noch im roten Bereich. Der Mittelwert wird aber aufgrund vieler unkritischer Fälle nicht ins Negative verschoben. Im Geschäftsbereich B gibt es dagegen gar keine kritischen Fälle, eher ein leichter Trend in diese Richtung, weil viele Mitarbeiter:innen im mittleren Bereich liegen.

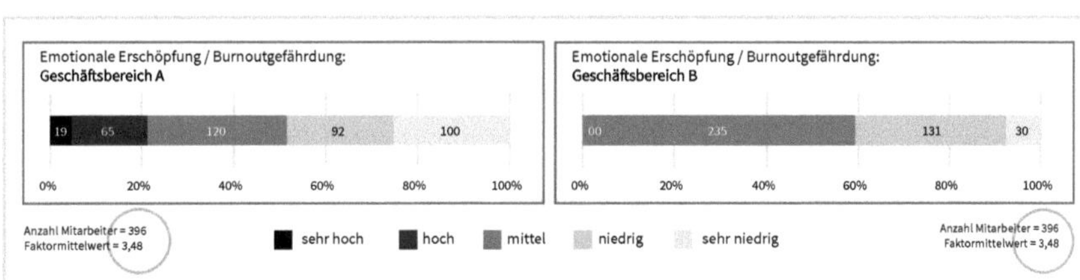

Abb. 38: Warum Mittelwertvergleiche unsinnig sind. Zwei völlig verschiedene Faktorausprägungen erzeugen denselben Mittelwert.

Vorschlag für eine laienverständliche Darstellung von Faktorergebnissen
Ich schlage eine Darstellung des Antwortverhaltens nach Köpfen vor. In Abbildung 39 ist eine Gruppe dargestellt und deren Antwortverhalten beim Faktor Arbeitsmenge und Zeitdruck aus dem COPSOQ-Fragebogen.

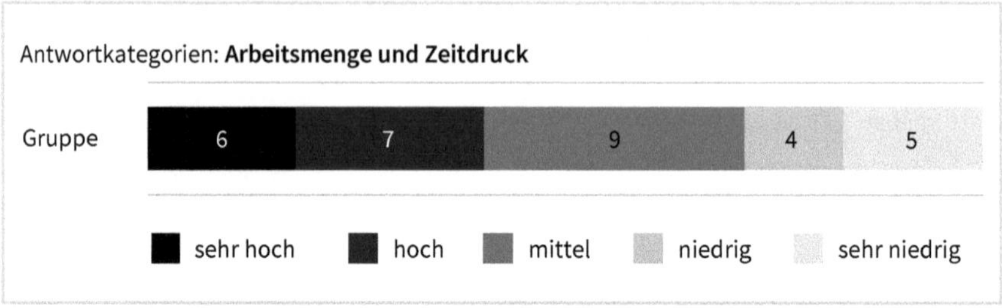

Abb. 39: Vorgeschlagene Darstellungsweise des Antwortverhaltens einer Gruppe bei einem Faktor. Die Zahlen beziehen sich auf die Anzahl von Mitarbeiter:innen innerhalb der jeweiligen Faktorausprägung.

Wir sehen auf einen Blick, dass sechs Mitarbeiter:innen der Gruppe eine sehr hohe Belastung in Bezug auf diesen Faktor vorweisen und immerhin noch sieben weitere eine hohe Belastung. Insgesamt ist dieser Faktor damit zu 40 % im roten Bereich, was als bedenklich einzustufen ist.

3.6.2 Red-Flag-Analyse

Red Flag bedeutet »rote Flagge« und meint eine komprimierte Darstellung von Daten für einen schnellen Gesamtüberblick. Andere Bezeichnungen sind etwa Ampeldarstellung oder Heat Map. Die hier beschriebene Darstellung ist eine von mehreren möglichen. Sie ist gewählt worden, weil durch eine graduelle Färbung mehr Informationen anschaulicher vermittelt werden als durch drei Farben und sie zudem die Anzahl betroffener Mitarbeiter:innen preisgibt. Aufgrund der unterschiedlichen Gruppengrößen wird hier der Prozentwert verwendet.

Eine mögliche Darstellung ist der prozentuale Anteil von Mitarbeiter:innen mit einer roten und dunkelroten Ausprägung an der Gruppengröße. Am Beispiel der Gruppe Facility Management in Abbildung 40 können Sie sehen, dass hier 13 von insgesamt 32 Mitarbeiter:innen der Gruppe im roten oder dunkelroten Bereich liegen. Das entspricht 40 % der Gruppe.

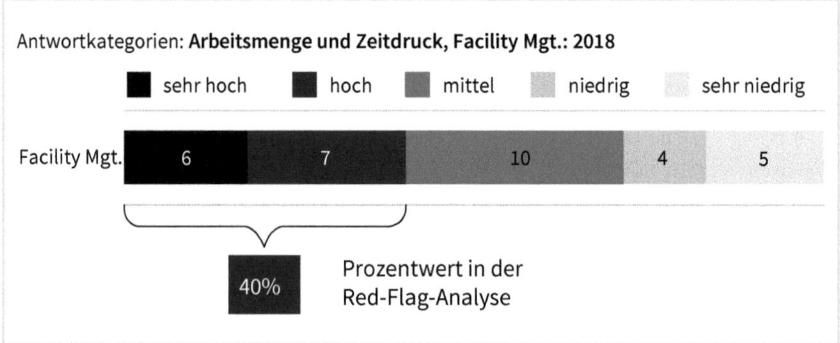

Abb. 40: Wie entsteht der Red-Flag-Wert?

In der Übersichtsdarstellung der Red-Flag-Analyse kann das beispielsweise wie in Abbildung 41 aussehen.

	Belastungen				Führungsqualität					Team		
	Arbeitsmenge und Zeitdruck	Emotionale Belastung bei der	Angst vor Arbeitslosigkeit	Vereinbarkeit von Beruf und Familie	Führungsqualität	Rollenklarheit	Rollenkonflikte	Einfluss und Handlungsspielrau	Freiheitsgrade	Teamzusammen-halt	Kollegiale Unterstützung	Mobbing
	gelb = 15 % rot = 30 %	gelb = 15 % rot = 30 %	gelb = 15 % rot = 30 %	gelb = 15 % rot = 30 %	gelb = 15 % rot = 30 %	gelb = 15 % rot = 30 %	gelb = 15 % rot = 30 %	gelb = 15 % rot = 30 %	gelb = 15 % rot = 30 %	gelb = 15 % rot = 30 %	gelb = 15 % rot = 30 %	Fälle
Gesamtunternehmen	44%	21%	10%	22%	9%	1%	19%	18%	12%	2%	6%	4
1. Ebene												
Führungskräfte	73%	32%	3%	24%	6%	0%	25%	0%	0%	0%	0%	0
Verwaltung	34%	14%	5%	9%	11%	0%	17%	23%	3%	5%	9%	2
Produktion	47%	25%	15%	30%	9%	1%	20%	18%	20%	1%	5%	2
Auszubildende	13%	7%	0%	0%	0%	7%	13%	13%	7%	0%	7%	0
Führungskräfte												
Geschäftsleitung	67%	42%	0%	25%	17%	0%	8%	0%	0%	0%	0%	0
Abteilungs- und Bereichsleiter	83%	25%	8%	25%	0%	0%	33%	0%	0%	0%	0%	0
Gruppen- / Teamleiter / Meister	69%	31%	0%	23%	0%	0%	33%	0%	0%	0%	0%	0
Verwaltung												
Recht/Beauftragtenwesen/Betriebsrat	33%	22%	0%	0%	0%	0%	33%	33%	0%	0%	22%	0
Revision	40%	40%	0%	20%	20%	0%	40%	60%	0%	60%	40%	1
Controlling /Rechnungswesen	25%	0%	0%	0%	0%	0%	0%	13%	0%	0%	0%	0
Orga/It/Projektmanagement	24%	6%	0%	6%	0%	[illegible]	12%	6%	0%	0%	0%	1
Facilitymanagement	40%	20%	20%	0%	60%	0%	0%	40%	20%	0%	20%	0
Personal	0%	0%	0%	33%	0%	0%	33%	33%	0%	0%	0%	0

Abb. 41: Red-Flag-Darstellungsbeispiel

Wenn Sie jetzt in der ersten Spalte *Arbeitsmenge und Zeitdruck* nachschauen und dort fast nach unten in die Zeile *Facility Management* gehen, finden Sie den Wert 40%. In einer solchen aggregierten Darstellung mit unterschiedlichen Gruppengrößen ist eine Darstellung nach Köpfen nicht sinnvoll, sondern es sollten Prozentwerte abgebildet werden.

Tipp

Für eine intuitive Interpretation kann man die Prozentwerte mit einem Rot-Gelb-Grün-Farbverlauf einfärben. Beachten Sie, dass einige Faktoren nicht in Prozent, sondern in Anzahl Fälle betrachtet werden, wie im Beispiel der Abbildung 42 die ganz rechte Spalte *Mobbing*. Während es bei anderen Faktoren ab 15% ins Gelbe kippt und ab 30% Rot angezeigt wird, sollte bei Mobbingverdacht, Belästigung und Diskriminierung die Anzahl der Verdachtsfälle angezeigt werden.

Testen Sie Ihr Verständnis der Red-Flag-Analyse

Wenn Sie Interesse daran haben, testen Sie hier Ihr Verständnis der Red-Flag-Analyse und beantworten Sie die folgenden Fragen. Sie sind den nummerierten Punkten in Abbildung 41 zugeordnet:

1. 44 % aller Mitarbeiterinnen und Mitarbeiter im Unternehmen klagen über eine zu hohe Arbeitsmenge und Zeitdruck. **Aber welche Gruppe leidet besonders darunter?**
2. Die Vereinbarkeit von Beruf, Familie und Privatleben ist bei 22 % aller Mitarbeiterinnen und Mitarbeiter im roten Bereich. **Welches Team in der Verwaltung hat besonders große Probleme damit?**
3. Oje, gleich 60 % der Abteilung Facility Management beklagt sich über eine schlechte Führungsqualität. **Ist das generell ein großes Problem in diesem Unternehmen?**
4. Wenn wir alle fünf Führungsfaktoren betrachten, **welche Abteilung ist wohl am zufriedensten mit der Führungsqualität**?
5. Wenn der eine Hüh und der andere Hott sagt, nennt man das einen Rollenkonflikt. **Welche Aussage stimmt wohl in Bezug auf die drei Führungskräfteebenen?**

Wichtig: Eine Red-Flag-Analyse darf nicht in die falschen Hände gelangen!

In der Red-Flag-Analyse werden Gruppen und damit Führungskräfte miteinander verglichen. Sie gehört nicht in Gruppenberichte, sondern nur in den Gesamtbericht, der nicht öffentlich ausliegt. Vermeiden Sie Rankings unter Führungskräften.

Lösungen

1. Innerhalb der Führungskräfte ist es die Gruppe der Abteilungsleiter, von denen 83 % eine Überforderung bei der Arbeitsmenge angeben.
2. Es ist der Bereich Personal. Hier schaffen 33 % keine gute Vereinbarkeit.
3. Nein, nur 9% aller Mitarbeiter:innen beklagen eine schlechte Führungsqualität. Das ist wenig.
4. Es ist die Abteilung Controlling/Rechnungswesen.
5. Die Geschäftsleitung hat kaum Rollenkonflikte, wohl aber ein Drittel der übrigen Führungskräfte. Könnte das vielleicht an der Geschäftsleitung liegen?

3.6.3 Darstellungsformen von Ursache-Wirkungs-Beziehungen

Die Notwendigkeit für die Darstellung von Ursache-Wirkungs-Beziehungen oder zumindest von Korrelationen wird in den BGM-Arbeitskreisen meist erst bei der Analyse der Berichte deutlich, also wenn die Berichte schon fertig sind. In der Logik des Belastungs-Beanspruchungs-Modells (vgl. Kapitel 3.2) gibt es einen Ursache-Wirkungs-Zusammenhang zwischen den **Belastungsfaktoren** (auch: Einflussfaktoren) und den **Gesundheitszustandsfaktoren** (auch: Ergebnisfaktoren).

Zur Darstellung von Ursache-Wirkungs-Beziehungen eignen sich:

- Korrelationen zwischen Faktoren,
- Extremgruppenanalysen,
- ggf. Regressionsanalyse.

Für Gesundheitsmanager:innen ist das genaue Verständnis des Unterschiedes sehr wichtig. Sehr häufig kommt es nämlich zu einer falschen Zielableitung, wie die folgende Herleitung zeigt.

Allerdings sind Korrelationszusammenhänge und ihre Interpretation für Laien schwierig, weshalb ich empfehle, diese nur in Gesamt- und Bereichsberichten darzustellen. Auch Extremgruppendarstellungen (siehe Abschnitt 3.5.8) sollten nur in Gesamt- und Bereichsberichten verwendet werden.

Gesundheitszustand

Der Gesundheitszustand ist der Faktor, der den wirtschaftlichen Schaden verursacht. Eine niedrige Arbeitszufriedenheit führt zu geringer Motivation und senkt damit die Produktivität und erhöht das Kündigungsrisiko. Ein erhöhtes Kündigungsrisiko führt zur Abwanderung leistungsstarker Mitarbeiter:innen, während die leistungsschwachen Mitarbeiter:innen in die innere Kündigung abwandern. Ein erhöhtes Burnoutrisiko steht für Langzeiterkrankungen usw.

Belastungsfaktoren

Die Belastungsfaktoren sind die Ursachen des Gesundheitszustandes. Eine schlechte Führungsqualität oder eine schlechte Konfliktkultur, geringes Vertrauen oder mangelnde Wertschätzung führen zu einer niedrigen Arbeitszufriedenheit. Vielfach erlebe ich das Missverständnis, man müsse Belastungsfaktoren per se verbessern, wenn sie negativ ausgeprägt sind. Es wird dann wild »drauflosgestürmt«, wenn ein Faktor rot ist. Doch – etwas überspitzt formuliert – wenn ein Belastungsfaktor gar keine negative Auswirkung hat, also mit keinem Gesundheitszustandsfaktor korreliert, dann ist es auch wenig sinnvoll, an diesem Faktor zu arbeiten. Wir betreiben betriebliches Gesundheitsmanagement ja nicht »aus Spaß an der Freude«, sondern verfolgen natürlich wirtschaftliche Ziele, auch wenn das BGM gerne humanistisch begründet wird. Es geht um Produktivität. Dass diese mit gesunden und glücklichen Mitarbeiter:innen leichter und besser zu erreichen ist, ist ein angenehmer Nebeneffekt. Das bedeutet: Es werden keine Ziele aus Belastungsfaktoren abgeleitet, sondern Maßnahmen.

Noch einmal: Ziele werden aus Gesundheitszustandsfaktoren abgeleitet, Maßnahmen aus den Belastungsfaktoren. Warum? Ausgehend von dem Ziel der Verbesserung der Produktivität wollen wir beispielsweise die *Burnoutgefährdung* senken. Das ist unser Ziel. Da die Faktoren *Arbeitsmenge und Zeitdruck* sowie *Vereinbarkeit von Beruf und*

Familie hier den höchsten korrelativen Zusammenhang aufweisen, sollten wir aus diesen beiden Belastungsfaktoren Maßnahmen ableiten.

Korrelationsanalysen

Die einfachste Darstellung eines Zusammenhanges ist eine Korrelationsmatrix. Eine Korrelation gibt wieder, wie eng der Zusammenhang zwischen zwei Faktoren ist. Die Werte können zwischen +1 und -1 schwanken:

- Eine Korrelation von 0 bedeutet, dass – gleichgültig wie Faktor A ausgeprägt ist – keinerlei Zusammenhang zur Ausprägung von Faktor B besteht.
- Eine Korrelation von 1 bedeutet, dass es einen perfekten Zusammenhang zwischen zwei Faktoren gibt. Hier könnte man das Beispiel aus Gewicht und Volumen von Wasser bei 20 °C als Beispiel nehmen. Je mehr Volumen von Wasser ich nehme, desto schwerer ist es. Dieser perfekte Zusammenhang gilt bei Körpergröße und Gewicht von Menschen nicht. Zwar gibt es eine gewisse Korrelation, dass größere Menschen auch schwerer sind, aber es gibt eben auch große Dünne und kleine Dicke.
- Eine Korrelation von -1 bedeutet einen negativen Zusammenhang, je mehr von dem, desto weniger von jenem. Das wäre etwa beim Zusammenhang von Shopping und Kontostand der Fall.
- Je größer eine Stichprobe ist, für die man eine Korrelation berechnet, desto kleiner dürfen Korrelationen sein, um trotzdem statistisch bedeutsam zu sein. So gilt eine Korrelation von 0.3 bei 10 Personen als nicht sehr groß, bei 1.000 Personen wäre das aber eine sehr signifikante Korrelation. Für die Praxis ist das nicht relevant, es erklärt nur, warum man nicht auf Gruppenebene Korrelationen berechnen sollte. Es genügt völlig, eine solche Matrix auf Unternehmensebene oder bestenfalls noch auf Bereichsebene zu berechnen, wenn ein Bereich größer als 100 Personen ist.

Betrachten wir das Beispiel in Abbildung 42: In der linken Spalte finden Sie die Gesundheitszustandsfaktoren eines Kundenbeispiels, in der oberen Zeile stehen die Belastungsfaktoren. Weil in diesem Buch keine farbigen Darstellungen möglich sind, unterschlage ich die Einfärbung von negativen Korrelationen (die werden hier einfach auch weiß dargestellt) und wir schauen uns nur die positiven Korrelationen an (je dunkler desto höher).

	Belastungsfaktoren				Führung und Arbeitsorganisation					Team				Verbundenheit	
	Arbeitsmenge und Zeitdruck	Vereinbarkeit von Beruf und Familie	Emotionale Belastung bei der Arbeit	Angst vor Arbeitslosigkeit	Führungsqualität	Rollenklarheit	Rollenkonflikte	Einfluss und Handlungsspielraum	Freiheitsgrade	Teamzusammenhalt	Kollegiale Unterstützung	Mobbing	Gegenseitiges Vertrauen	Commitment / Verbundenheit	Sinnerleben bei der Arbeit
Körperliche Gesundheit															
Arbeitsfähigkeitsindex (WAI-Gesamtwert)	0,21	0,40	0,35	0,41	0,31	0,25	0,27	0,33	0,29	0,32	0,17	0,20	0,28	0,36	0,33
Arbeitsfähigkeit in zwei Jahren	0,24	0,32	0,26	0,19	0,22	0,16	0,22	0,13	0,15	0,22	0,14	0,16	0,23	0,22	0,21
Geistige Arbeitsfähigkeit	0,22	0,27	0,26	0,21	0,20	0,16	0,21	0,14	0,17	0,15	0,07	0,26	0,20	0,28	0,22
Körperliche Arbeitsfähigkeit	0,15	0,19	0,13	0,16	0,11	0,13	0,13	0,15	0,14	0,16	0,06	0,15	0,10	0,20	0,15
Geschätzter Krankenstand	-0,07	0,08	0,02	0,19	0,06	0,05	0,03	0,25	0,27	[illegible]	-0,01	0,09	0,07	0,14	0,15
Psychische Gesundheit															
Emotionale Erschöpfung / Burnoutgefährdung	0,40	0,56	0,49	0,43	0,30	0,23	0,37	0,28	0,18	0,28	0,13	0,20	0,29	0,33	0,26
Konzentrations- und Denkprobleme	0,30	0,39	0,32	0,34	0,24	0,28	0,30	0,20	0,12	0,20	0,10	0,18	0,23	0,27	0,25
Aktivitätsniveau und Zuversicht (psychische Leistungsreserven)	0,25	0,38	0,35	0,40	0,44	0,32	0,36	0,39	0,17	0,34	0,24	0,18	0,37	0,54	0,49
Motivationale Gesundheit															
Arbeitszufriedenheit	0,19	0,33	0,29	0,27	0,51	0,35	0,40	0,46	0,24	0,42	0,31	0,19	0,46	0,57	0,62
Innere Kündigung	-0,13	0,01	-0,06	[illegible]	0,07	0,15	0,07	0,22	[illegible]	[illegible]	0,03	0,04	0,07	0,20	0,31
Kündigungsabsicht	0,15	0,18	0,18	0,20	0,24	0,13	0,19	0,12	-0,01	0,15	0,07	0,28	0,24	0,26	0,21

Abb. 42: Korrelationsmatrix zur Identifikation von Wirkhebeln bei negativ ausgeprägten Ergebnisfaktoren.

Beantworten Sie die folgenden **Fragen**:

1. Sie möchten die *emotionale Erschöpfung/Burnoutgefährdung* reduzieren. Welche Belastungsfaktoren müssten Sie dafür am besten verändern?
2. Sie haben nicht so viel Budget und möchten nur einen Belastungsfaktor verändern, der die *Arbeitszufriedenheit* besonders beeinflusst. Welcher wäre das?
3. Eigentlich sagt die Korrelationsmatrix aus, dass Commitment den höchsten Einfluss auf *Aktivitätsniveau und Zuversicht* hat. Nun lässt sich das nicht so einfach verändern. Welcher andere Faktor, den man vermutlich einfacher verändern kann, müsste angepackt werden?

Im weiteren auch die passenden **Antworten**:

1. Es sind gleich die ersten vier Faktoren von *Arbeitsmenge* und *Zeitdruck* bis *Angst vor Arbeitslosigkeit*. Besonders wichtig ist der Faktor *Vereinbarkeit von Beruf und Familie*.
2. Die höchste Korrelation von Arbeitszufriedenheit hat das *Sinnerleben bei der Arbeit*. Sofern Sie also in der Lage sind, Arbeitsinhalte anzubieten, die das Sinnerleben Ihrer Mitarbeiter:innen stimulieren, haben Sie damit eine gezielte Maßnahme gefunden. Falls das nicht geht, suchen Sie den nächsten Faktor, der sich besser beeinflussen lässt.
3. Die richtige Antwort wäre *Führungsqualität*, weil dieser Faktor deutlich leichter zu verändern ist, als *Sinnerleben* oder *Commitment*.

Sie sehen, wie sinnvoll und wichtig eine solche Korrelationsmatrix für die Ziel- und Maßnahmenableitung ist.

Regressions-/Pfadanalysen

Der versierte Statistiker wird nun einwenden, dass Korrelationsmatrizen keine Ursache-Wirkungs-Beziehung darstellen können (das stimmt nicht ganz, denn wir legen ja ein Ursache-Wirkungs-Modell zugrunde, nämlich das Belastungs-Beanspruchungs-Modell) und dass Korrelationen eine recht unsaubere Berechnung darstellen (ich erspare Ihnen die korrekte statistische Bezeichnung). Der statistische Gral ist eine Pfad- bzw. Regressionsanalyse. Hier wird der reine, einzigartige Effekt eines Faktors auf einen anderen Faktor berechnet. Diese Effekte sind erst bei einer größeren Stichprobe sichtbar. Ich würde mindestens 1.000 befragte Personen voraussetzen, um hier belastbare Daten zu erhalten.

Sofern Sie also mit solchen Datenmengen arbeiten, bitten Sie Ihren externen Dienstleister, Ihnen eine Pfadanalyse mitzuliefern, die aussagt, welche Belastungsfaktoren besonders deutlich auf die Gesundheitszustandsfaktoren einwirken.

Extremgruppenvergleiche

Für Laien besser nachvollziehbar sind Extremgruppenvergleiche. Dazu wird eine Frage wie z. B. die folgende gestellt: »Wie unterscheidet sich die Arbeitszufriedenheit bei Menschen mit hohen Burnoutwerten und solchen mit niedrigen?« Man vergleicht also die Extremgruppen miteinander und schaut, wie andere Faktoren sich zwischen diesen beiden Gruppen unterscheiden.

In einem Beispiel aus der Volksbankenstudie, die ich mit meinem Team 2019 veröffentlich habe, untersuchten wir Einzel-Items, also nicht Faktoren, sondern einzelne Fragen. Das Fragebogen-Item →»Meine Arbeit erzeugt Stress, der es schwierig macht, privaten oder familiären Verpflichtungen nachzukommen« teilten wir in zwei Extremgruppen auf. Insgesamt untersuchten wir 9.463 Datensätze. 21,9% dieser Stichprobe antworteten bei diesem Item mit rot oder dunkelrot. 57,5% antworteten hellgrün oder dunkelgrün.

Wir untersuchten dann, wie sich diese beiden Gruppen in ihrem Gesamtpunktwert beim Work-Ability-Index unterscheiden. Sie erinnern sich an den Arbeitsfähigkeitsindex als wichtiges Gesundheitsmaß mit einer Spanne von 7 bis 49 Punkten (vgl. Kapitel 3.5.1, Abschnitt »Work-Ability-Index«). **Die beiden Extremgruppen unterschieden sich um 10,3 Punkte, eine unfassbar große Differenz.** Während die *grüne* Gruppe knapp 43 Punkte, also knapp eine sehr gute Arbeitsfähigkeit aufwies, lag der Indexwert der *roten* Gruppe bei knapp 33 Punkten und damit in der mäßigen Arbeitsfähigkeit.

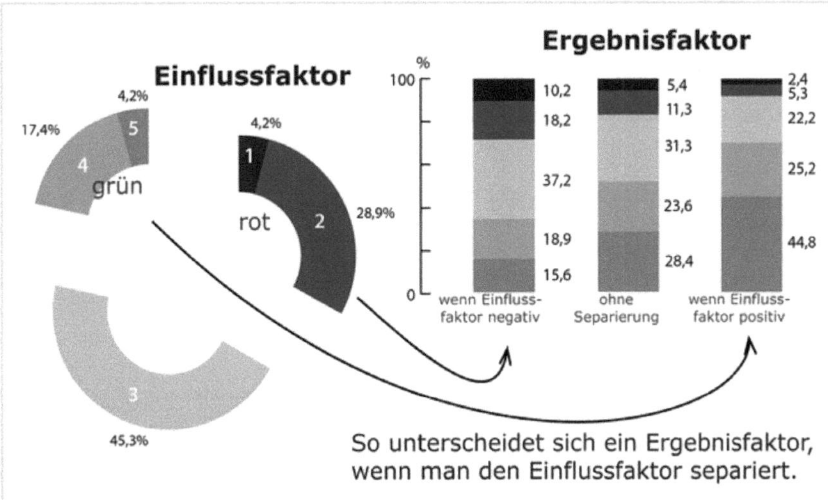

Abb. 43: So wird eine Stichprobe in Extremgruppen separiert: Die roten (2) und dunkelroten (1) sind die negative Gruppe und die hellgrünen (4) und grünen (5) sind die Positivgruppe. Dann legt man einen Ergebnisfaktor daneben und analysiert die Resultate. (Quelle: Eudemos)

Auch bei der Burnoutgefährdung war der Unterschied zwischen den Extremgruppen riesig. In der *grünen* Gruppe treten lediglich **4,1 % hoch Burnoutgefährdete** auf, während es in der *roten* Gruppe **48,9 % hoch Burnoutgefährdete** waren!

Der Lerneffekt aus einem solchen Extremgruppenvergleich ist auch für Laien eindrucksvoll, weshalb ich solche Beispiele aus der Praxis in Kick-off-Vorträgen für Führungskräfte verwende.

Einfluss des Items „Meine Arbeit erzeugt Stress, der es schwierig macht, privaten oder familiären Verpflichtungen nachzukommen" auf „emotionale Erschöpfung/ Burnoutgefährdung" und „Aktivitätsniveau und Zuversicht"

Spitzenreiter in unserer Studie hinsichtlich des Einflusses auf den WAI „Gesamtwerte" ist die Frage „Meine Arbeit erzeugt Stress, der es schwierig macht, privaten oder familiären Verpflichtungen nachzukommen".

Einfluss-Item: Meine Arbeit erzeugt Stress, der es schwierig macht, privaten oder familiären Verpflichtungen nachzukommen

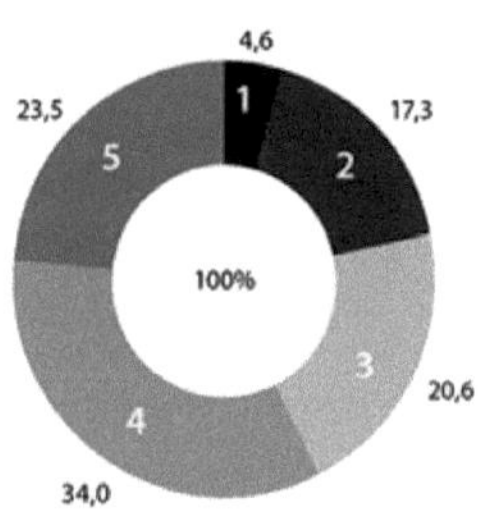

Ergebnisfaktor: Work-Ability-Index

Der Einfluss des Items ist sowohl nach unten als auch nach oben hochsignifikant. Im negativen Fünftel liegt der WAI-Gesamtwert bei nur 32,1 während er im oberen Fünftel 42,4 beträgt.

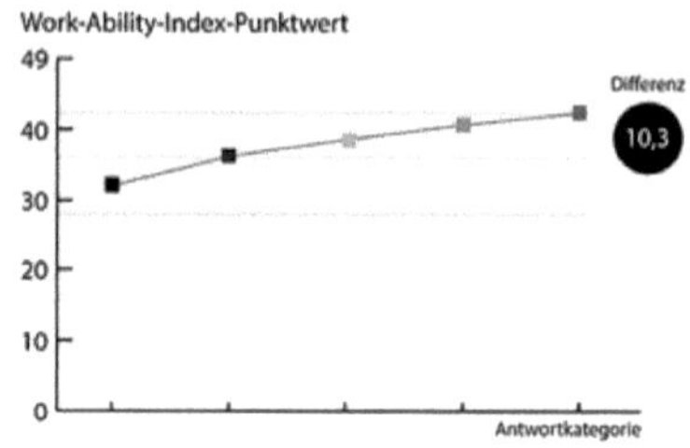

Ergebnisfaktor „emotionale Erschöpfung / Burnout-Gefährdung

Wenn der Arbeitsstress das Privatleben stark beeinflusst, wirkt sich dies dramatisch auf den Faktor „emotionale Erschöpfung / Burnout-Gefährdung" aus. Der Anteil der durch Burnout gefährdeten Personen ist bei denen mit einer hohen Belastung zwanzig Mal so groß gegenüber jenen, deren Privatleben nicht deutlich beeinflusst wird. In der Gruppe derer, die ihr Privatleben als gering belastet sehen, liegt die emotionale Erschöpfung dagegen zu 80 % im positiven oder teilweise positiven Bereich.

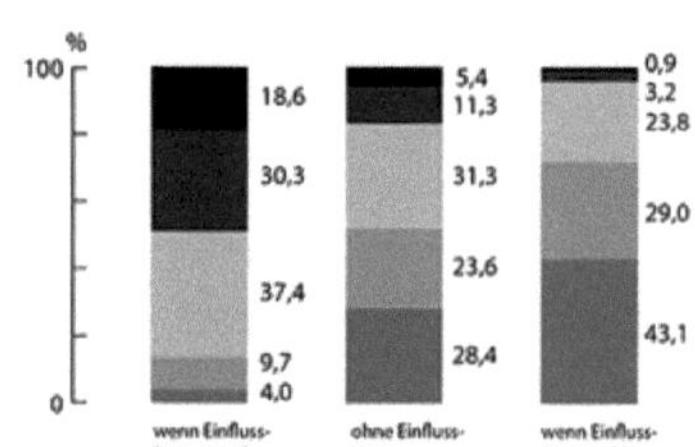

Abb. 44: Ausschnitt aus der Volksbankenstudie von Eudemos (2019). Es wird ein Item zur Vereinbarkeit von Beruf und Familie untersucht. Dabei fällt auf, dass die beiden Extremgruppen sich außerordentlich stark im WAI-Gesamtwert unterscheiden.

3.7 Lösungsentwicklung und Maßnahmenplanung

Bei einer **Gesundheitsbefragung** erfolgt die Lösungsentwicklung und Maßnahmenplanung in zwei Schritten: den Teamworkshops und einer gebündelten Auswertung der Protokollrückläufer aus diesen Workshops sowie schließlich der Umwandlung in Arbeitspakete.

Bei der **Workshop-Methode** und bei den Einzelinterviews und der Arbeitsplatzbeobachtung (Kapitel 3.4.2) sollten die Lösungsideen bereits während der Belastungserfassungs-Workshops oder -Interviews entstehen und mit den Teilnehmerinnen und Teilnehmern diskutiert und dann protokolliert werden. Hier erfolgt nur noch ein Schritt, nämlich die Ableitung von Arbeitspaketen aus allen Workshop-Protokollen.

Schritt 1: Protokolle auswerten

- Sammeln Sie alle Protokolle ein.
- Übertragen Sie alle Lösungsideen, die nicht von den jeweiligen Teams selbst gelöst werden, in die beschriebene Excel-Liste.
- Bereiten Sie die Ergebnisse für das BGM-Team vor.

Schritt 2: Arbeitspapiere zusammenstellen

- Rufen Sie eine BGM-Steuerkreissitzung ein. Je nach Anzahl der Protokollrückläufer dauert eine solche Sitzung ein oder sogar zwei Tage.
- Clustern Sie die Lösungsideen nach Themen bzw. fassen Sie sie in Arbeitspapieren zusammen. Ein Arbeitspapier ist eine inhaltliche Klammer um mehrere Lösungsideen.
- Erstellen Sie für jeden Entscheider ein solches Arbeitspapier.

Schritt 3: Maßnahmen entscheiden lassen

- Übergeben Sie nun das Arbeitspapier an die zuständige Person im Unternehmen. IT-Themen an den IT-Leiter, Personalentwicklungsthemen an den PE-Leiter und einiges sicherlich auch gleich an die Geschäftsführung.
- Sobald Entscheidungen getroffen wurden, kommunizieren Sie diese im Haus und erstellen ein Maßnahmen-Entscheidungs-Protokoll.

3.8 Prozessbeschreibung: Papierbefragung und Workshop-Methode

3.8.1 Papierbefragung

Papierbefragungen bereiten nur einen geringfügig größeren Aufwand als eine reine Onlinebefragung, sind aber zwingend erforderlich bei Mitarbeiterinnen und Mitarbeitern ohne täglichen Computerzugang. Selbst wenn diese Zugang zu einem Terminal im Pausenraum haben, bricht ohne Papieralternative die Teilnahmequote ein.

Bei einer Papierbefragung sollten Sie die folgenden, notwendigen Faktoren beachten:

- Um Druck- und Produktionskosten zu minimieren, sollte im Vorfeld *verbindlich festgelegt* werden, welche Unternehmensbereiche bzw. Mitarbeitergruppen online oder an einer Papierbefragung teilnehmen. Eine völlige Wahlfreiheit ist zwar auch möglich, erzeugt jedoch unnötige Druckkosten.
- Jeder Papierfragebogen wird ebenfalls mit einem einmaligen Code versehen, und zwar auf jeder Seite. Das ist eine Anforderung vieler Datenerfassungscenter.
- Papierfragebögen müssen automatisiert erfasst werden können. Hierzu empfiehlt sich die Zusammenarbeit mit einem Datenerfassungscenter. Die Bögen werden nach deren Vorgaben mit Scanmarkierungen versehen.
- Das Einsammeln der Fragebögen ist ein Kostenfaktor. Kostengünstig sind sogenannte Wahlurnen aus Pappe. Diese können mit Plomben versehen werden und dienen gleichzeitig als Versandkarton. Sie können auch mit frei frankierten Rückumschlägen arbeiten. Hier empfiehlt sich der DHL-Service »Entgelt zahlt Empfänger« mit 1,45 EUR pro Brief.

Classroom-Methode

Woher der Begriff »Classroom-Methode« stammt, ist nicht bekannt. Diese Methode ist eine Vorgehensweise, die sich gerade bei der Befragung von gewerblichen Mitarbeiter:innen und Schichtarbeiter:innen bewährt hat. Es muss die Forderung erfüllt werden, dass Maschinen und Bänder nicht gestoppt werden müssen und die erforderliche Mindestbesetzung gewährleistet ist. So gehen Sie vor, wenn *keine Schichtarbeit* gegeben ist:

- Sprechen Sie mit dem Meister oder Vorarbeiter einer Gruppe über die erforderliche Mindestbesetzung. Meist kann man ein Drittel der Mitarbeiterinnen und Mitarbeiter für die Befragung abziehen.
- Legen Sie dann mit ihm (bei Drittelung der Gruppe) drei Termine fest, etwa »Montag von 8:00–9:00 Uhr, 10:15–11:15 Uhr und 11:30–12:30 Uhr«.
- Bitten Sie den/die Meister:in, für die erste Gruppe gezielt Leute einzuteilen, die der Befragung positiv gegenüberstehen. Hierdurch entsteht ein positiver Gruppeneffekt, der den Zweiflern und Zögerern die Ängste nimmt.
- Der/die Meister:in informiert im Vorfeld über die Befragung (unter Verwendung des Erklärfilms). Dort wird die Freiwilligkeit der Teilnahme *einmal* dargestellt. Der/die Meister:in erklärt das Classroom-Verfahren und teilt die drei Gruppen ein.
- Die erste Gruppe geht geschlossen in den Befragungsraum, etwa die Kantine. Dort wird ihnen der Fragebogen erklärt und die Mitarbeiter:innen können Verständnisfragen stellen. Ich rate dazu, köstliche Getränke anzubieten.
- Anschließend erfolgt die Befragung der zweiten und dritten Gruppe.

- Gibt es eine hinreichende Menge von Mitarbeiterinnen und Mitarbeitern mit einer anderen Muttersprache (etwa: türkisch), dann schließt man diese Gruppe zusammen und lässt einen Dolmetscher die Fragen vor Ort übersetzen. Das ist günstiger als eine schriftliche Übersetzung.

So gehen Sie bei *Schichtarbeit* vor:

- Sie wenden dasselbe Verfahren an, wie zuvor dargestellt, für die Frühschicht jedoch mit leicht nach vorn gezogenen Zeiten.
- Führen Sie das Verfahren an drei Wochen hintereinander durch, sodass jeder Schichtzug die Befragung in ihrer Frühschichtwoche durchführen kann.

Mit dieser Vorgehensweise sind Teilnahmequoten um die 95 % möglich.

3.8.2 Workshop-Methode

Die Workshop-Methode fragt Belastungen in einem Mitarbeiterworkshop ab und erarbeitet gleichzeitig erste Lösungsideen. Aufgrund der geringen Quantifizierbarkeit und der ebenfalls schlechten Vergleichbarkeit sowie der geringen Übertragbarkeit halte ich die Workshop-Methode nur für die zweite Wahl. **Lediglich unter bestimmten Umständen ist ihr Einsatz sinnvoll:**

- Bei sehr kleinen Unternehmen (unter 80 Mitarbeiter:innen) ist der Einsatz wirtschaftlicher als die Durchführung einer Befragung.
- Wenn aufgrund von kulturellen Schwierigkeiten und mangelhaftem Vertrauen eine Befragung nicht möglich ist, müssen Sie auf die Workshop-Methode zurückgreifen.
- Wenn die Geschäftsleitung nur nach Tätigkeitsfeldern analysieren möchte (vgl. dazu Kapitel 3.4.1).

Auch bei Betriebsräten ist die Workshop-Methode beliebter als eine Befragung, obwohl bei Befragungen die Teilnahme anonym ist, bei einem Workshop nicht. Häufig wird die Hoffnung geäußert, in einem Workshop würde »mal so richtig die Meinung gesagt«, was jedoch nach meiner Erfahrung nicht passiert. Ich habe inzwischen viele solcher Workshops durchgeführt und es ist eine hohe Kunst, als Moderator eine Atmosphäre zu schaffen, bei der sich die Teilnehmerinnen und Teilnehmer so sicher fühlen, dass sie Fehlbelastungen und Schwierigkeiten offenlegen.

Nachteil der Workshop-Methode

In den Workshops lassen sich lediglich gruppenfähige Belastungsfaktoren erfragen. Einzelmeinungen werden aufgrund der fehlenden Anonymität meist nicht geäußert, obwohl gerade diese auf Probleme hinweisen könnten. Zudem lässt sich mit der Workshop-Methode nicht der Gesundheitszustand zu messen, was wir im Fragebogen mit dem Work-Ability-Index umsetzen. Gerade der Gesundheitszustand zeigt aber den Handlungsbedarf auf.

Um wenigstens eine gewisse Aussagekraft zu erhalten, sollten möglichst viele Mitarbeiter:innen an solchen Workshops teilnehmen. Bei Workshops mit Mitarbeitervertretern ist die Auswahl entscheidend. Wird auf diese arbeitgeberseitig oder durch den Betriebsrat Einfluss genommen, hat man als Moderator entweder nur zufriedene oder nur unzufriedene Mitarbeiter:innen im Workshop sitzen und erhält ein verfälschtes Bild. In beiden Fällen werden die Ergebnisse später nicht akzeptiert werden.

Lesetipps: Hier finden Sie Workshop-Anleitungen

→ **»Gefährdungsbeurteilung psychischer Belastungen«** von der Bundesanstalt für Arbeitsschutz und Arbeitsmedizin. Im Infoteil B ab Seite 256 finden Sie eine Workshop-Anleitung.

→ **»DGUV-Information 206-006: Arbeiten: entspannt, gemeinsam, besser«**

Leitfaden für ganz kleine Unternehmen.

→ **»DGUV-Information 206-007: So geht's mit Ideen-Treffen«**

Leitfaden für ganz kleine Unternehmen.

Bei **tätigkeitsbasierter Gruppierung** können Sie Mitarbeiter:innen direkt ansprechen und einen Querschnitt durch das Unternehmen bilden, allerdings immer nur *innerhalb* eines Tätigkeitsprofils, oder Sie lassen die Abteilungen einer Tätigkeitsgruppe jeweils einen Vertreter wählen.

Bei **organigrammbasierter Gruppierung** sollte eine freie Wahl der Mitarbeitervertreter erfolgen.

Tipp

Vermutlich werden die Workshops von einem Dienstleister durchgeführt. Schauen Sie sich im Vorfeld das Protokoll-Template an. Es muss die Merkmalsbereiche der GDA-Handlungsempfehlung umsetzen. Eine freie Moderation ist nicht zu empfehlen, weil die vollständige Beurteilung aller Merkmalsbereiche durch die Gruppendynamik behindert wird. Die Gruppen beißen sich an einem Thema fest, während die Zeit davonrennt.

Arbeiten mit der Risikomatrix nach Nohl in Workshop-Situationen

Die Risikomatrix nach Nohl ist ein Maß der Risikobeurteilung (vgl. Abbildung 45, siehe auch Kapitel 3.1.6). Sie zählt zu den Standardinstrumenten des Risikomanagements. Anhand der Risikomatrix kann der Schadenerwartungswert eingeschätzt werden, durch die Multiplikation der Ausprägung und des Schädigungspotenzials eines Risikos.

Abweichend von der Beurteilung physischer Risiken habe ich bei den psychischen Belastungen auf der **vertikalen Achse** die von den Teilnehmern **subjektiv wahrgenommene Ausprägung der jeweiligen Belastung** abgebildet. Auf der **horizontalen Achse** erfolgte eine **Einschätzung der Schädigung**. Damit ist der Beurteilung gemeint, als wie schädlich der Faktor wahrgenommen wird.

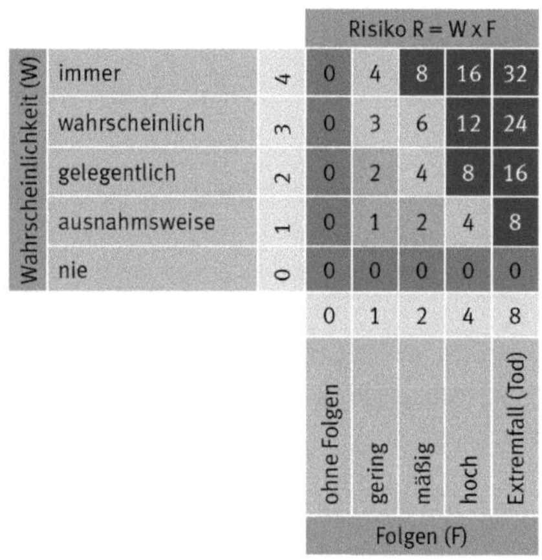

In der Matrix lässt sich aus dem Schnittpunkt von Eintrittswahrscheinlichkeit (W) und Folgen (F) direkt die Risikogruppe 0 1–2 3–6 8–32 ablesen.

Risikogruppe	Risiko	Maßnahmen
8 – 32	groß	Maßnahmen mit erhöhter Schutzwirkung dringend notwendig
3 – 6	mittel	Maßnahmen mit normaler Schutzwirkung dringend notwendig
1 – 2	klein	Organisatorische und personenbezogene Maßnahmen ausreichend
0	–	keine zusätzlichen Maßnahmen notwendig

Abb. 45: Vorschlag für eine Risikomatrix nach Nohl mit einer zweifaktoriellen 5er-Ausprägung.

Aus der Kombination der zwei Achsen ergibt sich eine 5×5-Feldermatrix. Die Zahlen und korrespondierenden Farben (von grün über gelb nach rot) ergeben die Risikoeinschätzung. Daraus abgeleitet ergeben sich klare Handlungsempfehlungen für die jeweilige Beurteilungsdimension (sprich: Belastung) und den jeweiligen Tätigkeitsbereich.

- Matrixausprägungen von **8 bis 32** erhalten eine **Muss-Empfehlung**, d. h. das Unternehmen *muss* hier Maßnahmen ergreifen, um unzumutbare Belastungen zu minimieren.
- Ausprägungen von **3 bis 6** erhalten eine **Kann-Empfehlung**. Das Unternehmen *kann* hier vorgeschlagene Maßnahmen umsetzen, weil diese aus Expertensicht sinnvoll sind, aber keine unzumutbare Belastung darstellen.
- Ausprägungen von **0 bis 2** ziehen in der Regel *keine Maßnahmen* nach sich.

Jede **Beurteilungsdimension** wird mit den Workshopteilnehmern anhand von Beispielen und Items besprochen. Die Teilnehmer geben ihre Einschätzung hinsichtlich Ausprägung und Schädigung ab. Die Schädigung wird auch durch eine Expertenbeurteilung beeinflusst, bei der vorliegende wissenschaftliche Erkenntnisse die Einschätzung der Workshop-Gruppe überstimmen können. Das ist wichtig, wenn eine Gruppe nicht repräsentativ ist und davon auszugehen ist, dass die Teilnehmer eine Schädigung nicht korrekt einschätzen.

Beispiel

In einem Workshop bei einer großen Rechtsanwaltskanzlei waren alle Teilnehmerinnen und Teilnehmer ledig, kinderlos und unter 35 Jahre alt. Der Faktor »Vereinbarkeit von Beruf, Familie und Privatleben« war erwartungsgemäß dunkelrot ausgeprägt und die Arbeitsstunden pro Woche entsprachen dem Bild, dass man aus amerikanischen Anwaltsserien kennt. Dennoch wurde die Schädigungswirkung dieses Faktors als nur mittelschwer eingeschätzt, da ein Vorankommen in der Karriere für wichtiger erachtet wurde. Aufgrund valider Daten zu der tatsächlichen Schädigungswirkung überstimmte der Moderator die Einschätzung und setzte sie ebenfalls auf Dunkelrot.

Die Nohl-Matrix stellt eine Pseudoquantifizierung dar, d. h. es kommt sehr auf die Repräsentativität der Teilnehmerstichprobe an, ob die Ergebnisse irgendwie valide sind.

Protokollstruktur

Wie lässt sich ein Workshop-Protokoll sinnvoll strukturieren? Wichtig sind die Lösungsvorschläge der Teilnehmerinnen und Teilnehmer und deren Zuordnung zu den genannten Stressoren durch die Nummern in der ersten Spalte (vgl. Abbildung 46).

Protokolltemplate

Die Protokollierung sollte innerhalb eines Workshops live an eine Leinwand projiziert werden. Viele Moderatoren fühlen sich mit handschriftlichen Moderationstechniken wohler, doch dadurch haben die Teilnehmer keine Kontrolle über die exakten Inhalte des Protokolls. Gerade bei Teilnehmerinnen und Teilnehmer mit einem höheren Bildungsgrad besteht oft der Wunsch zu sehen, was aufgeschrieben wird.

Daher sollte der Moderator ein vorbereitetes Protokolltemplate verwenden, das die zu beurteilenden Merkmalsbereiche (GDA-Leitlinien) und Untermerkmalsbereiche beschreibt und mit operationalisierten Beispielen erläutert. Es ist zu beachten, dass **Beispiele so neutralisiert werden**, dass keine Rückschlüsse auf den Beispielgeber möglich sind.

Arbeitshypothesen und Arbeitspakete

Analog zum Gesundheitsbefragungsprozess ist im Nachgang eine Zusammenfassung in Arbeitshypothesen sinnvoll. Dazu werden aus den besonders auffälligen Belastungsfaktoren und den Beispielen Ableitungen entwickelt. Hier zwei Beispiele für solche Arbeitshypothesen:

Beschreibung der Stressoren:

1	Tw. gibt es strenge Terminvorgaben.
2	Es gibt unvorhergesehene Belastungsspitzen, die nicht steuerbar sind.
3	Es gibt fehlerhafte Planungsprozesse, bzw. es mangelt an rechtzeitiger Kommunikation von Veränderungen. Hier könnte eine bessere Ressourceneinschätzung frühzeitig erfolgen, wenn man vorab informiert ist. Beispiel:
4	Die Belastungsspitzen sind in einigen Abteilungen hausgemacht, weil andere Abteilungen oder Führungskräfte sich nicht an Terminvorgaben für z.B. Abrechnungen halten.
5	Zwar großer Gestaltungsspielraum, aber kein Einfluss auf die Menge. Die Arbeitsmenge (i.S. von Anzahl Projekte) sind allerdings fast immer zuviel für die vorhandenen Kapazitäten.
6	Es kommt sehr häufig zu kleinen Störungen und alltäglichen Aufgaben, die Projektarbeit stören.
7	Sehr heterogene Techniklandschaft macht die zentrale Steuerung schwierig. Verteilung von Vorlagen z.B. braucht 25 Systeme, die zu bedienen sind.
8	Vorhandene Anleitungen und Erklärfilme gibt es tw., sie werden aber nicht genutzt. Aufgrund des hierarchischen Gefälles können die ZD nicht durchsetzen, dass Anrufe abgelehnt werden können.

Lösungsvorschläge:

Stressor-Nr.	Lösungsbeschreibung	**Arbeitspaket** (wird später ausgefüllt, nicht im Workshop)
1	z. B. Emails bei Veränderungen. Die Fachabteilungen müssen früher informiert werden, weil es sonst zu Engpässen kommt.	
4	Es braucht hier eine Arbeitsanweisung, die verbindlich umgesetzt wird, dass Rechnungen an Kunden zum Monatsende abgerechnet werden sollen.	
5+6	Tw. zusätzliches Personal	

Abb. 46: Beispiel für in einem Workshop dokumentierte Stressoren für den Merkmalsbereich »Arbeitsverteilung, Arbeitsmenge«. Im Stressorenbereich werden die einzelnen Stressoren nummeriert und bei den Lösungsvorschlägen wird darauf Bezug genommen. (Quelle: eigene Darstellung)

Hypothese 1

Unvollständige Delegation führt zu Überlastung der Partner und Frustration untergeordneter Mitarbeiter:innen.

Problemstellung

- Die Delegation wird häufig mit einer reinen Übertragung von Aufgaben gleichgesetzt. Tatsächlich geht es genauso um die Übertragung von Verantwortung und fallabschließender Entscheidungskompetenz.
- Wird »schief« delegiert, werden zwar Aufgaben, aber keine Entscheidungskompetenzen übertragen.
- Gleichzeitig sind der Kontrollaufwand und die zu bewältigende Komplexität bei den Partnern zu hoch.

Psychische Fehlbelastung und die Folgen

- Die Mitarbeiterinnen und Mitarbeiter in Ihrer Branche sind karriereorientiert und leistungswillig. Ein zu geringer Verantwortungsrahmen wird als Unterforderung und als Ausdruck für mangelndes Vertrauen interpretiert.
- In der Folge fühlen sich kompetente Mitarbeiterinnen und Mitarbeiter unzufrieden. Sie erleben, dass ihre Fähigkeiten nicht zum Einsatz kommen. Ihr Bedürfnis nach – psychologisch gesprochen – Selbstwertsteigerung wird befriedigt. Selbstwertsteigerung ist eines der stärksten menschlichen Motive überhaupt.

Lösungsvorschläge

- Soweit noch nicht geschehen, sollte die Arbeitsplanung – sofern vorhanden – von den Vorständen auf die Bereichs- und Abteilungsleiter vollständig übertragen werden.
- Die Einhaltung der Hierarchie sollte von beiden Seiten erfolgen. Das bedeutet: Möglichst keine »Durchgriffe« von oben auf Mitarbeiter:innen, wenn es dazwischen Vorgesetzte gibt.
- Vorstände sollten klare, möglichst schriftliche Rollenbeschreibungen und Aufgabenübertragungen für die Führungsebenen einfordern.
- Es sollte eine Arbeitsanweisung mit Zeichnungsrechten geben sowie Stellen- und Befugnisanweisungen. Der Verantwortungsrahmen, auch die Budgetverantwortung, sollte schriftlich fixiert und kommuniziert werden.
- Die Mitarbeiter:innen sollten auch im Vorfeld von Entscheidungen einbezogen werden, nicht nur bei der Ausgestaltung, nachdem eine Entscheidung gefällt wurde.

Erwartete Effekte der Maßnahmen

- stark steigende Motivation und Mitarbeiterzufriedenheit
- Entlastung des Vorstands bei Arbeitsmenge und Zeitdruck
- Verbesserung der Vereinbarkeit von Beruf und Familie bei allen Führungskräften
- Verringerung von Stressfolgeschäden bei Vorständen und höheren Führungskräften
- Steigerung des Selbstwertgefühls und des wahrgenommenen Vertrauens bei Mitarbeitern sowie bei Führungskräften eine verbesserte Arbeitsplanung

Hypothese 2

Die Vereinbarkeit von Beruf, Familie und Privatleben ist bei vielen Tätigkeitsfeldern in einem kritischen Zustand. Das führt zu Burnout und Fluktuation. Der Fachkräftemangel wird verstärkt.

Problemstellung

- Die Gestaltung der Arbeit insbesondere von Bereichsleitern und Unternehmensberatern ist bezüglich der Vereinbarkeit mit dem Familien- und Privatleben aus gesundheitlichen und Arbeitszufriedenheitsgründen unangemessen. Die Auswirkungen davon sind im Unternehmen unseres Erachtens sichtbar.
- Aussagen solcher Art fielen in den Workshops:
  »Wenn ich in die Familienplanung einsteige und Kinder bekomme, kündige ich hier.«
  »Ich sehe meine Kinder manchmal nur samstags und sonntags, weil ich abends so spät nach Hause komme.«
  »Wenn ich nach Hause komme, schlafen meine Kinder schon. Wir sehen uns nur morgens kurz beim Frühstück.«
  »Das Verhältnis zu meinen Kindern ist dadurch gestört.«
- Mitarbeiter:innen geben an, dass sie negative Konsequenzen für Karriere, Gehalt, Bonus und Beurteilung erwarten, wenn sie auf die Einhaltung ihrer Arbeitszeiten drängen würden.

Psychische Fehlbelastung und die Folgen

- Übereinstimmend wird in zahlreichen Untersuchungen immer wieder herausgearbeitet, dass die Vereinbarkeit von Beruf, Familie und Privatleben der wichtigste Faktor zur Vermeidung von Burnout und Kündigung ist. Zudem wirkt er stark auf die Arbeitszufriedenheit und sorgt im Idealfall für eine gute Regeneration des Stresssystems.
- Aufgrund der Vernetzung der Fachkräfte werden in der Branche (d.h. in den Kreisen, in denen sich potenzielle Mitarbeiter:innen austauschen) die Arbeitsbedingungen Ihres Unternehmens deutlich negativ wahrgenommen. Die Chancen, Fachkräfte zu finden und zu binden, sind deutlich verringert. Der Effekt ist bereits jetzt spürbar. Die Besetzung von Vakanzen gelingt teilweise nicht mehr.
- Arbeitsbedingte Konflikte mit der Familie führen sehr schnell zu Sinnlosigkeitserleben, einer rasanten Erschöpfungsentwicklung und einer Gefährdung durch Kompensation mit Alkohol oder Drogen.
- Häufig kommt es zur Zerrüttung der Beziehung und zur Scheidung.

Lösungsvorschläge

Folgende Lösungsvorschläge sollten in Erwägung gezogen werden:

- Keine Sonntagsanreise. Änderung der An- und Abreise bei Kundenprojekten, auch in Hochleistungsphasen. Wir regen an, die Anreise am Sonntag grundsätzlich zu

vermeiden und den Arbeitsbeginn bei Kundenprojekten auf beispielsweise 11 Uhr oder 12 Uhr zu verschieben.
- Frühes Arbeitsende am Freitag. Ebenso sollte die Heimreise je nach Entfernung so angetreten werden können, dass Mitarbeiter am Freitag gegen 17 Uhr zu Hause eintreffen.
- Arbeit im Büro an festen Wochentagen mit pünktlichem Feierabend. In anderen Häusern hat es sich gut bewährt, bestimmte Wochentage, z. B. Mittwoch und Freitag, zu pünktlichen Feierabenden zu ernennen. An diesen Tagen gehen alle Mitarbeiter:innen z. B. um 17 Uhr, um Sportkurse zu besuchen oder etwas zu erledigen.
- Konsequente Einführung von Gleitzeit mit verkürzter Kernanwesenheit. Die Kernanwesenheit sollte z. B. auf 10 bis 15 Uhr angesetzt werden. Die Arbeit sollte selbstgesteuert zwischen 7 Uhr und 20 Uhr durchgeführt werden, jedoch unter Wahrung der 8-Stunden-Regel (§ 3 ArbZG).
- Arbeitsvertragliche und kulturelle Ermöglichung von Teilzeit auch bei Berater:innen.

Die Hypothesenbildung, wie sie hier exemplarisch durchgeführt wurde, ist längst kein Standard. Vielmehr sind viele Gefährdungsbeurteilungen ohne Aussagekraft und führen zu keinerlei Veränderungen. Dies ist vor allem dem Umstand geschuldet, dass Gesundheitsmanager:innen in Unternehmen oft nicht wissen, welche Qualitätsansprüche sie stellen können und dürfen. Eine solche Hypothesenbildung ist meines Erachtens geboten. Sie sorgt für die nötige Verdichtung, um Vorstand, Geschäftsleitung und Führungskräften einen Handlungsrahmen zu geben.

Aus diesem Handlungsrahmen müssen anschließend konkrete Maßnahmen abgeleitet werden. Dies kann nur intern erfolgen. Hier sind Personalleitung und Personalentwicklung mit Unterstützung durch den Geschäftsführer in der Pflicht.

3.9 Zusammenarbeit mit externen Partnern

3.9.1 Einkauf von Prozessbestandteilen

Abhängig von Größe und Komplexität sowie von der gewählten Methode für die Gefährdungsbeurteilung werden Sie um den Einkauf einzelner Bestandteile der Gefährdungsbeurteilung nicht umhinkommen. In welcher Phase des Prozesses sich eine externe Unterstützung lohnt bzw. wo Sie selbst tätig werden können, erfahren Sie in Tabelle 14.

Prozessbestandteile	Einkaufen oder selbst machen?
Vorbereitung, Durchführung und Auswertung von Online- oder papiergebundener Befragung	**Empfehlung:** Einkaufen Typische Fehlerquellen bei eigener Durchführung: • Auswertungsfehler bei der Berechnung von Faktoren und Items • Fehler in der grafischen Darstellung von Daten, die zu Interpretationsfehlern führen • Unterschätzung des Arbeitsaufwandes einer Berichtserstellung (zum Vergleich: Hauptbericht umfasst 80 bis 150 Seiten)
Team-Workshops zur Ergebnisaufarbeitung bei unauffälligen Teams	**Empfehlung:** Größtenteils selbst machen Erfolgsfaktoren: • gute Vorbereitung der Führungskräfte • kleine Freiheitsgrade und hohe Verbindlichkeit gegenüber Führungskräften, z. B. bei der Protokollierung oder den Umsetzungszeiträumen • Teams mit auffällig negativen Ergebnissen brauchen erweiterte Begleitung
Workshop-Methode zur Gefährdungsbeurteilung	**Empfehlung:** Bei ganz kleinen Unternehmen selbst machen, sonst einkaufen. Typische Fehlerquellen: • Es werden nicht alle Merkmalsbereiche abgedeckt. • Die Moderation erfordert Neutralität und teilweise Expertenwissen, etwa wenn Verstöße gegen Gesetze erkannt werden oder Arbeitssicherheitsthemen aufkommen.
Kommunikationsposter und Erklärfilm erstellen	**Empfehlung:** Das ist von Ihren Fähigkeiten abhängig. Umsetzungstipps: • Poster erstellen Sie einfach in PowerPoint (DIN A3, Hochformat). • Einen Erklärfilm kann man mit bestimmter Software selbst erstellen, etwa indem man eine PowerPoint-Präsentation abfilmt und dazu den Text einspricht. • Einfacher ist es, den Film von einem Dienstleister erstellen zu lassen (Kosten: ab 1.000 EUR).
Auswertung der Ergebnisse auf Basis von Ergebnisberichten, die Sie vom Dienstleister erhalten	**Empfehlung**: Größtenteils selbst machen Erfolgsfaktoren: • Wenn Sie gute Ideen für die Lösung haben, geht die Auswertung leicht. • Ein häufiger Fehler besteht allerdings darin, dass man zu sehr in Einzellösungen für Einzelprobleme denkt, statt übergeordnete Muster zu erkennen. • Es braucht das Umsetzungswissen von Personalentwicklern. Entsprechend kompetente Berater können hier u. U. nützlich sein.

Prozessbestandteile	Einkaufen oder selbst machen?
Team-Workshops zur Ergebnisaufarbeitung und Intervention bei stark auffälligen Teams oder bei schlechter Führungsqualitätsbewertung	**Empfehlung**: Einkaufen Hinweise: • Teams mit kritischen Ergebnissen brauchen eine besondere Betreuung bei der Aufarbeitung ihrer Ergebnisse. • Machen Sie das besser nicht allein, denn es braucht Neutralität, Fachwissen und Moderationskompetenz bis hin zu Mediationserfahrungen.

Tab. 14: Für welche Prozessbestandteile lohnt sich die Unterstützung durch externe Dienstleister?

3.9.2 Auswahl externer Partner

Qualitätskriterien für die Anbieterauswahl

Letztlich haben Sie die Qual der Wahl, in einem weitgehend unregulierten Markt aus der Vielzahl von Anbietern einen auszuwählen. Die Kriterien, die hier aufgeführt werden, können keine Garantie geben, aber sie sollen Ihren Blick schärfen und Ihnen helfen, die richtigen Fragen zu stellen.

Negativkriterien	Positivkriterien
• Versucht der Anbieter, Sie zur Workshop-Methode zu überreden, kann er die Befragungsmethodik meist nicht bieten. • Kann der Anbieter keine Beispielberichte vorlegen, ist er vermutlich unerfahren. • Sind die Beispielberichte nicht aussagekräftig und können ohne Zusatzwissen nicht von Laien (etwa Führungskräften) interpretiert werden? Dann hilft es auch nicht, wenn der Anbieter sagt, er erkläre alles in einem Workshop. • In den Auswertungen der Befragung werden nur Mittelwerte berechnet. • Kann der Anbieter keine Beispiele für Werbemittel (Filme, Poster) zeigen, hat er das bisher noch nicht gemacht.	• Der Anbieter kann Sie dazu beraten, welche der drei Methoden (Befragungsmethode, Workshop-Methode, Einzelinterview bzw. Arbeitsplatzbeobachtung) zu welchen kulturellen Voraussetzungen und zu welchen Zielgruppen passt. • Die Belastungsfaktoren werden an die Arbeitsplatzanforderungen angepasst, sofern notwendig. • Die Beispielberichte sind aussagekräftig, gut designt und für Laien lesbar. • Die Beispielberichte sind ohne Hilfsmittel für Laien verständlich. Die notwendigen Erklärungen sind in den Berichten enthalten. • Die Diagramme sind aussagekräftig und in Farbe.

Negativkriterien	Positivkriterien
• Fordern Sie Einzelberichte für die Gruppen und Teams an und sagt der Anbieter: »Das ist aber ungewöhnlich«, hat er das bisher noch nicht gemacht. • Schauen Sie sich die Empfehlungen aus Beispielberichten an. Bleiben diese sehr allgemein und unkonkret, wird das vermutlich auch in Ihrem Projekt so sein. Hat der Anbieter Organisationsentwicklungs- und Personalentwicklungskompetenzen?	• Es sind Beispiele für Werbemittel (Filme, Poster) vorhanden. • Der Anbieter kann Sie durch den ganzen Prozess leiten und zeigt auch Prozessbestandteile auf, die Sie gut selbst durchführen können. • Die Interpretation und die Maßnahmenvorschläge aus Projektbeispielen sind aussagekräftig und unternehmensspezifisch.

Tab. 15: Negativ- und Positivkriterien für die Auswahl von externen Dienstleistern zur Unterstützung bei der Durchführung einer Gesundheitsbefragung bzw. Gefährdungsbeurteilung psychischer Belastungen

Link-, Buch- und Downloadtipps zu Kapitel 3

→ **»Lärm-Stress am Arbeitsplatz: Die Bedeutung von Sprachlärm«**

Sprachschall ist ein bedeutender Stressor in Bürosituationen. Diese Broschüre erklärt alles, was Sie dazu wissen sollten. Link: https://www.haufe.de/arbeitsschutz/sicherheit/laermbelaestigung-am-arbeitsplatz-grenzwerte-und-massnahmen_96_572752.html

→ **»Kein Stress mit dem Stress: Handlungshilfe Führungskräfte«**

Hervorragendes Material von INQA. Neben dem Leitfaden für Führungskräfte gibt es Arbeitshefte für Mitarbeiter:innen und Betriebsräte und einen Materialordner zum Download. Link: https://www.inqa.de/SharedDocs/downloads/kein-stress-mit-dem-stress-eine-handlungshilfe-fuer-fuehrungskraefte.pdf?__blob=publicationFile&v=2

→ **»Psychische Gesundheit in der Arbeitswelt«**

Auf der PsyGa-Webseite finden Sie weitere branchenspezifische Handlungshilfen. Link: https://www.psyga.info/

→ **»Psychische Gesundheit in der Arbeitswelt«**

Projektwebsite der Bundesanstalt für Arbeitsschutz und Arbeitsmedizin. Link: https://www.baua.de/DE/Angebote/Publikationen/Kooperation/INQA-Gefaehrdungsbeurteilung-psychische-Belastungen.html

4 Gesundheitswissen für Gesundheitsmanager

Kernbotschaften des Kapitels
In diesem Kapitel wird eine dezidiert pathogenetische Sichtweise eingenommen und der Schwerpunkt auf die körperlichen Ursachen von psychischen Symptomen, insbesondere chronischer Stress, gelegt. Konkret geht es darum, mit Stress- und Ernährungsmedizin sowie der Somatopsychologie den psychischen Erkrankungen, Lebensstilerkrankungen sowie den Atemwegsinfektionen effektiv zu begegnen.

Stress ist in unserer modernen Gesellschaft ein wohlbekannter Begleiter. Seit 15 Jahren verzeichnen Krankenkassen eine Zunahme stressbedingter Krankschreibungen. In einer Befragung mit einer repräsentativen Stichprobe geben ca. 60% der Deutschen an, »manchmal« bis »häufig« gestresst zu sein. Dabei scheint Stress vor allem in den mittleren Lebensjahren präsent zu sein, ausgelöst durch:

1. Job, Schule, Studium,
2. eigene hohe Ansprüche,
3. Termine und Verpflichtungen in der Freizeit.

Zudem zeigt sich ein Zusammenhang zwischen subjektiv berichteter physischer und psychischer Gesundheit sowie subjektiv erlebtem Stress: Menschen, die angeben, gestresst zu sein, geben auch häufig an, unter körperlichen oder psychischen Problemen zu leiden. Einige wünschen sich, Stress in ihrem Alltag zu reduzieren, andere wiederum sprechen davon, dass Stress sie erst richtig in Höchstform bringt. Um diesen Zusammenhängen nachzugehen, ist es wichtig, zunächst zu verstehen, was Stress bedeutet.

Was ist Stress?
Stress ist ein Zustand, in dem der Körper durch externe (z. B. Streit, Mobbing, Umweltgifte, Bakterien), interne (z. B. Hunger, Durst, Veränderungen des pH-Werts, Sauerstoffmangel (Hypoxie)) oder als präsent wahrgenommene Gefahrensituationen (z. B. Erwartungen, soziale Ängste, Zeitdruck) aus dem Gleichgewicht (Homöostase) gebracht wird. Dies erfordert eine Anpassungsleistung des Organismus an die momentane Gefahrensituation und die Wiederherstellung des Gleichgewichts.

Dieser Prozess – zum Wiedererlangen der Homöostase – geht einher mit einer Reihe an Reaktionen auf emotionaler, kognitiver und physiologischer Ebene sowie auf der Verhaltensebene. Dabei spielen besonders unsere Stresssysteme eine große Rolle. Diese befinden sich sowohl im zentralen Nervensystem (ZNS) als auch in den Nebennieren und anderen Drüsenorganen, wie der Zirbeldrüse, der Hirnanhangsdrüse und der Schilddrüse. Außerdem finden Stresskorrelate sich im Blut wieder, durch oxidative und nitrosative Veränderungen im Blut, also der Bildung von vermehrten freien Radikalen oder der Erhöhung von Stickstoffmonoxid im Blut. Beides bewirkt Erkrankungen des Körpers und der Psyche.

4.1 Neuroendokrine Stressachsen

Wird ein Stressor wahrgenommen, so führen zunächst nervale Verbindungen vom **Sympathikus** (ein Teil des ZNS: Locus coeruleus) zum Nebennierenmark zu einer Freisetzung der Botenstoffe (Hormone) Adrenalin und Noradrenalin (engl.: Sympathetic Adrenom Eduhary System; SAM-Achse). Diese Hormone führen zu körperlichen Reaktionen wie z. B. erhöhte Herzfrequenz, Blutdruck, Verengung der Pupillen, Erhöhung des Muskeltonus und Hemmung der Verdauung.

Etwas zeitlich versetzt reagiert ein weiteres Stresssystem: die Hypothalamus-Hypophysen-Nebennierenrinden-Achse (engl.: Hypothalamus-Pituitary-Adrenal Axis; HPA-Achse). Die HPA-Achse sorgt dafür, dass die Nebennierenrinde das Hormon Cortisol ausschüttet. Mithilfe von Cortisol können Energiereserven mobilisiert werden. Kurz gesagt: Der Blutzucker steigt, um den Körper jetzt in der Stresssituation mit ausreichend Energie zu versorgen.

Darüber hinaus verändert der Stresszustand und die damit einhergehenden Reaktionen oft den gesamten Organismus von Gedanken, Gefühlen, unbewussten Vorgängen im Gehirn über das Hormonsystem (neuroendokrine System), das Abwehrsystem (Immunsystem), Funktionsweisen von Organen und Geweben sowie Prozessen auf Zellebene inklusive dem Ablesen von Genen (Genexpression), um den Körper stressreaktionsbereit zu machen. Je schneller wir in der Lage sind, den Ausgangszustand wieder zu erreichen (adaptogene Kapazität), mit dem Ziel, das Gleichgewicht wiederherzustellen, desto gesünder können wir auf Stressoren reagieren. Stressoren können dabei eine Vielfalt von Einflussfaktoren darstellen, die sich in ihrer Größe und Dauer unterscheiden.

4.1.1 SAM-Achse

Die **SAM-Achse** beginnt im Gehirn in einem Areal, das Hypothalamus genannt wird. Der Hypothalamus sitzt ganz unten in der Mitte unseres Gehirns und ist nur wenige Millimeter groß. Hier ist eine wichtige Schaltzentrale des Stresses. Der Stressimpuls geht in Sekundenbruchteilen über Nervenverbindungen zum Hirnstamm und von dort aus über sogenannte Sympathikusnerven durch das Rückenmark bis in die Nebennieren.

Die **Nebennieren** sind zwei kleine Drüsen, die neben bzw. oben auf den Nieren sitzen. Sie haben nichts mit der Urinproduktion zu tun, sondern produzieren etwa 20 verschiedene Hormone und andere Botenstoffe. Trifft ein Nervenimpuls in den Nebennieren ein, werden zwei Stoffe in die Blutbahn entlassen: **Adrenalin** und das chemisch sehr ähnliche Noradrenalin. Die Wirkung setzt nahezu sofort ein.

- Das Herz schlägt schneller. Dadurch werden Nährstoffe und Sauerstoff schneller an ihren Bestimmungsort transportiert.
- Die Leber stellt Glukose – also Energie für Gehirn und Muskeln – bereit.
- Die Verdauungsfunktion und andere Organprozesse werden eingestellt, da sie bei akutem Stress nur unnötig Energie binden würden und für eine Kampf- oder Fluchtreaktion nicht benötigt werden.
- Die Blutgefäße verengen sich, wodurch der Blutdruck steigt. So können Nährstoffe und Sauerstoff ebenfalls schneller zirkulieren.
- Die Lunge nimmt mehr Sauerstoff auf.

Die SAM-Achse wird immer aktiviert, wenn wir uns einem akuten Gefahrenreiz gegenübersehen.

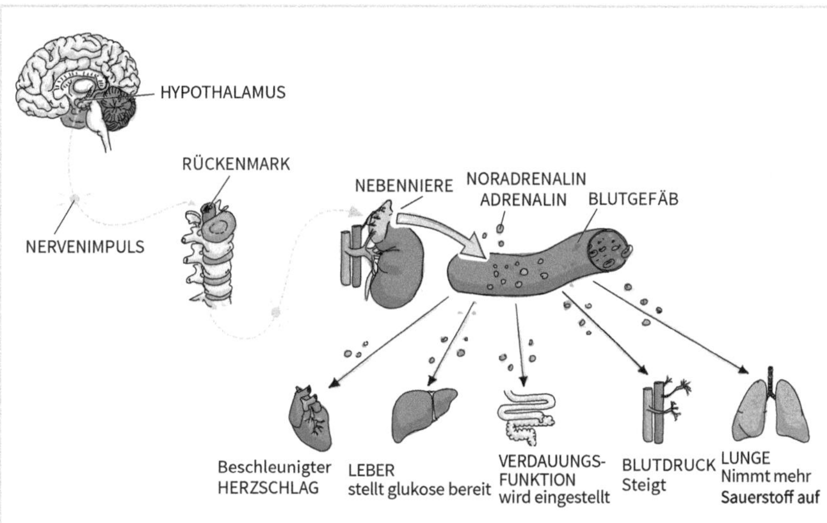

Abb. 47: Signalweg eines Stressimpulses in der SAM-Achse. Die wichtigste Wirkung ist der Blutdruckanstieg. (Quelle: Burkhard Piller für Eudemos)

4.1.2 HPA-Achse

Neben der SAM-Achse gibt es eine zweite Stressachse, die etwas später als die erste reagiert und deren Wirkung begrenzt. Sie wird **Hypothalamus-Hypophysen-Nebennierenrinden-Achse** (HPA-Achse) genannt.

Wird die HPA-Achse aktiviert, schüttet der Hypothalamus einen Botenstoff namens CRH aus, welcher die Hypophyse aktiviert. Diese wiederum schüttet einen Botenstoff namens ACTH aus. Dadurch werden die Nebennieren benachrichtigt, dass ein Stresssignal vorliegt. Parallel gehen von der Hypophyse auch andere Botenstoffe zu anderen Drüsen aus. Spannend ist die Wirkung dieser Hormonkaskade auf die Nebenniere. Hier wird nämlich das wichtigste Stresshormon, das **Cortisol**, produziert und ausgeschüttet, dessen Langzeitwirkungen in **Kapitel** 4.2 dargestellt werden.

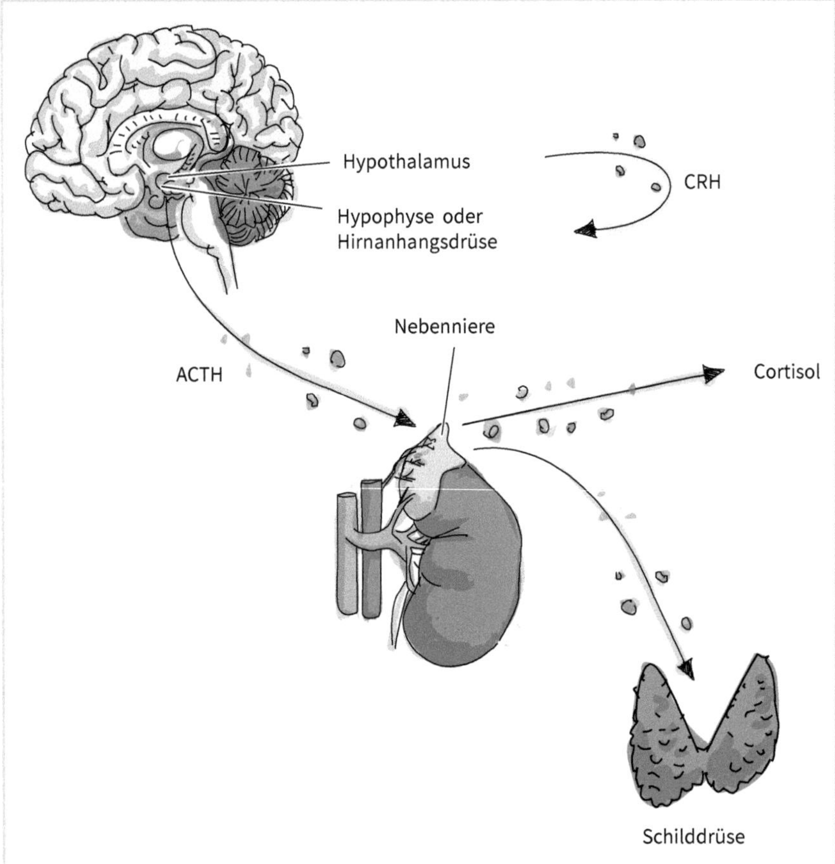

Abb. 48: Signalweg eines Stressimpulses in der HPA-Achse, an deren Ende die Ausschüttung des Stresshormons Cortisol steht. (Quelle: Burkhard Piller für Eudemos)

Diese beiden Achsen stellen zunächst keine gesundheitliche Fehlfunktion dar, sondern sind Reaktionssysteme zur Anforderungsbewältigung und Rückkehr zur Homöostase. Doch in der heutigen Welt wirken eine Vielzahl von Stressoren permanent auf uns ein und führen zu Dauerstress.

Dessen negative Gesundheitsfolgen werden in **Kapitel** 4.2 beschrieben, in dem das Stresshormon Cortisol im Mittelpunkt steht. Es dürfte Sie überraschen, dass es nicht etwa nur psychischer Stress ist, der den Dauerstress bewirkt. Es sind vielmehr oft **Lebensstilfaktoren**, also unsere »moderne« Lebensweise, die zu erhöhte Cortisolausschüttungen führen. Es dreht sich in diesem Abschnitt viel um »Entzündungen«. Damit sind entzündliche Prozesse innerhalb des Körpers gemeint. Diese sind häufig schmerzfrei, haben jedoch ungeheure Auswirkungen auf Körper und Psyche.

Ein Großteil dieser Entzündungsprozesse entsteht durch unsere industrielle Ernährungsweise. Deswegen habe ich der modernen Ernährungsforschung das **Kapitel** 4.3 gewidmet. Ich möchte dort mit überholten Ernährungslehren aufräumen und Ernährungsansätze vorstellen, die etwa helfen, die postprandialen Entzündungsreaktionen zu verringern, und sogar Diabetes heilen können.

In einem Gastbeitrag in **Kapitel** 4.4 beschreiben **Prof. Dr. Erich Kasten** und ich einige typische Fallbeispiele aus unserer interdisziplinären Beratungspraxis.

Am Ende des **Kapitels** 4.4 liste ich die häufigsten körperlichen Ursachen für psychische Erkrankungen, besser Symptome, auf. Ja, Sie haben richtig gelesen: Es handelt sich um *körperliche* Ursachen von psychischen Symptomen. Ich gehe davon aus – und stehe damit nicht allein –, dass der größte Teil der psychischen Erkrankungen ausschließlich oder überwiegend körperliche Ursachen hat.

4.2 Lebensstil, das Stresshormon Cortisol und die krankheitsförderlichen Effekte eines dauerhaft erhöhten Stresslevels

Evolutionär betrachtet war akuter Stress ein notwendiges und wichtiges Mittel zum Zweck, um in Gefahrensituationen kurzfristig Höchstleistungen vollbringen zu können. Unsere Vorfahren waren episodischen und zeitlich begrenzten Stressoren in Form von Hitze, Kälte, Hunger, Durst, Wunden oder Infektionen ausgesetzt. Eine Stressreaktion sorgte dafür, den Körper auf Flucht oder Kampf vorzubereiten, Viren und Bakterien (Pathogene) durch eine Entzündung zu bekämpfen oder in Hunger- und Durstperioden zu überleben.

Stressoren waren also schon immer präsent. Werden diese allerdings zum Dauerzustand, der nicht mehr von ausreichenden Erholungsphasen abgelöst wird, verlieren die positiven Effekte von Stress ihre Wirkung. Betrachtet man die moderne Industriegesellschaft, so fällt auf, dass »alte Stressoren« durch neue ersetzt wurden. Präsent sind **Lebensstilfaktoren** wie mangelnde Bewegung, dauerhaftes Sitzen (»Sedentary Lifestyle«), kohlenhydratreiche Nahrung, hohe Mahlzeitenfrequenz und ein gestörter

Biorhythmus. »Neue« Stressoren zeigen sich zudem durch lang anhaltende soziale Einflüsse, etwa in Form von Termin- und Leistungsdruck, dem Balanceakt zwischen Familie und Beruf oder dem Einfluss des sozioökonomischen Status.

So wie akuter Stress positive Effekte auf den unterschiedlichen Ebenen des Organismus zeigt, so wirkt chronischer Stress negativ auf verschiedene Systeme im Körper. Dazu gehören unter anderem das Immunsystem, die Darmflora, Fruchtbarkeit, Schilddrüse und Stresssysteme.

Das Stresshormon Cortisol nimmt beim Dauerstress eine zentrale und schädigende Rolle ein. Es reguliert vor allem den **Zucker-Fett-Stoffwechsel**. Genauer gesagt erhöht Cortisol die Fettsäuren im Blut, den Blutdruck und den Blutzuckerspiegel. Dadurch wird dem Körper im Stressfall schnell Energie zur Verfügung gestellt. Gleichzeitig hat Cortisol aber auch eine **schmerzstillende und entzündungsunterdrückende Wirkung**. Das alles sind sinnvolle Reaktionen des Körpers auf einen akuten Stressor: Wenn der Körper unter akutem Stress steht, braucht er Kraft und Energie und darf sich nicht von Schmerzen oder Krankheitssymptomen ablenken lassen. Doch bei Dauerstress gerät der Körper aus dem Gleichgewicht. Manchmal sind die Veränderungen graduell und werden zunächst nicht bemerkt, später führt Dauerstress jedoch zu gravierenden Beeinträchtigungen und Erkrankungen.

Die **Langzeitfolgen** eines dauerhaft überhöhten Cortisolspiegels lesen sich wie die Hitliste der häufigsten Krankheiten.

- **Muskelschwund** durch erhöhten Eiweißabbau zur Glukosegewinnung,
- **überhöhter Blutzuckerspiegel** mit Trend zum Übergewicht,
- Bauchfettansammlung, auch **Stammfettsucht** genannt, bei der die Arme und Beine immer dünner werden und sich das Fett im Bauchraum sammelt,
- Insulinresistenz und in der Folge **Diabetes Typ 2,**
- dünne und brüchige Haut,
- schlechte Wundheilung und eine erhöhte **Infektanfälligkeit,**
- **Osteoporose,**
- **Bluthochdruck,**
- **Depressionen, Schlafstörungen** und **Gedächtnisstörungen,**
- **Libidostörungen** bis hin zur Impotenz,
- **Menstruationsstörungen** (entweder das Ausbleiben der Monatsblutung oder extrem starke Blutungen),
- und nicht zuletzt **Schilddrüsenstörungen.**

Doch warum ist das so? Das Modell der Lebensstileinflussfaktoren (Abbildung 49) zeigt im unteren Teil einige Folgen von Dauerstress auf (siehe dazu Kapitel 4.2.2), im oberen Teil zeigt es, welche Faktoren Dauerstress und damit einen hohen Cortisolspiegel begünstigen (dazu mehr in Kapitel 4.2.1).

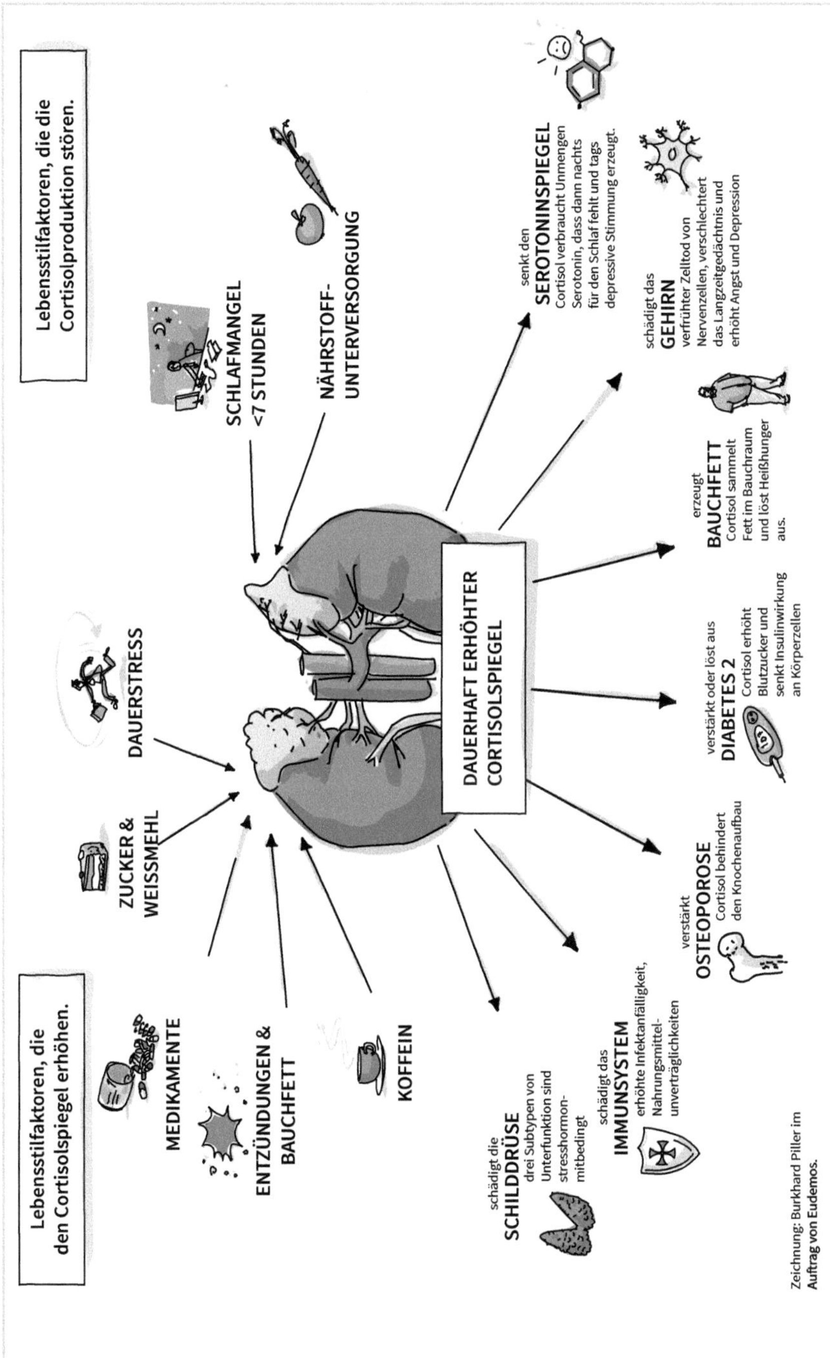

Abb. 49: Modell der Lebensstileinflussfaktoren auf den Spiegel des Stresshormons Cortisol und dessen Auswirkungen auf die Entstehung von Lebensstilkrankheiten (Quelle: Burkhard Piller für Eudemos)

4.2.1 Lebensstilfaktoren, die auf der Stressachse wirken

a) Lebensstilfaktor: Ernährung

Die westliche Ernährung zeichnet sich durch hohe Anteile von verarbeiteter Stärke, Industriezucker, gesättigten Fettsäuren sowie Transfetten aus. All diese Nahrungsbestandteile begünstigen entzündliche Prozesse, welche den Körper stressen. Gleichzeitig mangelt es der westlichen Ernährung an gesunden Omega-3-Fettsäuren als auch natürlichen Antioxidantien aus Faserstoffen von Früchten und Gemüse. Beide haben eine anti-entzündliche Wirkung. Durch dieses Missverhältnis werden sogenannte stille bzw. niedriggradige Entzündungen im Körper begünstigt, bei denen das Immunsystem ständig in geringem Maße aktiviert ist (Kiecolt-Glaser, 2010). Dabei zeigt sich, dass stille Entzündungen mit einer Reihe von Krankheiten wie Gefäßverkalkung (Arteriosklerose), Herzinfarkt, Schlaganfall, der Zuckerkrankheit (Diabetes mellitus Typ 2), dem chronischen Ermüdungssyndrom, Nahrungsunverträglichkeiten, Leber- und Nierenerkrankungen zusammenhängen (Moutsopoulos & Madianos , 2006; Danesh et al., 2000; Beyer & Bautmans, 2012).

Des Weiteren führen niedriggradige Entzündungen über proentzündliche Botenstoffe (Zytokine; z.B. TNF-Alpha, IL-6) zu einer vom Immunsystem gesteuerten Insulinresistenz (Hotamisligil, 1999). Insulinresistenz bedeutet, dass Energie nicht mehr so gut in insulinabhängige Zellen gelangt. Es entsteht also ein Energiemangel in den Zellen, was wiederum das Stresssystem aktiviert, um Energiereserven zu mobilisieren. Nicht nur die Zuckerkrankheit Diabetes mellitus Typ 2 steht hierbei im Zusammenhang mit einer Insulinresistenz. Auch Krankheiten wie Bluthochdruck, Zysten an den Eierstöcken, nichtalkoholische Fettleber und Übergewicht zeichnen sich durch eine Insulinresistenz aus (Pollare et al., 1990; Ehrmann, 2005; Adiels et al., 2008; Marchesini et al., 1999).

Wichtig

Insulinresistenz ist der Einstieg in Diabetes Typ 2, Bluthochdruck, ovariale Zysten, die Entwicklung einer nichtalkoholischen Fettleber und Übergewicht.

Dabei zeigt sich, dass erhöhte Cortisollevel die beste Vorhersage für eine entzündungsbedingte Insulinresistenz liefern, gefolgt vom Entzündungsmarker IL-6 und dem Sättigungshormon Leptin. Das bedeutet, dass das Immunsystem einerseits mithilfe von Cortisol Energiereserven mobilisiert und andererseits durch das Herstellen einer Insulinresistenz dafür sorgt, dass andere Körpergewebe nicht auf die »bestellte Energie« zurückgreifen können (Lehrke et al., 2008). Eine aufrechterhaltene Insulinresistenz geht dementsprechend mit dauerhaft erhöhten Cortisolspiegeln einher.

Eine Insulinresistenz kann nicht nur durch stille Entzündungen ausgelöst werden, sondern auch die Folge einer hohen Mahlzeitenfrequenz sein. Eine ungewöhnlich hohe Mahlzeitenfrequenz sowie der Zeitpunkt, wann gegessen wird, sind zudem Lebensstilfaktoren, welche den Körper aus dem gesunden Gleichgewicht bringen können. Alles, was Kalorien enthält, ist eine Mahlzeit für unseren Körper. Und außer Wasser, Tee und schwarzem Kaffee hat alles einen Einfluss auf unseren Blutzuckerspiegel und gilt als Mahlzeit.

Dabei zeigt sich, dass eine geringe Mahlzeitenfrequenz das Risiko für Krebs, Diabetes mellitus Typ 2, Herz-Kreislauf-Erkrankungen und neurodegenerative Erkrankungen verringern kann (Mattson, 2005). Zwei bis drei Mahlzeiten pro Tag werden hierbei als geringe Mahlzeitenfrequenz angesehen. Ebenso zeigt sich, dass das Essen von größeren Mahlzeiten spät am Tag die Entwicklung von Übergewicht begünstigt. Der Grund dafür ist, dass unser Körper einem Biorhythmus von Phasen stärkerer und geringerer Aktivität unterliegt. Zum Ende des Tages nimmt die Stoffwechselaktivität ab, wodurch schlechter verdaut wird und die Fetteinlagerung steigt (Hutchison & Heilbronn, 2016).

b) Lebensstilfaktor: Entzündungen durch Bauchfett

Adipositasforscher, wie Dr. med. Achim Peters, weisen auf den wichtigen Unterschied zwischen Unterhautfettgewebe und dem viszeralen Bauchinnenraumfett hin. Letzteres setzt sich im Bauchraum zwischen die Organe und erzeugt den prallen »Bierbauch«. Das viszerale Fett gilt als das größte endokrine Organ des Menschen.[16] Es produziert über 100 Stoffe, wie Hormone und Zytokine, und ist eine der häufigsten Ursachen für das chronische Entzündungsgeschehen im Körper, das der Beginn der meisten Lebensstilerkrankungen und vieler Erkrankungen des Formenkreises Depression, Angst und Erschöpfung ist.

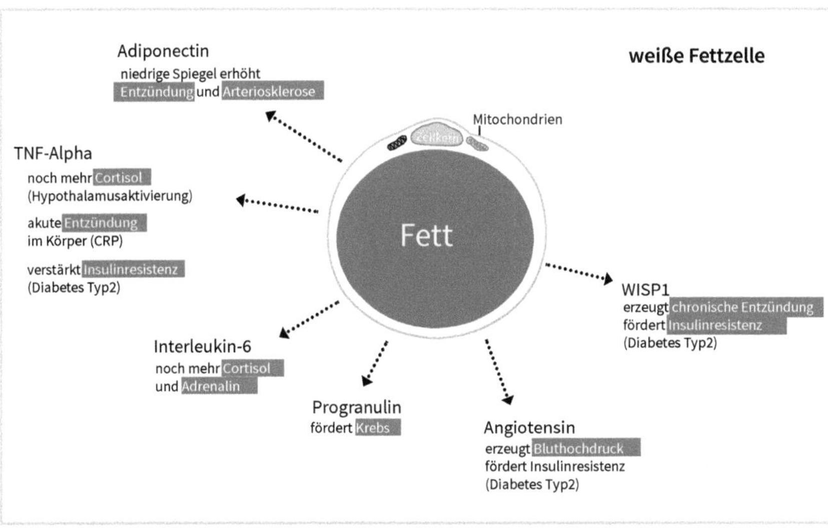

Abb. 50: Zytokinproduktion durch viszerales (weißes) Bauchinnenraumfett. Hier schließt sich der Kreis zwischen Ernährungsfehlern, Industrienahrung, Zucker, falschen Mahlzeitenfrequenzen und hohen Cortisolleveln zu allen Lebensstilkrankheiten, Depression, Angst und Erschöpfung sowie einer weiteren Aufschaukelung des Cortisollevels.

16 Es produziert über 100 Stoffe, insbesondere Zytokine und Hormone, die Entzündungen verursachen. https://www.pharmazeutische-zeitung.de/ausgabe-292006/groesstes-endokrines-organ-des-koerpers/ (Zugriff: 27.09.2023).

In Abbildung 50 werden nur einige wenige Zytokine und ihre Wirkungen aufgelistet. Folgendes wird deutlich:

- Das viszerale Fettgewebe erhöht den Cortisolspiegel weiter, sodass hier eine sich selbst verstärkende Spirale entsteht. Cortisol löst nämlich seinerseits Fett aus Muskeln und erhöht damit den Triglyceridspiegel im Blut. Dort wird das Fett als Energielieferant aber gar nicht gebraucht und wieder abgelagert, nur nicht mehr am Ursprungsort, sondern im Bauchinnenraum. Das nennt man **Stammfettsucht**. Betroffene haben dünne Gliedmaßen und einen festen, prallen »Bierbauch«.
- Einige Stoffe erhöhen den **Blutdruck**.
- Viele Stoffe erzeugen eine Insulinresistenz in den Körperzellen. Das nennt man **Diabetes Typ 2**.
- Viszerales Bauchfett ist auch dann schon schädlich, wenn von außen **nur eine kleine Wölbung** zu sehen ist und der BMI kein Übergewicht anzeigt. Insbesondere jungen Männern ist die Gefahr nicht bewusst.
- Viszerales Bauchfett ist ungleich gefährlicher als das Unterhautfettgewebe.

Im Gesundheitsmanagement kommt daher dem Thema Ernährung eine große Bedeutung zu, eine wesentlich größere als dem Thema Sport. Zwar kann Sport den Triglyceridgehalt von Fettzellen verbrennen, doch ohne eine Zufuhränderung wird sich kein Erfolg einstellen.

c) Lebensstilfaktor: Schlafverhalten

Bereits ein geringer Schlafmangel (Reduktion von acht auf sechs Stunden pro Nacht) kann über einen Zeitraum von nur einer Woche zu erhöhten Entzündungsmarkern, größerer Müdigkeit, schlechterer Aufmerksamkeitsleistung und geringerem Cortisol am Morgen führen (Vgontzas et al., 2004).

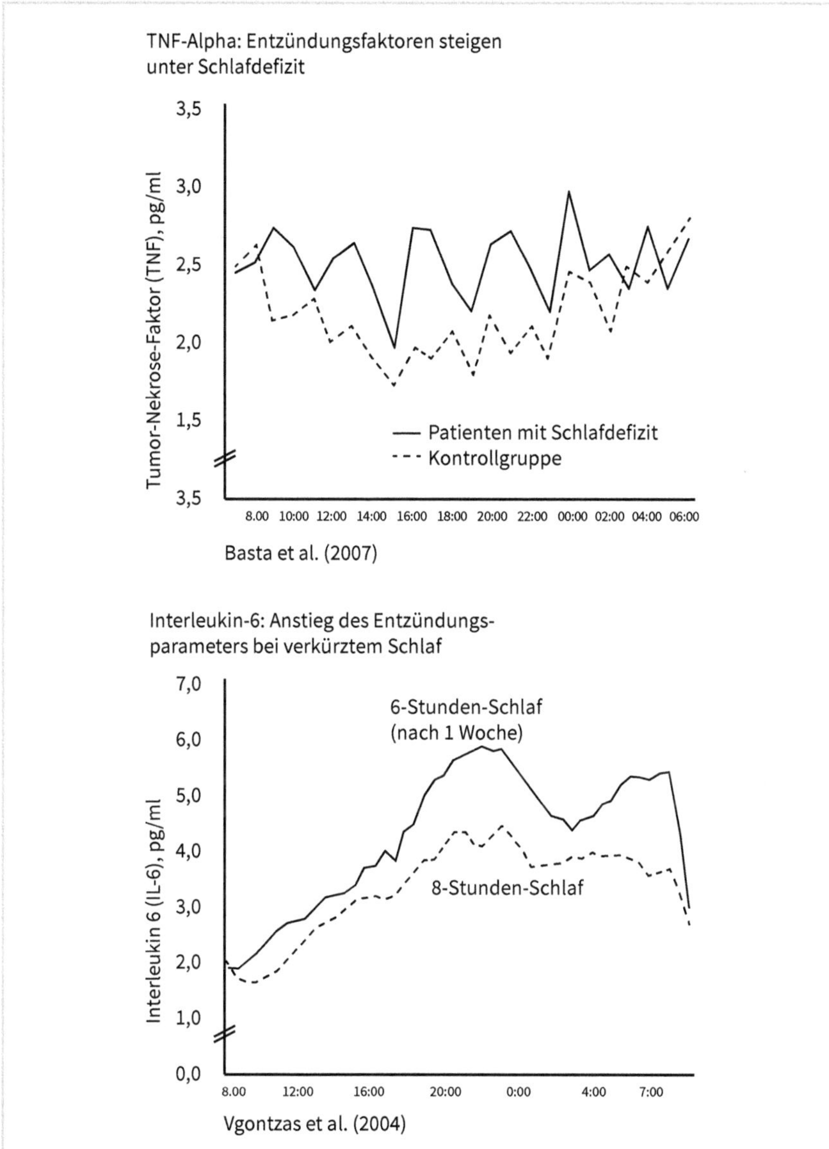

Abb. 51: Zwei Studien zu ansteigenden Entzündungsfaktoren unter Schlafmangel. (Quelle: im Text) Schlafmangel bringt zudem eine chronisch erhöhte HPA-Achsen-Aktivität mit sich. Das kann in einem selbstverstärkenden Teufelskreislauf gipfeln, weil diese erhöhte Aktivität erneut Einschlafprobleme, häufiges Wachwerden während der Nacht, weniger Tiefschlafphasen sowie eine verkürzte Schlafzeit mit sich bringen kann (Buckley & Schatzberg, 2005). Auch Basta et al. (2007) wiesen erhöhte Entzündungsparameter (hier: TNF-Alpha) bei Schlafdefizit nach.

Nicht nur die Schlafdauer, sondern auch Veränderungen im Biorhythmus z. B. durch Schichtdienst haben einen Einfluss auf die Gesundheit: Schlechte Schlafqualität, mentale Müdigkeit, Erschöpfung sowie Stimmungsveränderung gehen hiermit einher (Matheson et al., 2014).

Problematisch ist die Rückkopplung von Entzündungsparametern auf den Anstieg des Stresshormons Cortisol, das über den übermäßigen Verbrauch von Serotonin, dem nun folgenden Serotoninmangel, die Schlafstörungen noch verschlimmert.

Wichtig

Schlafqualität ist ein bisher unterrepräsentiertes, wichtiges Thema in der Gesundheitsförderung.

d) Lebensstilfaktor: Koffein

Zudem scheint auch der in der modernen Gesellschaft weitverbreitete Koffeinkonsum einen gesundheitsschädigenden Einfluss zu haben. Auch wenn Koffein vielen Menschen hilft, den Alltag zu meistern und gegen die Morgenmüdigkeit anzukämpfen, so zeigt es dennoch negative Konsequenzen: Bereits nach einer kurzen Periode von gering dosiertem täglichen Koffeinkonsum ist eine Abhängigkeit feststellbar, welche mit gestörtem Schlaf und Tagesschläfrigkeit assoziiert ist (Roehrs & Roth, 2008).

Dabei hat Koffein zwei Wirkungen:

1. Es **hemmt die Müdigkeitswahrnehmung** im Gehirn. Diese Botschaft ist wichtig, denn es hemmt nicht die Müdigkeit, sondern lediglich die Müdigkeits*wahrnehmung*, sodass man bei nachlassender Wirkung plötzlich sehr müde ist.
2. Die zweite Wirkung läuft über einen **Eingriff in die Cortisolausschüttung** an der Nebenniere, sodass Koffein als Notfallmechanismus den Blutzuckerspiegel erhöht. (Übrigens: Intelligenter steigert man den Blutzuckerspiegel durch ein gutes Frühstück im Paleo- oder LOGI-Modus mit Lebensmitteln mit niedrigem glykämischen Index, vgl. dazu Kapitel 4.3.2.)

Koffein ist – auch weil Genuss ein wichtiger Punkt im BGM ist – nicht zu verdammen. Vielmehr lässt sich mithilfe von didaktischen Elementen – etwa der Koffeinanstiegskurve (Abbildung 53), die den Unterschied zwischen Kaffee und grünem Tee deutlich macht – der Konsum von Kaffee etwas zurückdrängen und dafür grüner Tee etwas stärker »bewerben«.

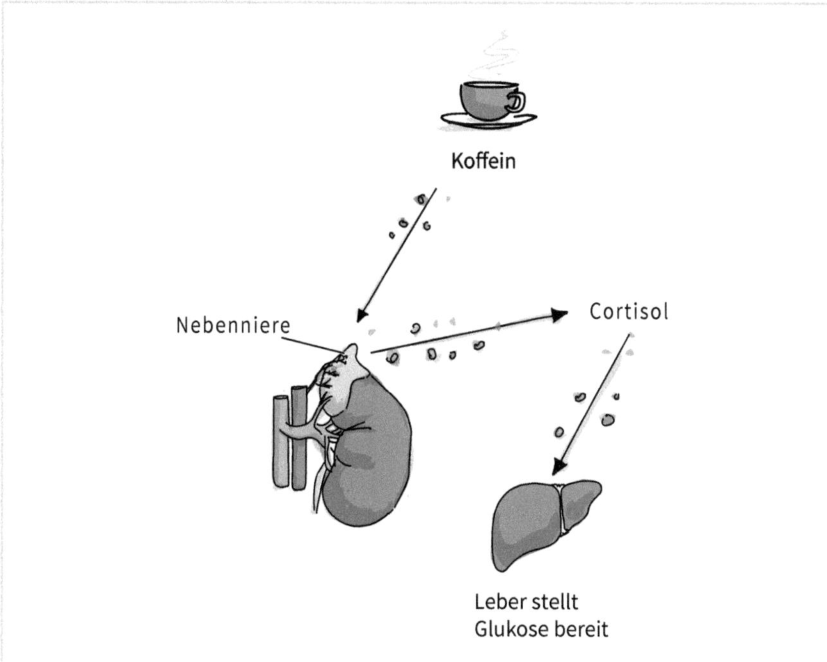

Abb. 52: Signalweg des Koffeins von der Nebenniere zur Blutzuckerausschüttung (Quelle: Burkhard Piller für Eudemos)

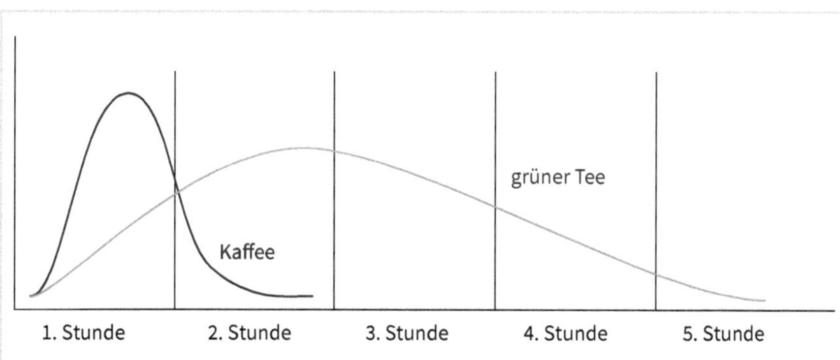

Abb. 53: Der Koffeinanstieg im Blut unterscheidet sich bei Kaffee und grünem Tee (Quelle: didaktische Darstellung von Eudemos auf Basis von https://www.gruenertee.com/koffein/)

e) Lebensstilfaktor: Blauspektrumlicht

Neben Koffein ist auch Blaulicht ein weiterer »neuer« Stressor: Damit ist vor allem das künstliche Licht gemeint, dem wir besonders in den Abendstunden ausgesetzt werden, wie z. B. durch LEDs, Laptops, Smartphones und Fernseher. Künstliches Licht am Abend und in der Nacht führt zu einer verringerten Ausschüttung des Schlafhormons Melatonin. Damit gehen Einschlafschwierigkeiten und erhöhte Wachheit einher. Durch diesen Mechanismus werden zudem negative Effekte auf das Herz-Kreislauf-System, psychologische und Stoffwechselfunktionen angenommen (Cho et al., 2015).

Entsprechende Funktionen der Farbverschiebung (*Night Shift*) ins rot-orangestichige Licht in Abhängigkeit von der Tageszeit bieten mittlerweile alle Smartphones und es gibt entsprechende Zusatzprogramme für Computer. Allerdings ist das abendliche Medienfasten eine bessere Lösung.

f) Lebensstilfaktor: Bewegung

Gemäß allgemeiner Gesundheitsempfehlungen sollte man sich täglich mindestens 10.000 Schritte bewegen, um seine Gesundheit zu erhalten (Tudor-Locke & Basset, 2004), denn ein sogenannter sitzender Lebensstil stellt ein erhöhtes Risiko für Herz-Kreislauf-Erkrankungen, wie Gefäßverkalkung, dar. Der Grund dafür ist, dass durch die hauptsächliche Inaktivität der Muskeln ein vermehrtes Vorkommen von freien Radikalen (oxidativen Stress) festzustellen ist. Diese beschädigen unter anderem das Gefäßsystem in unserem Körper. Interessant ist, dass allein acht Wochen hochintensives Training diese negativen Effekte verringern können (Lessiani et al., 2016).

g) Risikofaktor: Medikamente

In den letzten 20 Jahren haben sich die Arzneimittelausgaben gesetzlicher Krankenversicherungen mehr als verdoppelt.[17] Das geht nicht nur zum Leidwesen der Krankenversicherungen, die nun höhere Ausgaben haben, sondern auch der Patienten, welche mehr Medikamente einnehmen. Denn die regelmäßige Einnahme von Medikamenten verschlechtert unsere Mikronährstoffaufnahme. Diese Mikronährstoffe, wie Mineralien und Vitamine, sind jedoch wichtige Antioxidantien, welche als Gegenspieler zur Beseitigung von freien Radikalen benötigt werden.

Folgende **Beispiele** veranschaulichen die negativen Auswirkungen:

- **Antibiotika** sind nicht nur gut im Abtöten »schlechter« Bakterien, sondern hemmen ebenfalls das Wachstum der »guten« Bakterien, die unter anderem B-Vitamine produzieren. Dadurch gerät die natürliche Darmflora ins Wanken und die Verfügbarkeit sämtlicher B-Vitamine, Vitamin C und Vitamin K_2 wird beeinflusst.
- Ebenso wird durch die Einnahme von **Acetylsalicylsäure** (ASS®, Aspirin®), die oftmals eine Komponente von Schmerzmitteln ist, die Vitamin-C-Ausscheidung verdreifacht. Auch die Antibabypille und einige Antibiotika verursachen einen Vitamin-C-Mangel, der im schlimmsten Fall zu Skorbutsymptomen führen kann. Dieser tritt übrigens auch bei Diabetikern häufig auf.[18]
- Etwa jeder zehnte Erwachsene erhält Magenschutzmedikamente vom Typ **Protononenpumpenhemmer** (PPI) verordnet.[19] Als Folge können Mängel an Vitamin

17 https://de.statista.com/statistik/daten/studie/152841/umfrage/arzneimittelausgaben-der-gesetzlichen-krankenversicherung-seit-1999/ (Zugriff: 19.02.2019).

18 https://www.netdoktor.at/krankheit/vitamin-c-mangel-8043 (Zugriff: 22.02.2019).

19 https://www.zi.de/fileadmin/rxtrends/Thema_im_Fokus/RxTrend_TiF_Protonenpumpeninhibitoren_1703.pdf (Zugriff: 22.02.2019).

B_{12} entstehen, wodurch Krankheiten wie Blutmangel (Anämie) und insbesondere Demenzsymptome begünstigt werden. Eine Studie der AOK von 2015 belegt einen Zusammenhang zwischen einer mehrjährigen Einnahme von PPI und der um 44 % erhöhten Wahrscheinlichkeit einer Demenzentwicklung (Gomm et al., 2016), die übrigens auch schon bei jungen Patienten mit langfristiger PPI-Verordnung auftreten kann.

- Die **Antibabypille** ist ein besonderer Nährstoffräuber. Der Pillenreport der Techniker Krankenkasse[20] und zahlreiche Publikationen weisen auf die Gesundheitsgefahren durch die Pille der dritten und vierten Generation hin, die bei jungen Frauen zu Thrombosen und Lungeninfarkten führen kann. Weniger bekannt ist die Blockade der Eisen- und Vitamin-B_{12}-Aufnahme im Darm (Gröber, 2009).
- Viele weitere Medikamente wie **Antidiabetika, Diuretika**, **Statine** oder **Abführmittel** entziehen dem Körper ebenso wichtige Nährstoffe (Gröber, 2009). Diese werden in übersichtlicher und anschaulicherweise in dem Buch »Interaktionen – Arzneimittel und Mikronährstoffe« von Uwe Gröber dargestellt.

Erwähnenswert ist auch, dass durch Nahrung alleine Unterversorgungen dieser Art häufig nicht ausgeglichen werden können, da die Nahrung oft zu wenig Vitamine, Mineralien, Spurenelemente und Bioflavonoide enthält. Um Störungen sämtlicher Funktionen des Organismus zu verhindern, sollten demnach mit fortschreitendem Alter und vor allem bei Medikamenteneinnahme Nährstoffmängel gezielt betrachtet und durch Ergänzungen behandelt werden (Gröber, 2009).

Fazit

Es wird deutlich, dass Stress bei Weitem nicht nur durch die Psyche, sondern auch durch Lebensstilfaktoren im Körper ausgelöst wird. Neben den oben beschriebenen stressinduzierenden Lebensstilfaktoren in unserer Gesellschaft kommen zusätzlich langandauernde Stressoren dazu. Wechselwirkungen zwischen externen und internen Stressoren können sich entwickeln. Ein Teufelskreislauf entsteht, wodurch permanente Stressreaktionen aufrechterhalten werden. Diese permanenten Stressreaktionen zeigen krankheitsfördernde Wirkungen auf verschiedene Systeme im Körper.

4.2.2 Folgewirkungen von Dauerstress

Die mittel- und langfristigen Folgen von Dauerstress sind enorm. Auf den folgenden Seiten lernen Sie die wichtigsten Aspekte kennen:

20 https://www.tk.de/centaurus/servlet/contentblob/992336/Datei/94785/Pillenreport-2015.pdf (Zugriff: 22.02.2019).

a) Schädigung des Immunsystems

Ein dauerhaft erhöhter Cortisolspiegel kann das Immunsystem beeinträchtigen. Chronischer Stress kann im Immunsystem eine gedrosselte Wundheilungsgeschwindigkeit, größere Anfälligkeit gegenüber Infektionen, Viren und Autoimmunerkrankungen, eingeschränkte Antikörperbildung nach Impfungen und eine reduzierte Anzahl an natürlichen Killerzellen bewirken (Glaser & Kiecolt-Glaser, 2005; Marketon & Glaser, 2008). Sogar kurzzeitig auftretende Stressoren können das Immunsystem beeinträchtigen.

Zwar kann beispielsweise akademischer Stress und Prüfungen die Abwehr extrazellulärer Erreger wie Bakterien erhöhen (Th2-Dominanz), jedoch wird die Abwehr intrazellulärer Erreger wie Viren unterdrückt (Th1-Mangel). Folgende Krankheiten stehen mit einer Th2-Dominanz bzw. einem Th1-Mangel im Zusammenhang: eine **verschlechterte Immunabwehr, verschlechterte Wundheilung, höhere Empfänglichkeit für Virenerkrankungen** wie **Influenza**, **grippale Infekte** und **Magen-Darm-Grippe**.

Mit einer Th2-Pathologie assoziierte Krankheiten sind beispielsweise **Asthma**, **Allergien** und **Schwangerschaftsvergiftung** (Präeklampsie) (Redecke et al., 2004; Amarnani et al., 2014; Saito et al., 2010; Romagnani, 2004).

Lesetipp

Weitere interessante Zusammenhänge werden in dem Taschenbuch → **»Das Autoimmunbuch, Band 1: Biologie des Immunsystems«** (Books on Demand, 2018) von Andrea Kamphuis dargestellt.

Wirkmechanismus

Nicht nur durch Infektionen, sondern auch durch psychosoziale Stressoren (z. B. konfliktreiche Familienverhältnisse) werden Stresshormone wie Cortisol und entzündungsfördernde Botenstoffe (Zytokine) ausgesandt. Dadurch werden Immunzellen aktiviert, um so den Körper vor potenziellen Krankheitserregern zu wappnen. Ich verweise auf den Gastbeitrag in Kapitel 4.4 von Erich Kasten zum Zusammenhang von Depression und Immunsystem.

Zytokine bewirken ebenfalls über das Gehirn ein »Krankheitsverhalten«. Das Krankheitsverhalten äußert sich in vermehrtem Schlafbedürfnis, Appetitlosigkeit, depressiver Verstimmung, Niedergeschlagenheit, sozialem Rückzug und Fieber (Chrousos, 2009). Um den Körper allerdings vor einer zu starken Entzündungsreaktion zu schützen, stimulieren Zytokine erneut die Stressachse, wodurch das freigesetzte Cortisol entzündungshemmend wirkt (Chrousos, 2009; Rensing et al., 2006). Ist Cortisol durch langandauernde Stressoren jedoch permanent und nicht nur episodisch erhöht, wird die Vermehrung von schützenden Immunzellen und Substanzen zum Abtöten virus- und bakterienbefallener Körperzellen gehemmt. Solch einen Zustand nennt man Cortisolresistenz, da Immunzellen nun nicht mehr sensibel auf das Signal durch das

Cortisol reagieren können (Segerstrom & Miller, 2004). Viren können sich nun beispielsweise optimal in den Zellen ausbreiten, da Immunzellen nicht mehr angreifen.

b) Schädigung der Schilddrüse

Die normale Schilddrüsenfunktion wird durch chronische erhöhte Cortisollevel beeinträchtigt, was zu einer Schilddrüsenunterfunktion führen kann (Cremaschi et al., 2000). Da die Schilddrüse eine Vielzahl an Aufgaben, wie die Regulation des Energiestoffwechsels und des Körpergewichts, Wachstums- sowie Reparaturprozesse, im Organismus übernimmt, können mit einer Schilddrüsenunterfunktion eine Reihe an Folgeerscheinungen einhergehen (Zoeller et al., 2007). Zu diesen gehören unter anderem Ermüdung, Gewichtszunahme, Kälteintoleranz, muskuläre Schwäche, verringerte Leistungsfähigkeit, Verstopfung, Depression sowie menstruelle Unregelmäßigkeiten (Drake, 2018).

Wirkmechanismus

Chronische Stressreaktionen gehen mit erhöhten Entzündungsmarkern einher. Diese wiederum haben einen direkten Einfluss auf Prozesse der Schilddrüse: Zum einen wird der Botenstoff TSH, der vom Gehirn ausgesendet wird und die Produktion des Schilddrüsenhormons T4 anregt, durch Entzündungsmarker wie IL-1 und TNF-alpha gehemmt. Da T4 die inaktive Form des Schilddrüsenhormons darstellt, wird es unter normalen Umständen mithilfe eines Enzyms (5-Deiodinase 1) in die aktive Form T3 umgewandelt. Auch auf diesen Prozess hat vor allem der Entzündungsmarker IL-6 einen hemmenden Einfluss. Ist dieser anwesend, findet eine verringerte Umwandlung in T3 statt, dafür erfolgt allerdings eine vermehrte Umwandlung in rT3 (reverse T3). rT3 blockiert Andockstellen (Rezeptoren) für T3, wodurch Schilddrüsenhormone nur noch eingeschränkt wirken können.[21] Der Körper fährt dadurch in einen Sparmodus, was über einen langen Zeitraum mit Gesundheitseinbußen einhergeht.

c) Schädigung des Mikrobioms

Unter dem Begriff »Mikrobiom« wird die Gesamtheit der Bakterien und anderer Mikroorganismen in unserem Körper zusammengefasst, mit denen wir in symbiotischer Beziehung leben. Symbiotisch bedeutet, dass beide – also Mensch und Mikroorganismen – einen Vorteil voneinander haben. Der Darm bietet konstante Temperaturen und regelmäßige Nahrung für Mikroben. Gleichzeitig hilft das Mikrobiom bei der Verdauung, bei der Bildung von Vitaminen und Hormonen, und ist darüber hinaus entscheidend bei der Bildung der Darmschleimhaut beteiligt. Diese stellt einen Schutz gegen Krankheitserreger dar.

Chronischer Stress kann auch zu negativen Veränderungen im Darm führen. Dabei erhöhen dauerhaft gesteigerte Cortisollevel die Durchlässigkeit (Permeabilität) in der

21 https://www.ncbi.nlm.nih.gov/books/NBK279139/ (Zugriff: 20.02.2019).

Darmwand und können damit zu einer sogenannten niedriggradigen Entzündung führen (De Punder & Pruimboom, 2015; Dinan & Cryan, 2012). Außerdem verringert chronischer Stress die Vielfalt des Mikrobioms (Dinan & Cryan, 2012). Dabei wurde in Tierexperimenten beobachtet, dass bei einem veränderten Mikrobiom (keimfreie Mäuse) eine stärkere Stressreaktion als bei Mäusen mit einem normalen Mikrobiom gezeigt wurde (Bailey & Coe, 1999).

Wirkmechanismus

Unter chronischem Stress kommt es zur Veränderung der Vielfalt des Mikrobioms. Nimmt zusätzlich die Permeabilität (Löchrigkeit des Dünndarms, engl.: Leaky Gut oder Sickerdarm-Syndrom) unter Stress zu, können Bakterien die Darmbarriere leichter überwinden. Das wiederum führt zur Aktivierung des Immunsystems im Darm, was erneut in einer negativen Veränderung des Mikrobioms resultiert. Wird das Immunsystem dadurch permanent aktiviert, spricht man von einer niedriggradigen Entzündung. Diese stille Entzündung und das veränderte Mikrobiom hängen unter anderem mit Krankheiten wie Bronchialasthma, Neurodermitis, allergischer Rhinokonjunktivitis, entzündlichen Darmerkrankungen, Diabetes, Übergewicht und Krebs zusammen (Dinan & Cryan, 2012; Bischoff et al., 2014). Über Probiotika (Bifidobacterium infantis), die durch Nahrungsergänzungsmittel aufgenommen wurden – wie sich in Tierstudien zeigt –, verändert sich das Mikrobiom positiv und dadurch kann sogar die Stressreaktivität der HPA-Achse gemindert werden (Bailey & Coe, 1999).

d) Schädigung des Gehirns

Chronischer Stress verändert auch die Neuroanatomie. Zum einen zeigt sich ein Wachstum des Emotionszentrums **Amygdala**. Zum anderen kommt es zum Abbau des **Hippocampus** und des **präfrontalen Kortex**, wodurch diese Hirnregionen buchstäblich an Größe einbüßen (Doom & Gunnar, 2013; McEwen, 2004). Der Hippocampus ist wesentlich an der Gedächtnisbildung und an Lernprozessen beteiligt. Unter chronischem Stress zeigen Menschen folglich schlechtere Lernleistungen und benötigen mehr Zeit beim Abruf von Erinnerungen (Wolf, 2003). Der präfrontale Kortex wiederum ist für exekutive Funktionen (z.B. das Planen eines Handlungsablaufs), Emotionsregulation, beim Arbeitsgedächtnis und der Immunisierung gegenüber Stress beteiligt. Über positive Vorerfahrung mit einem Stressor kann der präfrontale Kortex Stressareale hemmen (Immunisierung) (Amat et al., 2006). Schrumpft der präfrontale Kortex jedoch, gelingt diese Inhibierung folglich schlechter.

Wirkmechanismus

Es zeigt sich, dass erhöhtes Cortisol die Neubildung von Nervenzellen (Neurogenese) im Hippocampus hemmt. Dabei wird angenommen, dass eine dauerhafte Aktivierung des Emotionszentrums Amygdala zum Wachstum dieses Gehirnareals führt. Diese Veränderung wird unter anderem bei Depressionen und Angststörungen beobachtet (McEwen, 2004; Wiggins & Monk, 2013).

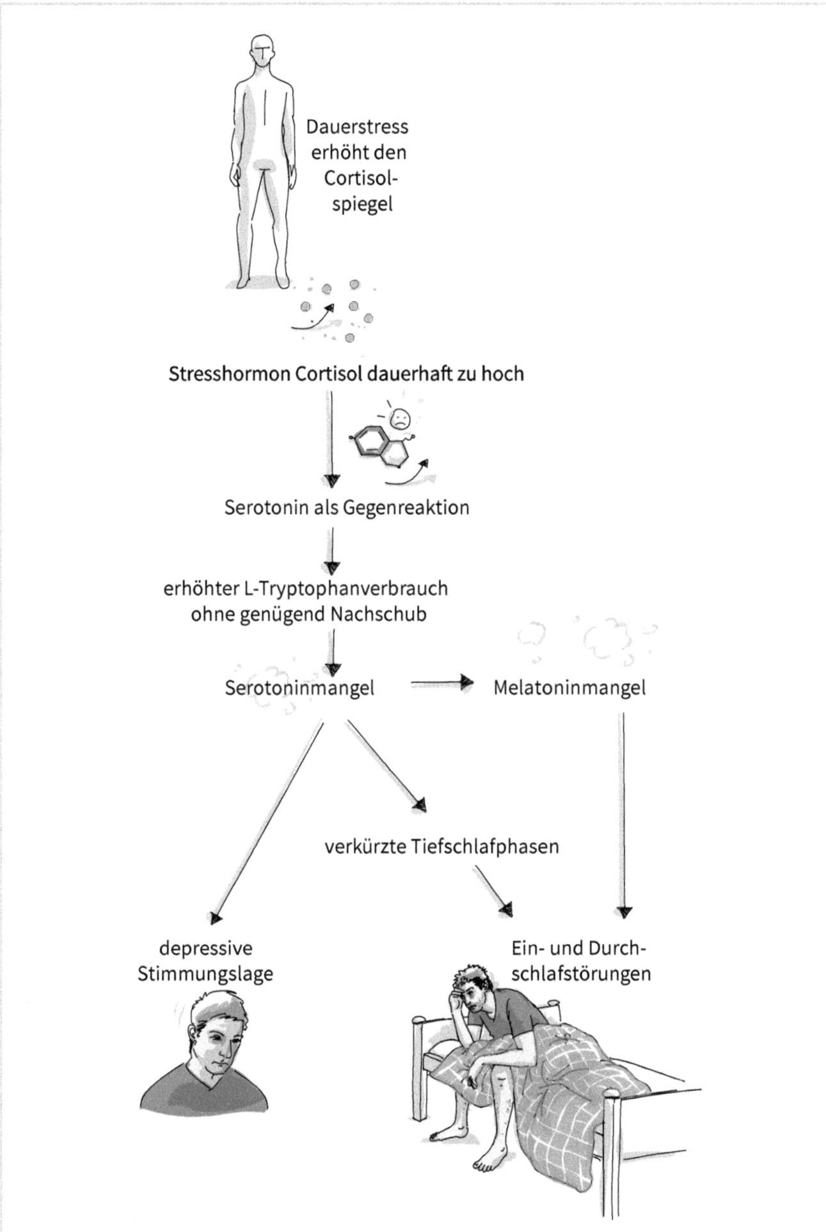

Abb. 54: Stoffwechselprozess vom Dauerstress zur Schlafstörung (Quelle: Burkhard Piller für Eudemos)

e) Schlafstörungen und Depressivität durch erhöhten Serotoninverbrauch

Ein häufig beobachtetes Phänomen sind Schlafstörungen und depressive Stimmungslagen durch Dauerstress. Die psychosomatische Interpretation stimmt hier nicht, vielmehr tritt Serotonin als »Gegenspieler« zum Stresshormon Cortisol auf, um dessen

Einfluss gegenzuregulieren. Der bei Dauerstress verstärkte Verbrauch von Serotonin und der ernährungsbedingt ungenügende Nachschub der essenziellen Aminosäure L-Tryptophan, die für die Produktion von Serotonin notwendig ist, führt recht schnell zu einem Serotoninmangel im Gehirn. Dadurch verringert sich auch die Produktion von Melatonin, der Neurotransmitter, der für das Einschlafen benötigt wird. Beides zusammen bedingt die depressive Stimmungslage sowie die Ein- und Durchschlafstörungen. Natürlich hilft letztlich nur eine Reduktion des Dauerstresses und der Stressursachen. Doch die Symptomatik würde ohne orthomolekulare Intervention (Substitution der fehlenden Aminosäure L-Tryptophan, allerdings in der bioverfügbaren Vorstufe 5-http) mehrere Monate, wenn nicht Jahre dauern. Es gibt hierfür zwei Wege:

- Über die Ernährung können tryptophanhaltige Lebensmittel bevorzugt verzehrt werden, etwa Walnüsse, Bananen, dunkele Schokolade, Hirse oder Kürbiskerne. Hier verweise ich erneut auf das Buch »Was die Seele essen will: Die Mood Cure« (Klett-Cotta 2017) von Julia Ross.
- Die zweite Strategie umfasst ein Laborprofil, »NeurostressProfil« oder »NeurohormonProfil« genannt. Dabei werden über Urin- und Speichelproben Korrelate der Neurotransmitterspiegel im Gehirn gemessen (etwa: www.lab4more.de) und eine entsprechende Aminosäuresubstitution ärztlich verordnet (siehe www.neurolab.eu). Nur wenige Ärzte in Deutschland sind darin ausgebildet. Suchbegriffe für Suchmaschinen sind: »orthomolekular arzt neurostress«. Auf www.neurolab.eu gibt es eine Ärzte- und Therapeutenliste.

f) Schädigung der Fruchtbarkeit

Chronischer Stress zeigt bei beiden Geschlechtern negative Auswirkungen auf die Fruchtbarkeit. Bei Frauen beobachtet man das Ausbleiben des Eisprungs sowie der Menstruation, Unregelmäßigkeiten des Menstruationszyklus bis hin zu vollständiger Unfruchtbarkeit. Demgegenüber findet man bei Männern eine verminderte Spermienzahl und -beweglichkeit, eine veränderte Spermiengestalt sowie Impotenz und Ejakulationsprobleme (Ranabir &Reetu, 2011).

Wirkmechanismus

Die zirkulierenden Sexualhormone (Gonadotropin, Gonaden Steroid Hormone, GnRH) werden durch Stressreaktionen gehemmt und können dementsprechend nicht ihre natürliche Funktion erfüllen (ebd.).

g) Erzeugung von Übergewicht

Ständig erhöhte Cortisollevel führen zu zwei klassischen Phänotypen des Übergewichtes (Peters & McEwan, 2015). Die einen nehmen insgesamt an Körpermasse zu und zeichnen sich durch einen korpulenten Körper mit relativ geringem Hüftumfang aus (hohes Maß an Unterhautfett). Die anderen nehmen durch chronischen Stress ab. Sie sind der schlanke Typ, welcher aber einen verhältnismäßig großen Hüftumfang aufweist (hohes Maß an Bauchinnenraumfett).

- **Birnentyp:** Der erste Typ mit einem hohen Maß an Unterhautfett hat trotz Stress keine erhöhte Mortalitätsrate für Herz-Kreislauf-Erkrankungen, gewinnt aber insgesamt an Körpergewicht. Dadurch werden Krankheiten wie Osteoarthritis begünstigt.
- **Apfeltyp:** Demgegenüber hat der zweite Typ mit hohem Maß an Bauchinnenraumfett (viszerales Fett) ein hohes Risiko für eine Herz-Kreislauf-bedingte Todesursache. Außerdem kommt es durch die viszerale Verfettung vermehrt zu stillen Entzündungen im Körper und es zeigen sich erhöhte Risiken für physische und psychische Krankheiten wie Depressionen.

Wirkmechanismus

Über jahrzehntelange Stressforschung hat sich herausgestellt, dass Menschen in sogenannte *Habituators* und *Non-Habituators* in Bezug auf ihren Umgang mit Stress kategorisiert werden können. Während Habituators als Reaktion auf chronischen Stress eine geringe Stressachsen-Aktivität entwickeln, sich also an den Stress gewöhnen (= habituieren), zeigen Non-Habituators diese Anpassung nicht. Bei ihnen bleibt eine hohe Stressreaktivität erhalten. Da die Habituators nun schlecht über das heruntergefahrene Stresssystem mit Energie versorgt werden können, müssen sie die benötigte Energie über eine vermehrte Nahrungsaufnahme gewährleisten. Dies führt insgesamt zur Gewichtszunahme. Non-Habituators mobilisieren durch ihr stark erhöhtes Stresssystem viel Energie, weshalb sie insgesamt abnehmen. Gleichzeitig geht die erhöhte Stressaktivität mit notwendigen Anpassungen im Herz-Kreislauf-System einher (z. B. erhöhte Durchblutung und Versorgung des Gehirns mit Zucker) und Fetteinlagerung um die Organe (Bauchinnenraum). Diese beiden Faktoren in Kombination begünstigen z. B. die Verkalkung von Gefäßen (Peters & McEwan, 2015).

g) Schädigung von ungeborenen Kindern

Die Schwangerschaft, Kindheit und Pubertät stellen sensible Perioden im Leben dar, in denen der Mensch sehr verwundbar durch Einwirkungen von Stress ist. Tritt in diesen Phasen erhöhter Stress auf, kann das Langzeitfolgen auf die weitere Entwicklung und die Stressreaktivität haben.

Wirkmechanismen

Durch die Plazenta werden Kind und Mutter während der Schwangerschaft miteinander verbunden. Nicht nur Nährstoffe werden an den Fötus weitergegeben, sondern auch eine Reihe an hormonellen Informationen. Ein Schutzmechanismus (Enzym: 11-beta-HSD) in der Plazenta sorgt für die Inaktivierung von mütterlichem Cortisol bei einer Stressreaktion der Mutter. Wird Stress allerdings chronisch, greift dieser Mechanismus nicht mehr und aktives Cortisol dringt in den Fötus ein. Solch ein Stress in der Schwangerschaft kann bereits epigenetische Veränderungen (Aktivierung/Deaktivierung von Genen) mit sich bringen. Beobachtet werden ein verringertes Körpergewicht bzw. eine verringerte Körpergröße, erhöhtes Risiko für eine Frühgeburt, emotionale und kognitive Defizite im frühen Leben.

Neugeborene sind in den ersten Lebensmonaten erneut sehr verwundbar für Stress. Die Leber ist noch nicht vollends ausgereift, was eine geringere Produktion von Proteinen bedeutet, welche in der Lage sind Cortisol zu inaktivieren. Dadurch können auch geringe Stressoren zu einem hohen Spiegel an aktivem Cortisol führen.

Stress in den ersten Lebensjahren zeigt zudem langfristige negative Folgen in Form von Stoffwechsel- und Herz-Kreislauf-Erkrankungen. Dabei scheinen diese Folgen durch frühkindlichen Stress sogar unabhängig von Lebensstilfaktoren wie Rauchen, Gewicht im Erwachsenenalter, sozialer Schicht, exzessivem Alkoholkonsum sowie einem sitzenden Lebensstil zu sein. Zudem führt chronischer Stress auch in diesen sensiblen Phasen zu Folgen wie hippocampaler Atrophie, erhöhter Aktivität der Amygdala, Unterdrückung des Immunsystems, kognitiven Defiziten sowie einem erhöhten Risiko für eine pathologische Entwicklung und Gesundheitsprobleme (Doom & Gunnar, 2013; Drake et al., 2007; O'Donnell et al., 2013).

4.2.3 Prävention und Intervention

Zusammenfassend lässt sich sagen, dass chronischer Stress aufgrund von Lebensstilfaktoren und neuen Stressoren der modernen Gesellschaft viele negative Konsequenzen aufweist. Diesen Risiken ist man jedoch nicht ausweglos ausgeliefert. Aktuelle Studien aus den Bereichen Paarinteraktion, prosoziales Verhalten, Oxytocin, Bewältigungsstrategien, Achtsamkeit, Umwelteinflüsse, Gen-Umwelt-Interaktionen und Nährstoffversorgung liefern beeindruckende Implikationen für einen verbesserten Umgang mit Stress.

- **Paarinteraktion und prosoziales Verhalten**
  Eine hohe Beziehungsqualität geht einher mit einer geringeren kardiovaskulären Reaktivität während Konfliktdiskussionen und einem geringeren Risiko für Mortalität (Robles et al., 2014). Dem entgegengesetzt zeigt schlechtes Konfliktverhalten in der Partnerschaft Zusammenhänge mit einer verringerten Leistung des Immunsystems und erhöhten endokrinen Stressleveln: Eine verlangsamte Wundheilung und stärkere Ausschüttung von Entzündungsmarkern werden beobachtet (Kiecolt-Glaser et al., 2005).
- **Oxytocin**
  Zudem zeigen sich positive Effekte des »Kuschelhormons« Oxytocin. Oxytocin wird unter anderem vermehrt bei Körperkontakt ausgeschüttet. In einer Doppelblindstudie zeigten sich sowohl signifikant reduziertes Speichelcortisol als auch positiveres Kommunikationsverhalten während eines Partnerkonflikts durch Oxytocin (oral verabreicht) im Vergleich zu einem Placebo (Ditzen et al., 2009).

- **Altruismus**
  Signifikante stressige Lebensereignisse erhöhen das Risiko der Mortalität um bis zu 30%. Allerdings zeigte sich dieses Risiko nicht bei Personen, die während des eigenen Stresserlebens etwas für andere Menschen taten, halfen bzw. diese unterstützten (Poulin et al., 2013).
- **Einfluss durch Nährstoffe**
  Positive Effekte zeigen sich bei Angstpatienten durch die Verabreichung von Omega 3. Angstpatienten wiesen eine erhöhte HPA-Achsen-Aktivität auf. Durch die Gabe von Omega 3 zeigte sich zwar keine Milderung der Stressantwort, jedoch ein Effekt auf die Regeneration nach Stressreaktionen: 20% weniger Angstsymptome und weniger Entzündungsmarker (Kiecolt-Glaser et al., 2011).
- **Bewältigungsstrategien, Achtsamkeit**
  Sowohl Achtsamkeit als auch die kognitive Bewertung von Stress scheinen einen Einfluss auf die Stressreaktion zu haben. Personen zeigten eine geringere Stressreaktivität, wenn sie vor einer stressigen Situation über die positiv aktivierenden Aspekte von Stress informiert wurden (Bohlmeijer et al., 2010; Crum et al., 2013).

Tipp

Für weitere Informationen dazu, wie man eine positive Wirkung von Stress erzielen kann, empfiehlt sich der TED-Talk »How to make stress your friend?« oder das Buch »The Upside of Stress: Why Stress Is Good for You, and How to Get Good at It« (Avery 2015) von Kelly McGonigal.

Fazit

Die Entstehung und Folgen von Stress sind äußerst komplex. Unsere Stresssysteme entstanden ursprünglich aus der Not, eine Lösung für akuten Stress zu liefern. Da heutzutage Stressoren nicht für Minuten, Stunden oder Tage wirken, sondern über Wochen, Monate oder sogar Jahre, entfalten sie ihre krankheitsfördernde Wirkung im ganzen Körper. Dabei ist Stress nicht allein durch die Psyche bedingt, sondern kann ebenso durch Lebensstilfaktoren wie Ernährung, mangelnde Bewegung und Schlafverhalten ausgelöst werden.

Wichtig ist die Art und Weise, wie mit Stress umgegangen wird. Erst wenn Stress als gesundheitsschädlich wahrgenommen wird, finden sich Zusammenhänge mit dem Vorliegen einer geringeren physischen und psychischen Gesundheit.

4.3 Ernährungswissen und die Gestaltung von Ernährungsangeboten im Gesundheitsmanagement

Weltweit hat sich die Anzahl der Übergewichtigen in den letzten 30 Jahren verdreifacht. Im Jahr 2016 gab es auf der Welt 1,9 Milliarden Erwachsene mit Übergewicht, darunter 650 Millionen Adipöse (BMI > 30).[22] Dabei geht allein schon Übergewicht (BMI > 25) mit einem erhöhten Risiko für Diabetes mellitus Typ 2, Herz-Kreislauf-Erkrankungen, nichtalkoholische Fettleber sowie für Arbeitsunfähigkeit einher (Ogden et al., 2007). Ebenso bringt Diabetes Typ 2 eine Reihe an Folgeerkrankungen mit sich, reduziert die Lebenserwartung und kostet die Patienten Lebensqualität sowie das Gesundheitswesen Ausgaben in Millionenhöhe (Forouhi & Wareham, 2010).

Ernährung und Bewegung haben bei diesen beiden Krankheiten einen wesentlichen Einfluss auf ihre Entstehung und Aufrechterhaltung. Dabei kommt es zum einen darauf an, *wie* gegessen wird, also wie häufig, wie viele Kalorien und wann über den Tag gegessen wird. Zum anderen spielt natürlich auch das *Was* eine Rolle. In diesem Kapitel soll zuerst auf das Wie (Intervallessen, Essenzeiten etc., Kapitel 4.3.1) und danach das Was (siehe Kapitel 4.3.2) anhand der Beispiele Paleo-Ernährung, LOGI-Methode und die Vorschriften der deutschen Gesellschaft für Ernährung (DGE) eingegangen werden. Das Kapitel schließt mit der Beispielkonzeption einer Ernährungskampagne ab (siehe Kapitel 4.3.3).

4.3.1 Intermittierendes Fasten und Intervallessen mit Mahlzeitenpausen

Um Übergewicht zu reduzieren, gibt es unzählige Diäten, welche den gewünschten Effekt liefern sollen. Betrachtet man die Studienlage dazu, stellen Diäten wie Saft- oder Entgiftungskuren keine Lösungen für Übergewicht und Diabetes dar. Das liegt darin begründet, dass das kurzfristig verlorene Gewicht auf einer starken Kalorienrestriktion beruht, die nicht auf lange Zeit beibehalten werden kann. Deshalb werden die verlorenen Pfunde nach der Diät alsbald wieder zugenommen. **Gleichzeitig erhöht eine solch starke Kalorienrestriktion die Konzentration an Stresshormonen (z. B. Cortisol) im Körper, welche unter anderem die Schilddrüsenaktivität drosseln und zu Heißhungerattacken führen kann** (Obert et al., 2017).

Wichtig

Bitte unterstützen Sie im Rahmen des betrieblichen Gesundheitsmanagements *keine* Ernährungssysteme oder Angebote, die auf Kalorienreduktion basieren.

Anders verhält es sich beim **intermittierenden Fasten**. Hier wird an ein bis drei Tagen in der Woche eine verringerte Kalorienmenge zugeführt, wobei an den restlichen Tagen keine Kalorienrestriktion vorgenommen wird. Im Vergleich zur starken Kalorienrestriktion wie bei Diäten zeigt sich intermittierendes Fasten als eine überlegene Methode gegen Übergewicht und Diabetes, was eine Vielzahl an Studien belegt (Barnosky et al., 2014). Darüber hinaus hat intermittierendes Fasten positive Einflüsse auf

22 https://www.who.int/news-room/fact-sheets/detail/obesity-and-overweight (Zugriff: 20.02.2019).

Herz-Kreislauf-Erkrankungen, Krebs und neurologische Erkrankungen wie Alzheimer und Parkinson (Mattson et al., 2017; Horne et al., 2015).

Essenszeiten

Auch die Zeit, wann gegessen wird, ist entscheidend für die Gesundheit. So nahmen Probanden über 20 Wochen weniger Gewicht ab, wenn diese ihre größte Mahlzeit später im Laufe des Tages einnahmen. Ebenso war ein Indikator für Insulinresistenz (HOMA-Index) bei den Probanden, die später aßen, höher (Garaulet et al., 2013). Außerdem zeigt sich in Interventionsstudien, dass identische Mahlzeiten, die jedoch zu einem späteren Zeitpunkt eingenommen wurden, unterschiedliche Reaktionen im Körper bewirken. Späte Mahlzeiten gehen dabei unter anderem mit verminderter Glukosetoleranz einher (Wehrens et al., 2017).

Fasst man diese Ergebnisse zusammen, sollte die Nahrungsaufnahme bei Übergewicht sowie Diabetes am Nachmittag und Abend nur noch in geringem Maße erfolgen. Der Grund dafür liegt in den negativen Einflüssen später Mahlzeiten auf die Insulinsensibilität, welche insbesondere bei Diabetes aber auch bei Übergewicht stark verringert ist.

Mahlzeitenhäufigkeit

Zuletzt ist außerdem auch die Mahlzeitenfrequenz für die Gesundheit ausschlaggebend. Hierfür ist das Wissen um zwei Tatsachen entscheidend: Zum einen entzündet sich der Körper nach jeder Mahlzeit, was man als postprandiale Entzündung bezeichnet (Emerson et al., 2017). Dabei gilt, dass alles, was Kalorien enthält, eine Mahlzeit darstellt. Zum anderen sind viele chronische Krankheiten wie unter anderem Übergewicht und Diabetes durch einen chronischen niedriggradigen Entzündungszustand gekennzeichnet (Lumeng & Saltiel, 2011). In diesem Kontext zeigen Ernährungsinterventionen eine Verbesserung der Insulinsensibilität, wenn sie Entzündungsprozesse im Körper der Patienten verringern (Lumeng & Saltiel, 2011; Ghasemian et al., 2016). **Demnach stellt eine geringe Mahlzeitenfrequenz, bestehend aus zwei bis drei Mahlzeiten pro Tag, eine Interventionsmöglichkeit dar, niedriggradige Entzündungen bei Diabetes und Übergewicht zu reduzieren und damit eine Verbesserung der Symptome zu unterstützen.**

Ungeachtet der Wichtigkeit, was gegessen wird (vgl. Kapitel 4.3.2), zeigt alleine schon das *Wie* weitreichende Einflüsse auf die Gesundheit. Insgesamt sind intermittierendes Fasten, das Mahlzeitentiming (Daumenregel: Je später der Tag, desto kleiner die Mahlzeit) sowie die Mahlzeitenfrequenz von zwei bis drei Mahlzeiten wichtige Stellschrauben für die Gesundheit und insbesondere im Umgang mit Diabetes und Übergewicht.

4.3.2 Wirkungsnachweise von Ernährungskonzepten

Auf der Suche nach der »richtigen« und »gesunden« Ernährungsform stößt man auf viele verschiedene Meinungen. Beispiele sind hierfür drei Ernährungsformen, bei denen es viel mehr darum geht, die Ernährung langfristig nach einem bestimmten Prinzip zu gestalten, als um das kurze Einhalten einer Diät:

- die Richtlinien der Deutschen Gesellschaft für Ernährung (DGE),
- die Paleo-Ernährung,
- die LOGI-Methode.

Richtlinien der Deutschen Gesellschaft für Ernährung (DGE)
Nach der Ernährungspyramide der DGE sollte die Basis der Ernährung aus Kohlenhydraten in Form von Vollkorngetreide, Getreideprodukten und Kartoffeln bestehen. Gefolgt hiervon wird ein hoher Anteil an Gemüse und Obst sowie Milchprodukten empfohlen. Einen eher geringen Anteil stellen Fleisch und Fisch (Empfehlung: nur ein bis zwei Mal in der Woche) dar. Fette und Öle sollten laut DGE den geringsten Anteil der Ernährung ausmachen und dabei soll vor allem auf pflanzliche Fette zurückgegriffen und gesättigte tierische Fette sowie Kokosöl eher vermieden werden.

Paleo-Ernährung
Die Paleo-Ernährung orientiert sich an der »Steinzeit-Ernährung« und legt hierbei viel Wert auf naturbelassene und unverarbeitete Produkte. Zudem sieht dieser Ernährungsplan kein Getreide, keine Hülsenfrüchte, keine Milchprodukte und keinen industriellen Zucker vor. Fleisch, Fisch, Eier, Nüsse, Obst, Gemüse und Fette umfassen die Produkte, die einen hohen Stellenwert einnehmen.

Das Mengenverhältnis aus Kohlenhydraten, Fett und Eiweiß weicht von den Empfehlungen der Referenzwerte der DGE ab, weshalb im Rahmen betrieblicher Programme keine Förderung durch eine Krankenkasse erfolgen kann, obwohl Studien die Überlegenheit von Paleo-Ernährung bei der Behandlung von Übergewicht und Diabetes Typ 2 gezeigt haben.

LOGI-Methode
LOGI steht für »Low Glycemic Index« (= niedriger glykämischer Index). Ziel der LOGI-Ernährung ist es ebenfalls, wie bei der Paleo-Ernährung, den Kohlenhydratanteil stark zu reduzieren, was bedeutet sowohl die Menge als auch die Kohlenhydratqualität im Sinne eines geringen glykämischen Index (GI) zu optimieren. Die Maßeinheit GI sagt etwas darüber aus, wie sich Nahrungsmittel auf den Blutzucker- und Insulinspiegel auswirken. Präferiert werden bei der LOGI-Ernährung Lebensmittel, die den Blutzuckerspiegel nicht stark erhöhen (niedriger GI). Dabei gibt es keinen strengen Ernährungsplan, sondern nur ein Mengenverhältnis, welches die Anteile der täglich abzudeckenden Nahrungsmittel darstellt: 20–25% Kohlenhydrate, 45–50% Fett, 25–30% Eiweiß. Die Ernährungsbasis soll aus stärkearmem Gemüse und Obst bestehen.

Regelmäßige, geringe Mengen an Vollkornprodukten, Salzkartoffeln mit Schale und braunem Reis sowie Milchprodukten kommen hinzu.

Auch hier liegt keine Förderungsfähigkeit vor, weil die Abweichung von den DGE-Richtwerten zu stark ist. Die LOGI-Methode hat jedoch im Gesundheitsmanagement eine zunehmend festen Platz, da sie einfacher umzusetzen ist, als die Paleo-Methode, und dennoch greifbare Erfolge bringt.

Wissenschaftliche Belege für Ernährungsweisen gegen Übergewicht und Diabetes
Die zuvor kurz dargestellten Ernährungsweisen widersprechen sich hinsichtlich der Empfehlungen für eine »gesunde Ernährung«. Der aktuelle Forschungsstand unterstützt die Annahme, dass eine kohlenhydratarme, protein- und fettreiche Ernährung positive Effekte auf Übergewicht, Adipositas und Typ-2-Diabetes haben kann. Folgende Einblicke in die Forschungsergebnisse verdeutlichen diese Hypothese:

- **Überlegenheit der Paleo-Methode.** Bereits eine kurzzeitige Umstellung auf Paleo-Ernährung von ca. drei Wochen führte zu einer stärkeren Verbesserung der Glukose- und Blutfettwerte bei Typ-2-Diabetes-Patienten im Vergleich zu einer konventionellen Diät mit moderatem Salzkonsum, fettarmen Milchprodukten, Vollkorn und Hülsenfrüchten (vergleichbar mit den Richtlinien der DGE). Zudem konnte nur bei der Paleo-Gruppe eine erhöhte Insulinsensitivität festgestellt werden (Masharani et al., 2015; Frassetto et al., 2009). Außerdem berichtet eine Vielzahl an Studien positive Effekte der Paleo-Ernährung auf Übergewicht, Diabetes und nichtalkoholische Fettleber (Tarantino et al., 2015). Diese Ergebnisse sprechen für eine Paleo-Ernährung als Intervention bei Übergewicht und Diabetes Typ 2.
- **LOGI-Methode überlegen bei der Gewichtsabnahme.** Eine Diät mit Lebensmitteln, die einen niedrigen GI enthielten, zeigte positive Effekte auf den Fetthaushalt (Triglyceride) und das HDL-Cholesterin. Je stärker die Insulinresistenz bei den Probanden vorlag, desto effektiver wirkte die Ernährungsumstellung auch auf die Gewichtsreduktion (Ebbeling et al., 2007). Eine Metaanalyse des Cochrane-Instituts kommt zu folgendem Schluss: Übergewichtige und adipöse Menschen verloren mehr Gewicht unter Diät mit niedrigem GI im Vergleich zu Diäten mit hohem GI oder anderen Gewichtsreduktionsdiäten und ihr kardiovaskuläres Risikoprofil verbesserte sich (Thomas et al., 2007).
  Weitere Befunde vieler Studien lassen sich wie folgt zusammenfassen: Übergewichtige, adipöse Diabetiker zeigen mithilfe einer Ernährungsumstellung nach der LOGI-Methode bzw. kohlenhydratarmer, protein- und fettreicher Ernährung signifikante Veränderungen auf den Stoffwechsel: Senkung der Triglyceride, des Entzündungsparameters CRP, des Gesamtcholesterins, des LDL, des Blutzuckers, des BMI, sogar eine Senkung der Harnsäure trotz proteinreicher Ernährung, Gewichtsreduktion, höhere Insulinsensitivität und ein völliger Wegfall der postprandialen (= nach dem Essen) Blutzuckerspitzen (Westman et al., 2007; Nuttall & Gannon, 2006; Willibald et al., 2006; Heilmeyer et al., 2006; Nielsen et al., 2005).

Diese Blutzuckerspitzen stehen normalerweise im Zusammenhang mit spätdiabetischen Komplikationen. Zudem konnte eine Ernährungsumstellung nach der LOGI-Methode die antidiabetische Medikation bei den Patienten massiv (um 76%) reduzieren. Eine Kontrollgruppe, die kohlenhydratreich ernährt wurde, aber das gleiche Bewegungsprogramm erhielt, zeigte diese positiven Effekte nicht (Heilmeyer et al., 2006). Diese Befunde sprechen für eine Ernährungsumstellung nach der LOGI-Methode als Intervention für Übergewichtige und Diabetiker.

- **Fettverbrennung gehemmt.** Des Weiteren zeigt sich, dass nach einer kohlenhydratreichen Mahlzeit (nach DGE) die Fettverbrennung noch bis zu vier Stunden nach der Mahlzeit gehemmt wird. Bei Patienten, die eine kohlenhydratarme Mahlzeit einnahmen (nach LOGI) zeigte sich diese Hemmung auf die Fettverbrennung nicht.[23]
- Wie bereits oben erwähnt, zeichnen sich Übergewicht und Diabetes durch **chronische niedriggradige Entzündungen** aus. Dabei weisen Omega-3-Fettsäuren, welche sich reichlich vor allem in fettigem Fisch und Nüssen finden, stark anti-entzündliche Eigenschaften auf (Rangel-Huerta et al., 2012). Das sind wissenschaftliche Erkenntnisse, die wiederum sowohl für eine fettreiche Ernährung als auch für einen hohen Fischkonsum sprechen, der bei chronischen Krankheiten auch täglich sein kann.

Wichtig

Aufgrund des teilweise hohen Schwermetallgehaltes in Seefisch[24] sollten Sie Fisch nicht uneingeschränkt empfehlen. Empfehlen Sie gering belastete Seefische oder Fische aus kontrolliert-biologischer Aquakultur.

- **Sport**
  Selbstverständlich hat auch Sport einen nicht zu unterschätzenden Einfluss auf die Gewichtsreduktion und die Insulinsensibilität. So zeigt hoch intensives Intervalltraining (HIIT) sowohl positive Effekte auf die Gewichtsreduktion als auch auf die Insulinsensibilität (Obert et al., 2017; Bird & Hawley, 2017). Im direkten Vergleich von reinen Sport- und reinen Ernährungsinterventionen mit dem Ziel der Gewichtsreduktion erzielte die reine Ernährungsumstellung um 40 bis 80% bessere Ergebnisse, wie eine Meta-Analyse über mehr als 700 Studien zusammenfasst (Miller et al., 1997).

Fazit

Die Zahl von Übergewichtigen und Diabetes-Patienten steigt weltweit und verzeichnet aktuell ihr Maximum seit Beginn der Aufzeichnung. Durch Veränderungen des *Wie* und

23 Masterarbeit: Lang, Sarah: https://www.thieme-connect.com/products/ejournals/html/10.1055/s-2008-1074486#RHEILMEYER-1 (Zugriff: 27.09.2023).

24 https://projekte.meine-verbraucherzentrale.de/DE-BY/welche-lebensmittel-sind-mit-schwermetallen-belastet- (Zugriff: 23.02.2019).

Was der Ernährung kann direkt an den Ursachen der Erkrankungen angesetzt werden. Dabei stellen zum einen intermittierendes Fasten, das richtige Mahlzeitentiming und eine geringe Mahlzeitenfrequenz Ansatzpunkte dar. Daneben zeigen sich vor allem durch die Ernährungsformen der Paleo-Diät und der LOGI-Methode mit ihrem geringen Kohlenhydratkonsum, der protein- sowie fettreichen Ernährung positive Effekte auf die beiden thematisierten Krankheiten. Die Ansicht, dass fettreiche Nahrung per se schlecht, viele Kohlenhydrate (einfache sowie komplexe) gut und ein- bis zweimal Fisch pro Woche ausreichend seien (konform nach DGE), ist veraltet und durch wissenschaftliche Erkenntnisse widerlegt. Mit dem Ziel der Gewichtsreduktion ist eine reine Ernährungsumstellung effektiver als Sport, wobei Sport auch im Sinne einer umfassenden Gesundheit selbstverständlich einen ganz wichtigen Stellenwert einnimmt.

Links und Bücher

→ **www.logi-aktuell.de und www.nicolai-worm.de sind zwei Webseiten im deutschsprachigen Raum als Startpunkt für eine Recherche. Dr. Nicolai Worm hat die LOGI-Methode entwickelt.**

→ **»Die neue LOGI-Diät«** (Riva Verlag, 2020) von Dr. Nicolai Worm, Franca Mangiameli, Dipl. oec. troph. Heike Lemberger

→ **»Flexi-Carb«** (Riva Verlag, 2015) von Dr. Nicolai Worm

Beide Bücher sind die aktuellsten Werke zum Thema. Es gibt mehrere gute Koch- und Rezeptbücher, auch für Vegetarier oder LOGI und Grillen.

4.3.3 Beispielkonzeption einer Ernährungskampagne

Ernährung ist ein Pflichtthema für die betriebliche Gesundheitsförderung. Eine themenintensive Kampagne über 8–9 Wochen zusammen mit Wochenaktionen und einer Anpassung der Kantine setzt das vorgeschlagene Kampagnenformat konsequent um.

4.3.3.1 Schritt 1: Aufmerksamkeit erzeugen

Neben Postern als Teaserelementen verwendeten wir in dieser Kampagne die unternehmenseigene Kantine, die bereits eine hohe Qualität aufwies. Die üblichen Softgetränke, fehlende Allergenkennzeichnung und eine teilweise ungünstige Menüplanung in Bezug auf Allergien und Unverträglichkeiten sollten in dieser Kampagne bei der Kantine angegangen werden.

Wir entwickelten neun Tablettaufleger mit den Themen:

- Gesundes Fast Food,
- Richtig Frühstücken,
- Zucker als Gewürz,
- SlowCarb,

- Gesunde Fette,
- Eiweiße,
- Koffein,
- Wasser und zuckerarme Getränke,
- Zuckerersatz, Konservierungs- und Aromastoffe.

Die Tablettaufleger dienten als erste Wissensvermittlung, waren angereichert mit Produkt- und Buchtipps und enthielten den Verweis auf die Kampagnenseite im Intranet sowie auf weiterführende Artikel. Es wurden Filme auf Youtube verlinkt und insgesamt sehr grafisch gearbeitet. Die Aufleger konnten auch mitgenommen werden.

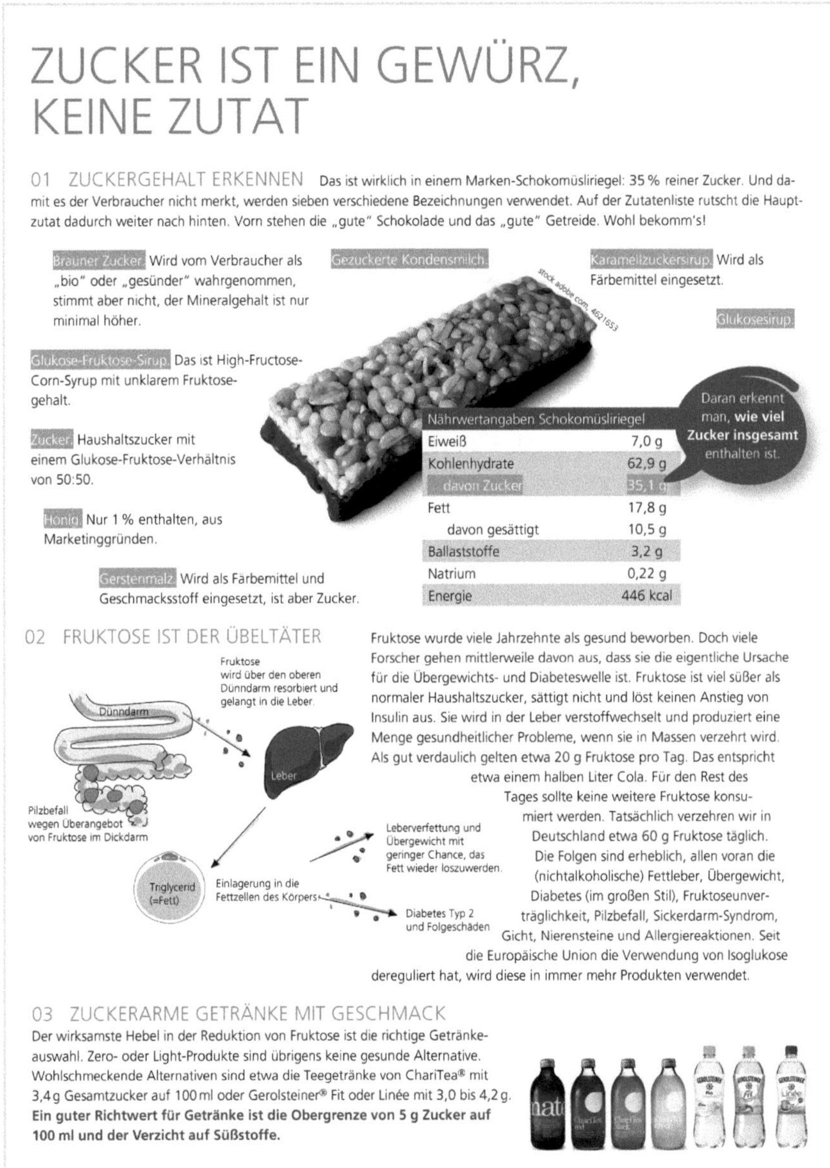

ZUCKER IST EIN GEWÜRZ, KEINE ZUTAT

01 ZUCKERGEHALT ERKENNEN Das ist wirklich in einem Marken-Schokomüsliriegel: 35 % reiner Zucker. Und damit es der Verbraucher nicht merkt, werden sieben verschiedene Bezeichnungen verwendet. Auf der Zutatenliste rutscht die Hauptzutat dadurch weiter nach hinten. Vorn stehen die „gute" Schokolade und das „gute" Getreide. Wohl bekomm's!

Brauner Zucker. Wird vom Verbraucher als „bio" oder „gesünder" wahrgenommen, stimmt aber nicht, der Mineralgehalt ist nur minimal höher.

Gezuckerte Kondensmilch.

Karamellzuckersirup. Wird als Färbemittel eingesetzt.

Glukosesirup.

Glukose-Fruktose-Sirup. Das ist High-Fructose-Corn-Syrup mit unklarem Fruktosegehalt.

Zucker. Haushaltszucker mit einem Glukose-Fruktose-Verhältnis von 50:50.

Honig. Nur 1 % enthalten, aus Marketinggründen.

Gerstenmalz. Wird als Färbemittel und Geschmacksstoff eingesetzt, ist aber Zucker.

Nährwertangaben Schokomüsliriegel	
Eiweiß	7,0 g
Kohlenhydrate	62,9 g
davon Zucker	35,1 g
Fett	17,8 g
davon gesättigt	10,5 g
Ballaststoffe	3,2 g
Natrium	0,22 g
Energie	446 kcal

Daran erkennt man, **wie viel Zucker insgesamt** enthalten ist.

02 FRUKTOSE IST DER ÜBELTÄTER

Fruktose wurde viele Jahrzehnte als gesund beworben. Doch viele Forscher gehen mittlerweile davon aus, dass sie die eigentliche Ursache für die Übergewichts- und Diabeteswelle ist. Fruktose ist viel süßer als normaler Haushaltszucker, sättigt nicht und löst keinen Anstieg von Insulin aus. Sie wird in der Leber verstoffwechselt und produziert eine Menge gesundheitlicher Probleme, wenn sie in Massen verzehrt wird. Als gut verdaulich gelten etwa 20 g Fruktose pro Tag. Das entspricht etwa einem halben Liter Cola. Für den Rest des Tages sollte keine weitere Fruktose konsumiert werden. Tatsächlich verzehren wir in Deutschland etwa 60 g Fruktose täglich. Die Folgen sind erheblich, allen voran die (nichtalkoholische) Fettleber, Übergewicht, Diabetes (im großen Stil), Fruktoseunverträglichkeit, Pilzbefall, Sickerdarm-Syndrom, Gicht, Nierensteine und Allergiereaktionen. Seit die Europäische Union die Verwendung von Isoglukose dereguliert hat, wird diese in immer mehr Produkten verwendet.

03 ZUCKERARME GETRÄNKE MIT GESCHMACK

Der wirksamste Hebel in der Reduktion von Fruktose ist die richtige Getränkeauswahl. Zero- oder Light-Produkte sind übrigens keine gesunde Alternative. Wohlschmeckende Alternativen sind etwa die Teegetränke von ChariTea® mit 3,4 g Gesamtzucker auf 100 ml oder Gerolsteiner® Fit oder Linée mit 3,0 bis 4,2 g. **Ein guter Richtwert für Getränke ist die Obergrenze von 5 g Zucker auf 100 ml und der Verzicht auf Süßstoffe.**

Abb. 55: Beispiel eines Tablettauflegers mit einem von insgesamt neun Themen. Hier: Zucker ist ein Gewürz (Quelle: Eudemos).

In der Kantine liefen wöchentliche Themenkurzfilme (ohne Ton), die das jeweilige Thema teaserten und auf die Aufleger der Woche aufmerksam machten.

4.3.3.2 Schritt 2: Wissen vermitteln

Eine Vertiefung des Wissens erfolgte über die Kampagnen-Intranetseite, wo weitere Artikel und Youtube-Filme verlinkt waren.

4.3.3.3 Schritt 3: Aktionen der Kampagne

Wochenweise wurden thematische Aktionen und Workshops angeboten, u.a.:

- Die Kantine griff das Wochenthema auf und kochte entsprechende Rezepte, beispielsweise gesundes Fast Food.
- Es wurde eine Verkostungsaktion mit zuckerarmen Getränken ohne Süßstoffe durchgeführt und die Mitarbeitenden gebeten, abzustimmen, was ihnen schmeckt und welche Sorten sie im Angebot haben möchten.
- Süßigkeitenautomaten wurden mit Nussmischungen, dunkler Schokolade und Slow-Carb-Snacks bestückt, nachdem verschiedene Varianten verkostet und abgestimmt wurden.
- Es wurden vierstündige Verkostungen und Kochkurse durchgeführt, mit einem Schwerpunkt auf Praxis, Zubereitung, Lebensmittelkunde und Probieren.
- Es wurden verschiedene Sorten grünen Tees verkostet.

4.3.3.4 Schritt 4: Langfristige Verstetigung

Im Vorfeld wurden mit dem Kantinenbetreiber, der sehr an dem Projekt interessiert war, verschiedene Veränderungen vereinbart:

- Veränderung der Getränke (nach der Verkostungsaktion);
- Veränderung der Automaten (nach Verkostungsaktion);
- Einkauf von regionalem Biofleisch und Biofisch;
- Ersatz von glutenhaltigen Bindemitteln mit Maisstärke, sodass deutlich mehr Gerichte glutenfrei angeboten werden konnten, ohne große Änderungen der Zubereitung und ohne Mehrkosten;
- Änderung der Menüplanung, sodass immer ein glutenfreies sowie ein vegetarisches und veganes Gericht möglich waren;
- Erlaubnis, die Gerichte zu mischen, d.h. Beilagen gegeneinander auszutauschen (Kartoffeln statt Nudeln usw.);
- Schulung des Personals im Bezug auf Allergene und Unverträglichkeiten, damit dieses hierzu kompetent beraten kann;
- konsequente Auszeichnung der Allergene.

Die Beliebtheit der Kantine ist dadurch deutlich gestiegen und sie wird von mehr Mitarbeitenden genutzt.

4.3.3.5 Exkurs: Angebot von Fitnessgerichten und regionalen Bioprodukten

- Kantinenbetreiber sind häufig schon mit geringen Förderzuschlägen in der Lage auf regionales Biofleisch umzustellen. Die Reduktion von Antibiotikum und Hormonen im Biofleisch kommt auch den Konsumenten zugute. Zudem ist Biofleisch deutlich umweltschonender.
- Die Umstellung auf Biogemüse reduziert den Gehalt an Pestiziden, Spritzmitteln und Düngemitteln erheblich. Auch das kommt den Konsumenten zugute und es ist umweltschonender.
- Fitnessgerichte sollten gesunde Öle und Fette wie Olivenöl und keine frittierten Komponenten enthalten (wegen des Transfettanteils) und außerdem einen hohen Gemüseanteil, einen geringen Anteil schnell verdaulicher Kohlenhydrate sowie einen gesunden Eiweiß- und Fettanteil vorweisen. Nach LOGI müssen Fitnessgerichte nicht vegetarisch sein.

4.4 Körperliche Ursachen von psychischen Symptomen

4.4.1 Somatopsychologie: Der Körper macht die Seele krank

Psychische Störungen sind nicht immer durch psychosoziale Ursachen bedingt. Unser Denken und Fühlen basiert zu sehr auf körperlichen Prozessen, um hier eine klare Trennlinie ziehen zu können. Eine Vielzahl organischer Erkrankungen kann dazu führen, dass jemand nicht mehr belastbar ist und Ängste, Depressionen oder sogar Wahnvorstellungen entwickelt. Die Somatopsychologie, das Pendant zur bekannteren Psychosomatik, bemüht sich, solche körperlichen Erkrankungen zu identifizieren (Kasten, 2010).

An körperlichen Ursachen für psychische Störungen kann man z. B. unterscheiden:

- infektiöse,
- genetische,
- endokrine (hormonelle),
- metabolische und
- neurologische Störungen (Kasten et al., 2003).

Hinzu kommen Organerkrankungen. So wird das Gehirn etwa bei Blutarmut, Herzschwäche oder Lungenfunktionsstörungen nicht ausreichend versorgt, was zu einer Fülle von kognitiven Störungen führen kann.

Lesetipp

In seinem Buch → **»Somatopsychologie – Körperliche Grundlagen psychischer Krankheiten«** (Reinhardt-Verlag, 2019) belegt Prof. Dr. Erich Kasten eindrucksvoll, welche körperlichen Ursachen psychische Symptome haben können. Damit wird deutlich, dass die einseitige Strategie, im Umgang mit psychischen Erkrankungen auf Antidepressiva und Psychotherapie zu setzen, nicht zielführend ist. Eine detaillierte Ursachendiagnostik ist geboten.

Depressionen gelten heute geradezu als Volkskrankheit; moderner ist der Begriff »Burnout«, der die Schuld nicht dem betroffenen Individuum zuschiebt, sondern belastenden Umweltstrukturen einer Hochleistungsgesellschaft mitten in einer Weltwirtschaftskrise. Letztlich lässt sich die Burnoutsymptomatik aber kaum von einer Depression trennen.

Psychiater behandeln beides überwiegend mit Antidepressiva, da man einen zu niedrigen Spiegel des Botenstoffs Serotonin im Gehirn als Hauptverursacher ansieht. Depressionen werden aber heute immer weniger einzig auf eine Störung der Serotonin-Balance im Gehirn zurückgeführt, sondern zunehmend auf Störungen des **Hypothalamus-Hypophysen-Nebennieren-Systems**, kurz meist als »HPA-Achse« bezeichnet. Es kommt unter anderem zu **Adrenal Fatigue**. Das ist eine depressionsähnliche Symptomatik, die auf einer klinisch noch nicht auffälligen Schwäche der Nebennieren als Folge von chronischem Stress beruht. Als Anpassung an bedrohliche Situationen produziert die Nebenniere zunächst vermehrt Adrenalin und Cortisol, aber weniger Sexualhormone wie z.B. Testosteron. Nach Jahrzehnten chronischen Stresses bricht das System jedoch in sich zusammen, die Hormonproduktion der Nebennieren vermindert sich rapide. Typische Symptome sind Schlafstörungen, Schwindel, Unterzuckerung, Erschöpfung, Konzentrationsdefizite, Leistungsversagen, Depressionen, Potenzschwierigkeiten und Libidoverlust.

Lesetipp

→ **»Nebennierenunterfunktion – Stress stört die Hormon-Balance«** (Zuckschwerdt Verlag, 2014) von Dr. med. Joachim Strienz

Das Buch ist ein Patientenratgeber zur Unterfunktion der Nebenniere, die als physiologische Grundlage eines stressbedingten Erschöpfungssyndroms gilt. Es enthält genaue Angaben zur Ursache, Diagnostik und Therapie und ist laienverständlich geschrieben.

Neben Veränderungen des neuroendokrinen Systems und einer Disbalance von Neurotransmittern, den sog. Gehirnbotenstoffen, kommen aber auch eine ganze Reihe anderer Ursachen für die Entstehung psychischer Erkrankungen infrage, zum Beispiel nicht erkannte Entzündungsprozesse im Körper. Das Immunsystem fährt sich im günstigen Fall hoch, wenn Bakterien, Viren oder Pilze in den Körper eingedrungen sind, es vermehrt dann diejenigen Zellen, die in der Lage sind, dieses Antigen anzugreifen, und fährt sich anschließend selbst wieder herunter, wenn es den Eindruck hat, dass der Feind besiegt wurde. Leider klappt das nicht immer so reibungslos.

Problematisch werden die Auswirkungen eines aktivierten Immunsystems zum Beispiel, wenn die **Entzündung chronisch** geworden ist. Patienten mit hartnäckigen Allergien leiden nicht nur an Juckreiz, Niesen oder Durchfällen, sondern die Immunreaktion hat auch psychische Veränderungen zur Folge. Auch minimale Entzündungen, die sich irgendwo im Körper versteckt haben und kaum körperliche Schmerzen verursachen, sorgen dafür, dass der Patient sich ständig elend fühlt, keine Kraft mehr hat, morgens wie gerädert aufsteht, häufig unter Kopfschmerzen leidet, bei der Arbeit zunehmend mehr Fehler macht und sich aus dem sozialen Umfeld immer weiter zurückzieht.

Typische chronische Entzündungsquellen sind neben Allergien z. B. Zahnwurzelentzündungen, chronische Nasennebenhöhlenvereiterungen (Sinusitis), häufige Harnwegsinfekte usw. Wenn die Ärzte dann die Ursache solcher mitunter schleichend verlaufenden Erkrankungen nicht korrekt diagnostizieren und behandeln, wird der Patient aufgrund seiner dauerhaften Ruhebedürftigkeit nicht selten mit Burnout- oder Depressionsverdacht zum Psychotherapeuten geschickt.

Lesetipp

→ **»Chronisches Fatigue-Syndrom: Chronisches Erschöpfungssyndrom – Systemische Belastungs-Intoleranz-Erkrankung«** (Verlagshaus der Ärzte, 2016) von Dr. med. Wolfgang A. Schuhmayer

Das chronische Fatigue-Syndrom ist eine rätselhafte Krankheit, an der mehrere Millionen Menschen leiden. Sie wird häufig mit Burnout und Depression verwechselt. Die *Myalgische Enzephalomyelitis* deutet auf entzündliche Vorgänge im zentralen Nervensystem hin. Das Buch zeigt Diagnostik und Therapieansätze auf.

Einige Beispiele aus der Einzelberatung von Mitarbeitenden aus Kundenunternehmen sollen dies verdeutlichen (siehe Kapitel 4.4.3). In Kapitel 4.4.4 erfolgt dann eine nicht abschließende Liste der häufigeren Ursachen für Depression und Erschöpfung, die einen Ausschnitt aus dem Buch von Prof. Erich Kasten wiedergeben.

4.4.2 Interdisziplinäre Gesundheitsberatung: Lösung für körperlich verursachte psychische Erkrankungen

Die interdisziplinäre Gesundheitsberatung wird als Äquivalent zur psychosozialen Mitarbeiterberatung konzipiert, allerdings mit einem interdisziplinären Ansatz. Mitarbeiterinnen und Mitarbeiter können sich mit gesundheitlichen Fragen an das interdisziplinäre Beratungsteam wenden. Das Beraterteam sollte einen nicht nur schulmedizinischen, sondern auch einen wissenschaftlich fundierten komplementärmedizinischen Blickwinkel mit Schwerpunkten in der Stressmedizin, der Ernährungsmedizin und Darmgesundheit, der Psycho-Neuro-Immunologie sowie der funktionalen Medizin haben.

An wen richtet sich die Beratung?

Die Gesundheitsberatung sollte sich insbesondere an belastete Mitarbeiterinnen und Mitarbeiter mit folgenden Auffälligkeiten richten:

- **Erschöpfungsanzeichen** (Schlafstörungen, Konzentrationsschwäche, nachlassende Leistungsfähigkeit, depressiv-bedrückte Stimmungslage, Müdigkeit nach der Arbeit usw.);
- **häufige Infekte**, Grippe und Erkältungen;
- **Tinnitus;**
- **Erschöpfungszustand nach Krebstherapie** oder Operation;
- **psychische Auffälligkeiten**, depressive oder Angstsymptome;
- **Kopfschmerzen, Migräne;**
- Frauen mit **Menstruationsschmerzen** oder dem **prämenstruellen Syndrom;**
- Menschen mit **Allergien** und **Nahrungsmittelunverträglichkeiten** und deren Folgeerscheinungen;
- **Menschen, die einen Burnout hatten**, nun wieder arbeiten kommen, aber erneut Anzeichen von Überlastung zeigen;
- Menschen mit **multipler chemischer Sensitivität**, Fibromyalgie, Elektrosensibilität usw.

Diese Auswahl ist nicht zufällig. Die Gesundheitsberatung soll eine Versorgungslücke schließen für häufige Erkrankungen, für die es im Moment noch keine ausreichende Versorgung gibt bzw. diese nur Symptome korrigiert, ohne Ursachenbehebung zu betreiben.

Ersetzt die Beratung einen Arztbesuch? Auf keinen Fall. Eine solche Beratung sollte mit dem Anbieter klar als eine *den Arztbesuch vorbereitende Anamnese* vereinbart werden.

Was ist das Ergebnis? Konkrete Handlungsoptionen und Orientierung im Gesundheitssystem sowie Unterstützung bei der Arzt- und Therapeutenwahl sowie eine ausführliche Anamnese mit schriftlichen Empfehlungen an den Arzt.

Was ist typischerweise der Gesprächsinhalt? Krankengeschichte und familiäre Vorbelastungen, aktuelle Symptome, frühere und jetzige Medikamenteneinnahme, private Lebenssituation, arbeitsbezogene Ursachen sowie bisherige durchgeführte Diagnostik und Therapien.

Wer bietet diese Art von Beratung an? Es gibt meines Wissens noch keine EAP-Anbieter, die dieses Thema aufgegriffen haben. Zum einen kommen Ärzte mit einer Spezialisierung auf Stressmedizin, Psycho-Neuro-Endokrino-Immunologie und naturheilkundlich arbeitende Neurologen und Psychiater infrage (Letztere sind sehr selten). Zudem gibt es vereinzelt Somatopsychologen, die diese Beratung ebenfalls anbieten.

Wo findet man mögliche Ärzte und Therapeuten, die eine telefonische Gesundheitsberatung und Differenzialanamnese durchführen? Die Suche ist ausgesprochen schwer, weil es dafür noch keinen großen Markt gibt. Die folgenden Therapeutenlisten können bei der Suche helfen.

- **Forum Orthomolekulare Medizin:** Das FOM ist ein Verein zur Erforschung orthomolekularer Medizin. Es werden zudem Fortbildungen für Ärzte und Therapeuten angeboten. In der Therapeutensuche werden durch das FOM qualifizierte Ärzte und Therapeuten angezeigt. Der Autor kann keine Aussagen über die Richtigkeit der Angaben und die Qualität der angezeigten Ärzte und Therapeuten machen.
  Link: https://fom-online.de/therapeutensuche/
- **Therapeutenfinder von Neurolab**: Neurolab ist ein Unternehmen, das komplexe Naturheilkundepräparate zur Behandlung von Neurostresserkrankungen herstellt. Auf der Webseite des Unternehmens werden Ärzte und andere Therapeuten aufgelistet, die mit Neurostressbehandlungen Erfahrungen haben. Die Webseite führt keinen Qualitätscheck durch, sodass eine mögliche Kooperation mit einem Arzt oder einer Ärztin von jedem Unternehmen selbst geprüft werden muss. Der Therapeutenfinder hilft lediglich bei der Suche nach möglichen Kandidat:innen. Der Autor kann keine Aussagen über die Richtigkeit der Angaben und die Qualität der angezeigten Ärzte und Therapeuten machen. Im Rahmen von BGM wird ausschließlich eine Kooperation mit Ärzten empfohlen.
  Link: https://neurolab.eu/therapeutenfinder/
- **Therapeutenfinder von Lab4more**: Lab4more ist eines von vier Speziallaboren, die eine Vielzahl von Laboruntersuchungen im Bereich Neurostress, Gendiagnostik, Allergie- und Unverträglichkeitsdiagnostik usw. durchführen. Auf der Startseite ist einen Therapeutenfinder enthalten (weiter unten auf der Seite). Die Webseite führt keinen Qualitätscheck durch, sodass eine mögliche Kooperation mit einem Arzt oder einer Ärztin von jedem Unternehmen selbst geprüft werden muss. Der Therapeutenfinder hilft lediglich bei der Suche nach möglichen Kandidat:innen. Der Autor kann keine Aussagen über die Richtigkeit der Angaben und die Qualität der angezeigten Ärzte und Therapeuten machen. Im Rahmen von BGM wird ausschließlich eine Kooperation mit Ärzten empfohlen.
  Link: https://www.lab4more.de/

Was sollte vereinbart werden? Aus den vielen Jahren eigener Praxiserfahrung mit dieser Art von Gesundheitsberatung in Unternehmen habe ich folgende Erkenntnisse gewonnen:

- Die Gesundheitsberatung sollte sich (auch, wenn sie von einem Arzt durchgeführt wird) von der ärztlichen Behandlung unterscheiden. Sie ist zu allererst eine ausführliche Anamnese und Analyse der Krankengeschichte und der Medikamentenhistorie. Sie ist selbst keine Therapie.
- Ärzte, die diese Beratung durchführen, brauchen auch die Fähigkeit, auf soziale und psychische sowie berufliche Themen einzugehen und diese hinsichtlich ihrer Ursachenqualität einzuschätzen.
- Es wird vereinbart, dass die interdisziplinäre Gesundheitsberatung sich auf den Bereich Psycho-Neuro-Endokrino-Immunologie, Stressmedizin, mitochondriale Medizin und orthomolekulare Medizin sowie Ernährungsmedizin, Umweltmedizin und Darmbiom beschränkt. Es werden keine »esoterischen« Richtungen oder Homöopathie, Kinesiologie usw. durchgeführt, unabhängig davon, ob diese wirksam sind oder nicht. Es sollen Empfehlungen für Labordiagnosen gegeben werden, sodass eine Validierung der Anamnesehypothesen möglich ist.
- Ärzte sollten die Beratung von der Behandlung trennen. Es könnte sinnvoll sein, die beratenden Ärzte zu verpflichten, die Behandlung nicht selbst durchzuführen, sondern grundsätzlich an andere Ärzte zu verweisen.
- Sollten Somatopsychologen als Berater eingesetzt werden, ist die Trennung aus Anamnese und Diagnostik/Therapie sowieso gegeben, da diese keine ärztlichen Handlungen vornehmen dürfen.
- Grundsätzlich eignen sich nur Ärzte mit einer Privatpraxis als Gesundheitsberater. Ärzte mit kassenärztlicher Zulassung haben in der Regel keine Zeit dafür. Achten Sie bei der Auswahl darauf, dass der Arzt keine kommerziellen Verträge mit Vitaminherstellern oder anderen Diagnoseanbietern haben. Es gibt einige, wenige Privatpraxen, die als Zusatzgeschäft Nahrungsergänzungsmittel anbieten oder die z.B. einen Kooperationsvertrag mit einem Herzratenvariabilitätsdiagnostik-Gerätehersteller haben (z.B. www.lebensfeuer.de). Obwohl diese Anbieter an sich sinnvolle Dinge anbieten, kommt es jedoch leider zu Interessenkonflikten und die Erfahrung hat gezeigt, dass Beratungsklienten sehr oft eine solche HRV-Analyse in Anspruch genommen haben. Daher die Empfehlung der Trennung von Beratung und Behandlung.
- Die Beratung sollte grundsätzlich telefonisch oder per Videokonferenz erfolgt. Das macht sie leichter organisierbar und der Auswahlradius ist deutlich größer.
- Der Arzt oder Somatopsychologe muss einen Termin innerhalb von fünf Werktagen zusichern. Dieser sollte in der Arbeitszeit des zu beratenen Mitarbeiters liegen und als Arbeitszeit gelten.
- Der beratende Arzt oder Somatopsychologe unterliegt der Schweigepflicht auch gegenüber der innerbetrieblichen Beratungsstelle. Er dokumentiert die Gesprä-

che mittels Protokoll und lässt sich auch Befunde durch den Klienten zuschicken und speichert sie ab.

- Die innerbetriebliche Beratungsstelle vergibt jedem Mitarbeitenden, den sie in die Gesundheitsberatung vermittelt, eine Coachingnummer. Die Rechnungsstellung des Arztes erfolgt ohne Namensnennung und wird über die Coachingnummer validiert.
- Die innerbetriebliche Beratungsstelle macht Stichprobenkontrollen über Datum und Länge von stattgefundenen Beratungen und gleicht diese mit den Rechnungsdaten des Arztes ab.
- Mit dem beratenden Arzt oder Somatopsychologen wird ein Maximalkontingent von vier bis fünf Zeitstunden pro Klient festgelegt, das nicht ohne Rücksprache überschritten werden kann.

4.4.3 Interdisziplinäre Gesundheitsberatung: Fallbeispiele

Im Folgenden führen wir eine Reihe von Fallbeispielen aus der Beratungspraxis einer interdisziplinären Gesundheitsberatung auf.

4.4.3.1 Computerspielsucht und Dopaminmangel

Anlass und Symptomlage: Der Klient, etwa 35 Jahre alt, verheiratet und ein Kind (4) litt unter starker Erschöpfung, geringer körperlicher Kraft, morgendlichem Energiemangel und einer geringen Motivation zu Arbeiten oder sich um den gemeinsamen Sohn zu kümmern. Er arbeitete als IT-Spezialist in einem größeren mittelständischen Unternehmen. In seiner Freizeit spielte er seit vielen Jahren intensiv Computerspiele, oft mehrere Stunden lang.

Es wurde große Erschöpfung trotz normaler Arbeitsbelastung beschrieben. Die Ehe des Klienten war seit der Geburt des Sohnes belastet, weil beide Ehepartner nicht auf ihre berufliche Karriere verzichten wollten. Der Klient beschrieb Unlust, sich um den Sohn zu kümmern.

Die krankheitsbedingten Fehlzeiten waren enorm und der Klient hatte eine befristete Vereinbarung darüber, dass der Arbeitsbeginn erst 11 Uhr war. Weitere Fehltage hätten zu einer krankheitsbedingten Kündigung geführt.

Therapieansätze vor Beratungsbeginn: Die psychischen Themen gaben dem behandelnden Hausarzt den Anlass, die Ursache als rein psychisch einzustufen. Es wurde ein SSRI-Antidepressivum verschrieben bzw. mehrere Präparate ausprobiert, wegen der als unangenehm beschriebenen Nebenwirkungen. Zudem wurde eine Verhaltenstherapie begonnen, die als nicht hilfreich empfunden wurde.

Differenzialdiagnose: Der ausschlaggebende Hinweis für eine differenzialdiagnostische Hypothese war die ausgeprägte Computerspielsucht. Das Phänomen, dass bei diesem Klienten durch eine Analyse der Neurotransmitter-Level später labordiagnostisch nachgewiesen wurde, ist bei mehreren computerspielenden Klienten aufgefallen. Intensives Computerspielen kann zu einer Auslaugung des Dopaminvorrats im Gehirn führen. Dopamin ist ein anregender Neurotransmitter, der als Belohnungsbotenstoff beschrieben wird und für Motivation und Antrieb zuständig ist. Dopamin gilt als Problem bei Suchtverhalten. Die vielen kleinen und großen Belohnungen, die in Computerspiele eingebaut werden, können zu einer »Dopaminsucht« führen.

Typische Symptome eines zu geringen Dopaminlevels sind Antriebsarmut und geringe Motivation bzw. geringes Interesse an Arbeit und Familie. Allerdings müssen andere Parameter begleitend auftreten, da eine geringe Motivation auch persönlichkeitsbedingt sein kann. So war dieser Klient eigentlich ein Hochleister gewesen und galt als zuverlässig und leistungsorientiert.

Laboruntersuchung: Als Labor wurde auf das Speziallabor lab4more in München zurückgegriffen. Die Untersuchung musste vom Klienten privat bezahlt werden. Durchgeführt wurde sie von einem niedergelassenen Hausarzt, der eine spezielle Fortbildung in orthomolekularer Medizin absolviert hatte.

Das Laborprofil zeigte einen deutlichen Mangel des Neurotransmitters Dopamin sowie Serotonin und Adrenalin und Noradrenalin. Ein Cortisol-Tagesprofil mittels zeitlich gestaffelter Speichelproben zeigte eine zu geringe Verfügbarkeit von Cortisol frühmorgens und am Vormittag, während der Level sich gegen Mittag stabilisierte.

Die Therapie erfolgte durch ein Kombinationspräparat der Firma Neurolab in Österreich, die sich auf die orthomolekulare Rebalancierung von Neurotransmitter-Disbalancen spezialisiert hat. Die Präparate sind nur auf Rezept erhältlich.

Ergebnis: Die Negativsymptomatik verschwand etwa eine Woche nach Therapiebeginn. Eine dauerhafte medikamentöse Therapie ist nicht notwendig, jedoch muss verhaltenstherapeutisch die Computerspielsucht behandelt werden, weil ohne eine Verhaltensveränderung das Krankheitsbild erneut eintreten wird.

4.4.3.2 Angst-/Panikstörung durch Candida-Befall nach Antibiotikumtherapie

Anlass und Symptomlage: Ein junger Vater wurde über die innerbetriebliche Beratungsstelle des Unternehmens in die Gesundheitsberatung vermittelt. Bei ihm traten seit einigen Monaten Angst-/Panikattacken auf. Eine genauere psychologische Analyse ergab jedoch weder arbeitsbezogene noch private Belastungen, die die Schwere der Symptome oder deren Auftreten angemessen erklärten. Hierbei ist wichtig, eine Abklärung etwaiger frühkindlicher Traumatisierungen vorzunehmen, da Panikattacken Anzeichen nichterinnerter Traumatisierungen sein können.

Die Analyse der Zeitachse ergab jedoch den entscheidenden Hinweis. Die Panikattacken hatten im Frühjahr unvermittelt begonnen und waren früher nie aufgetreten. Etwa zwei Monate vor dem ersten Auftreten hatte der Klient eine schwere Nebenhöhleninfektion und wurde mit Clindamycin, einem knochengängigen Antibiotikum behandelt. Weitere wichtige Hinweise auf eine körperliche Ursache waren stark übel riechende Blähungen und regelmäßiger Durchfall. Eine Gluten- oder Fruktoseunverträglichkeit konnte ausgeschlossen werden, weil diese früher bereits untersucht wurden.

Die Fehltage wegen der Panikattacken waren noch gering, aber es traten Leistungseinbußen auf, da die Angst vor einem Auftreten einer unkontrollierten Panikattacke am Arbeitsplatz eine starke psychische Belastung darstellte.

Therapieansätze vor Beratungsbeginn: Es wurden angstlösende Medikamente verschrieben und eine Verhaltenstherapie empfohlen.

Differenzialdiagnose: Die Symptomatik deutete auf einen Candida-Befall im Dickdarm hin. Candida ist ein Hefepilz, der bei bestimmten Antibiotika ausgesprochen häufig als Nebenwirkungen auftritt. Clindamycin ist hierfür bekannt. Der Candida-Pilz sondert Stoffe ab, die über die Blutbahn gehirngängig sind und dort Panikattacken auslösen können. Die Anzahl der Fälle nimmt in der Regel im März/April jeden Jahres nach der üblichen Infektionswelle zu.

Laboruntersuchung: Es wurde eine Stuhlprobe entnommen durch einen niedergelassenen Hausarzt, der eine orthomolekulare Fortbildung abgeschlossen hat. Das Laborprofil (siehe Abbildung 56) weist einen sehr stark erhöhten Befall mit Candida auf.

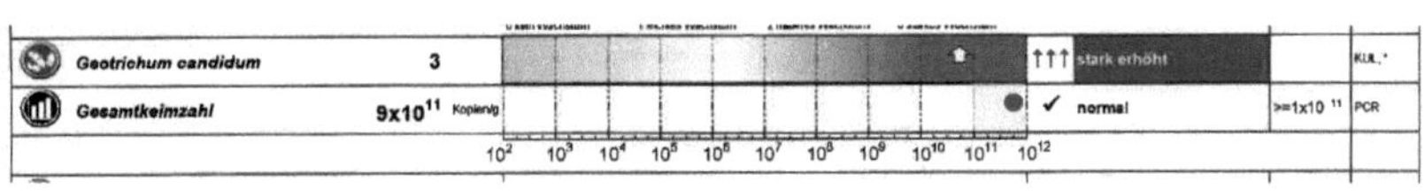

Abb. 56: Auszug aus Laborbefund mit Nachweis von Geotrichum candidum bei diesem Klienten.

Ergebnis: Mittels eines entsprechenden Medikaments zur Bekämpfung des Pilzes in Kombination mit einer getreide- und zuckerarmen Diät für einige Wochen konnte der Pilz erfolgreich entfernt werden. Die Panikattacken sind nicht wieder aufgetreten.

4.4.3.3 Migräne wegen Antibiotikumüberdosierung und Zerstörung des Mikrobioms sowie Neurostressproblematik mit starker Depression und Erschöpfung

Anlass und Symptomlage: Der Klient kam über eine innerbetriebliche Beratungsstelle in die Gesundheitsberatung. Aufgrund der vielen AU-Tage stand eine krankheitsbedingte Kündigung im Raum. Der hohe Leidensdruck mit starken migräneähnlichen Kopfschmerzen, Depressivität und Erschöpfung haben im privaten und beruflichen Umfeld Störungen der sozialen Beziehungen erzeugt, die sich als psychologische Ursache für die Depression verstärkend auswirkten.

Im Anamnesegespräch ergab sich ein Zeitlinieneffekt: Die gesamte Problematik hatte nach einem Indien-Aufenthalt begonnen, bei dem aufgrund einer Infektion ein Antibiotikum als Infusion verabreicht wurde. Diese Infusion war stark überdosiert, sodass eine Zerstörung des Mikrobioms (der verdauungsfördernden Darmbakterien) im Darm auftrat.

Es wurde versäumt, einen probiotischen Darmaufbau zu vollziehen. Der Zusammenhang zu Migräne bei Mikrobiomstörung ist in der Alternativmedizin bekannt. Ebenso können Depressionen auftreten.

Durch die psychosozialen Folgen der Primärproblematik (Eheprobleme, Probleme mit Kollegen und Führungskräften aufgrund vieler Fehltage und der depressiven Stimmungslage) kam es zu einer Sekundärproblematik, einer Neurotransmitter-Disbalance mit Nebennierenunterfunktion.

Therapieansatz vor Beratungsbeginn: Seit Krankheitsbeginn wurde ausschließlich mit Schmerzmitteln und Antidepressiva gearbeitet.

Differenzialdiagnose: Der Verdacht einer Mikrobiomstörung lag nahe, jedoch war die Migräne- und Erschöpfungs- und Depressionssymptomatik im Vordergrund, weshalb ein Neurostressprofil vorrangig empfohlen wurde.

Laboruntersuchung: Es wurde eine Urinanalyse, eine Blutanalyse und eine Stuhlanalyse durchgeführt. Die Blutanalyse ergab verschiedene Versorgungsmängel, u. a. einen extrem niedrigen Vitamin-D-Spiegel sowie einen Vitamin-B_{12}-Mangel. Das sind Zufallsfunde, die die Gesamtgesundheit verbessern, wenn sie behoben werden. Die Stuhlprobe zeigte eine manifeste Darmbiomsstörung. Vordergründig und für die Behebung der Negativsymptomatik sind jedoch die deutlichen Befunde der Urinuntersuchung.

Abbildung 57 zeigt den Tagesverlauf der Cortisolverfügbarkeit. Man sieht morgens und vormittags eine deutliche Unterversorgung, sodass Leistungsverlust, Müdigkeit und körperliche Erschöpfung die Folge sind, was der Symptomatik entsprach.

Cortisol (Saliva)

Die **verminderten Cortisolspiegel** sind Hinweis auf einen Hypocortisolismus und zeigen eine **unphysiologische bzw. aufgehobene Cortisol-Tagesrhythmik**. Eine Nebennierenrindeninsuffizienz ist oft mit morgendlicher Leistungsschwäche, Beeinträchtigungen des Stoffwechsels und immunologischen Regulationsstörungen assoziiert.

Cortisol im Tagesverlauf:

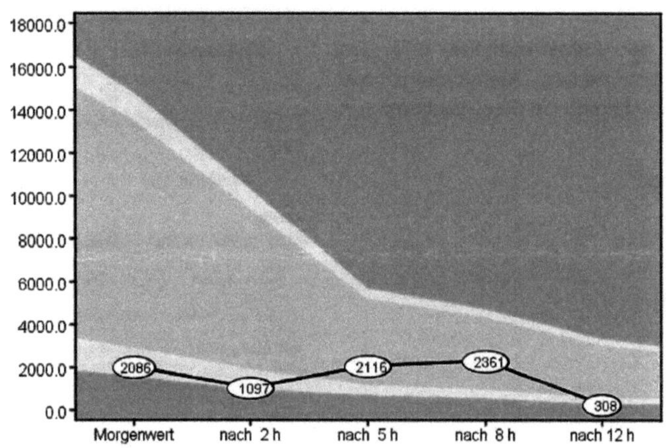

Abb. 57: Auszug aus der Urinanalyse des Klienten. Es zeigt sich eine deutliche Nebennierenunterfunktion mit verminderter Produktion des Stresshormons Cortisol.

Abbildung 58 zeigt die zu geringe Verfügbarkeit von Adrenalin, Noradrenalin, Serotonin und Dopamin. Dies ist der Neurotransmitterzustand eines Erschöpfungssyndroms im Endstadium, mit geringer Leistungsmotivation, geringem Antrieb, Depression, Schlafstörungen, körperlicher Schwäche.

Adrenalin i. Urin	1,2	µg/g Kreatinin	5,0 - 13,0
Noradrenalin i. Urin	22,9	µg/g Kreatinin	25,0 - 75,0
Noradrenalin/Adrenalin-Ratio	18,6	Ratio	3,0 - 6,0
Dopamin i. Urin	61,8	µg/g Kreatinin	50,0 - 250,0
Serotonin i. Urin	41,9	µg/g Kreatinin	50,0 - 185,0

Abb. 58: Auszug aus der Urinanalyse des Klienten. Sie zeigt deutlich zu geringe Level von Adrenalin, Noradrenalin, Dopamin und Serotonin als Korrelate für die Verfügbarkeit im Gehirn. Ein solches Bild zeigt das Endstadium eines Erschöpfungssyndroms.

Ergebnis: Die Behandlung durch einen mit Neurostress und orthomolekularer Medizin vertrauter Arzt und spezifischen Nährstoffkombinationen ergaben nach Angaben des Klienten eine Reduktion der Negativsymptomatik um etwa 90%. Die Migräne konnte vollständig ausgeheilt werden durch eine langfristige prä- und probiotische Behandlung des Darmmikrobioms. Die psychosozialen Folgen der langen Erkrankung konnten nicht geheilt werden. Hierfür war ein Neuanfang im privaten Beziehungsgefüge und auch ein Neugewinnen von Vertrauen im beruflichen Umfeld notwendig.

4.4.3.4 Jahrzehntelange unerkannte Winkelfehlsichtigkeit mit Pseudomigräne und Polyneuropathien

Anlass und Symptomlage: Die etwa 60-jährige Klientin kam über die innerbetriebliche Beratungsstelle einer mittelständischen Bank. Sie litt seit ihrer Jugend unter migräneähnlichen Kopfschmerzen, die jedoch nicht dem Vollspektrum einer Migräne entsprachen. Ebenfalls seit ihrer Jugend traten Polyneuropathien an den Händen und Armen auf, d.h. regelmäßige Taubheitsgefühle, meist einseitig, beginnend mit dem kleinen Finger der Hand. Nächtliches Zähneknirschen sowie Verspannung der Nacken- und Kiefermuskulatur – ebenfalls einseitig – begleiteten sie jahrelang.

Die Klientin hatte in ihrer Jugend intensiv Ballett trainiert, starke Abnutzungserscheinungen an den Wirbeln, einen Beckenschiefstand und eine Skoliose (eine Verdrehung der Wirbelsäule).

Zudem lagen Erschöpfungssymptome vor. Die Klientin hatte selbstständig bereits Vitamin B_{12} substituiert und wurde osteopathisch behandelt, was zu einer leichten Linderung der Symptome geführt hatte, aber nicht zu einer Heilung.

Therapieansatz vor Beratungsbeginn: Die Klientin nahm über viele Jahre ein Antidepressivum, das die Problematik nicht beheben konnte.

Differenzialdiagnose: Die beschriebene Symptomatik ist ausgesprochen typisch für zwei Krankheitsbilder, das sogenannte Hals-Wirbel-Syndrom, wie es von Dr. med. Bodo Kuklinski beschrieben wurde,[25] sowie die sogenannte Winkelfehlsichtigkeit (siehe: www.ivbs.org). Aufgrund begleitender Symptome im Bereich der Augen führte die Klientin zunächst eine Winkelfehlsichtigkeitsuntersuchung bei einem qualifizierten Augenoptiker durch. Die Messung wies eindeutig eine schwere Winkelfehlsichtigkeit von 12 Winkeldioptrien nach.

25 Das HWS-Trauma: Ursachen, Diagnose und Therapie (2010), Aurum-Verlag, Dr. med. Bodo Kuklinski (Autor)

Eine Winkelfehlsichtigkeit wird in der Regel muskulär korrigiert, d.h. das Gehirn verkrampft einen der Augenmuskeln dauerhaft, um das leichte Schielen auszugleichen. Durch Spannungsstreuung kommt es zu Verkrampfungen der Kiefer- und Nackenmuskulatur. Die Klientin beschrieb die seit Jahren verhärtete Kiefermuskulatur und das nächtliche Pressen mit den Zähnen. Die Verkürzung der Nackenmuskulatur führt zu einem Schulterschiefstand, der durch eine Skoliose und einen Beckenschiefstand kompensiert wird. Aufgrund der mehrere Jahrzehnte anhaltenden Problematik war die Fehlhaltung bereits verknöchert und die Muskulatur entsprechend angepasst.

Alle phänomenologischen Therapieansätze, wie Osteopathie, konnten die Fehlstellung nicht dauerhaft korrigieren, weil die Ursache am Auge nicht behoben wurde.

Laboruntersuchung: Neben der Winkelfehlsichtigkeit wurde eine Blutuntersuchung auf erhöhten Stickstoffmonoxid (sogenannter nitrosativer Stress) sowie auf eine verminderte Mitochondrienleistung durchgeführt, da sich Stickstoffmonoxid negativ auf die ATP-Produktion der Mitochondrien auswirkt. Lesen Sie dazu den Fachartikel von Dr. med. Bodo Kuklinski[26] für weitere Erläuterungen.

Die Laboruntersuchungen wurden durch einen niedergelassenen Hausarzt mit orthomolekularer Fortbildung durchgeführt. Die Klientin zahlte die Laboruntersuchungen selbst.

Ergebnis: Der Optiker stellte eine spezielle Winkelkorrekturbrille her. Das Unternehmen übernahm einen Teil der Kosten für die Winkelkorrekturbrille, da in Deutschland die Gläser sehr teuer sind (zwischen 500 bis 700 EUR pro Glas) und die Krankenkassen die Kosten nicht übernehmen. Aufgrund der jahrzehntelangen Problematik hat das Lösen der Verkrampfung am Auge, im Kiefer und am Hals deutlich länger als gewöhnlich gedauert. Erste Verbesserungen stellten sich nach vier Wochen ein und eine dauerhafte Lösung der muskulären Verkrampfung trat nach sechs Wochen ein. Kopfschmerzen und Polyneuropathien traten in der Folge nicht mehr auf. Durch eine begleitende orthomolekulare Substitution zur Verringerung des nitrosativen Stresses konnten Erschöpfung und depressive Befindlichkeiten gelöst werden. Eine begleitende osteopathische Behandlung half bei der nun endgültigen Korrektur der Skoliose und der Schiefstände im Becken und bei der Schulter. Die Gesamtkosten beliefen sich (ohne Brille) auf etwa 600 EUR.

26 https://www.dr-kuklinski.info/wp-content/uploads/2019/08/kuklinski-sod-2-polymorphismus-mitochondriale-zytopathie-nitrosativer-stress-2009.pdf (Zugriff: 27.09.2023).

4.4.3.5 Konzentrationsstörungen und Vergesslichkeit aufgrund eines Gendefekts (MTHFR)

Anlass und Symptomlage: Die 50-jährige Frau arbeitete in einem größeren mittelständischen Unternehmen. Sie wurde über die innerbetriebliche Beratungsstelle in die Gesundheitsberatung vermittelt. Anlass waren starke Konzentrationsstörungen und Vergesslichkeit. Es stand der Anfangsverdacht für Alzheimer im Raum.

Therapieansatz vor Beratungsbeginn: Noch keiner, aber es lag die Empfehlung für eine Alzheimer-Therapie vor.

Differenzialdiagnose: Eine häufige Ursache für Demenz- und Alzheimer-Symptome ist ein ausgeprägter Vitamin-B_{12}-Mangel. Dieser tritt insgesamt mit einer Prävalenz von 7 % in der Gesamtbevölkerung auf, jedoch steigt die Wahrscheinlichkeit ab 50 Jahren auf 30 % und bei 60-Jährigen sogar auf 50 %. Eine häufige Ursache ist die dauerhafte Einnahme von Magensäureblocker-Medikamenten oder Metformin.

Eine erste Laboruntersuchung des Blutes ergab jedoch ein widersprüchliches Bild. Die Vitamin-B_{12}-Werte, sowie Vitamin B_6 und Vitamin B_9 waren normal bis erhöht. Gleichzeitig war der Homocystein-Wert stark erhöht. Dieser Befund ist ausgesprochen ungewöhnlich, weil sich die drei B-Vitamine und Homocystein gegenseitig bedingen. Normalerweise würde Homocystein nur bei einem Mangel von mindestens einem dieser drei B-Vitamine vorkommen. Hohes Homocystein ist ein wichtiger Risikofaktor für Thrombosen, Herzinfarkte, Schlaganfälle und Alzheimer.

Eine Kombination aus hohem Homocystein und erhöhten oder normalen B6-, B9- und B12-Leveln deutet auf ein anderes Krankheitsbild hin: eine **Methylen-Tetrahydrofolat-Reduktase-(MTHFR)-Mutation**. Dieser Gendefekt kommt nach Aussagen des Labors bei etwa 25 % der Bevölkerung vor und stoppt die sogenannte Methylenisierung von Folsäure (Vitamin B_9).

Dieser fehlende Stoffwechselschritt führte zu einer Ansammlung der drei B-Vitamine und einem funktionalen Mangel an methylenisiertem Vitamin B_9, der aber aufgrund der hohen Verfügbarkeit des nichtmethylenisierten B_9 nicht entdeckt worden wäre. Bleibt dieser Gendefekt unentdeckt, sind die beschriebenen schweren Erkrankungsbilder, insbesondere Morbus Alzheimer wahrscheinlich.[27]

Laboruntersuchung: Die zweite Laboruntersuchung wies einen heterozygoten Gendefekt für MTHFR nach.

---

27 Vgl. u. a. Rai, 2017; Catillo-Quan & Pérez-Osorio, 2009.

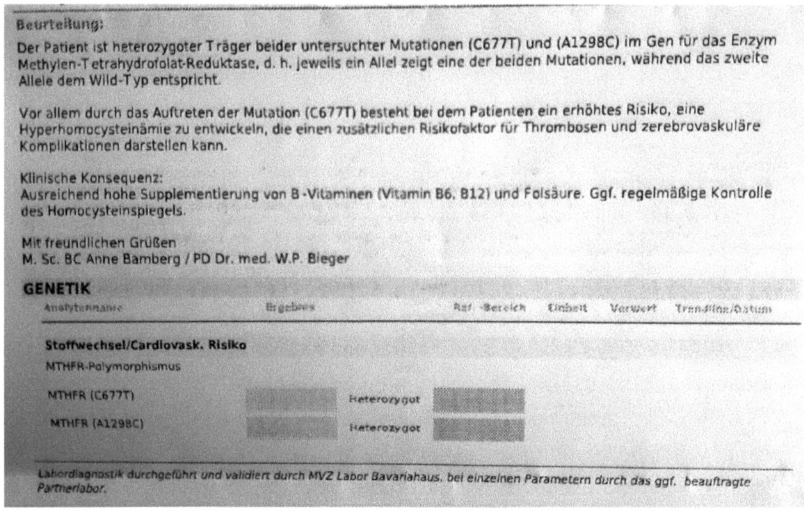

Beurteilung:
Der Patient ist heterozygoter Träger beider untersuchter Mutationen (C677T) und (A1298C) im Gen für das Enzym Methylen-Tetrahydrofolat-Reduktase, d. h. jeweils ein Allel zeigt eine der beiden Mutationen, während das zweite Allele dem Wild-Typ entspricht.

Vor allem durch das Auftreten der Mutation (C677T) besteht bei dem Patienten ein erhöhtes Risiko, eine Hyperhomocysteinämie zu entwickeln, die einen zusätzlichen Risikofaktor für Thrombosen und zerebrovaskuläre Komplikationen darstellen kann.

Klinische Konsequenz:
Ausreichend hohe Supplementierung von B-Vitaminen (Vitamin B6, B12) und Folsäure. Ggf. regelmäßige Kontrolle des Homocysteinspiegels.

Mit freundlichen Grüßen
M. Sc. BC Anne Bamberg / PD Dr. med. W.P. Bieger

GENETIK

Analytenname	Ergebnis	Ref.-Bereich	Einheit	Vorwert	Trendline/Datum
Stoffwechsel/Cardiovask. Risiko					
MTHFR-Polymorphismus					
MTHFR (C677T)	Heterozygot				
MTHFR (A1298C)	Heterozygot				

Labordiagnostik durchgeführt und validiert durch MVZ Labor Bavariahaus, bei einzelnen Parametern durch das ggf. beauftragte Partnerlabor.

Abb. 59: Ausschnitt aus Laborbefund des MVZ Labor Bavariahaus mit Nachweis der Genmutation dieser Klientin.

Behandlung: Es war ausgesprochen schwer, einen Arzt zu finden, der diesen Gendefekt kennt und auch die Behandlung übernimmt. Es fand sich ein Hausarzt mit mehreren Fortbildungen, u. a. in orthomolekularer Medizin, der diesen Gentest zum ersten Mal durchführte. Das Labor war lab4more in München, das eine qualifizierte laborärztliche Validierung des Befundes vornahm (siehe Abbildung 59).

Die Behandlung erfolgt mittels eines Vitamin-B-Komplexes, der Methylfolat enthält (und nicht normale Folsäure). Damit wird der fehlende Stoffwechselschritt umgangen. Es kommt nicht zu einer Erhöhung des Homocysteinspiegels und die Folgeerkrankungen treten nur noch mit normaler Wahrscheinlichkeit auf. Eine lebenslange Substitution und eine regelmäßige Kontrolle von Homocystein sind notwendig.[28]

Es sei noch der Hinweis erlaubt, dass es auch andere Ursachen für Morbus Alzheimer gibt.

Ergebnis: Die Symptomatik konnte vollständig aufgehoben werden.

28 Hinweise zur Therapie: https://www.parsleyhealth.com/blog/mthfr-mutation/ (Zugriff: 27.09.2023).

4.4.4 Körperliche Ursachen psychischer Erkrankungen

Prof. Dr. Erich Kasten listet in seinem Buch »*Somatopsychologie*« körperliche Ursachen für psychische Symptome auf. Viele Studien und Publikationen der letzten Jahre stützen seine Hypothese, dass die Mehrzahl psychischer »Erkrankungen« (besser: Symptomlagen) eine körperliche Differenzialdiagnose haben. Im Folgenden stelle ich in Auszügen die Auflistung von Erich Kasten zum Bereich »Erschöpfung und Depression« vor und ergänze sie um weitere Zusammenhänge. Dabei fokussiere ich häufigere Ursachen und solche, die in der Standarddiagnostik meist übersehen werden:

- **Adrenal Fatigue bzw. Nebenniereninsuffizienz**
  Die adrenale *Fatigue* ist eine Nebennierenunterfunktion, die durch chronischen beruflichen, privaten, krankheitsbedingten oder lebensstilbedingten Stress ausgelöst wird. Die Nebennieren produzieren vermehrt Adrenalin und Cortisol, dafür aber weniger DHEA und Testosteron. Nach mehrjährigem chronischem Stress bricht das System zusammen und die Produktion der Nebenniere kommt zum Erliegen, bei voller *Burnoutsymptomatik*.

Lesetipp

→ **»Nebennierenunterfunktion«** (Zuckschwerdt Verlag, 2010) von Dr. med. Joachim Strienz

- **Hashimoto-Thyrioiditis**
  Hashimoto-Thyrioiditis ist eine Autoimmunerkrankung mit chronischer Schilddrüsenentzündung. Anfänglich liegen Symptome einer Schilddrüsenüberfunktion vor, danach tritt eine Unterfunktion ein. Die Schilddrüse wird schleichend zerstört. Hashimoto wird bei aktueller Standarddiagnostik mit THS- und T4-Laborbefunden übersehen. Auch die einmalige Messung des TPO-Antikörpers ist nicht ausreichend, da die Werte von Messung zu Messung variieren. Für eine genaue Diagnostik sollte der TPO-Antikörper etwa vier Mal mit Abstand von einer Woche gemessen werden.

Lesetipp

→ **»Schilddrüsenunterfunktion und Hashimoto anders behandeln«** (VAK Verlag, 2016) von Dr. med. Datis Kharrazian

Der Endokrinologie unterscheidet 22 verschiedene Typen von Schilddrüsenunterfunktionen und zeigt typische Fehldiagnosen und falsche Therapieansätze, die zu Gesundheitsschäden führen. So führt die in Deutschland übliche Standardtherapie mit L-Tyroxin bei mehreren Unterfunktionstypen zu einer Verschlimmerung der Krankheit.

- **Histamin-Intoleranz**
  Es handelt sich um eine Unverträglichkeit von Histamin, das in bakteriell fermentierten Lebensmitteln enthalten ist, wie Räucherfleisch und -fisch, reifem Käse, Sauerkraut, Hefe und Bier. Es fehlt das Enzym Diaminoxidase. Neben dem Er-

schöpfungsgefühl sind Magenstechen, Hautrötungen, Herzrasen und Herzrhythmusstörungen, Kopfschmerzen und Atembeschwerden symptomatisch.

- **Schilddrüsenunterfunktion**
  Es handelt sich um eine zu geringe Wirkung des T3-Schilddrüsenhormons an den Zielzellen. Diese Definition ist wichtig, weil es Unterfunktionen gibt, die trotz einer gesunden Schilddrüse entstehen. Laut Dr. med. Datis Kharrazian sind bei der Konversionsstörung – dabei ist die Umwandlung des Transporthormons T4 in das bioaktive T3 gestört – und bei der Schilddrüsenhormonresistenz – hier wird das T3 von den Zielzellen nicht akzeptiert – die Schilddrüsen intakt. Mittels der eingeschränkten in Deutschland üblichen Diagnostik von TSH und T4 lassen sich diese Unterfunktionstypen nicht entdecken und es steht zu vermuten, dass ein größerer Teil von Depressionen und Erschöpfungssymptomen auf solche unentdeckten Schilddrüsenunterfunktionen zurückgehen.
- **Östrogendominanzsyndrom**
  Bei der Östrogendominanz tritt relativ zum Progesteron-Hormon zu viel Östrogen auf. Die Ursachen sind die Antibabypille, Lebensphasen (Pubertät, Schwangerschaft, Wechseljahre), Insulinresistenz, Übergewicht, chronischer Stress, Rauchen und übermäßiger Alkoholkonsum, Vitaminmängel (B_6, B_{12}, C, E, Selen, Magnesium), Östrogenrückstände in konventionellem Fleisch.

Lesetipp

→ **»Östrogen-Dominanz: Die wahre Ursache für PMS und Wechseljahresbeschwerden«** (emv Verlag, 2016) von Eva Marbach

- **Prämenstruelles Syndrom**
  Hormonell bedingte Veränderungen kurz vor der Menstruation mit Erschöpfungs- und depressiven Symptomen sowie starken Schmerzen. Geht hauptsächlich auf die Östrogendominanz zurück, kann aber auch mit einem nichtanämischen Eisenmangel verwechselt werden.
- **Zu viel Kalzium**
  Kalzium ist ein wichtiges Mineral für Nerven, Herz, Muskulatur und Knochen. Zu viel Kalzium kann durch einen zu hohen Parathormonspiegel entstehen, weitere Ursachen sind gutartige Adenome an der Nebenschilddrüse, Knochenkrebs, Medikamente (Lithium, blutdrucksenkende Diuretika, zu viel Vitamin A und D).
- **Borreliose**
  Die Lyme-Borreliose wird durch Zecken, Mücken und Bremsen übertragen. Etwa 10% aller Borreliose-Infektionen (auch ohne charakteristische Wanderröte) bleiben als chronische Neuroborreliose bestehen. Auch bei scheinbar erfolgreicher Behandlung nach den schulmedizinischen Leitlinien kommt es zu Spätfolgen mit chronischen Kopfschmerzen, ständiger Müdigkeit, Fieberschüben und Nackensteife, Konzentrationsproblemen, schneller Erschöpfbarkeit und Depressivität.

Bei Verdacht sollte ein auf Borreliose spezialisierter Naturheilkundearzt aufgesucht werden. Linktipp: www.borreliose-gesellschaft.de

- **Halswirbelsyndrom (HWS-Syndrom)**
  Erstmals von Dr. med. Bodo Kuklinski beschrieben ist das HWS-Syndrom eine mögliche Ursache für schwere Erschöpfungssymptome bis hin zur Fehldiagnose Multiple Sklerose. Durch minimale Verschiebungen eines Halswirbels kommt es zu einer lokalen Entzündung im Rückenmarkskanal und damit zu einer schwellungsbedingten Verengung des Kanals. Es treten charakteristisch meist einseitige nervliche Störungen wie Kribbeln, Taubheit, Einschlafen von Hand oder Fuß meist gegen Nachmittag auf. Die Tagesrhythmik erklärt sich durch die nachlassende Entzündungshemmung durch das Cortisolhormon. Bei Orthopäden ist dieses Syndrom nicht bekannt und auch Osteopathen kennen den Stoffwechselbezug nicht. Kuklinski beschreibt in seinem Buch, dass es zu erhöhtem nitrosativem Stressgeschehen kommt. Die Erhöhung des Stickstoffmonoxidgehaltes im Blut beschädigt die Mitochondrientätigkeit in den Körperzellen. Es kommt zu Abgeschlagenheit, Energiearmut, Erschöpfung und Schmerzen. Ursachen sind Schleudertraumata, Stürze auf das Steißbein, falsche Sitzhaltung bei Bürotätigkeiten oder ungünstige Arbeitshaltungen sowie falsche Schlafhaltungen oder ungeeignete Kopfkissen. Therapieansätze sind eine Korrektur der Fehlstellung durch Osteopathen und eine gleichzeitige orthomolekulare Behandlung der nitrosativen Stressgeschehens.

Quelle und Lesetipp

→ **»Das HWS-Syndrom«** (Aurum Verlag, 2018) von Dr. med. Bodo Kuklinski

- **Perniziöse Anämie bzw. Vitamin-B_{12}-Mangel**
  Es handelt sich um eine Blutarmut mit stark vergrößerten roten Blutkörperchen infolge eines Vitamin-B_{12}-Mangels. Die Ursachen sind:
  - mehrmonatige Einnahme von Magensäureblockern (Omeprazol, Pantoprazol, Esomeprazol);
  - die Einnahme der Antibabypille;
  - vegan-vegetarische Ernährung;
  - genetischer Intrinsic-Factor-Mangel (ca. 1%);
  - chronisch entzündliche Darmerkrankungen (Morbus Crohn, Reizdarm, Colitis ulcerosa, Sickerdarm-Syndrom);
  - Wurmbefall im Darm;
  - Alkoholismus;
  - Alter.

  Die Symptome reichen von Müdigkeit, Erschöpfung, Muskelschmerzen bis hin zu ernsten kognitiven Leistungseinschränkungen, Lern- und Merkfähigkeitsstörungen mit Demenzcharakter. Eine Studie der AOK von 2015 belegt einen Zusammenhang zwischen einer mehrjährigen Einnahme von Magensäureblockern und der um

44 % erhöhten Wahrscheinlichkeit einer Demenzentwicklung (Gomm et al., 2016). Trotz unstrittiger Genese des Mangelsyndroms wird es fast immer übersehen. Die Labordiagnostik über die Serumbestimmung ist nicht sensitiv, d. h. die Krankheit wird nicht entdeckt. Die notwendigen Laborbestimmungen von Holo-Transcobalamin (HTC im Vollblut) und Methylmalonsäure (MMA im Urin) sind Selbstzahlerleistungen. Die Krankheit lässt sich durch Injektionen von **Hydroxocobalamin** oder **Methylcobalamin** innerhalb weniger Tage heilen, sofern keine irreversiblen Nervenschädigungen eingetreten sind. Das meistverkaufte Cyanocobalamin ist nahezu unwirksam, da es nur eine geringe Bioverfügbarkeit aufweist. Die teuren oralen Präparate sind ebenfalls meist unwirksam, weil es sich häufig nicht um eine Unterversorgung, sondern eine Aufnahmestörung des Darms handelt.
Quelle und Linktipp: www.vitaminb12.de

- **Schlaf-Apnoe**
  Die Krankheit ist eine zeitweise Blockierung der Luftröhre durch eine zurücksinkende Zunge. Selten sind anatomische Fehlbildungen die Ursache, häufig dagegen eine Verfettung der Zunge. Die Krankheit führt zu Atemaussetzern von 30 bis 120 Sekunden in der Nacht, begleitet durch starkes Schnarchen und schreckhaftes Aufwachen. Betroffen sind meist übergewichtige Männer und Frauen sowie Menschen, die Schlaf- und Beruhigungsmittel sowie Antihistaminika einnehmen oder zu viel Alkohol trinken. Die Krankheit ist äußerst ernst zu nehmen, da es zu signifikantem Sauerstoffmangel und tagsüber zu Sekundenschlaf (etwa beim Autofahren) kommt. Die Diagnostik erfolgt über ein Schlaflabor. Therapie: CPAP-Atemmasken und Operationen sind nur im schlimmsten Fall anzuwenden. Gut wirksam ist eine Reduktion des Übergewichts und die Beendigung der Einnahme von Medikamenten (unter ärztlicher Aufsicht) sowie Alkoholabstinenz.
- **Restless-Legs-Syndrom**
  Diese neurologische Störung führt zu ruhelos zuckenden Beinen und Armen in der Nacht. Ursächlich könnte eine Störung des Dopaminstoffwechsels sein. Es wird jedoch vermutet, dass auch ein starker Eisenmangel schuld sein könnte. Neben Schlafstörungen, Kopfschmerzen und Albträumen kommt es zu Antriebslosigkeit, Erschöpfung und Depression.
- **Schwermetallvergiftungen (Quecksilber)**
  Quecksilber tritt bei Zimmertemperatur als hochgiftiger Dampf auf. Es ist in Amalgamfüllungen der Zähne enthalten. Bei chronischen Quecksilbervergiftungen tritt ein metallischer Geschmack im Mund auf. Symptome sind Schwäche, Schwindel, Haarausfall, Schmerzen, erhöhte Infektanfälligkeit, Antriebslosigkeit, Depression, Reizbarkeit und Gedächtnisstörungen. Ursachen können neben Kontakt mit

freiem Quecksilber (eher selten) und Amalgam in Zahnfüllungen auch bestimmte Fischsorten sein (Aal, Stör, Rotbarsch, Schwertfisch, Heilbutt, Hecht, Thunfisch).[29]

- **Nichtanämischer Eisenmangel**
  Der nichtanämische Eisenmangel dürfte die bedeutendste Ursache für depressive Stimmungslagen, Erschöpfungssymptomatik, Leistungsschwäche, Kopfschmerzen und menstruelle Beschwerden bei Frauen sein. Er hat damit umfassende Bedeutung für das betriebliche Gesundheitsmanagement. Während schulmedizinische Ärzte einen Eisenmangel erst mit Anämieanzeichen anerkennen und der von gesetzlichen Krankenkassen übernommene Labortest Hämoglobin nicht sensitiv ist, behandeln naturheilkundliche Ärzte den Eisenmangel ohne Anämie bereits ab einem Ferritin-Laborwert unter 50 ng/ml. Ferritin ist das Speichereisen. Der Laborwert ist hochsensitiv und wird regulär bei Schwangeren zur Entdeckung eines Eisenmangels eingesetzt. Neben vegan-vegetarischer Ernährung ist die Antibabypille die wichtigste Ursache des Eisenmangels, da sie die Eisenaufnahme im Darm stört. Damit sind junge Mädchen, deren Periode gerade eingesetzt hat, die die Pille nehmen und womöglich noch vegetarisch leben eine Hochrisikogruppe.

Lesetipp

→ **»Eisenmangel«** (Verlagshaus der Ärzte, 2014) von Prof. Dr. Michaela Döll und Margit Weichselbraun

Dieses Buch befasst sich mit dem weltweit häufigsten Nährstoffmangel, der auch in der westlichen Welt große Bedeutung hat. Von Eisenmangel sind etwa 15 % der mitteleuropäischen Männer und fast 60 % der mitteleuropäischen Frauen betroffen. Da Eisen für viele Körperfunktionen unverzichtbar ist, kann sich eine unzureichende Versorgung zu ernsten gesundheitlichen Problemen auswachsen. Doch viele und relativ unspezifische Anzeichen wie Konzentrationsstörungen, allgemeiner Leistungsabfall, trockene Haut, Haarausfall oder Einriss an den Mundwinkeln werden in der Regel nicht ernst genommen.

- **Gluten-, ATI- und Lektinunverträglichkeit**
  Während die Zöliakie, die hochallergische Reaktion auf Gluten, ein anerkanntes und seltenes Krankheitsbild ist, stellt sich zunehmend heraus, dass es auch andere getreidebezogene Krankheitsbilder gibt, etwa die einfache Glutenunverträglichkeit ohne Allergie oder die Lektin- und Amylase-Trypsin-Inhibitoren-Unververträglichkeit. Unter dem sperrigen Namen Nicht-Zöliakie-Nicht-Weizenallergie-Weizenunverträglichkeit finden betroffene Menschen ein diagnostisches Zuhause. Der Nachweis gelingt im Moment nur durch Ausschlussdiagnostik.
  - **Amylase-Trypsin-Inhibitoren (ATI)**
    Dieser Stoff ist ein Protein der Aleuronschicht. ATI ist ein Schutzstoff der Pflanze

29 https://mobil.bfr.bund.de/de/presse/presseinformationen/1999/07/bgvv_empfiehlt_waehrend_der_schwangerschaft_und_stillzeit_den_verzehr_bestimmter_fischarten_einzuschraenken-866.html (Zugriff: 27.09.2023).

gegen Fressfeinde. Man könnte ihn auch ein natürliches Insektizid nennen. ATI löst Entzündungsreaktionen im Darm aus. Sie sind damit eine Ursache von chronisch-entzündlichen Darmerkrankungen, wie Reizdarm oder Morbus Crohn. ATI sind beispielsweise in Dinkel und in Hafer relativ gering vorhanden. Das erklärt, warum einige Menschen mit getreidebezogenen Beschwerden Dinkel und Hafer gut vertragen. Menschen mit solchen Beschwerden erhalten die Diagnose NCGS (englisch für *Non Celiac Gluten Sensitivity*, Glutensensitivität).

- **Lektine**
  Auch die Lektine entwickelten sich, um die Pflanze vor Fressfeinden zu schützen. Auf Käfer und andere Insekten wirken sie meist tödlich. Besonders schädlich für den Menschen ist das Weizenkeim-Lektin. Es ist hitzebeständig und säurestabil und in allen weizenhaltigen Produkten enthalten. Vollkornprodukte haben einen deutlich höheren Lektingehalt. Die Wirkung von Weizenkeim-Lektin findet an der Dünndarmschleimhaut statt. Es kommt zu einem Sickerdarm-Syndrom (löchriger Darm) und zu Entzündungsreaktionen. Es verhindert auch die Heilung von geschädigten Darmwandzellen und fördert damit das Eindringen von Bakterien und Giftstoffen in den Blutkreislauf. Weizenkeim-Lektin dringt auch selbst in den Blutkreislauf ein und fördert an vielen Stellen chronische Entzündungsreaktionen. Es wird für Morbus Crohn und für rheumatoide Arthritis verantwortlich gemacht. Roggen-Lektin hat ähnlich aggressive Eigenschaften. Die Lektine von Dinkel, Gerste und Hafer, Hirse, Quinoa und Amaranth sind dagegen weniger problematisch. (Quellen: Cordain et al., 2000; Ewen & Pusztai, 1999; Katsuya et al., 2007; Keller, 2003; Milward et al., 2004; Perlmutter, 2014; Pusztai et al., 1993; Schnitzer, 2016)

Lesetipp

→ **»Lektine – das heimliche Gift«** (Riva Verlag, 2017) von Miriam Schaufler und Walter A. Drössler

- **Laktose- und Fruktose-Unterverträglichkeit**
  Nicht erkannte Unverträglichkeiten gegen Laktose, Fruktose und – weniger bekannt – gegen FODMAPs können burnoutähnliche Symptome und Depression auslösen. Diagnostik und Therapie sind bekannt und unstrittig. FODMAP sind Zuckeralkohole, die quer über Getreide, Obst, Gemüse und Milchprodukte vorkommen und für Betroffene zu Unverträglichkeitsreaktionen führen. Diese denken häufig, sie hätte eine Gluten-Laktose-Fruktose-Unverträglichkeit und fühlen sich deutlich eingeschränkt. Die gute Nachricht: FODMAPs sind nur in ganz bestimmten Lebensmitteln enthalten, weshalb eine gesunde und abwechslungsreiche Ernährung auch für Betroffene möglich ist.

Lesetipp

→ **»Der Ernährungsratgeber zur FODMAP-Diät«** (Zuckschwerdt Verlag, 2017) von Prof. Dr. Martin Storr

- **Progesteronüberschuss**
  Ein Progesteronüberschuss tritt häufig in der zweiten Hälfte der Wechseljahre auf und kann zu Schläfrigkeit und Depressionen führen.
- **Cortisonmedikation**
  Bei hochdosierter Cortisontherapie kann es zu Depressionen kommen.
- **Intrauterinpessar**
  Sie werden auch »Spirale« genannt und sind sogenannte Langzeitverhütungsmittel. Nebenwirkungen der Spirale sind Entzündungen, Zyklusveränderungen, Migräne, Haarwuchs, Rückenschmerzen, Kopf- und Bauchschmerzen, Ängste, Unruhe, Schlafstörungen und Depressionen. Die Nebenwirkungen treten häufiger auf, als aufgrund der Packungsbeilage zu vermuten wäre.
  Quelle und Linktipp: www.netzwerk-frauengesundheit.com/hormonspirale-mangelnde-aufklaerung-und-viele-nebenwirkungen/
- **Noradrenalinmangel**
  Der Neurotransmitter Noradrenalin kann bei Dauerstress in die Unterversorgung gehen. Symptomatisch sind Erschöpfung und Depression. Diagnostiziert werden Neurotransmitter über ein sogenanntes Neurostressprofil bzw. Neurohormonprofil (etwa bei: www.lab4more.de). Ausgebildete Ärzte findet man beim Therapeutenfinder auf www.neurolab.eu.
- **Dopamin**
  Auch Dopamin ist ein Neurotransmitter, zuständig für Motivation und Antrieb. Dopaminmängel treten zum Beispiel bei exzessiven Computerspielern, bei Konsum von Kokain und bei Dauerstress auf und können zu schweren Depressionen führen.
- **Folsäuremangel**
  Ein Mangel des Vitamins führt zu Abgeschlagenheit, Müdigkeit und Erschöpfung.

5 Themenkampagnen und Gesundheitswissen

Vorüberlegungen
Es gibt wohl kaum ein Unternehmen, das nicht in den Anfängen seines betrieblichen Gesundheitsmanagements eine Wasser-, Obstkorb- oder Schrittzähler-Aktion durchgeführt hat. Einige hatten sich sogar eine BGM-Uhr mit 12 Themen für 12 Monate vorgenommen. Diese Aktionen waren genau das, was Laien von einem BGM erwarteten und – sie hatten keinen bzw. kaum Einfluss auf die Gesundheit der Mitarbeiterinnen und Mitarbeiter und schon gar nicht auf die wirtschaftlichen Ziele des Gesundheitsmanagements.

Im ursprünglichen BGM-Konzept aus den Anfängen der 1990er-Jahre war die Idee bestechend, man könne über primärpräventive Angebote die Entstehung von Krankheiten verhindern, und es gibt heute immer noch Anbieter und Institutionen, die an dieser Prämisse festhalten. Ihre Argumentation ist, dass Krankheiten in die Hände von Ärzten gehören und ihr Angebot beschränkt sich auf verhaltenspräventive Gesundheitsförderangebote.

Die betriebliche Wirklichkeit sieht anders aus – ich hoffe, es ist mir bis hierhin gelungen, dies zu vermitteln. Ab etwa dem 35. Lebensjahr entwickeln Mitarbeiterinnen und Mitarbeiter – nicht jeder, aber viele – Vorstufen von lebensstilbedingten Erkrankungen. Die Ursachengemengelage ist komplex, doch hauptursächlich ist eine Ernährungsweise, die so grundfalsch und schädlich ist, dass man mit Fug und Recht sagen kann, sie sei der Ursprung allen Übels. In der Folge kommt ein unterversorgtes Gesundheitssystem dazu, das mit unzureichender Diagnostik, unzureichendem Versorgungsangebot und einer weitgehenden Ignoranz gegenüber Erkenntnissen aus Stressmedizin, Psycho-Neuro-Immunologie und der Darmgesundheit die lebensstil- und stressbedingten Krankheitsvorkommen nicht auffangen kann.

In diesem Dilemma sind die Arbeitgeber gefangen. Wenngleich ich nicht abstreite, dass es Arbeitgeber gibt, die mit einer ungünstigen Führungs- und Unternehmenskultur, mit ungünstigen Arbeitsprozessen und schlechten Arbeitsbedingungen (teilweise maßgeblich) zum Krankheitsgeschehen beitragen, so ist doch der größte Teil um seine Mitarbeiter:innen bemüht, so mein Eindruck. Der öffentliche Diskurs sieht die Schuld etwa für die krasse Zunahme von psychischen Erkrankungen überwiegend bei den Arbeitgebern. Es wird verkannt bzw. ignoriert, dass die Ursachen vor allem auf gesellschaftlich bedingte Lebensstilfaktoren zurückgehen, die privaten Lebensumstände ihren Teil dazu beitragen und die Arbeit häufig nur das i-Tüpfelchen ist.

Eine Lösung ist die Entwicklung von Gesundheitskompetenz und die Vermittlung von Gesundheitswissen. Was eigentlich in die Schulen gehört, kann durch Arbeitgeber nachgeholt werden. Dafür habe ich in den letzten zehn Jahren ein vielfach erprobtes Kampagnenformat entwickelt, dass ich hier gern vorstellen möchte.

Definition: Gesundheitskampagne

Eine Gesundheitskampagne ist eine unter einem Thema gefasste Sammlung von digitalen und realen Formaten der Gesundheitswissensvermittlung und Mitmach-Angeboten. Dabei werden handlungsregulations- und motivationstheoretische Überlegungen zur gezielten Verhaltensveränderung sowie Kenntnisse aus dem Marketing angewendet. Durch die zeitliche Beschränkung des Angebots und eine mehrstufig erzeugte Veränderungsbereitschaft wird die Nutzungsquote der Angebote stark erhöht. Die konsequente Ausrichtung auf gesundheitsförderliche Verhaltensveränderung und eine Verstetigung durch Nachhaltigkeitselemente soll lang anhaltendes Gesundheitsverhalten erzeugen.

5.1 Handlungsregulations- und Motivationsmodelle: Grundlagen der Verhaltensveränderung

Eine ausführliche Auseinandersetzung mit theoretischen Aspekten ist an dieser Stelle nicht erforderlich. Mein Hauptbezugspunkt ist das Erwartungs-Wert-Modell von Rheinberg (vgl. Krapp & Hascher, 2013, S. 252) sowie das Modell der Annäherungs- und Vermeidungsziele von Elliot (ebd., S. 258). Die wesentlichen Grundlagen dieser Theorien lassen sich wie folgt zusammenfassen:

1. **Voraussetzung für eine Verhaltensveränderung** (in Richtung eines neuen gesundheitsförderlichen Verhaltens) ist ein **Problembewusstsein**. Der Mitarbeitende erkennt, dass er/sie möglicherweise ein Problem hat. Das ist nach Elliot ein sog. **Vermeidungsziel**: »Etwas ist so, wie ich es nicht haben will.« Z.B. erkennt ein Mitarbeiter über einen Vortrag, dass er Frühsymptome von Typ-2-Diabetes hat. Er möchte jedoch nicht krank werden. Vermeidungsziele erzeugen in der Regel Angst und damit eine deutlich stärkere Veränderungsmotivation als Annäherungsziele. Ein typisches **Annäherungsziel** wäre »Gesund bis ins Alter«. Man sollte meinen, dass dies ein Motivationsgrund für gesundheitsorientiertes Verhalten sei, aber in der Regel funktionieren Annäherungsziele nicht so gut wie Vermeidungsziele. Das Ziel ist zu unkonkret und wird im Alltag leicht überschrieben. Annäherungsziele können aber durch das Erleben von Gemeinschaft wie etwa die nette Kursgruppe oder durch Gamifikation-Elemente, die den Spiel- und Wettbewerbstrieb ansprechen, attraktiver gemacht werden.

2. **Ist ein Problembewusstsein erzeugt, ist nun zwar eine Veränderungsmotivation erzeugt.** Der Mitarbeiter möchte etwas tun, aber er weiß in der Regel nicht, was er tun soll. Die erzeugte Angst (Vermeidungsziel) löst eine **ungerichtete Bewegung** hervor. In diesem Schritt rettet sich der veränderungsmotivierte Mensch in jede (scheinbare) Lösung, die seine Angst mindert. Zum Beispiel liest jemand in einer Illustrierten

einen Artikel über die Folgen von Übergewicht und gleich im Anschluss werden – wie zufällig – die Diätprodukte einer großen Gewichtsreduktionsmarke präsentiert. Im Supermarkt findet er diese überteuerten Produkte mit 0% Fett und Süßstoffen, Geschmacks- und Füllstoffen und kauft sie. Im betrieblichen Gesundheitsmanagement sind solche minderwertigen Lösungen natürlich nicht erwünscht. Daher muss hier in diesem Schritt eine Handlungsrichtung vorgeschlagen werden, die von hoher Qualität ist. Aus der ungerichteten Bewegung wird eine gerichtete Bewegung, »weg von« wird zu »hin zu«.

3. Ist die Richtung klar, geht es meist mit großer Begeisterung an die Umsetzung, jedoch kann diese schnell erlahmen, wenn es zu viel Widerstand oder Hürden gibt. Um eine nachhaltige Veränderung zu erzeugen, muss das neue Verhalten mehrere Wochen lang geübt werden. Und es sollten Hürden aus dem Weg geräumt werden, die bei der Umsetzung frustrieren könnten. Die Lösung muss möglichst einfach sein.

Zusammengefasst: Problembewusstsein wird besser durch Vermeidungsziele erreicht, zusammen mit der starken Emotion »Angst«. Die Richtung der Verhaltensveränderung muss gebahnt werden. Dazu dienen niedrigschwellige Aktionen als Einstieg in das neue Verhalten. Hürden und Widerstände sollten möglichst aus dem Weg geräumt werden … das ist das Grundgerüst einer jeden Kampagne.

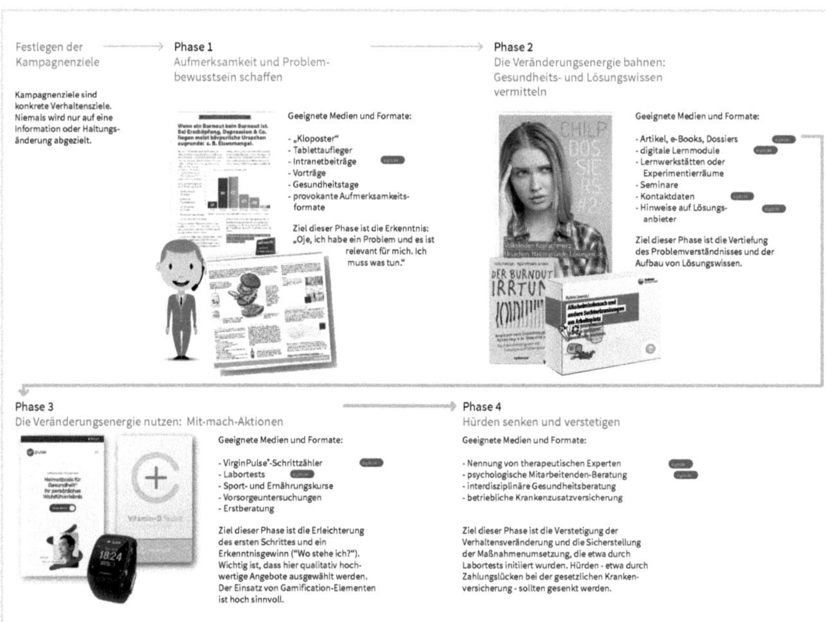

Abb. 60: Illustriertes Beispiel über die vier Schritte einer Gesundheitskampagne und ihrer Umsetzungsformate.

5.2 Zielsetzung und Struktur von Themenkampagnen

Die Wirksamkeit einer Themenkampagne hängt von einer genauen und konkreten Zielformulierung ab. Kampagnen sollten nicht einfach nur gemacht werden, weil Sie glauben, dass sie irgendwie positiv auf die Gesundheit einwirken. Begründungen wie »Die Mitarbeiter müssen einfach verstehen, wie wichtig eine gesunde Ernährung ist« sind keine gültigen Ziele.

Beispiele für konkrete Kampagnenzielsetzungen

- Wir wollen erreichen, dass mittels einer **Diabetes-Früherkennung** Mitarbeiterinnen und Mitarbeiter, die sich im Frühstadium einer Diabetes-Typ-2-Entwicklung befinden, auf diesen Krankheitsprozess aufmerksam werden. Durch ein Angebot an Lebensstilveränderungen, wie Sportkurse und ein Paleo-Ernährungsprogramm für Diabetiker, soll die Krankheitsentwicklung möglichst gestoppt werden.
- Wir wollen erreichen, dass durch die Aufklärung über das Phänomen **Winkelfehlsichtigkeit** und das Angebot einer Winkelfehlsichtigskeitsprüfung durch die Firma »Optik Müller« betroffene Mitarbeiterinnen und Mitarbeiter mit Spannungskopfschmerz und verwandten Kopfschmerzarten sowie mit Nackenschmerzen frühzeitig auf diesen möglichen Ursachenfaktor aufmerksam werden und gegebenenfalls Gegenmaßnahmen etwa in Form einer Winkelkorrekturbrille treffen.
- Wir wollen **Nichtsportler auf den Firmenlauf vorbereiten** und so die Quote von Mitarbeiterinnen und Mitarbeitern, die regelmäßig Ausdauersport machen, erhöhen.
- Wir möchten, dass Mitarbeiter :innen aktive und zugleich entspannende Pausen in ihren Arbeitsalltag einbauen, und dies auch langfristig regelmäßig tun.
- Wie wir in Kapitel 7 noch sehen werden, handelt es sich hier meist um sog. Verhaltensziele in Abgrenzung zu den Haltungszielen. Ein Haltungsziel wäre die Veränderung einer Sichtweise und das ist das Problembewusstsein im ersten Schritt. Ein Verhaltensziel ist die Veränderung einer Verhaltensweise und das wäre das Gesamtziel jeder Kampagne. Haltung allein erzeugt noch keine Veränderung, sie ist die Voraussetzung für Veränderung.

5.2.1 Schritt 1: Aufmerksamkeit erzeugt Problembewusstsein

Eine Verhaltensänderung beginnt immer mit Problembewusstsein. Nur wer weiß, dass er ein Problem hat, denkt über eine Verhaltensänderung überhaupt nach. Das Gewinnen von Aufmerksamkeit ist im betrieblichen Kontext nicht einfach, weil viele Interessenten um die Aufmerksamkeit von Führungskräften und Mitarbeiter:innen buhlen.

Das Gesundheitsmarketing verwendet ähnliche Werkzeuge wie die Werbeindustrie. Mit kurzen, zugespitzten Botschaften wird Aufmerksamkeit erzeugt.

Ich verwende hier manchmal den Begriff *Rasterfahndung*, obwohl der Begriff eher negativ besetzt ist. Doch das Prinzip dahinter macht durchaus Sinn. Nicht jeder Mitarbeiter hat Kopfschmerzen und bei nicht jeder Mitarbeiterin liegt ein Eisenmangel vor, der durch die Antibabypille verursacht wurde. Doch erreichen wir mit einer zugespitzten Botschaft die 10 bis 20% der Mitarbeiterinnen, die von einem Eisenmangel betroffen sind, und gelingt es uns, Problembewusstsein für unnötige Kopf- und Menstruationsschmerzen und unnötige Müdigkeit und Erschöpfung zu erzeugen, ist viel erreicht. Andere Mitarbeiterinnen und Mitarbeiter reagieren vielleicht auf die Botschaft, dass es Schilddrüsenunterfunktionen gibt, die mit einer Standarddiagnostik nicht entdeckt werden, und bewerten ihre Erschöpfungssymptome neu. Sie suchen ihren behandelnden Arzt auf und bitten um eine exaktere Diagnostik.

Im Grunde ist dieses Rasterfahndungsprinzip das Äquivalent zur Gefährdungsbeurteilung psychischer Belastung und ihrer punktgenauen Problemerkennung mit passendem Lösungsangebot, nur im Selbstfürsorgebereich.

Folgende Werkzeuge bieten sich an:

- Toilettenposter (DIN-A3-Poster, die in Wechselrahmen in den Toiletten aufgehängt werden, haben eine hohe Reichweite und werden garantiert gelesen);
- Tablettaufleger (in der Kantine, dienen der Informationsvermittlung);
- Kurzvideos im Intranet (je nach Zielgruppe eher im TikTok-Stil oder auch richtige Lernvideos);
- Vorträge auf Gesundheitstagen oder Führungskräftekonferenzen.

5.2.2 Schritt 2: Wissensvermittlung erzeugt Orientierung und Handlungswissen

Der zweite Schritt greift den emotionalen Handlungsimpuls, den wir mit dem Problembewusstsein schaffen, auf und untermauert ihn durch eine Vertiefung des Gesundheitswissens. Die Wissensvermittlung sollte den Kriterien einer ausgewogenen Gesundheitsberichterstattung entsprechen.

Hierfür stehen beispielsweise die folgenden Werkzeuge zur Verfügung:

- Artikel (Intranet oder Print),
- E-Books (als PDF oder ePUB-Format),
- Broschüren zur Themenkampagne,
- Lernfilme,
- Webinare,
- Seminare und Workshops,
- Gesundheitstage.

Eine **Orientierung für das Erstellen von medizinischen Texten** bietet die Stiftung Gesundheit aus Hamburg. Sie zertifiziert digitale und Printmedien mit Gesundheitsinhalten anhand eines umfangreichen Kriterienkatalogs.

Prüfung und Zertifizierung medizinischer Publikationen

Die Stiftung Gesundheit bietet eine **Prüfung und Zertifizierung medizinischer Publikationen** wie Artikel, E-Learnings oder Themenkampagnen an (siehe: https://www.stiftung-gesundheit.de/zertifizierung/). Im Gegensatz zu anderen Zertifikaten findet hier eine aktive Begutachtung durch ein Gremium statt. Die Preise sind moderat und das Gutachten listet detailliert Verbesserungsvorschläge auf, die Ihnen für zukünftige Projekte helfen.

Meine Empfehlung ist, nicht jeden Artikel einzeln prüfen zu lassen. Vielmehr können Sie die erste größere Kampagne prüfen und zertifizieren lassen und die Rückmeldungen für die weitere Arbeit berücksichtigen.

5.2.3 Schritt 3: Aktionen kanalisieren die Handlungsmotivation

Verstärkt Schritt 2 die Handlungsabsicht, so erzeugt Schritt 3 konkrete Handlungen. Deswegen sollten Themenkampagnen – sofern sinnvoll möglich – eine Aktion beinhalten. Dies sind typische Beispiele für eine solche Aktion:

- Vitamin-D-Labortest durchführen,
- Bestimmung der Insulinresistenz, um Diabetes frühzeitig zu erkennen,
- Überprüfung auf Winkelfehlsichtigkeit auf einem Gesundheitstag,
- Bioimpedanzanalyse, um den Körperfettanteil zu bestimmen
- Teilnahme an einer Schrittzählerkampagne zur Vorbereitung auf den Firmenlauf,
- Überprüfung des Speichereisens (Ferritin),
- Teilnahme an einem Kochkurs.

Die Entwicklung und Auswahl sinnvoller Aktionen braucht Fachwissen, denn einige meiner Vorschläge sind mit schulmedizinisch ausgerichteten Betriebsärzten nicht konsensfähig. Gleichzeitig werden – auch von Krankenkassen – Checks angeboten, die medizinisch nicht haltbar sind, wie die Messung der Knochendichte per Ultraschall. Orthopäden weisen zurecht darauf hin, dass die Knochendichte nur mittels eines Röntgenverfahrens ermittelt werden kann. Auch der Einsatz von Körperfettmessungen mittels Zwei-Punkt-Ableitungen ist nicht seriös und führt zu falschen Aussagen und wird dennoch auf vielen Gesundheitstagen angeboten.

Der Fokus muss auf Qualität liegen und solche Aktionen müssen immer in eine Kampagne eingebettet sein, sonst haben sie keinerlei langfristigen Effekt.

5.2.4 Schritt 4: Lösungswege fördern eine langfristige Verhaltensänderung

Die Aktionen sind natürlich nur der erste Schritt. Ist zum Beispiel ein Labortest positiv, zeigt er also einen Mangel oder eine Krankheitsentstehung an, müssen weitere Schritte erfolgen, etwa das Aufsuchen einer Fachärztin oder eines Therapeuten. Dabei treten die bekannten und benannten Hürden auf: »Zu welchem Facharzt sollte ich gehen?« »Werden diese Kosten von der Krankenkasse bezahlt?« »Wie lange dauert es, bis ich einen Termin bekomme?«

Jede Kampagne muss diese Hürden benennen und sollte Lösungswege aufzeigen:

- Es gibt Unternehmen, die einen Sozialfonds eingerichtet haben und einen Zuschuss zu privat zu tragenden Behandlungskosten beim Arzt gewähren. Das erfordert allerdings ein transparentes und gerechtes Zuteilungsverfahren, um einen Missbrauch zu verhindern.
- Andere schließen betriebliche Krankenzusatzversicherungen ab oder bieten eine Hotline zur interdisziplinären Gesundheitsberatung.
- Ein Unternehmen hat einen Beratervertrag mit einer Naturheilkundeärztin geschlossen. Mitarbeiter:innen dürfen sich bei medizinischen Fragen bis zu zwei Stunden im Jahr von ihm beraten lassen, unter ärztlicher Schweigepflicht.
- Eine Kampagne zur Diabetes-Prophylaxe stellt Diabetes-Beratungszentren und spezielle Diabetes-Sportkurse sowie Ernährungsberatungen vor und weist auf Zuzahlungsmöglichkeiten durch Krankenkassen hin.
- Eine Bank hat einen Vertrag mit einem Stressmediziner und übernimmt einen Teil der Beratungskosten von Mitarbeiter:innen mit Erschöpfungs- und Depressionssymptomen.

5.3 Beispielkampagne: Eindämmung von Atemwegsinfektionen durch seriöse naturheilkundliche Maßnahmen

Im Folgenden möchte ich Überlegungen für die **Entwicklung von Gesundheitswissens-Themenkampagnen** darlegen und aufzeigen, wie solche Kampagnen entwickelt werden können.

Ziel der Kampagne

Die Kampagne hat folgende Ziele: Stärkung der Immunabwehr, verbessertes Hygieneverhalten und Eindämmung der Ausbreitung von Krankheitserregern im Unternehmen, Reduktion von Fehlzeiten durch Atemwegsinfektionen. Das Ziel ist erreicht, wenn die Mehrheit der Mitarbeiterinnen und Mitarbeiter ihren Vitamin-D-Spiegel optimieren und Colostrum als präventive Ernährungsergänzung nutzen sowie sich in der Hochphase der Grippesaison die Hände desinfizieren.

5.3.1 Schritt 1: Aufmerksamkeit erzeugen

Eine der wirksamsten Methoden, um Mitarbeiterinnen und Mitarbeiter flächendeckend zu erreichen, lässt sich von den Toiletten auf Raststätten abschauen. Dort hängen Werbeposter über den Pissoirs der Männer und an den Innenseiten der Kabinentüren. Die Aufmerksamkeit ist garantiert. Wir setzen solche Toilettenposter als preiswerte Aufmerksamkeitsmethode mit großer Reichweite ein, mit den folgenden Botschaften:

Die Wirkung von Vitamin D* auf das Immunsystem	Studienergebnisse:** Colostrum in der Grippeprävention	Bakterien, Viren und Pilze auf Handydisplays: So sieht es auf deinem Handydisplay aus! Deswegen lohnt sich Desinfektion.
Wie lange braucht ein Virus, bis er ¾ aller Mitarbeiter:innen erreicht hat? 4 Stunden! Desinfektion hilft.	Hausmittel bei Grippe und Erkältungen: Hände weg von Grippekomplexmitteln. Hausmittel: Tees, Inhalieren usw.	Krank zur Arbeit: Besser nicht! Gründe zur Vermeidung von Präsentismus bei ansteckenden Erkrankungen

Tab. 16: Beispiele für Toilettenposter

* Beachten Sie unbedingt das Heilmittelwerbegesetz und denken Sie an einen Medizindisclaimer.

** Beachten Sie unbedingt das Heilmittelwerbegesetz. Machen Sie keine Aussagen über die Wirkung von Colostrum, sondern berichten Sie über die Studienergebnisse im Sinne einer journalistischen Berichterstattung. Nennen Sie keine Hersteller oder Präparate, animieren Sie nicht zum Kauf bestimmter Marken oder Präparate. Denken Sie an einen Medizindisclaimer.

Die Poster in DIN-A3-Größe können Sie professionell gestalten lassen oder einfach in PowerPoint anlegen. Gute Bilder brauchen Sie dennoch. Die gibt’s bei https://stock.adobe.com.

Die folgenden Abbildungen zeigen zwei Beispiele aus einem Kundenprojekt. Ein Kampagnenslogan verbindet alle visuellen Elemente und die Bilder kehren beispielsweise auf Artikeln oder der Kampagnenbroschüre wieder.

Mit dem Gutscheincode
GRIPPEWEG10
gibt's 10 % Rabatt
auf
Vitamin D Test
Dieses Jahr wollen wir die Grippewelle ausfallen lassen. Helfen Sie mit?
Ein guter Vitamin-D-Spiegel hilft gegen vieles, doch insbesondere schützt er vor Erkältungen und grippalen Infekten*. Doch mehr als 85 % aller Menschen in Deutschland haben einen Vitamin-D-Mangel.
Testen Sie Ihren Vitamin-D-Spiegel anonym und bequem von zuhause aus. Mit dem Testkit von
Vitamin D stärkt das Immunsystem*
Wir lassen die Grippe ausfallen.

Abb. 61 und 62: Zwei Beispiele für Toilettenposter einer Grippe-Kampagne. Beachten Sie, dass aus rechtlichen Gründen die Posteraussagen mit wissenschaftlichen Quellen belegt werden und bei Colostrum die weiche Formulierung »scheint ... gut zu helfen, laut mehrerer Studien« verwendet wird.

5.3.1.1 Exkurs: Wirksamkeit von Grippeschutzimpfungen

Im Zuge der Coronakrise wurde gesellschaftlich viel über den Nutzen von Impfungen diskutiert. Diese teilweise sehr aggressiv geführte Diskussion wollen wir nicht in das betriebliche Gesundheitsmanagement hineintragen und wir müssen davon ausgehen, dass es unter den Mitarbeitenden sowohl Impfbefürworter als auch -gegner gibt.

Zu den Fakten rund um die Grippeschutzimpfung

Die Grippeschutzimpfung ist ein jährliches Ritual und eine wichtige Einnahmequelle für Betriebsärzte. Es wird zur Impfung aufgerufen, obwohl für den größten Teil der Belegschaft keine Impfempfehlung des Robert-Koch-Instituts (RKI) vorliegt. Auf der Informationsseite zur Schutzimpfung gegen Influenza können Sie die Empfehlungen nachlesen. Diese gelten lediglich für Risikopersonen und für ältere Menschen ab 60 Jahren. (https://www.rki.de/DE/Content/Kommissionen/STIKO/Empfehlungen/Impfempfehlungen_node.html)

Das RKI gibt die Schutzwirkung der Impfung mit 60–80% an, erwähnt aber nicht, dass es sich hier nur um eine relative Risikoreduktion handelt. Die Ursache für stark abweichende Nutzenaussagen von Medikamenten und Impfungen liegt in einem **für Laien kaum nachvollziehbaren Unterschied in der Darstellung der Risikoreduktion**. Die Aussage, ein Medikament senkt das Erkrankungsrisiko um 60%, wirkt imposant, im Vergleich zu der Aussage, dass die absolute Risikoreduktion 0,6% sei.

An der Cochrane-Analyse zur Schutzwirkung der Grippeimpfung bei Älteren von Jefferson (Jefferson et al., 2012) können wir das gut nachvollziehen. Auf 1.000 Personen bezogen erkranken 59 nicht geimpfte und 24 geimpfte Personen an der Grippe. Damit senkt die Grippeimpfung die Anzahl der erkrankten Personen um 35. Teilen wir 35 durch 59, so sinkt das relative Risiko bei Älteren um **59,3%** (RR 0.417, bei 95% CI). Betrachten wir diesen Effekt mit absoluten Zahlen, so teilen wir 35 durch 1.000. Die Impfung reduziert das Erkrankungsrisiko absolut um 3,5%. Es müssen also 100 Menschen geimpft werden, um bei 3,5 Personen eine Grippeerkrankung zu verhindern.

Beide Aussagen sind – juristisch und rechnerisch gesehen – korrekt, doch die Nutzenwahrnehmung ist deutlich unterschiedlich. So stellten Jefferson und seine Kollegen fest:

> *Ein früherer systematischer Review von 274 Grippeimpfungsstudien bis 2007 ergab, dass herstellerfinanzierte Studien, die in angeseheneren Journalen publiziert wurden, auch deutlich mehr zitiert wurden (wissenschaftlich Währung des Ansehens einer Studie) als unabhängig finanzierte Studien mit gleicher methodologischer Qualität und Größe. Studien, die öffentlich finanziert wurden, zeigten signifikant weniger häufig eine positive Wirkaussage für Impfungen. Der Review zeigt, dass es nur einen sehr dünnen Wirknachweis für die Grippeimpfung*

> *gibt, es aber Hinweise auf eine weitreichende Manipulation der Schlussfolgerungen und des Verbreitungsgrades der Studien gibt.*[30]
>
> (Übersetzung durch den Autor)

Aus rein wissenschaftlicher Sicht würde eine Influenza-Impfung für den Großteil der Belegschaft keine dringende Empfehlung erhalten. Allerdings ist zu beachten, dass die Impfung einen fest etablierten Bestandteil des Gesundheitsmanagements darstellt und sowohl von der Geschäftsleitung als auch von vielen Mitarbeitenden erwartet wird. Daher empfehle, das Angebot für die Influenza-Impfung beizubehalten und diese in die beschriebene Kampagne einzubetten.

5.3.1.2 Exkurs: Studien belegen Wirksamkeit von Colostrum gegen Influenza und grippale Infekte

Jedes Jahr in den Wintermonaten steht eine Atemwegsinfektionswelle ins Haus, darunter zum Teil Influenza, im größeren Umfang aber grippale Infekte. Grippale Infekte werden durch über 200 Viren ausgelöst, gegen die die Grippeimpfung nicht wirkt. Daher braucht es ergänzend zu Impfung eine Strategie zur Verbesserung der Immunabwehr, die wir in der sog. Alternativmedizin finden können. Die Rede ist von Colostrum [5], einem Naturheilmittel, das effektiver in der Vorbeugung von Grippe und darüber hinaus auch noch kostengünstiger ist [5–6].

Was ist Colostrum?

Die Substanz ist eine Mischung aus Mineralien, Vitaminen, Wachstumsfaktoren und vor allem Stoffen, die das Immunsystem unterstützen. [7]. Säugetiere produzieren Colostrum in den ersten 48 bis 72 Stunden nach der Geburt der Nachkommen, denn in diesem Zeitraum ist das Neugeborene höchst empfindlich gegenüber Krankheitserregern. Mit Colostrum erhalten die Abwehrkräfte lebensnotwendige Unterstützung unter anderem im Kampf gegen Bakterien und Viren, wodurch die Überlebenswahrscheinlichkeit der Nachkommen maßgeblich erhöht wird.

Interessanterweise können nicht nur Neugeborene von Colostrum profitieren. So zeigt sich in wissenschaftlichen Untersuchungen auch ein stark positiver Effekt von Colostrum in der Prävention der Grippe und grippaler Atemwegsinfekte bei Erwachsenen [5]. Eine dieser Studien stelle ich Ihnen im Folgenden vor.

Studienaufbau

In der Studie von Cesarone et al. [5] wurden vier Gruppen gebildet. Die Gruppen A und B hatten in den letzten zwei Wochen vor dem Studienstart eine Grippeimpfung bekommen. Gruppe B nahm während der Studie zusätzlich Colostrum ein. Gruppe C

30 https://www.ncbi.nlm.nih.gov/pubmed/22895945 (Zugriff: 04.03.2019).

nahm ebenfalls Colostrum ein, hatte aber keine Impfung erhalten. Gruppe D wurde weder geimpft noch nahmen Probanden aus dieser Gruppe Colostrum ein.

Gruppe A:	Impfung
Gruppe B:	Impfung und Colostrum
Gruppe C:	Colostrum
Gruppe D:	keine präventiven Maßnahmen

Colostrum wurde zwei Monate lang jeden Tag um 8:00 Uhr am Morgen in Tablettenform von den Gruppen B und C eingenommen. Eine Tablette enthielt 400 mg entfettetes und gefriergetrocknetes Kuh-Colostrum.

Ergebnisse

Die Teilnehmer aus Gruppe B und C hatten im Durchschnitt 0,34 Grippevorfälle pro Person innerhalb der zwei Monate, in denen sie Colostrum einnahmen.

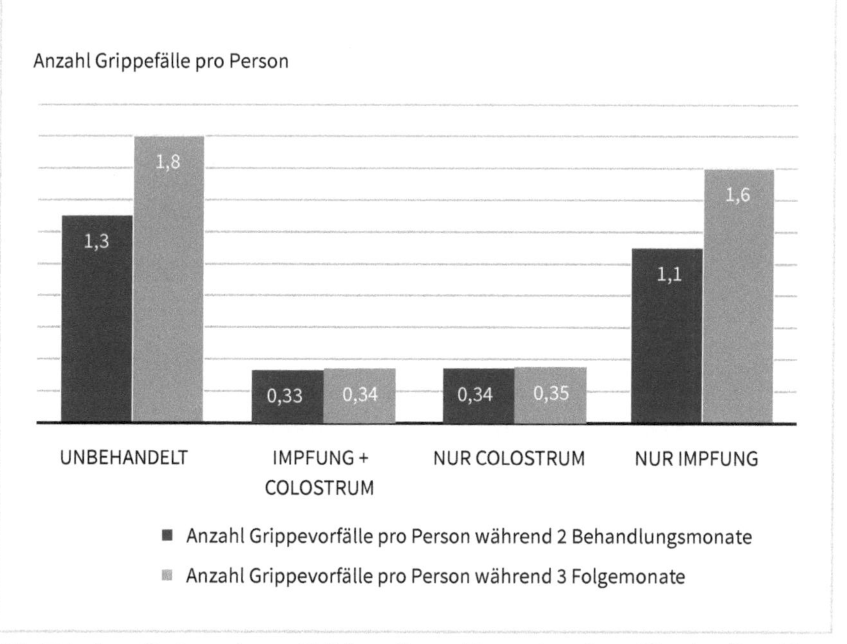

Abb. 63: In dieser Studie wurden zwei Zeiträume überwacht: zum einen die zwei Monate *während* der Behandlung mit Colostrum und zum anderen die drei Monate *nach* der Behandlung mit oder ohne Colostrum. So lesen Sie die Ergebnisse: Es wird die Anzahl nachgewiesener Grippeerkrankungen pro Studienteilnehmer dargestellt. In der Gruppe »Unbehandelt« traten pro Person 1,8 Grippefälle in den drei Folgemonaten auf. In der Gruppe »Nur Colostrum« traten nur 0,35 Grippefälle pro Person in den drei Folgemonaten auf. Das entspricht einer absoluten Verringerung der Infektionsrate um 70%.

Dieser Durchschnitt liegt damit deutlich unter dem der Gruppe A (1,3 Fälle pro Person) und der Gruppe D (1,1 Fälle pro Person). Das bedeutet laut Studie, dass Colostrum besser vor einer Grippeerkrankung schützt als eine reine Grippeimpfung (Gruppe A) und ebenso besser ist als keine präventiven Maßnahmen (Gruppe D). Außerdem war die Zahl der Krankheitstage in Gruppe C um 75% geringer als die in Gruppe D und um 70% geringer als in Gruppe A. Somit waren die Teilnehmer aus Gruppe C nicht nur seltener krank, sondern auch im Falle einer Erkrankung schneller wieder gesund. Gruppe B hatte insgesamt betrachtet vergleichbare Ergebnisse wie Gruppe C.

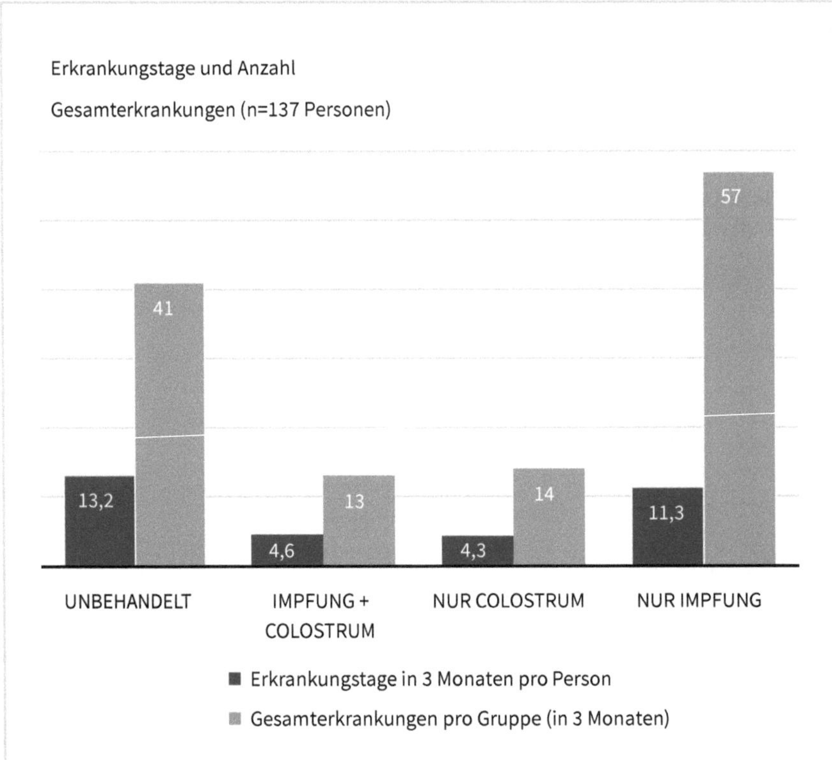

Abb. 64: Colostrum wirkt nicht nur gegen Influenza, sondern auch gegen andere Krankheiten. Die Anzahl der Fehltage sank in den Colostrum-Gruppen stark ab. So lesen Sie die Ergebnisse: In den drei Folgemonaten traten in der Gruppe »Unbehandelt« 13,2 Fehltage auf, während die Gruppe »Nur Colostrum« nur 4,3 Fehltage hatte. Die hellgrauen Balken zählen die Gesamtzahl der Krankheiten (nicht nur Grippe).

Die Fehltage lagen in den beiden Colostrum-Gruppen bei 4,6 bzw. 4,3 Erkrankungstagen pro Person in drei Monaten. Die Placebo- und die Grippeimpfungsgruppe wiesen 13,2 bzw. 11,3 Fehltage im selben Zeitraum auf. Darüber hinaus wiesen die beiden Colostrum-Gruppen B und C geringere Kosten für krankheitsbedingte Arbeitsausfälle und Behandlungskosten im Krankenhaus sowie für Medikamente im Vergleich zu den Gruppen A und D auf.

Risikopatienten

In einer Folgestudie wurde das gleiche Studiendesign bei Patienten mit schweren Herz-Kreislauf-Erkrankungen angewendet. Zusammenfassend stellte sich hier heraus, dass in der Gruppe »ohne Colostrum« doppelt so viele Patienten an der Grippe erkrankten und davon ein Patient an den Folgen der Erkrankung verstarb, im Vergleich zur Gruppe »nur Colostrum«. In beiden Studien wurden keine Nebenwirkungen durch die regelmäßige Einnahme von Colostrum beobachtet.

Wissenswertes

Wenn Sie sich für die Einnahme von Colostrum entscheiden, sollten Sie einige Aspekte beachten:

- Colostrum von Kühen scheint – laut Herstellerangaben – auch für Menschen mit einer Laktoseintoleranz geeignet, wenn sie zusätzlich Laktase (= Laktose spaltendes Enzym) einnehmen.
- Wichtig ist darüber hinaus, dass das Colostrum von Kühen stammt, welche kontrolliert-biologisch gehalten wurden. Dadurch kann ausgeschlossen werden, dass Medikamentenrückstände wie Antibiotika im Colostrum enthalten sind.
- Zudem soll darauf geachtet werden, dass eine artgerechte Gewinnung erfolgt, die den Kälbchen die benötigte Menge an Colostrum lässt und nur einen etwaigen Überschuss verwendet.
- Da die natürlichen Inhaltsstoffe von Colostrum hitzeempfindlich sind, sollten entsprechende Präparate nur kurzzeitig auf maximal 40 Grad Celsius erhitzt werden.

Fazit

Wie die vorgestellte Studie zeigt, scheint Colostrum nicht nur besseren präventiven Schutz als typische Grippeimpfungen zu bieten, es hat darüber hinaus auch keine bisher bekannten Nebenwirkungen (mit Ausnahme von laktoseintoleranten Menschen). Beim Einkauf von Colostrum sollte auf die Aufbereitung sowie die Herkunft geachtet werden.

Warum stellen wir eine Studie vor?

Aufgrund des Heilmittelwerbegesetzes ist es nicht erlaubt, Lebensmittel mit Heilaussagen darzustellen. Colostrum ist ein Lebensmittel, kein Medikament. Wir stellen in diesem Artikel Studienergebnisse vor, aus denen keine Empfehlung abzuleiten ist. Fragen Sie Ihren Arzt oder Apotheker über die Sicherheit der Einnahme von Colostrum, wenn Sie sich unsicher sind. Der Artikel stellt keine Diagnostik und keine Therapieempfehlung dar und soll den Arztbesuch nicht ersetzen. Bei anhaltenden Symptomen und Beschwerden suchen Sie umgehend einen Arzt auf.

Quellen

[1] Osterholm, M. T., Kelley, N. S., Sommer, A., & Belongia, E. A. (2012). Efficacy and effectiveness of influenza vaccines: a systematic review and meta-analysis. The Lancet Infectious Diseases, 12(1), 36–44.

[2] Darvishian, M., Bijlsma, M. J., Hak, E., & van den Heuvel, E. R. (2014). Effectiveness of seasonal influenza vaccine in community-dwelling elderly people: a meta-analysis of test-negative design case-control studies. The Lancet Infectious Diseases, 14(12), 1228–1239.

[3] Shaw, C. A., & Tomljenovic, L. (2013). Aluminum in the central nervous system (CNS): toxicity in humans and animals, vaccine adjuvants, and autoimmunity. Immunologic Research, 56(2–3), 304–316.

[4] Tomljenovic, L., & A Shaw, C. (2011). Aluminum vaccine adjuvants: are they safe?. Current medicinal chemistry, 18(17), 2630–2637.

[5] Cesarone, M. R., Belcaro, G., Di Renzo, A., Dugall, M., Cacchio, M., Ruffini, I., Pellegrini, L., Del Boccio, G., Fano, F., Ledda, A., Bottari, A., Ricci, A., Stuard, S. & Vinciguerra, G. (2007). Prevention of influenza episodes with colostrum compared with vaccination in healthy and high-risk cardiovascular subjects: the epidemiologic study in San Valentino. Clinical and Applied Thrombosis/Hemostasis, 13(2), 130–136.

[6] Belcaro, G., Cesarone, M. R., Cornelli, U., Pellegini, L., Ledda, A., Grossi, M. G., Ruffini, I., Fano, F., Ricci, A., Stuard, S., Luzzi, R., Grossi, M. G. & Hosoi, M. (2010). Prevention of flu episodes with colostrum and Bifivir compared with vaccination: an epidemiological, registry study. Panminerva medica, 52(4), 269–275.

5.3.2 Schritt 2: Wissen vermitteln

Sobald uns die Aufmerksamkeit sicher ist (Schritt 1), müssen wir das Gesundheitswissen vermitteln. Hier ist eine zielgruppengerechte Formulierung und Gestaltung wichtig. Sie müssen das Sprachniveau dem Bildungsniveau Ihrer Mitarbeiter:innen anpassen, notfalls bietet die Kampagne zwei unterschiedliche Informationstiefen:

- **Artikel als HTML oder PDF im Intranet**: Artikel vermitteln Gesundheitswissen. Achten Sie auf eine einfache Sprache und eine ausgewogene Berichterstattung, ohne Ängste zu schüren oder übertriebene Hoffnungen zu wecken. Artikel sollten immer einen »So geht's«-Abschnitt oder einen »Das können Sie tun«-Ausblick haben.
- **Kampagnenbroschüre**: Für Mitarbeiter:innen ohne Intranetzugang und mit einfacher Sprache.
- Alternativ: Kampagne über die Mitarbeiter-App ausrollen, mit kurzen Videos im TikTok-Stil.

Weiter unten in diesem Kapitel finden Sie einen Leitfaden zur Entwicklung von Gesundheitsinhalten und Quellen.

von Nils Strack

Jedes Jahr in den Wintermonaten steht die nächste Grippewelle vor der Tür. Husten, Schnupfen, Gliederschmerzen, plötzlich einsetzendes Fieber sowie extreme Schwäche sind typische Symptome der Grippe. Eine Grippeimpfung ist für viele das Mittel der Wahl dieser Virusinfektion aus dem Weg zu gehen. Dabei wissen nur wenige, dass diese Impfung lediglich einen moderaten Schutz vor der Grippe darstellt [1]. Darüber hinaus bieten diese Impfstoffe überhaupt nur dann einen geeigneten Schutz, wenn sie mit dem umhergehenden Grippevirus übereinstimmen. Diese Übereinstimmung kann jedoch aufgrund der raschen Veränderungsfähigkeit des Grippevirus schnell nicht mehr gegeben sein [2] und die meisten Erkältungen sind gar keine Grippe, sondern lediglich grippale Infekte. Grippale Infekte werden durch über 200 Viren ausgelöst, gegen die die Grippeimpfung nicht wirkt.

Dabei scheint es Alternativen zu geben, welche effektiver in der Vorbeugung von Grippe und darüber hinaus auch noch kostengünstiger sind [5-6]. Die Rede ist von Colostrum [5], das wir in diesem Artikel beleuchten und Vitamin D, das wir im Folgeartikel näher vorstellen.

Was ist Colostrum? Die Substanz ist eine Mischung aus Mineralien, Vitaminen, Wachstumsfaktoren und vor allem immunsystem-unterstützenden Stoffen. [7] Säugetiere produzieren Colostrum in den ersten 48 bis 73 Stunden nach der Geburt der Nachkommen, denn in dieser Phase ist das Neugeborene höchst empfindlich gegenüber Krankheitserregern. Mit Colostrum erhalten die Abwehrkräfte lebensnotwendige Unterstützung im Kampf gegen u. a. Bakterien und Viren, wodurch die Überlebenswahrscheinlichkeit der Nachkommen maßgeblich erhöht wird.

Interessanterweise können nicht nur Neugeborene von Colostrum profitieren. So zeigt sich in wissenschaftlichen Untersuchungen auch ein stark positiver Effekt von Colostrum in der Prävention der Grippe und grippaler Atemwegsinfekte bei Erwachsenen [5]. Diese Studien stelle ich Ihnen im folgenden Kasten vor.

Abb. 65: Beispiel für einen Artikel zur Gesundheitskampagne im PDF-Format

Hausmittel helfen
Von Tee bis Dampfbad.

Eine einfache Erkältung kann man auch ohne Arztbesuch auskurieren. Gerade bei leichten Infekten können Hausmittel die Heilung gut unterstützen. Auch bei viralen Infektionen, gegen die kein Antibiotikum hilft, sind Hausmittel besonders wichtig, um die Symptome zu lindern. Dennoch gilt: sind die Symptome schlimm, suchen Sie einen Arzt auf. Dieser Artikel soll Sie nicht davon abhalten.

Atemwege desinfizieren

Gurgeln. Verwenden Sie **Salbeitee** zum Gurgeln.

Nase freibekommen

Nasendusche. Eine Nasendusche ist ein Gefäß, in das handwarmes Wasser und etwas Salz eingefüllt wird. Angesetzt an einem Nasenloch läuft das Wasser durch den Naseninnenraum hindurch und durch das andere Nasenloch wieder ab. Der Vorgang löst auch verkrustetes Nasensekret und ermöglicht das Abfließen von grippalem oder bakteriellem Nasenschleim QR-Code: Videoanleitung.

Nasenspray mit Meersalz. Abschwellende Nasensprays sind bei akuter Nebenhöhlenentzündung kurzfristig sinnvoll, dürfen jedoch nicht länger als ein paar Tage verwendet werden, da sie abhängig machen und die Schleimhäute schädigen. Unbedenklich sind Meersalzwasser-Sprays. Die gibt es in Apotheken und Drogeriemärkten.

Inhalieren mit Thymian. Inhalieren Sie mit aufgebrühtem Thymian oder ein paar Tropfen Thymianöl. Thymian wirkt schleimlösend und entkrampfend.

Lebensmittel. Auch über die Nahrung können Sie eine schleimlösende Wirkung erzielen, etwa mit der Verwendung von Chili, Wasabi oder Meerrettich in Ihrem Essen.

Gliederschmerzen lindern

Baden. Nehmen Sie ein warmes (nicht zu heißes) Bad. Geben Sie dem Wasser Kampfer-, Eukalyptus-, Thymian-, Rosmarin- oder Kiefernnadelöl zu.

Hilft bei Fieber und Kopfweh

Ein Tee aus Weidenrinde hilft bei Kopfschmerzen und Fieber. Weidenrinde enthält Salicin und gilt als Vorstufe von Acetylsalicylsäure (Wirkstoff z. B. in Aspirin®), ohne die Nebenwirkung von Magenblutungen.

Richtig Nase putzen

An dieser Stelle noch ein kleiner Exkurs zum Thema richtiges Naseputzen: Die wissenschaftliche Meinung ist dabei gespalten. Und zwar zwischen dem festen Ausatmen nacheinander durch das linke und das rechte Nasenloch, wobei das jeweils andere Nasenloch zugehalten wird, oder dem Hochziehen des Schleims (mit anschließendem Schlucken), wodurch die Viren durch die Magensäure ein jähes Ende finden. Klar ist: Schnauben mit zugepressten Nasenlöchern ist der schnellste Weg zu einer Mittelohrentzündung.

Im Intranet finden Sie den ausführlichen Artikel zu Hausmitteln.

Abb. 66: Beispielseite einer Kampagnenbroschüre zur »Wir lassen die Grippe ausfallen«-Kampagne, mit QR-Code oder einem Verweis auf einen ausführlicheren Artikel im Intranet

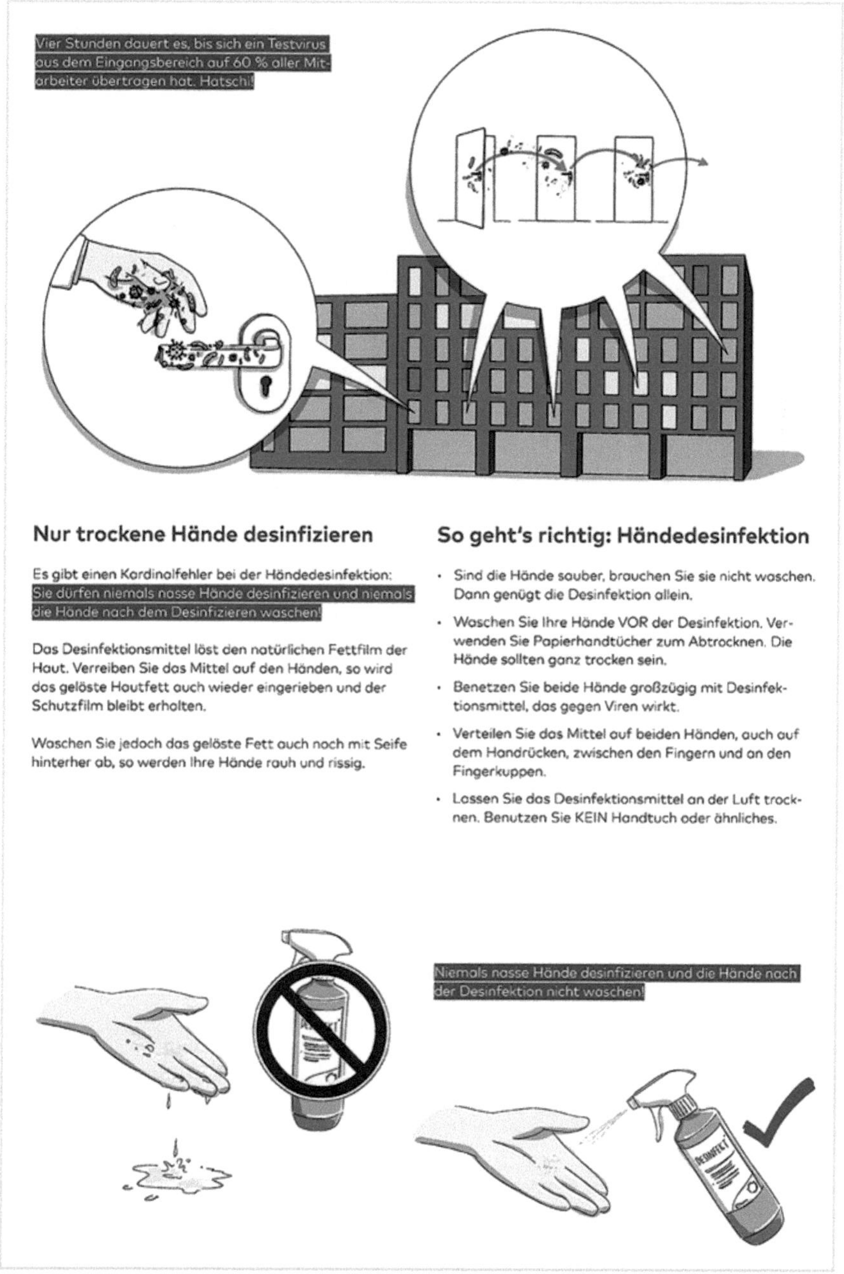

Vier Stunden dauert es, bis sich ein Testvirus aus dem Eingangsbereich auf 60 % aller Mitarbeiter übertragen hat. Hatschi!

Nur trockene Hände desinfizieren

Es gibt einen Kardinalfehler bei der Händedesinfektion: Sie dürfen niemals nasse Hände desinfizieren und niemals die Hände nach dem Desinfizieren waschen!

Das Desinfektionsmittel löst den natürlichen Fettfilm der Haut. Verreiben Sie das Mittel auf den Händen, so wird das gelöste Hautfett auch wieder eingerieben und der Schutzfilm bleibt erhalten.

Waschen Sie jedoch das gelöste Fett auch noch mit Seife hinterher ab, so werden Ihre Hände rauh und rissig.

So geht's richtig: Händedesinfektion

- Sind die Hände sauber, brauchen Sie sie nicht waschen. Dann genügt die Desinfektion allein.
- Waschen Sie Ihre Hände VOR der Desinfektion. Verwenden Sie Papierhandtücher zum Abtrocknen. Die Hände sollten ganz trocken sein.
- Benetzen Sie beide Hände großzügig mit Desinfektionsmittel, das gegen Viren wirkt.
- Verteilen Sie das Mittel auf beiden Händen, auch auf dem Handrücken, zwischen den Fingern und an den Fingerkuppen.
- Lassen Sie das Desinfektionsmittel an der Luft trocknen. Benutzen Sie KEIN Handtuch oder ähnliches.

Niemals nasse Hände desinfizieren und die Hände nach der Desinfektion nicht waschen!

Abb. 67: Zweite Beispielseite aus der Kampagnenbroschüre, hier zum Thema Desinfektion. Die Zeichnung oben gehört zu einer vorherigen Seite, auf der die Verbreitungsgeschwindigkeit von Viren in öffentlichen Gebäuden dargestellt wurde.

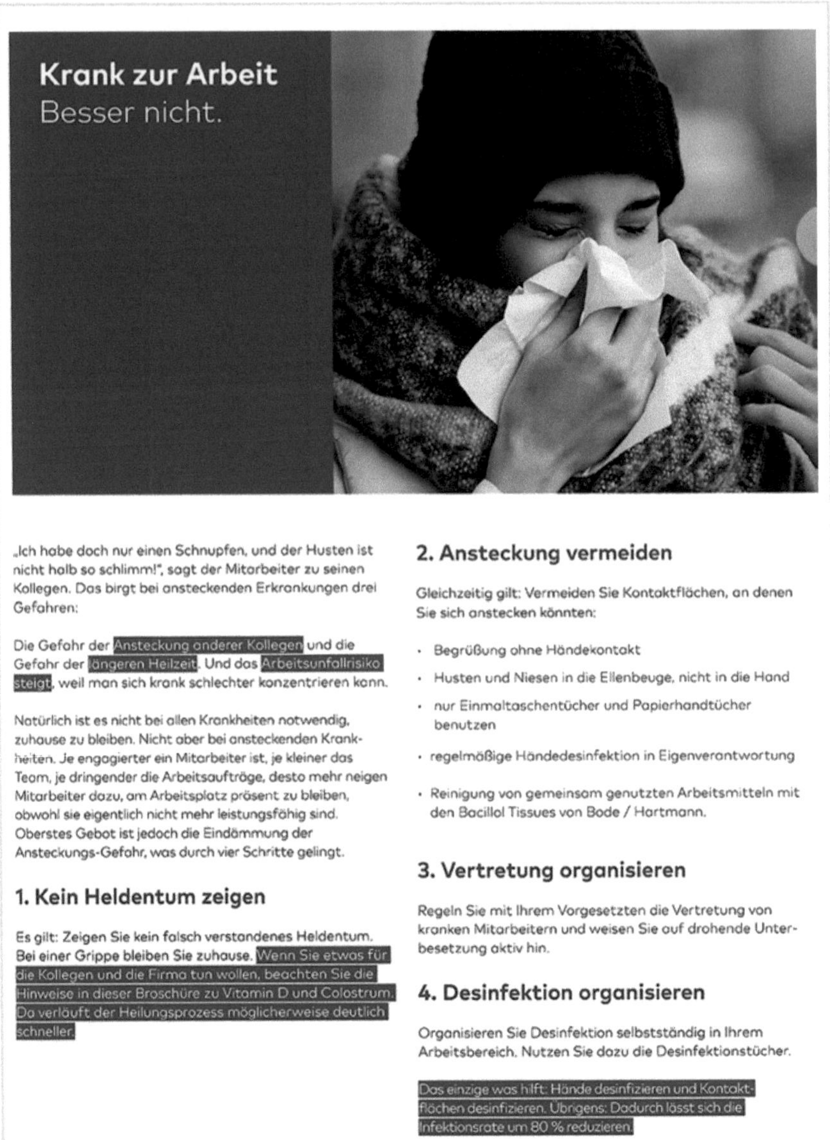

Krank zur Arbeit
Besser nicht.

„Ich habe doch nur einen Schnupfen, und der Husten ist nicht halb so schlimm!", sagt der Mitarbeiter zu seinen Kollegen. Das birgt bei ansteckenden Erkrankungen drei Gefahren:

Die Gefahr der Ansteckung anderer Kollegen und die Gefahr der längeren Heilzeit. Und das Arbeitsunfallrisiko steigt, weil man sich krank schlechter konzentrieren kann.

Natürlich ist es nicht bei allen Krankheiten notwendig, zuhause zu bleiben. Nicht aber bei ansteckenden Krankheiten. Je engagierter ein Mitarbeiter ist, je kleiner das Team, je dringender die Arbeitsaufträge, desto mehr neigen Mitarbeiter dazu, am Arbeitsplatz präsent zu bleiben, obwohl sie eigentlich nicht mehr leistungsfähig sind. Oberstes Gebot ist jedoch die Eindämmung der Ansteckungs-Gefahr, was durch vier Schritte gelingt.

1. Kein Heldentum zeigen

Es gilt: Zeigen Sie kein falsch verstandenes Heldentum. Bei einer Grippe bleiben Sie zuhause. Wenn Sie etwas für die Kollegen und die Firma tun wollen, beachten Sie die Hinweise in dieser Broschüre zu Vitamin D und Colostrum. Da verläuft der Heilungsprozess möglicherweise deutlich schneller.

2. Ansteckung vermeiden

Gleichzeitig gilt: Vermeiden Sie Kontaktflächen, an denen Sie sich anstecken könnten:

- Begrüßung ohne Händekontakt
- Husten und Niesen in die Ellenbeuge, nicht in die Hand
- nur Einmaltaschentücher und Papierhandtücher benutzen
- regelmäßige Händedesinfektion in Eigenverantwortung
- Reinigung von gemeinsam genutzten Arbeitsmitteln mit den Bacillol Tissues von Bode / Hartmann.

3. Vertretung organisieren

Regeln Sie mit Ihrem Vorgesetzten die Vertretung von kranken Mitarbeitern und weisen Sie auf drohende Unterbesetzung aktiv hin.

4. Desinfektion organisieren

Organisieren Sie Desinfektion selbstständig in Ihrem Arbeitsbereich. Nutzen Sie dazu die Desinfektionstücher.

Das einzige was hilft: Hände desinfizieren und Kontaktflächen desinfizieren. Übrigens: Dadurch lässt sich die Infektionsrate um 80 % reduzieren.

Abb. 68: Dritte Beispielseite der Kampagnenbroschüre, hier zum Thema »Präsentismus«. Diese Inhalte müssen vorab auch mit Führungskräften abgestimmt sein, weil eine Aufforderung zum »Zuhausebleiben« durchaus auf Widerstand treffen kann.

5.3.3 Schritt 3: Aktionen der Kampagne

Mögliche Aktionen im Rahmen einer Gesundheitskampagne sind:

- Messung des Vitamin-D-Spiegels von Mitarbeiter:innen;

- Verteilung von antiviralen Händedesinfektionsmitteln;
- Verteilung von Desinfektionstüchern für die teamgesteuerte Desinfektion von Ansteckungsflächen;
- Teambesprechung des Verbotes, mit Symptomen zur Arbeit zu kommen.

Messung des Vitamin-D-Spiegels

Beginnen wir mit der Organisation eines Angebotes zur Vitamin-D-Messung im Rahmen eines Aktionstages. Die Organisation hat sich seit dem Erscheinen der ersten Auflage deutlich erleichtert.

Aktion 1

Angebot eines Vitamin-D-Screenings mittels eines Selbsttests, z. B. von Cerascreen.

Seit einigen Jahren gibt es zuverlässige Selbsttestkits, z. B. von Cerascreen. Diese ermöglichen eine verwaltungsarme und rechtlich sichere Durchführung eines Vitamin-D-Screenings im Rahmen des BGMs.

Die Testkits können mit einem Rabatt von bis zu 25% bei Cerascreen auch auf Kommission bestellt werden.

Der Vertrag kommt nicht mit dem Unternehmen zustande, sondern zwischen dem Mitarbeitenden und dem Labor direkt. Durch die schriftliche Befundinterpretation entfällt auch die Organisation eines Nachgesprächs.

Nachteilig ist, dass die Tests »Mitnahmeeffekte« haben, d.h. es kann vorkommen, dass Mitarbeitende sich mehrere Tests mitnehmen und diese bei Ebay verkaufen. Daher sollte die Testaktion in irgendeiner Form an etwas gekoppelt sein, so dass die Wertigkeit des Tests hervorgehoben wird.

Beispiel: Vitamin-D-Screenings bei einem Kundenunternehmen

Im Rahmen eines **Vitamin-D-Screenings bei einem Kundenunternehmen** im Dezember 2016 wurden 326 Mitarbeiterinnen und Mitarbeiter untersucht. 54% der Mitarbeiter (< 20 ng/ml) zeigten einen aktiven Osteoporoseprozess. Weitere 32% lagen gemäß naturheilkundlicher Definition (< 30 ng/ml) in einem Bereich, bei dem die Infektabwehr des Immunsystems geschwächt ist. Lediglich bei 15% der Stichprobe lag ein angemessener Vitamin-D-Spiegel vor.

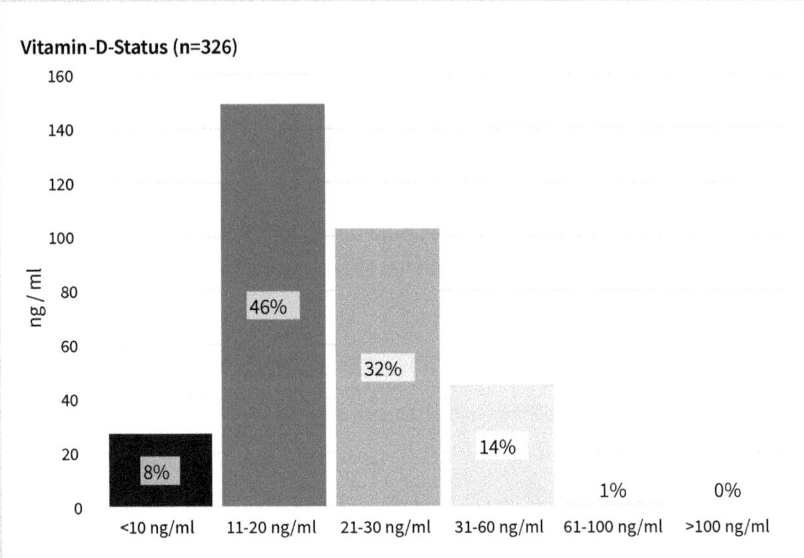

Abb. 69: Vitamin-D-Status der Mitarbeiterinnen und Mitarbeiter eines Unternehmens (Quelle: eigene Darstellung, eigene Messung, 2016)

Bei dieser Vorgehensweise ist mit Kosten von ca. 40 bis 50 EUR (brutto) pro Mitarbeiter:in zu rechnen. Sie sollten einen Eigenanteil von Ihren Mitarbeiterinnen und Mitarbeitern verlangen. Dieser sollte bei 10 bis 20 EUR liegen. Ein eigener Kostenbeitrag schützt vor Mitnahmeeffekten, bei denen viele Mitarbeiter:innen kostenlos am Test teilnehmen, aber nicht die Absicht haben, ihren Vitamin-D-Spiegel zu verändern. Hier würde das Kampagnenziel nicht erreicht werden. Durch den Eigenanteil erhält die Aktion eine »Wertigkeit«. Viele Menschen haben die Einstellung »Wenn ich jetzt schon den Test bezahlt habe, dann soll es sich aber auch auszahlen.«

Aktion 2

Verteilung von Selbsttest-Kits für die Bestimmung des Vitamin-D-Spiegels, hier am Beispiel der Firma Cerascreen.

Kostengünstiger und deutlich weniger aufwendig sind Vitamin-D-Selbsttest-Kits. Diese Testkits enthalten alle Materialien zur eigenen Entnahme von Blutstropfen aus dem Finger. Die Blutprobe wird vom Mitarbeiter mit dem bereitgestellten Versandmaterial portofrei ans Labor geschickt. Ein vom Laborarzt begutachteter Befundbogen sowie eine ausführliche Anleitung zur weiteren Vorgehensweise wird vom Labor an den Mitarbeiter nach Hause geschickt.

Unternehmen können mit den Anbietern solcher Tests eine Vereinbarung über Kommission und Rabatt treffen. Das bietet den Vorteil, dass unbenutzte Testkits zurückgesendet werden können.

Ein aktueller Marktüberblick zu in Deutschland verfügbaren Selbsttest-Kits sowie Gespräche über mögliche Rabatte ergaben Kosten in Höhe von 23 bis 29 EUR pro Person.

Diese Vorgehensweise hält den Vorgang der Blutentnahme und Befundzusendung komplett aus dem Unternehmen heraus, da die Mitarbeiterinnen und Mitarbeiter den Laborbogen mit ihrer privaten Anschrift ausfüllen. Eine Rückmeldung von Laborergebnissen ist dann allerdings nicht möglich, weil das Labor keine Möglichkeit hat, die Befunde zu filtern. Zudem fehlt die Wirkung eines aktivierenden ärztlichen Befundgespräches, sodass Sie hier eine Abwägung vornehmen müssen. Denn es ist zu befürchten, dass Mitarbeiter:innen auch aus einem Vitamin-D-Mangelbefund keine Konsequenzen ziehen.

Desinfektionsmittel für Hände

Die Beschaffung von wirksamen Desinfektionsmitteln gegen Grippe- und Erkältungsviren sollte in Zusammenarbeit mit einer Fachkraft für Arbeitssicherheit erfolgen.

Linktipp

Eine Liste von Händedesinfektionsmitteln, die durch das Robert-Koch-Institut zugelassen sind, finden Sie hier:

https://www.rki.de/DE/Content/Infekt/Krankenhaushygiene/Desinfektionsmittel/Desinfektionsmittellist/Desinfektionsmittelliste_node.html (ab Seite 1279, Abschnitt 2.3)

Desinfektionstücher für Flächen

Es ist in Unternehmen nicht üblich, dass die Räumlichkeiten nach Krankenhausstandard gereinigt werden. Dies ist grundsätzlich auch nicht notwendig. In der Grippesaison sollte es jedoch möglich sein, die wichtigsten Ansteckungsflächen zu desinfizieren, zur Not auch durch die Mitarbeiterinnen und Mitarbeiter selbst, etwa wenn Arbeitsplätze und Arbeitsmittel gemeinsam benutzt werden. Dazu eignen sich Desinfektionstücher. Achten Sie darauf:

- Die Desinfektionstücher sollten für empfindliche Oberflächen und technische Geräte zugelassen sein, um Abrieb, Verfärbungen und Beschädigungen zu vermeiden.
- Die Tücher sollten von Ihrer Sicherheitsfachkraft genehmigt werden. Gegebenenfalls ist eine Einweisung in die sichere Anwendung erforderlich.

Kein falsches Heldentum – Nicht krank zur Arbeit kommen

Allgemein freuen sich Führungskräfte nicht, wenn Mitarbeiter:innen sich krankschreiben lassen. Doch im Fall von ansteckenden Erkrankungen brauchen Führungskräfte die Einsicht, dass Präsentismus den größeren Schaden verursacht. Führungskräfte sollten mit ihren Teams zu Beginn der Erkältungssaison eine Besprechung abhalten. Darin sollten die folgenden Punkte besprochen werden:

- Alle Mitarbeiter:innen werden angewiesen, bei **eindeutigen Symptomen grippaler Infekte** den Arbeitsplatz nicht mehr aufzusuchen (siehe: https://www.hno-aerzte-im-netz.de/krankheiten/influenza/anzeichen-und-verlauf.html).
- Es werden **Vertretungsregeln und Notfallpläne** für den Fall einer umfassenden Ansteckung der Abteilung gemacht. Diese Vorsorge hat zweierlei Effekte:
  - Mitarbeiterinnen und Mitarbeiter können ohne schlechtes Gewissen krank sein, weil sie wissen, dass ihre Arbeit nicht liegenbleibt.
  - Die Brisanz einer Ansteckung der ganzen Abteilung durch *falsches Heldentum* wird deutlich, sodass Mitarbeiter:innen fürsorglich zu Hause bleiben.
- Bei **gemeinsam genutzten Arbeitsplätzen und Arbeitsmitteln** (Telefone, Tastaturen, Tische, Werkzeuge, Lenkräder usw.) **wird ein Desinfektionsplan im Team vereinbart**. Das erzeugt zunächst Unwillen, weil Mitarbeiter:innen und Führungskräfte erwarten, dass die Reinigungskräfte dies durchführen. Da Reinigungsteams jedoch meist an Subunternehmen ausgelagert sind, ist eine korrekte Umsetzung der Desinfektion von Ansteckungsflächen nicht möglich bzw. nicht bezahlbar.

5.3.4 Schritt 4: Lösungswege fördern

- Bei der Grippekampagne sind die Lösungswege im Falle einer Erkrankung vorhanden. Es sollte der Hausarzt aufgesucht werden.
- Für die Heilungsunterstützung wird Gesundheitswissen vermittelt und der Artikel »*Hausmittel bei Grippe und Erkältungen*« verteilt.
- Für die Verabreichung von Colostrum dürfen Sie keine Kaufempfehlung abgeben (!). Hier können Sie lediglich auf die Wirkung der vorgestellten Studienergebnisse im Artikel oder der Kampagnenzeitung hoffen, oder auf Mundpropaganda.
- Für die Verabreichung von Vitamin D dürfen Sie ebenfalls keine Präparate oder Markennamen nennen. Hier ist die Qualität des ärztlichen Befundgesprächs bzw. die Qualität der Befundmappe des Selbsttest-Kit-Labors entscheidend.

Fazit

Die »Wir lassen die Grippe ausfallen«-Kampagne gehört zu den aufwendigeren Kampagnen. Sie sollten etwa vier bis sechs Monate Vorbereitungszeit einplanen, da umfangreiche Gespräche mit verschiedenen Partnern zu führen sind. Unterschätzen Sie auch die rechtliche Dimension nicht. Ich empfehle, die Themen Datenschutz, unerlaubte Werbung und Heilmittelwerbegesetz von einem Rechtsanwalt prüfen zu lassen. Medizinische Ratgeberartikel sollten grundsätzlich von Ärzten geschrieben sein. Selbstgeschriebene Artikel sollten ausschließlich journalistisch berichten und sämtliche Aussagen mit wissenschaftlichen Quellen belegen können.

Lohnt es sich? Nun, um diese Frage beantworten zu können, sollten Sie prüfen, ob Ihr Krankenstand so aussieht wie in der folgenden Grafik (Abbildung 70). Hatten Sie in den vergangenen Jahren einen »Erkältungshügel« im Krankenstand? Dann lohnt sich der Aufwand für diese Kampagne.

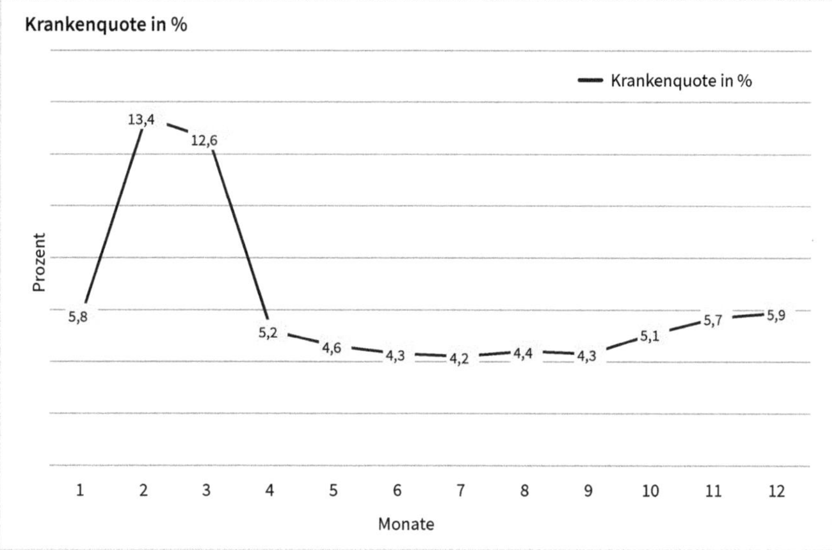

Abb. 70: Saisonale Schwankungen der Krankenquote über das Jahr

5.4 Beispielkampagne: Eindämmung von Muskel-Skelett-Erkrankungen

Ein Unternehmen aus der Gesundheitsbranche entwickelte 2017 zusammen mit der Berufsgenossenschaft für Gesundheitsdienst und Wohlfahrtspflege (BGW) ein herausragendes **Ergolotsenkonzept**. Dabei ging es um die Eindämmung von Muskel-Skelett-Erkrankungen durch ein umfangreiches ErgoScout-Projekt bei einem medizinischen Versorgungsbetrieb in Kooperation mit der BGW.

Das Unternehmen mit über 100 Standorten und mehr als 4.000 Mitarbeiterinnen und Mitarbeitern, höherem Altersdurchschnitt und spezifisch rückenbelastenden Tätigkeiten bildete Ergolotsen aus: Die Ausbildung umfasste nicht nur ergonomische Fachthemen, sondern auch Gesprächsführung und Ansprache von Mitarbeitern *auf kollegialer Ebene* sowie Schulungsangebote für Führungskräfte und eine ergänzende Ausstattung mit ergonomischen Hilfsmitteln. Grundbedingung für den Erfolg war, dass die Führungskräfte als Erstes eine Schulung zum Thema »Gesund führen« absolvieren. Die BGW entwickelte das Ausbildungskonzept gemeinsam mit dem Unternehmen und stellte die Schulungsleiter zur Verfügung.

Das Projekt wurde evaluiert. Dazu wurden Mitarbeiter:innen und Führungskräfte mehrerer Pilotstandorte vor der Schulungsmaßnahme befragt. Zusätzlich wurde eine Evaluationspostkarte entwickelt, die die Gesprächsqualität einzelner Beratungsgespräche zwischen Ergolotsen und Mitarbeiter:innen bewertet.

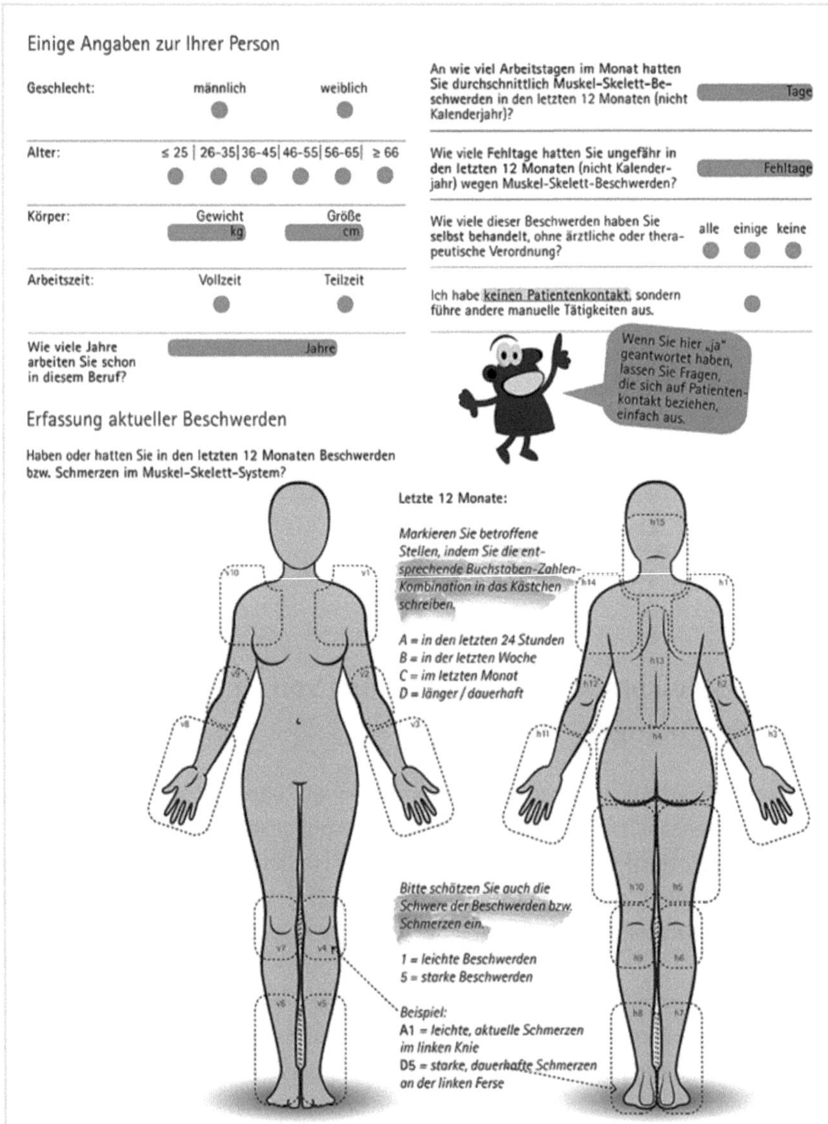

Einige Angaben zur Ihrer Person

Geschlecht: männlich / weiblich

Alter: ≤ 25 | 26-35 | 36-45 | 46-55 | 56-65 | ≥ 66

Körper: Gewicht kg / Größe cm

Arbeitszeit: Vollzeit / Teilzeit

Wie viele Jahre arbeiten Sie schon in diesem Beruf? Jahre

An wie viel Arbeitstagen im Monat hatten Sie durchschnittlich Muskel-Skelett-Beschwerden in den letzten 12 Monaten (nicht Kalenderjahr)? Tage

Wie viele Fehltage hatten Sie ungefähr in den letzten 12 Monaten (nicht Kalenderjahr) wegen Muskel-Skelett-Beschwerden? Fehltage

Wie viele dieser Beschwerden haben Sie selbst behandelt, ohne ärztliche oder therapeutische Verordnung? alle / einige / keine

Ich habe keinen Patientenkontakt, sondern führe andere manuelle Tätigkeiten aus.

Erfassung aktueller Beschwerden

Haben oder hatten Sie in den letzten 12 Monaten Beschwerden bzw. Schmerzen im Muskel-Skelett-System?

Letzte 12 Monate:

Markieren Sie betroffene Stellen, indem Sie die entsprechende Buchstaben-Zahlen-Kombination in das Kästchen schreiben.

A = in den letzten 24 Stunden
B = in der letzten Woche
C = im letzten Monat
D = länger / dauerhaft

Bitte schätzen Sie auch die Schwere der Beschwerden bzw. Schmerzen ein.

1 = leichte Beschwerden
5 = starke Beschwerden

Beispiel:
A1 = *leichte, aktuelle Schmerzen im linken Knie*
D5 = *starke, dauerhafte Schmerzen an der linken Ferse*

Haben Sie in den letzten 12 Monaten wegen Beschwerden bzw. Schmerzen im Muskel-Skelett-System einen Arzt, Physiotherapeuten, Osteopathen oder Chiropraktiker aufgesucht? ja / Wenn ja, wie oft etwa in den letzten 12 Monaten? ca. mal / nein

Abb. 71: Evaluationsbogen zur Erfassung vorhandener Muskel-Skelett-Beschwerden mit Lokalisierung der Beschwerden und Einschätzung des subjektiven Schweregrades und des Beschwerdezeitraums.

Festlegen der Kampagnenziele

- Ermöglichung ergonomischen Arbeitens für ein ganzes Team.
- Haltungsveränderung bei den Leitungskräften.
- Vermittlung von Kenntnissen ergonomischer Arbeitsweisen und Bedienkenntnisse der Hilfsmittel.
- Hilfsmittelverfügbarkeit wird sichergestellt.

Phase 1

Aufmerksamkeit und Problembewusstsein schaffen

	Anzahl Teilnehmer*innen	Rückenschmerzen	WAI-Gesamtwert	Ergonomisch Arbeiten
			7 - 49 Punkte	
Anzahl erhaltener Antworten →		102	91	101
Gesamt	103	35%	39,1	14%
Führungskräfte	16	19%	40,9	6%
Vorstand und Bereichsleitung	8	13%	44,5	13%
Abteilungs- und Teamleitung	8	25%	38,1	0%
Mitarbeitende	87	38%	38,8	15%
Gruppe 1	22	45%	40,6	23%
Gruppe 2	26	35%	37,6	28%
Gruppe 3	11	10%	40,9	0%
Gruppe 4	9	33%	39,4	11%
Gruppe 5	7	43%	36,7	0%
Gruppe 6	10	70%	36,8	0%

Ausgehend von der Gefährdungsbeurteilung wurden Gruppen identifiziert, die einen besonders hohen Bedarf bzw. besonders häufig Rückenschmerzen hatten.

Es wurde ein Motivationsgespräch mit den Führungskräften des Bereiches und mit den Mitarbeitenden geführt, um zu prüfen, ob eine ausreichende Veränderungsmotivation vorliegt.

Bedingung für die Teilnahme an dem ErgoScout-Programm war die **Teilnahme der Führungskräfte an einer zweitägigen Schulung zum ergonomischen Arbeiten.**

Phase 2

Die Veränderungsenergie bahnen: Gesundheits- und Lösungswissen vermitteln

Für die Umsetzung wurden aus dem Bereich **Mitarbeitende zu ErgoScouts** ausgebildet. Die Ausbildung umfasste folgende Punkte:

- ergonomisches Grundlagen wissen, auch zum Körperbau, Wirbelsäule, Erkrankungen usw.
- gesetzliche Vorgaben und Richtlinien
- Handhabungskenntnisse der verfügbaren ergonomischen Hilfsmittel mit großem Praxisteil
- motivierende Gesprächsführung mit Kolleg:innen, Ansprache, Grenzen des Auftrags usw.

Phase 3 und 4a

Die Veränderungsenergie nutzen: Mitmach-Aktionen und Hürden senken

In diesem Projekt wurde im nächsten Schritt eine Begehung vor Ort durchgeführt, fehlende Hilfsmittel ersetzt, örtlicher Hindernisse beseitigt, die eine Anwendung der Hilfsmittel verhindert haben sowie Veränderungen in Dienstplänen und Arbeitsabläufen vorgenommen, um auch zeitlich eine ergonomische Arbeitsweise zu ermöglichen.

Es wurden Unterweisungen bei der Bedienung von Hilfsmittel und Gruppen zur Veränderungsmotivation durchgeführt.

Phase 4b

Verstetigen

Die ErgoScouts nahmen ihre Arbeit auf und führten Einzelgespräche mit Mitarbeitenden, wenn sie eine nichtergonomische Arbeitsweise sahen.

Sie führten Gespräche mit Leitungskräften, wenn Änderungen an den Verhältnissen eine ergonomische Arbeitsweise behinderten.

Abb. 72: Ablauf der Kampagne in den vier Schritten.

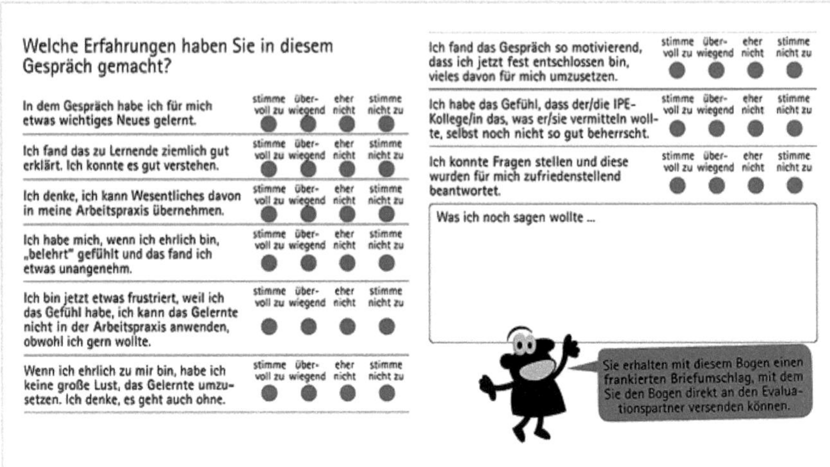

Abb. 73: Postkarte zur Evaluation von Gesprächsinteraktionen zwischen Ergolotsen und Mitarbeiter:innen. Die Bewertung soll – ohne Rückschluss auf einzelne Ergolotsen – die Schulung der Gesprächsführung verfeinern.

In der **Erstevaluation** fanden sich einige spannende Befunde: So zeigte sich ein enger Zusammenhang zwischen dem Body-Mass-Index (BMI) und der Anzahl von Beschwerdetagen durch Muskel-Skelett-Erkrankungen.

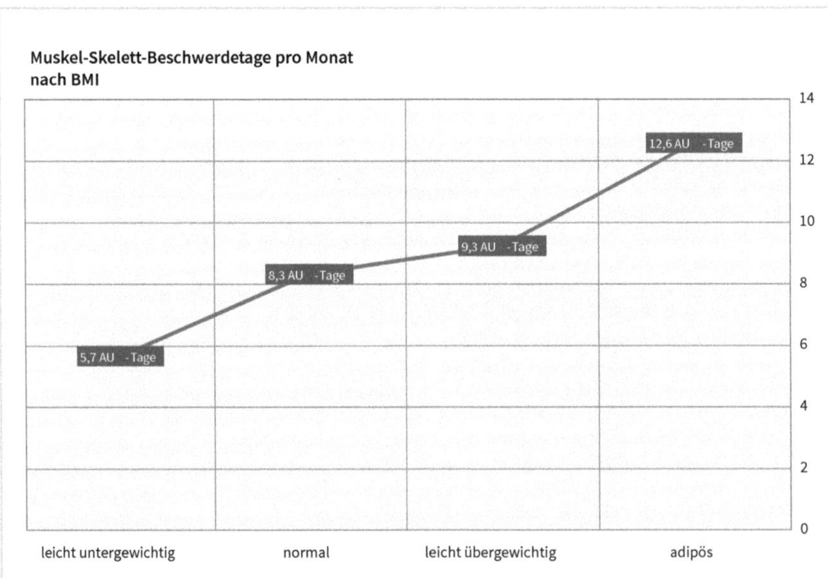

Abb. 74: Ergebnisse der Erstevaluation von 86 Mitarbeiter:innen. Der Zusammenhang zwischen den Fehltagen aufgrund von Muskel-Skelett-Erkrankungen und dem BMI ist deutlich und zeigt, dass bei Kampagnen zur Reduktion von Muskel-Skelett-Erkrankungen Übergewicht und Ernährung ebenso thematisiert werden müssen. (Quelle: Eudemos, 2018)

Auch zeigte sich die vermutete **niedrige Gesundheitskompetenz bzw. Selbstfürsorge**. Viele Betroffene suchen einfach keine Hilfe auf.

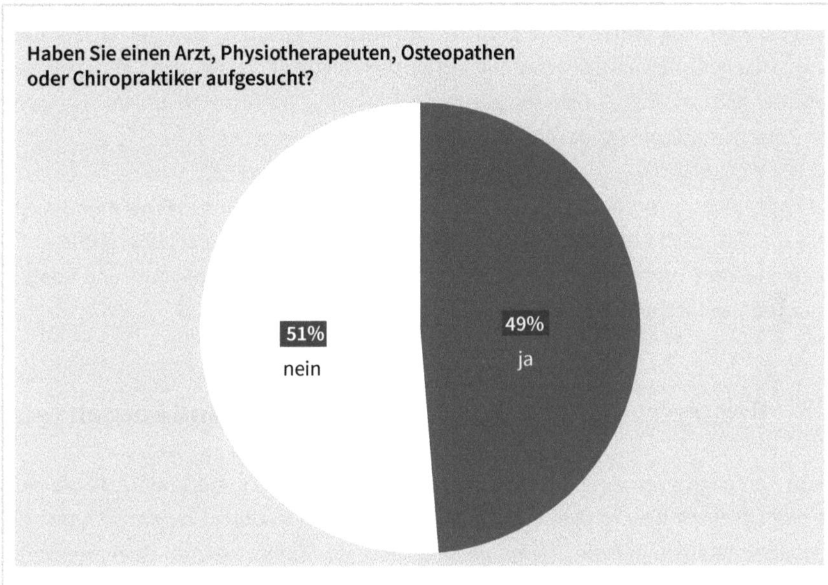

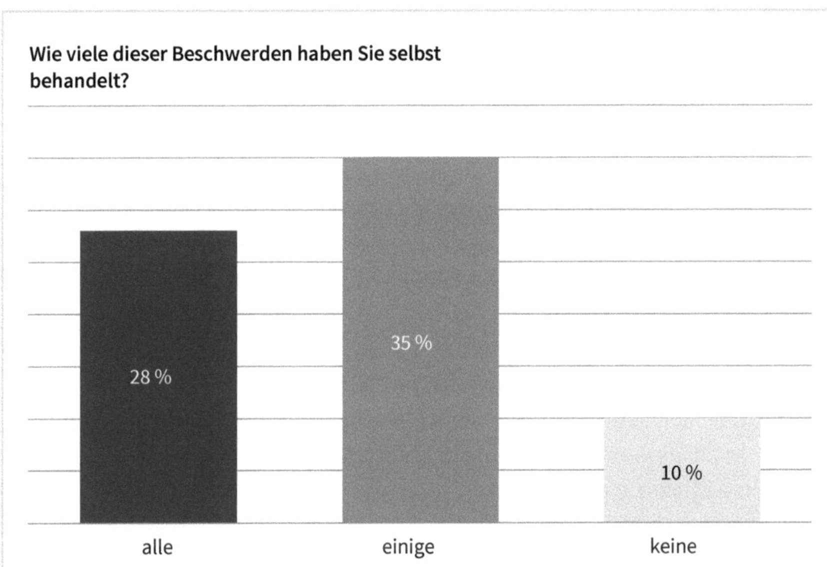

Abb. 75 und 76: Die Hälfte der Befragten gab an, bei einer bestehenden Muskel-Skelett-Erkrankung keine therapeutische Hilfe aufzusuchen. 28 % behandeln alle ihre Beschwerden selbst und nur 10 % suchen immer therapeutische Hilfe auf. (Quelle: Eudemos, 2018)

Aus der Erstevaluation wurden wichtige Erkenntnisse für die Gesprächsführungsausbildung gezogen. Es zeigte sich, dass ein Rollenkonflikt von ErgoScouts darin bestand, dass sie ihre eigenen Kolleg:innen auf Fehlverhalten und ggf. auch auf persönliche Eigenschaften wie starkes Übergewicht ansprechen mussten, weil der Zusammenhang zwischen starkem Übergewicht und Muskel-Skelett-Erkrankungs-Fehltagen ausgesprochen stark war. Zudem musste der Fokus auf Selbstfürsorge und Verringerung des Präsentismus gelegt werden.

Die Endevaluation ergab neben dem Nachweis der Wirksamkeit des Programms auch, dass die Gespräche der ErgoScouts von einigen Mitarbeitenden als übergriffig empfunden wurden und hier möglicherweise Frustration bei den ErgoScouts und Konflikte im Team entstehen könnten.

5.5 Beispielkampagne: Schlaf, Entspannung und Pausen

Diese Kampagne war eine Auftragsarbeit des Autors für eine größere Bank. Sie wurde eng am zuvor beschriebenen Kampagnenmodell orientiert. Ursprünglich war ein Gesundheitstag zu diesem Thema geplant, aber der Kunde war mit dem Alternativvorschlag eines Kampagnenzeitraums deutlich zufriedener, denn der Organisationsaufwand und Platzbedarf sind sehr viel geringer. Außerdem konnten über den sechswöchigen Kampagnenzeitraum viel mehr Mitarbeitende erreicht werden und diese konnten an vielen Angeboten teilnehmen, da Kurse nicht nur einmal mit begrenzter Teilnehmerzahl liefen, sondern nach Bedarf (mit Voranmeldung) hinzugebucht werden konnten.

Das Besondere an diesem Projekt war die starke mediale Komponente. Anstelle von Vorträgen wurden Lernvideos eingesetzt, die ansprechend animiert und professionell eingesprochen wurden. Dazu gab es eine passende Begleitbroschüre, damit Link-, Buch- und Produkttipps nicht in den Filmen nachgeschaut werden mussten.

Die Kurse konnten bei Interesse über den Kampagnenzeitraum hinaus weitergeführt werden, mit den üblichen 8–10 Kurseinheiten, sodass hier auf § 20 SGB V-zertifizierte Kursleiter:innen zurückgegriffen werden konnte. Auf diese Weise eröffnet sich die Möglichkeit (in diesem Projekt wurde das nicht gemacht), die Kurskosten über eine Krankenkasse finanzieren zu lassen.

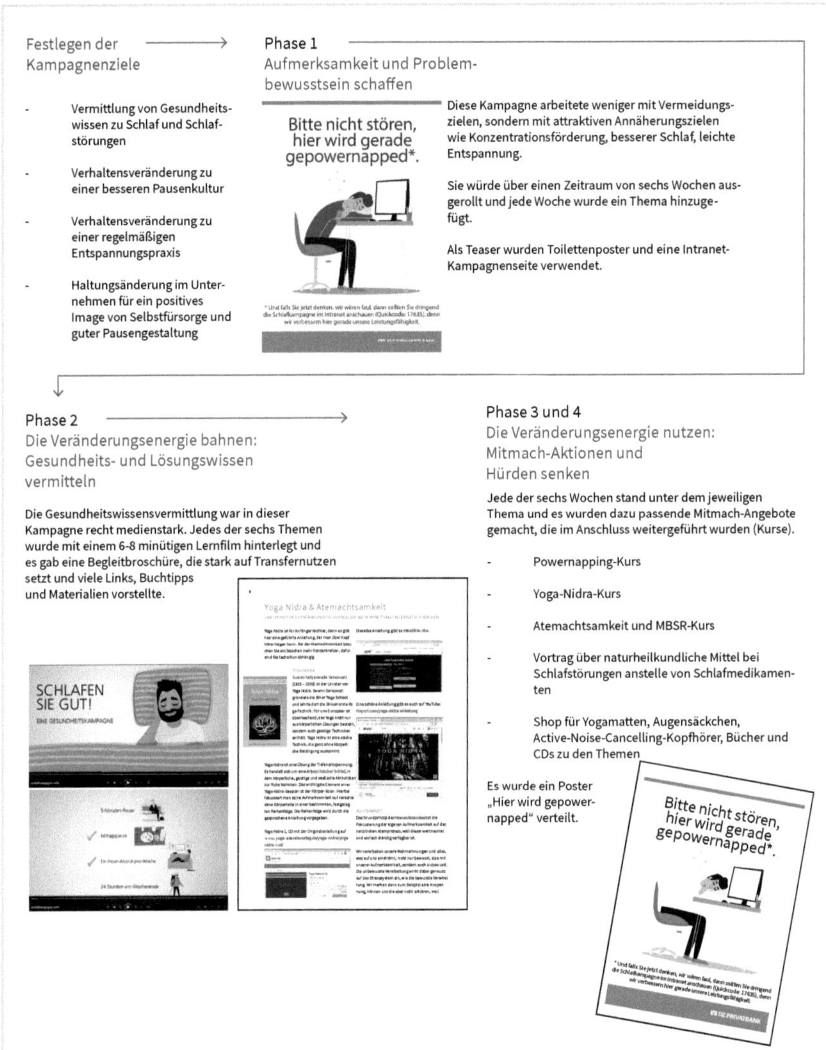

Abb. 77: Ablauf der Schlaf-, Pausen- und Entspannungskampagne (Quelle: Eudemos, 2023)

5.6 Beispielkampagne: Sexuelle Belästigung am Arbeitsplatz

Diese Kampagne war eine Auftragsarbeit des Autors für ein Unternehmen, in dem im Rahmen einer Gefährdungsbeurteilung psychischer Belastungen durch Abfrage die Thematik sichtbar geworden war. Obwohl das Unternehmen hier anonymisiert wurde, muss hinzugefügt werden, dass die sexuelle Belästigung nicht durch Kollegen oder Vorgesetzte, sondern durch Geschäftskunden erfolgte und die Kultur in dem Unternehmen schon ausgesprochen sensibilisiert und achtsam war.

Auch hier haben wir im Prinzip entlang der vier Schritte gearbeitet, jedoch wurden hier Pflichtelemente für Führungskräfte eingeführt, da Führungskräfte dieses Thema nicht freiwillig durcharbeiten.

Zudem war die Anforderung, dass sämtliches Material permanent zur Verfügung stehen muss, um auch für zukünftige Onboardingprozesse von neuen Mitarbeitenden und Führungskräften eingesetzt werden zu können. Das ist der wichtigste langfristige Transferhebel!

Daher wurden hier keine Präsenzschulungen gehalten, sondern ein ausführliches Lernvideo und ein Handbuch erarbeitet. Begleitet wurde dies von einer mehrwöchigen Awarness-Kampagne im Haus.

Festlegen der Kampagnenziele

- Verdeutlichung der Haltung des Unternehmens zum Thema
- Prävention von Belästigung durch Warnung potenzieller Täter
- Verhaltenssicherheit durch Schulung des rechtssicheren und sensiblen Umgangs mit Betroffenen und Tätern bei den Führungskräften

Phase 1
Aufmerksamkeit und Problembewusstsein schaffen

Teaserelemente für diese Kampagne waren

- ein **Intraneteintrag** sowie eine Intranetkampagnenseite
- ein **animierter Infoscreentrailer** (ca. 8 Sekunden), der in Schleife neben anderen Ankündigungen auf großen Bildschirmen im öffentlichen Bereich des Unternehmens lief
- ein **Videostatement des Vorstandes** zur Haltung des Unternehmens zum Thema

Phase 2
Die Veränderungsenergie bahnen: Gesundheits- und Lösungswissen vermitteln

Anforderung an die Wissensvermittlung war, dass keine Präsenzschulung gebraucht würde, sondern eine dauerhafte Verfügbarkeit gegeben sei. Es wurde ein Handbuch (ca. 24 Seiten) für Führungskräfte und ein 15-minütiger Lernfilm erstellt. Beide waren Pflichtlektüre für alle Führungskräfte. Kürzere Fassungen wurden allen Mitarbeitenden verfügbar gemacht.

Phase 3 und 4
Die Veränderungsenergie nutzen: Mitmach-Aktionen und Hürden senken

Mitmach-Aktionen sind bei diesem eher unangenehmen Thema nicht sinnvoll.

Die **Pflicht zur Lektüre mit einer anschließenden Onlineprüfung** zum Lernerfolgsnachweis ist in das Onboarding-Programm neuer Führungskräfte aufgenommen.

Eine **kurze Lerneinheit ist in ein bestehendes Führungskräfteprogramm** aufgenommen worden.

Es wurde eine **Betriebsvereinbarung** abgeschlossen und im Rahmen der Kampagne vorgestellt.

Es wurde eine **Beratungs- und Beschwerdestelle** eingerichtet und kommuniziert.

Im **Onboarding jedes neuen Mitarbeitenden** ist die Broschüre enthalten.

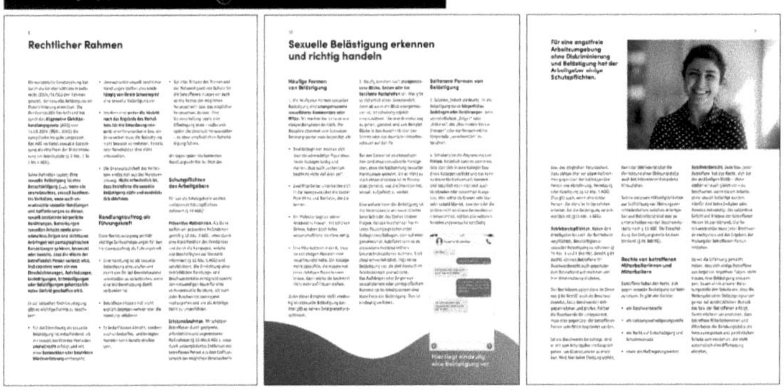

Abb. 78: Kampagnenbeschreibung mit Beispielelementen der medialen Umsetzung (Quelle: Eudemos, 2023)

5.7 Beispielkampagne: Suchterkrankungen am Arbeitsplatz

Dies ist eine Pflichtkampagne, die zu jedem guten Gesundheitsmanagement gehört. Sie finden sämtliche dafür benötigte Materialien auf der Internetseite der Deutschen Hauptstelle für Suchtfragen (www.dhs.de). Diese Kampagne war eine Auftragsarbeit des Autors für ein Kundenunternehmen.

Die wichtigsten Besonderheiten in der Gestaltung der Kampagne:

- Die permanente digitale Verfügbarkeit aller Unterlagen, damit Führungskräfte im Bedarfsfall zeitnah darauf zugreifen können.
- Ein klares und leicht verständliches Regelwerk für Mitarbeitende und Führungskräfte, das zu einer guten Handlungssicherheit führt.
- Die Bereitstellung von Leitfäden und Materialien für den Roll-out in allen Teams spart Kosten und erreicht dennoch jede Abteilung.
- Pflichtschulung für Führungskräfte mit Onlineprüfung.

Festlegen der Kampagnenziele →

- Prävention von Suchterkrankungen bei Mitarbeitenden
- Verhaltenssicherheit bei Führungskräften und anderen Akteuren
- Schaffung eines klaren Handlungsrahmens

Phase 0 →
Schaffung betrieblicher Voraussetzungen

Betriebsvereinbarung und betriebliche Regeln

Phase 1
Aufmerksamkeit und Problembewusstsein schaffen

Teaserelemente für diese Kampagne waren

- ein **Intraneteintrag** sowie eine Intranetkampagnenseite
- ein **Aktionstag Suchtprävention** mit Pflichtvortrag für Führungskräfte und freiwilligem Vortrag für Mitarbeitende
- **Rundmail** an alle Führungskräfte durch den Vorstand

Phase 2 →
Die Veränderungsenergie bahnen: Gesundheits- und Lösungswissen vermitteln

Die Anforderungen an den Wissensteil waren digitale Verfügbarkeit und Update-Fähigkeit. Es wurden folgende Lernelemente erarbeitet:

- Handbuch für Führungskräfte inkl. regionaler Hilfestellen und gesetzlicher Regelungen für die D-A-CH-Region.
- Digitales Lernmodul (E-Learning) mit Onlinetest.
- Kurzseminar (3 Stunden) zur Klärung von Fragen und für praktische Übungen der Stufenplangespräche

Phase 3 und 4
Die Veränderungsenergie nutzen: Mitmach-Aktionen und Hürden senken

Nach der Schulungsphase erfolgte eine flächendeckende Einführungsphase.

Führungskräfte erhielte ein vorbereitetes Teamworkshopkonzept inkl. einem Film aus dem E-Learning und vorbereiteten PowerPoint-Folien für eine 45-minütige Teamsitzung.

Mitarbeitende erhielten die betrieblichen Regeln als Handout und durchliefen des Workshop.

Alle Materialien wurden in die Onboarding-Prozesse neuer Mitarbeitender und Führungskräfte eingebunden.

Abb. 79: Kampagnenbeschreibung mit Beispielelementen der medialen Umsetzung (Quelle: Eudemos, 2023)

5.8 Beispielkampagne: Kopfschmerzen und Migräne

Festlegen der Kampagnenziele →

- Schaffung von Problembewusstsein bei betroffenen Mitarbeitenden
- Aufzeigen von Lösungswegen
- Bekanntmachen von Lösungsangeboten, wie der interdisziplinären Gesundheitsberatung u. a. Hilfen

Phase 1
Aufmerksamkeit und Problembewusstsein schaffen

Teaserelemente für diese Kampagne waren

- **Themen-Gesundheitstag** Kopfschmerzen und Migräne
- **Auftaktvortrag Volkskrankheit Kopfschmerzen** mit einer Übersicht über schul- und alternativmedizinische Erklärungen für Kopfschmerzen und Therapieansätze
- **Workshops**: Entspannung, Trinken usw.
- **Marktplatz**: Winkelfehlsichtigkeits-Optiker, Osteopathiepraxis, Bücherstand

Phase 2 →
Die Veränderungsenergie bahnen: Gesundheits- und Lösungswissen vermitteln

Entwicklung eines 60-seitigen eBooks (PDF) mit einer Übersicht über die neun häufigsten Kopfschmerzarten und ihre schul- und alternativmedizinischen Diagnose- und Therapiemöglichkeiten. Verteilung am Gesundheitstag.

Phase 3 und 4
Die Veränderungsenergie nutzen: Mitmach-Aktionen und Hürden senken

Nach dem Gesundheitstag wurden folgende Angebote gemacht:

- **Rabattcode für Untersuchung auf Winkelfehlsichtigkeit** bei örtlichem Optiker, der darauf spezialisiert ist.
- **Dauerthema „Wasser trinken“** wurde über viele Neureglungen und Wasserspender gefördert.
- Die Bücher „Bye Bye Pill“ und „Grisinifalle“ wurde über die **Mitarbeitenden-Bibliothek** verfügbar gemacht und beworben.
- Über die innerbetriebliche Beratungsstelle erhalten Kopfschmerz- und Migränebetroffene eine bis zu **5-stündige interdisziplinäre Gesundheitsberatung**. (Lesen Sie dazu die Fallbeschreibungen in Kapitel 4, die aus diesen Beratungen stammen).

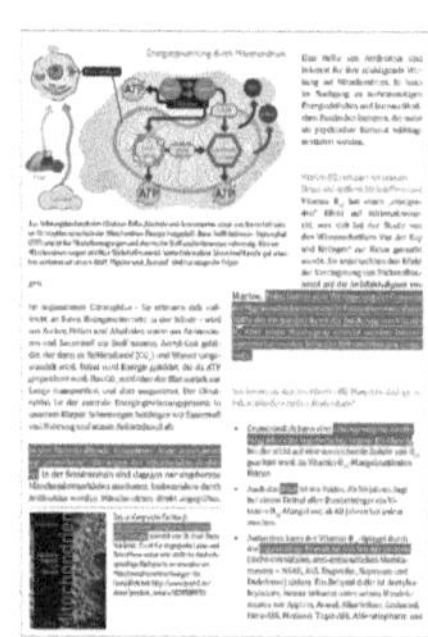

Abb. 80: Kampagnenstruktur und Beispielseiten aus dem E-Book mit Hinweisen zur Winkelfehlsichtigkeit, zur Problematik der Antibabypille und zu Mitochondriendysfunktionen als Ursachen für unterschiedliche Kopfschmerzarten. (Quelle: Eudemos, 2023)

5.9 Beispielkampagne: Körperliche Ursachen von psychischen Erkrankungen

Im Rahmen einer Gefährdungsbeurteilung psychischer Belastung fiel bei einer regionalen Bank mit etwa 2.000 Mitarbeiterinnen und Mitarbeitern ein deutlich erhöhter Wert von Erschöpfungssymptomen auf. Die arbeitsbezogenen Ursachen wurden erkannt und im Rahmen eines größeren Change- und Führungskräfteentwicklungskonzeptes adressiert. Eine zweite Hypothese lautete, dass die Erschöpfungssymptome durch den höheren Frauenanteil und einen erhöhten Eisenmangel ohne Anämieanzeichen mitverursacht worden sein. Im Rahmen einer Blutuntersuchung wurden 239 weibliche Mitarbeiter der Bank auf Ferritin im Serum untersucht.

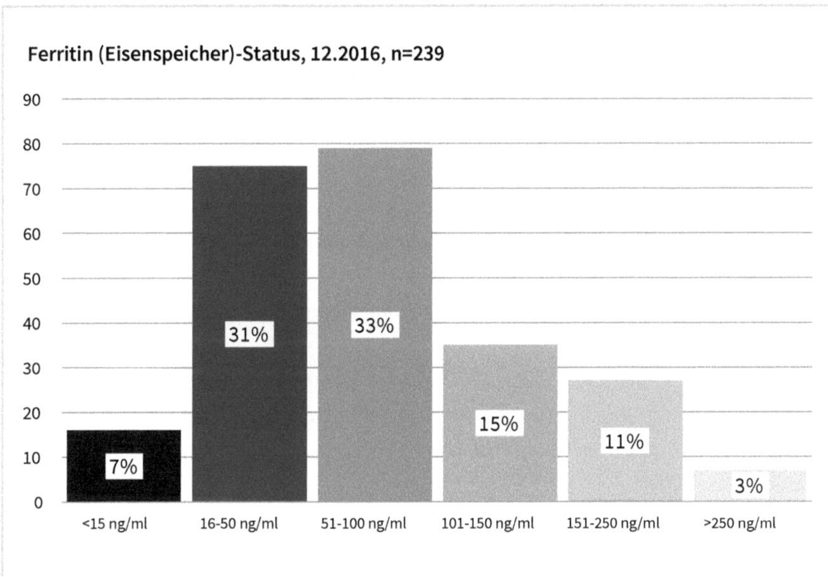

Abb. 81: Messung des Eisenspeicher-Laborwertes Ferritin bei 239 Frauen einer regionalen Bank. Die schulmedizinische Definition eines Eisenmangels beginnt bei Werten unter 15 ng/ml, wovon 7 % der Frauen betroffen waren. Eisenmangel ohne Anämie beginnt bereits bei deutlich höheren Ferritin-Serumwerten. Erschöpfung tritt auch unterhalb von 50 ng/ml auf. (Soppi, 2018; Lang et al., 2014)

Dabei waren mindestens 38 % der Frauen von einem starken bis sehr starken Eisenmangel betroffen. Abbildung 81 zeigt die Serumwerte des Eisenspeichers Ferritin. Unterhalb von 15 ng/ml gilt das Vorliegen einer Anämie als erwiesen. Doch schon unterhalb von 50 ng/ml treten die typischen Erschöpfungssymptome, Müdigkeit, Kopf- und Menstruationsschmerzen sowie depressive Symptome auf. Lang et al. (2014) betonen, dass etwa die Hälfte der betroffenen Patientinnen durch die alleinige Messung des Hämoglobin-Wertes nicht erkannt wird, doch das ist gängige Praxis in Deutschland.

Als dritte Maßnahme wurde eine **digitale Informationskampagne zu den körperlichen Ursachen von psychischen Erkrankungen** entwickelt.

Ziel der Kampagne

Die Kampagne hatte folgende Ziele: Verkürzung der Zeit zwischen Wahrnehmung von psychischen Symptomen und dem Aufsuchen eines geeigneten Arztes oder Therapeuten durch Aufklärung sowie Angebot einer niedrigschwelligen, geschützten Kontaktfläche.

Programmbestandteile der Kampagne

- Auftaktvortrag oder Webinar: Körperliche Ursachen psychischer Erkrankungen – Fallbeispiele, Diagnostik und Therapie.
- **Zwei digitale Lernmodule:** Ein digitales Lernmodul zur Psychologie von Burnout, also zu den psychologischen Ursachen, und ein digitales Lernmodul zu den Differenzialdiagnosen von Burnout und Depression, also den eher körperlichen Ursachen.
- **Interdisziplinäre Gesundheitsberatung:** Die Mitarbeiterinnen und Mitarbeiter haben die Möglichkeit, bei gesundheitlichen (körperlichen oder psychischen) Beschwerden anonym die interdisziplinäre Gesundheitsberatung in Anspruch zu nehmen.
- Eine Reihe von **vertiefenden Artikeln** zu den unterschiedlichen Ursachen von psychischen Symptomen.
- **Zusätzlich für Führungskräfte:** Ein digitales Lernmodul »Früherkennung und Fürsorge« erläutert, wie Führungskräfte frühzeitig Mitarbeiterinnen und Mitarbeiter fürsorglich ansprechen und unterstützen können.

Abb. 82: Beispielposter der Kampagne (Quelle: eigene Darstellung)

5.9.1 Schritt 1: Aufmerksamkeit erzeugen

- Zum Einsatz kamen mehrere **Toilettenposter** und kurze **Hinweisartikel** im Intranet, das von allen Mitarbeiterinnen und Mitarbeitern regelmäßig gelesen wird. Zudem wurden die Führungskräfte über das Angebot informiert.

- Andere Unternehmen, die diese Kampagne umgesetzt haben, integrieren sie beispielsweise in ihre **betrieblichen Eingliederungsgespräche** (BEM-Gespräche).
- In der Regel greifen **Auftaktvorträge oder 90-minütige Webinare** als Teaser ausgezeichnet.

5.9.2 Schritt 2: Wissen vermitteln

Da Erschöpfung sowohl auf psychische als auch auf physiologische Ursachen zurückgehen kann, wurde die Entscheidung getroffen, **zwei E-Learning-Module** zu entwickeln, die auf beide Themen in jeweils etwa 60 Minuten Lernzeit eingehen.

Daneben gab es im **digitalen Gesundheitsportal**, einem Bereich des Intranets, **mehrere Artikel**, die einzelne Themen zusätzlich vertieften.

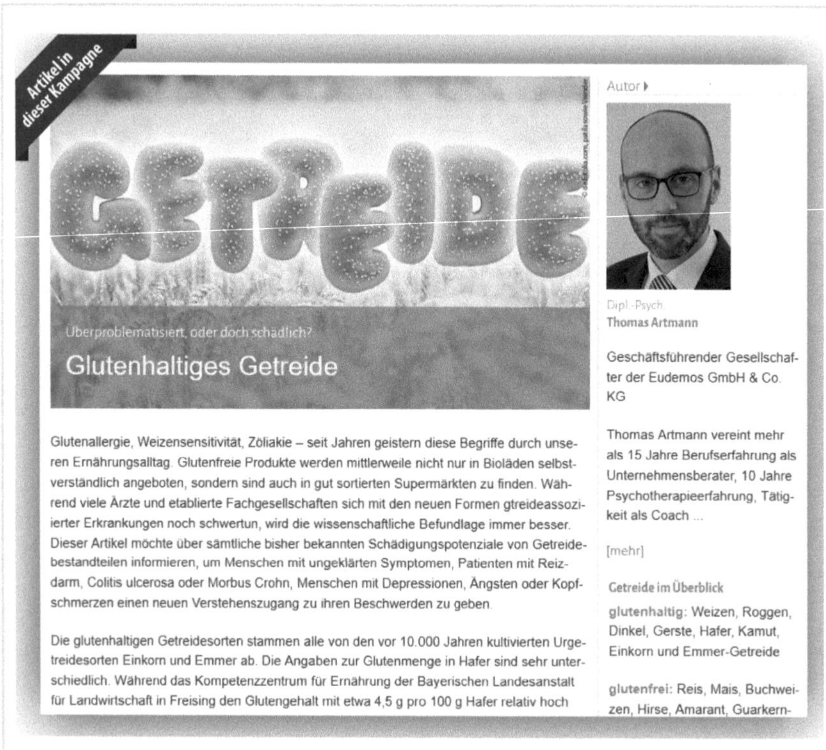

Glutenallergie, Weizensensitivität, Zöliakie – seit Jahren geistern diese Begriffe durch unseren Ernährungsalltag. Glutenfreie Produkte werden mittlerweile nicht nur in Bioläden selbstverständlich angeboten, sondern sind auch in gut sortierten Supermärkten zu finden. Während viele Ärzte und etablierte Fachgesellschaften sich mit den neuen Formen gtreideassoziierter Erkrankungen noch schwertun, wird die wissenschaftliche Befundlage immer besser. Dieser Artikel möchte über sämtliche bisher bekannten Schädigungspotenziale von Getreidebestandteilen informieren, um Menschen mit ungeklärten Symptomen, Patienten mit Reizdarm, Colitis ulcerosa oder Morbus Crohn, Menschen mit Depressionen, Ängsten oder Kopfschmerzen einen neuen Verstehenszugang zu ihren Beschwerden zu geben.

Die glutenhaltigen Getreidesorten stammen alle von den vor 10.000 Jahren kultivierten Urgetreidesorten Einkorn und Emmer ab. Die Angaben zur Glutenmenge in Hafer sind sehr unterschiedlich. Während das Kompetenzzentrum für Ernährung der Bayerischen Landesanstalt für Landwirtschaft in Freising den Glutengehalt mit etwa 4,5 g pro 100 g Hafer relativ hoch

Autor ▸

Dipl.-Psych.
Thomas Artmann

Geschäftsführender Gesellschafter der Eudemos GmbH & Co. KG

Thomas Artmann vereint mehr als 15 Jahre Berufserfahrung als Unternehmensberater, 10 Jahre Psychotherapieerfahrung, Tätigkeit als Coach ...

[mehr]

Getreide im Überblick

glutenhaltig: Weizen, Roggen, Dinkel, Gerste, Hafer, Kamut, Einkorn und Emmer-Getreide

glutenfrei: Reis, Mais, Buchweizen, Hirse, Amarant, Guarkern-

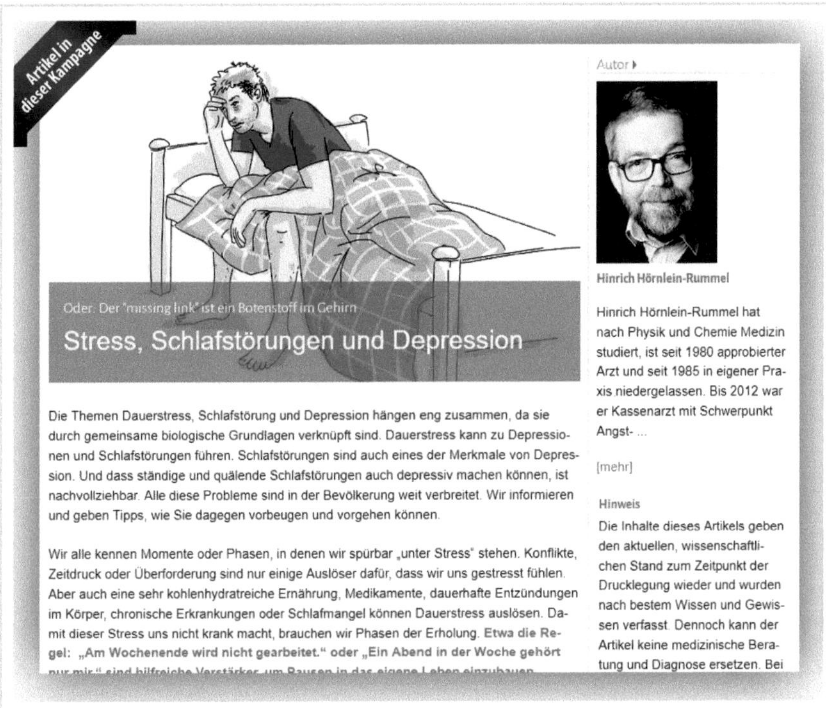

Abb. 83 und 84: Beispielartikel aus der digitalen Themenkampagne. Hier zu den Themen Glutenunverträglichkeit und Psyche sowie zum Zusammenhang von psychischem Stress und der biochemischen Entstehung von Schlafstörungen und Depression.

5.9.3 Schritt 3: Aktionen der Kampagne

Folgende Angebote rund um die Kampagne wurden vorgehalten:

- psychosoziale Mitarbeiterberatung über einen EAP-Dienst;
- Achtsamkeits-Workshops, z. B. über MBSR Deutschland;
- interdisziplinäre Gesundheitsberatung als dauerhaftes Angebot über die innerbetriebliche Beratungsstelle;
- ggf. Selbsttestkit (z. B. von Cerascreen®) zum Speichereisen/Ferritin;
- Lesung aus dem Buch »Schilddrüsenunterfunktion und Hashimoto anders behandeln« von Dr. Datis Kharrazian;
- weitere Vorträge, etwa zur Somatopsychologie von Prof. Dr. Erich Kasten.

5.9.4 Schritt 4: Lösungswege fördern

- Die größte Hürde sind Selbstzahlerleistungen in der naturheilkundlichen Medizin. Gerade bei den körperlichen Ursachen von psychischen Erkrankungen sind teilweise aufwendige Laboruntersuchungen notwendig, die zwischen 100 und 500 EUR kosten können. Diese finanzielle Hürde macht es Menschen mit mittleren und niedrigen Einkommen häufig unmöglich, ein solches Angebot anzunehmen.

- Eine probate Lösung stellt das **Angebot einer betrieblichen Krankenzusatzversicherung** dar, die in einem der folgenden Abschnitte beschrieben wird.
- In einzelnen Unternehmen wurden **Listen von alternativmedizinischen Ärzten** recherchiert, die für bestimmte Erkrankungsbilder fundierte Komplementärmedizin anbieten. Achten Sie hier darauf, dass Sie für jedes Erkrankungsbild wenigstens zwei Ärzte auflisten und dass Sie keine Verträge mit den Ärzten schließen. Die Liste darf nicht als Werbung verstanden werden, da sonst gegen das Werbeverbot von Ärzten verstoßen wird. Es ist daher auch besser, wenn der Arzt nicht vorab gefragt wird, ob man ihn/sie auf die Liste setzen darf.

5.10 Konzeption von hochwertigen, didaktischen Gesundheitstagen

Das folgende Konzept ist in der Praxis erprobt. Es eignet sich für Unternehmen bis ca. 250 Mitarbeitende. Für größere Unternehmen kann nach dem gleichen Prinzip vorgegangen werden, jedoch sollte das Angebot als Gesundheitswoche oder als Kampagnenmonat umgesetzt werden.

9:00 - 9:30 Uhr	**Empfang**, Begrüßungsgetränke, Kaffee, Tee (Grüner Tee)				
9:30 - 10:15 Uhr	**Auftaktvortrag** (Edutainment): Themen anreißen und in einen thematischen Bezug setzen. Am Ende des Vortrags verweisen wir auf alle Kurse, Workshops und Vorträge des Gesundheitstages, stellen die Kursleiter vor usw.				
10:30-11:25 Uhr	**Workshop: Ernährung** - Kochen und Verkosten (15 TN)	**Workshop: Yoga Nidra und Achtsamkeit** (50 TN)	**Workshop: Einführung in den Ausdauersport**, 7- Min.-Workout, Therabänder (20 TN)	**Workshop: Gesunder Rücken,** Ergonomischen Arbeiten usw. (15 TN)	**Vortrag: Körperliche Ursachen von Erschöpfung** (100 TN)
11:30-12:25 Uhr	Wdh. Ernährungsberater / Koch	Wdh. Entspannungstrainer	Wdh. Personal Trainer, Trainerlizenz Praventionssport	Wdh. Rückenschule	Wdh. Somatopsychologe
12:30-13:15 Uhr	**Mittagsbuffett** und Marktplatz, Buchstände usw.				
13:15-14:10	Wdh.	Wdh.	Wdh.	Wdh.	
14:10-15:05	Wdh.	Wdh.	Wdh.	Wdh.	
15:10-15:45	**Lotterie**				

Abb. 85: Tagesplan eines Gesundheitstages mit hohem didaktischem Nutzen.

5.11 Entwicklung von Gesundheitswissens-Lernelementen

In diesem Abschnitt stelle ich zwei Vorgehensmodelle für die Entwicklung von Lernelementen vor. Zum einen zeige ich den Weg, wie Sie zusammen mit externen Dienstleistern einen Artikel oder ein E-Book zu einem Gesundheitsthema erzeugen. Zum anderen zeige ich, wie man kostensparsam einen Lernfilm erstellen kann. Leider gibt es nur wenige Informationsdesigner, die die Fähigkeit, zu schreiben und zu layouten, in sich vereinen, weshalb es meist mindestens zwei Gewerke benötigt, den Autor und den Layouter. Beides würde ich nicht an Agenturen auslagern, da hier die Preise deutlich zu hoch sind, sondern an Freelancer, da hier meiner Erfahrung nach die gewünschte Qualität mit angemessenen Kosten einhergeht. Natürlich lassen Sie sich ein Leistungsportfolio vorab zeigen, um zu sehen, ob der Stil Ihnen gefällt.

5.11.1 Kostengünstige Erstellung eines Artikels oder E-Books für eine Gesundheitswissenskampagne

Themenauswahl erfolgt datenbasiert (1)

Wählen Sie ein Thema für eine Kampagne immer auf Basis von Gesundheitsdaten Ihres Unternehmens aus.

Recherche zum Thema (2)

Recherchieren Sie ein Thema sorgfältig, insbesonder mit Ratgeberbüchern von Autoren.

Als Laien ist es für Gesundheitsmanager nicht möglich und nicht empfehlenswert, medizinische Fachdatenbanken und wissenschaftliche Studien zu verwenden.

Ergebnis:
- Themeneingrenzung
- relevante Schwerpunkte
- Literaturquellen und Bücher nennen, die verwendet werden sollen
- klare Ansage für den Autor, dass Ratgeberelemente enthalten sein sollen

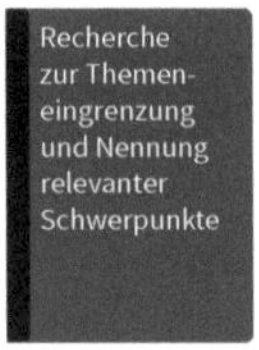

Autorensuche & -anfrage, Autorenbriefing (3)

Suchen Sie nach Autoren (z. B. Medizinjournalisten, die sich mit dem gewünschten Thema bereits auskennen.

In einem ersten Kennenlerntelefonat klären Sie auch die Bereitschaft ab, sich dem Thema in der von Ihnen gewünschten Weise zu nähern.

Definieren Sie im Gespräch die Struktur des Textes, legen Interviews und Interviewpartner fest und vereinbaren Länge und Kosten (meist pro Wort) fest.

Text liegt fertig (4)

Der Autor legt Ihnen den Text vor. Feedbackschleife.

Grafik & Layout, Anreicherung mit Weblinks, Literaturtipps und Hilfsangeboten (5)

Für die grafische Umsetzung brauchen Sie einen Grafiker/Layouter. Diese gibt es als Freelancer oder Sie fragen in Ihrer Marketingabteilung nach (Achtung: Agenturen sind meist zu teuer).

Beachten Sie, dass der Grafiker eine angenehme Bildsprache wählt und der Text durch Infografiken angereichert ist.

Verwenden Sie Bilder aus Stock-Datenbanken, diese sind preiswert und meist ausreichend.
Bei stock.adobe.com gibt es auch viele Infografiken, die man mit wenig Aufwand anpassen kann.

Korrektorat & Veröffentlichung (6)

Die gelayoutet Fassung des Artikels geht noch an einen Korrektor.
Dann veröffentlichen Sie sie zum Beispiel als PDF oder als interaktives PDF (mit dynamischen Elemente) oder als eBook.

Die Umsetzung der Inhalte zusätzlich zum PDF auch in eine HTML-Fassung ist recht aufwändig und m.E. nicht notwendig. Mitarbeiter wünschen sich Artikel, die sie ausdrucken oder sich selbst per E-Mail zuschicken können

Abb. 86: Schritte vom Thema zum fertigen Kampagnen-Artikel. (Quelle: Eudemos, 2023)

Tipp: Wer kann Kampagneninhalte schreiben? Welche Wissensquellen gibt es?

Inhalte von Expert:innen verfassen lassen. Es gibt derzeit noch kaum Anbieter, die schlüsselfertige Themenkampagnen erstellen und anbieten. Bei der Auswahl kommt es darauf an, die Offenheit gegenüber seriösen, belegten naturheilkundlichen Konzepten zu prüfen, da auch Medizinjournalisten eine Meinung haben. Hier finden Sie Medizinjournalisten:

- www.berlinermedizinjournalisten.de
- www.muenchner-medizinjournalisten.de
- www.medizintexte.com

Die inhaltliche Steuerung obliegt Ihnen, d. h. Sie sollten sich schon so weit ins Thema eingelesen haben, dass Sie genau sagen können, welche Themen in einem Artikel enthalten sein sollen. Es genügt nicht, zu sagen: »Schreiben Sie was zur Schilddrüsenunterfunktion!« Vielmehr sollten Sie den Themenschwerpunkt setzen: »Differenzierte Betrachtung der 22 Subtypen von Schilddrüsenunterfunktionen nach Datis Kharrazian.«

Medizinjournalisten werden pro Wort bezahlt. Die Preise schwanken nach Aufwand, aber in der Regel können Sie von ca. 30–40 Cent pro Word ausgehen. Ein Artikel mit 1.000 Wörtern würde dann ca. 300 bis 400 EUR kosten. Dafür dürfen (und müssen) Sie den Autoren namentlich nennen. Sie erhalten eine reine Textdatei ohne Abbildungen.

Buch- oder Artikelzusammenfassungen selbst schreiben. Falls kein Budget verfügbar ist und Sie über ausreichend Zeit verfügen, kann ein Artikel auch von Gesundheitsmanager:innen geschrieben werden. Hier empfiehlt es sich aber, ausschließlich Buch- oder Artikelzusammenfassungen zu schreiben.

Sie kaufen sich ein Buch und lesen es quer. Das Buch geht natürlich in die Tiefe, aber für einen Artikel genügt in der Regel das erste Kapitel und ein paar zusammenfassende Erkenntnisse aus den späteren Kapiteln. Eine solche Zusammenfassung sollte max. zwei DIN-A4-Seiten inkl. Abbildungen umfassen, also in etwa eine Standardseite Text.

Patientenratgeber der Wissenschaftlichen Verlagsgesellschaft. Eine dritte Möglichkeit ist der Einkauf von kurzen Patientenratgebern. Diese finden Sie auf der Webseite der Wissenschaftlichen Verlagsgesellschaft (www.deutscher-apotheker-verlag.de) unter dem Stichwort »Patientenratgeber«. Dort finden Sie beispielsweise diesen kurzen Ratgeber: *Vitamin D: Die Heilkraft des Sonnenvitamins. von Uwe Gröber u. Klaus Kisters, Patientenratgeber, 7., aktualisierte Auflage 2020, Wissenschaftliche Verlagsgesellschaft Stuttgart, 36 Seiten.* Die kleinen Hefte kosten je nach Abnahmemenge zwischen einem und vier Euro.

Zweitnutzenrechte von Artikeln einkaufen. Auf so etwas würde man als Laie nicht kommen, aber es geht tatsächlich. Immer wieder gibt es hervorragende Artikel in der GEO oder anderen hochwertigen Magazinen. Rufen Sie die Redaktion an und erbitten die Zweitnutzenrechte (in der Regel für drei Jahre) für die Nutzung des reinen Textes (nicht der Bilder) eines Artikels für die ausschließliche Nutzung innerhalb Ihrer Firma oder Weiterverkaufserlaubnis. Kurz: Sie möchten den Artikel für eine Kampagne innerhalb Ihres Unternehmens nutzen, ihn aber nicht an andere Kunden weiterverkaufen und den Artikel auch nicht im Internet veröffentlichen. Die Kosten liegen im unteren dreistelligen Bereich. Lassen Sie eine Freelancer-

Layouter den Artikel durch dem Original nachempfundene Fotos und Grafiken illustrieren, die Sie bei z. B. Adobe Stock einkaufen.

Freie Zeichner. Illustratoren liefern Ihnen digital gezeichnete Bilder. Achten Sie bei der Preisverhandlung darauf, dass die Nutzungsrechte vollständig Ihnen gehören und Sie keine Lizenzgebühr bei Veröffentlichung zahlen müssen:

- www.dasauge.de/profile/designer, dort Illustratoren auswählen,
- www.illustratoren.de,
- www.designenlassen.de.

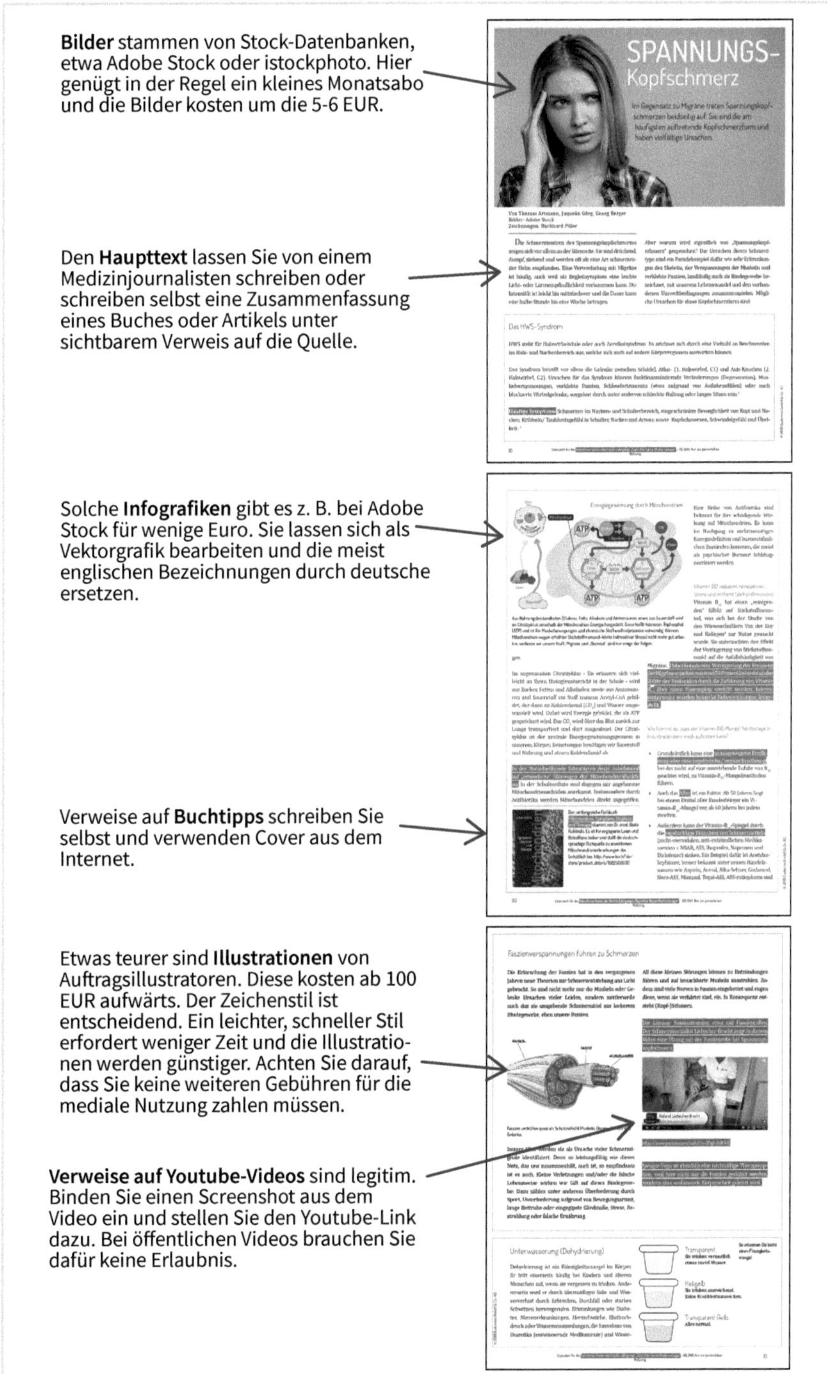

Abb. 87: Beispiel Illustrationsquellen

Anhand meines E-Books »Kopfschmerz und Migräne« will ich die unterschiedlichen Quellen deutlich machen:

- **Bilddatenbank** sind preiswerte Quellen für Stockfotografie, aber auch für vektorbasierte Illustrationen, wissenschaftliche Schaubilder und sogar für fertige Layoutvorlagen für Artikel und Zeitschriften.
- **Tipp**: Speichern Sie alle gekauften Bilder usw. einer Bilddatenbank immer einmal in einem Ordner mit dem Namen der Bilddatenbank (»Bilder von Adobe-Stock«) und zwar mit dem Originalnamen. Es kann sein, dass Sie in der Zukunft den Nachweis erbringen müssen, dass Sie ein Bild ordnungsgemäß gekauft haben. Daher sollte der Account einer Bilddatenbank auch dann noch aufrechterhalten werden, wenn Sie kein zahlendes Abonnement haben, um den Kaufnachweis zu erbringen.
- Während der Hauptartikel von einem/einer Fachautor:in stammen sollte, können Sie Ergänzungen wie Youtube-Filmtipps, Buchtipps, Links auf Webseiten einbauen.

5.11.2 Kostengünstige Erstellung eines animierten Erklärfilms

Wir verwenden seit zehn Jahren Erklär- und Lernfilme in unseren Projekten zur Gefährdungsbeurteilung, aber auch in Kampagnen, wie in diesem Kapitel mehrfach dargestellt. Die Erfahrungen einer kostengünstigen Herstellung möchte ich gern mit Ihnen teilen.

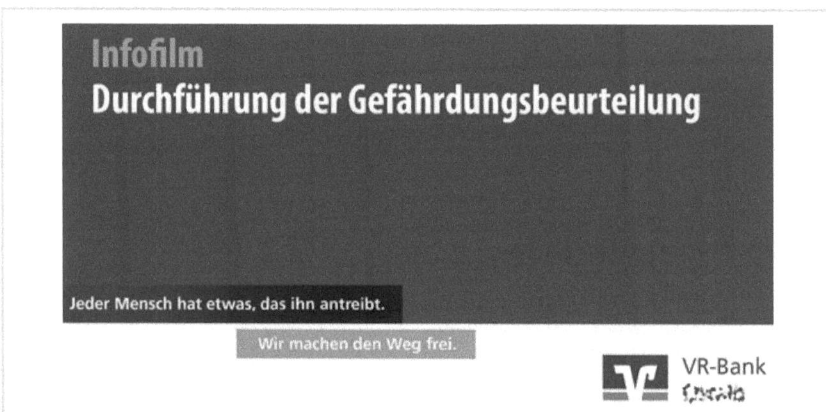

Abb. 88 bis 90: Beispielausschnitte aus einem Erklärfilm zur Gefährdungsbeurteilung (Quelle: Eudemos)

Schritt 1: Schreiben Sie ein **Drehbuch**, das den gesprochenen Text des Hintergrundsprechers wortwörtlich wiedergibt. Ein Beispiel, wie so ein Drehbuch mit einer einfachen Word-Tabelle strukturiert werden könnte, finden Sie in Tabelle 17:

Lfd. Nr.	Sprechertext	Visualisierungsanweisungen
1	Intromusik (ca. 7 Sekunden)	Animiertes Logo

Lfd. Nr.	Sprechertext	Visualisierungsanweisungen
2	»Herzlich Willkommen zu diesem Erklärfilm zur Durchführung einer Gefährdungsbeurteilung psychischer Belastungen bei uns im Unternehmen.«	Heller Hintergrund, Texteinblendung: **Herzlich Willkommen. Durchführung einer Gefährdungsbeurteilung psychischer Belastungen.**

Tab. 17: Erklärfilm-Drehbuchausschnitt

Je besser Ihre Visualisierungsvorstellungen sind, desto weniger Zeit braucht ein externer Dienstleister für die Animation.

Schritt 2: Wählen Sie etwa bei https://stock.adobe.com ein **Figurenset**, das vektorbasiert ist. Dazu arbeiten Sie mit den Filtern (Suchanfrage) »Charakterset« und dem Filter »Vektor«. Ein solches Set kostet wenige Euro und erspart es dem Dienstleister, eigene Figuren zu erstellen. Schauen Sie auch nach einem geeigneten **Icon- und Symbolset**.

Schritt 3: Suchen Sie einen **Profisprecher** aus. Ein Erklärfilm gilt als »Schulungsfilm ohne Timingcode für die interne Nutzung ohne Verwendung im Internet und nicht als Werbefilm«. Für etwa zehn Minuten Film zahlen Sie ca. 600 EUR im regulären Preis. Es gibt auch Anbieter (z. B. Zapp Media), mit einer guten Sprecherqualität, die zehn Minuten für 250 EUR anbieten. Diese arbeiten mit stark automatisierten Prozessen, etwa mit einem Projektportal, wo Dokumente hochgeladen und Sprecherdateien heruntergeladen werden können.

Schritt 4: Lizenzfreie **Hintergrundmusik** und kurze Jingles zur Logoanimation können Sie beispielsweise bei www.audioblocks.com einkaufen. Allerdings sollte nur am Anfang und am Ende Musik eingesetzt werden, weil sonst der Sprecher oder die Sprecherin nicht gut zu verstehen ist.

Geben Sie nun folgende Materialien an einen externen Dienstleister:

- das Drehbuch,
- das Figuren- und das Icon-Set,
- die Tondateien des Sprechers,
- die Musik-Tondateien,
- Ihr Logo möglichst als Vektordatei oder hochauflösend,
- die Unternehmensschriftarten, die eingesetzt werden sollen,
- die Farbangaben in RGB-Farbraum für Überschriften und Texte sowie die Einfärbung der Icons und Symbole,
- sofern vorhanden: Ihr Corporate Design Manual.

Das verwendete Programm, das der Dienstleister einsetzen sollte, heißt **Adobe After Effects**.

Schritt 5: Vermeiden Sie Realfilmaufnahmen. Diese sind unverhältnismäßig teuer, wenn Sie eine annehmbare Qualität erhalten möchten.

Schritt 6: Planen Sie im Vorfeld, **auf welchen Bildschirmen die Videos später zu sehen sind.** In der Regel ist 16:9 mit HD-Auflösung (1080 × 720 px) ausreichend. Ultra-HD-Auflösungen stellen hohe Netzwerkskapazitätsanforderungen.

Für die Filmdigitalisierung sollten Sie bei einem komplett neu zu erstellenden Film mit Kosten für den externen Dienstleister in Höhe von etwa **2.000 bis 2.500 EUR** rechnen. Agenturen sind hier meist zu teuer.

5.11.3 Regeln für den Umgang mit Bildrechten, Quellen und Zitaten

Der Form halber erwähne ich – weil es eigentlich selbstverständlich ist –, dass Sie sorgsam mit Lizenzrechten und Copyright umgehen müssen. Verwenden Sie keine Bilder aus der Bildsuche von Google oder Bing. Stehlen Sie keine Texte aus dem Netz und geben Sie Quellen korrekt an.

Folgende Hinweise dazu:

- Lassen Sie sich von der Google-Bildersuche inspirieren und suchen Sie dann ein legales Motiv in Ihrer Stock-Bilddatenbank.
- Suchen Sie auch auf Wikipedia nach Bildern unter den Creative-Common-Lizenz. Diese sind kostenfrei unter Angabe der Quelle verwendbar.
- Übernehmen Sie kürzere Textpassagen aus dem Internet, unter Angabe der Quelle und eines Links zur Originalseite.
- Alle wissenschaftlichen Aussagen sind immer mit der Original-Literaturquelle versehen. Zitate werden immer wörtlich und unverändert übernommen. Kürzungen sind erlaubt, sofern sie nicht sinnentstellend sind.
- Viele Bücher sind bei Google-Bücher kostenfrei einsehbar. Sie müssen ein Buch nicht kaufen, um es zitieren zu dürfen.
- Führen Sie ein Literatur- und Quellenverzeichnis bei jedem gesundheitsbezogenen Artikel. Das ist nicht viel Arbeit und ist eine Forderung des guten Medizinjournalismus.

5.11.4 Beachtung von Heilmittelwerbegesetz und Health-Claim-Verordnung

Beachten Sie unbedingt das Heilmittelwerbegesetz (https://www.gesetze-im-internet.de/heilmwerbg/). Insbesondere müssen Sie berücksichtigen, dass Sie im Rahmen von BGM-Werbemaßnahmen keine Heilversprechen im Bezug auf Medikamente und Impfungen machen. Eine Aussage »Die Grippeschutzimpfung schützt Sie zuverlässig vor einer Erkrankung«, die von Ihnen stammt, ist schon ein Verstoß, unabhängig, ob diese Aussage wahr ist oder nicht. Sie dürfen eine solche Aussage nur tätigen, wenn sie ein Zitat ist oder wenn sie von einem Arzt gemacht wird. **Für Ihre Rolle als Gesundheitsmanager:in ist es ratsam, solche Aktionen neutral ohne Heilaussagen zu bewerben.**

Die **Health-Claims-Verordnung** (HCVO) trat am 1. Juli 2007 in allen Mitgliedstaaten der Europäischen Union in Kraft. Sie ist als Verordnung seitdem von allen Gerichten und Behörden in der EU als unmittelbar geltendes Recht zu beachten. Eine Werbung mit gesundheits- und nährwertbezogenen Angaben ist nach der Verordnung prinzipiell nur zulässig, wenn die Angaben von der Europäischen Union in einem – von der HCVO – vorgegebenen Verfahren wissenschaftlich anerkannt wurden. Für Lebensmittel darf nach der HCVO nur mit gesundheits- oder nährwertbezogenen Angaben geworben werden, die ausdrücklich genehmigt wurden (Positivliste).

Daher müssen Sie gerade bei Gesundheitsthemenkampagnen, die aus der Alternativmedizin stammen, wie Vitamin D, Colostrum oder Eisen, aufpassen, dass Sie selbst keine werblichen oder Heil- und Wirkungsaussage machen, sondern diese lediglich unter Angabe der Quelle zitieren. Die Aussage »Vitamin D verbessert Ihr Immunsystem.« wäre ein Verstoß, während die Aussage »Der Apotheker und Experte Dr. Uwe Gröber beschreibt in seinem Buch ›Vitamin D‹ die vielfältigen Positivwirkungen eines ausreichend hohen Vitamin-D-Spiegels u. a. auch auf das Immunsystem. So konnte in zahlreichen umfassenden Studien eine deutlich verringerte Erkrankungsneigung bei Atemwegsinfekten nachgewiesen werden (Quelle).« rechtlich korrekt ist.

5.11.5 Ein Plädoyer für mutiges Gesundheitsmanagement

Warum ist das vorher Gesagte so wichtig? Wir befinden uns inmitten eines gesellschaftlichen Disputes über die unterschiedlichen Medizinsysteme und wir werden in einem Unternehmen immer Befürworter und Gegner beider Lager finden. Damit dieser gelegentlich stark polarisierte Konflikt nicht auf die Unternehmensdynamik übergreift, ist es wichtig, dass Sie selbst nicht angreifbar sind und sich korrekt verhalten. Weder möchten Sie Gefahr laufen, eine Anzeige des Betriebsarztes wegen des Verstoßes gegen die Health-Claim-Verordnung zu erhalten, noch möchten Sie sich dem Risiko einer Anzeige durch einen militanten Impfgegner aussetzen, der Verstöße gegen das Heilmittelwerbegesetz anprangert. Daher schreibe ich so ausführlich über die Vorgehensweise und die Grundlagen eines guten Medizinjournalismus und eine ausgewogene quellenbasierte Darstellung.

Vielleicht möchten Sie an dieser Stelle verzagen und dieses Spannungsfeld lieber vermeiden. Doch das halte ich für problematisch, wenn man unseren Arbeitsauftrag als Gesundheitsmanager:innen betrachtet. Ein datengestütztes und faktenbasiertes Gesundheitsmanagement erkennt, dass ein Drittel der Fehltage durch Atemwegserkrankungen erzeugt wird, dass die Influenza-Impfung als alleiniger Ansatz nicht ausreicht und dass ein schlechtes Immunsystem das Hauptproblem ist. Es gibt keine schulmedizinischen Ansätze zur Verbesserung der Immunkompetenz außerhalb der Influenza-Impfung und deren Grenzen sind aufgezeigt. Eine umfangreiche Anzahl von Nachweisen belegt die Wirksamkeit von Vitamin D während es für Colostrum zwar etwas weniger, aber dennoch überzeugende Wirkungsnachweise gibt. Daher wäre es nur logisch, diese Methoden im BGM anzuwenden.

Ich sage in meinen Seminaren oft: Es geht nicht um Homöopathie oder Engelseminare und Handauflegen. Wir sprechen hier von einer seit Jahrzehnten gut erforschten Disziplin der orthomolekularen Medizin und der Psycho-Neuro-Endokrino-Immunologie. Sie können deren Aussagen im Labor messen und nachweisen. Es ist eine hochwissenschaftliche Disziplin und der einzige Grund, warum die Studien für Naturheilmittel weniger an der Zahl sind, liegt an der Nichtpatentierbarkeit von Naturheilmitteln. Würde ein Hersteller die teuren Studien finanzieren, würden andere Hersteller davon profitieren. Öffentliche Förderung von Naturheilkundeforschung existiert nicht. Lediglich einige Stiftungen, wie die Carstensen-Stiftung (https://www.carstens-stiftung.de/), bringen regelmäßig hervorragende Wirkungsnachweise für Naturheilkundetherapien und werden dennoch nicht beachtet.

5.12 BGM für schwer erreichbare Mitarbeitergruppen

Gewerbliche Mitarbeitende und solche mit Migrationshintergrund und Sprachschwierigkeiten sowie Mitarbeitende mit einem niedrigen Bildungsgrad auch im ungelernten Dienstleistungsbereich sind in der Regel für ein Gesundheitsmanagement kaum greifbar.

Dafür gibt es mehrere Gründe:

- körperliche Tätigkeit ohne Zugang zu einem Computer;
- Menschen mit niedrigerem Bildungsstand oder, wenn ein höherer Männeranteil vorhanden ist, mit weniger Interesse am Thema Gesundheit;
- kulturelles Misstrauen gegenüber Angeboten des Arbeitgebers etwa bei Mitarbeitenden mit Migrationshintergrund;
- Sprachschwierigkeiten;
- geringe Arbeitgeberbindung, Arbeit wird eher als reines Austauschverhältnis verstanden (Arbeit gegen Geld), während ausgebildete und höher gebildete Men-

schen eher zu relationalen Arbeitgeberbeziehungen neigen, bei der auch eine Fürsorge des Arbeitgebers erwartet wird.

Gerade die reinen Austauschverhältnisse mit geringer Identifikation und geringem Commitment stellen im Gesundheitsmanagement eine schwierige Zielgruppe dar, weil wir immer wieder einen höheren Anteil an fraglichen Fehltagen finden, sog. motivationale Fehltage, denen keine Erkrankung zugrunde liegt.

Tabelle 18 zeigt Erfahrungswerte von Unterschieden zwischen angestellten Mitarbeitenden mit in der Regel Bürotätigkeit und Mitarbeitenden aus dem gewerblichen Bereich und dem niedrigqualifizierten Sektor.

Angestellte Mitarbeitende mit Ausbildung oder höherem Bildungsabschluss	**Gewerbliche Mitarbeitende oder Menschen ohne oder mit geringer Ausbildung, unterer Servicebereich**
• wegen sitzender Tätigkeit sind aktive Pausen, Ausdauersport und Rückenschule wichtig • Kurse mit Entspannungsverfahren, Laufgruppen, Yoga usw. sind möglich und sinnvoll	• wegen stehender Tätigkeit und schwerem Heben und Tragen oder ungünstigen Arbeitshaltungen sind umfangreiche ergonomische Maßnahmen, Schutz vor Muskel-Skelett-Erkrankungen wegen schweren Hebens und Maßnahmen gegen Folgeerkrankungen von langem Stehen notwendig • wegen starker körperlicher Tätigkeit eher kein Ausdauersport • möglichst keine Betriebssportgruppe »Fußball« wegen hoher Verletzungsgefahr
• Maßnahmen für eine gesunde Ernährung, mit Meal Prep und Clean Eating und Intervallessen mit Mahlzeitenpausen • Verringerung des Zuckerkonsums bei hohen Konzentrationsanforderungen durch Ersatz von Süßigkeiten durch Nüsse	• Mahlzeiten, die dem erhöhten Kalorienbedarf wegen körperlicher Tätigkeit gerecht werden, kein Anraten einer fettreduzierten Ernährung (!), besser Sensibilisierung für bessere Nahrungsmittelqualität, wenig Fast Food, Vermeiden leerer Kohlenhydrate • wichtigste Maßnahme ist die Reduktion von zuckerhaltigen Softgetränken (!) • Umstellung der Ernährungsgewohnheiten ggf. unter Einbezug der Ehefrauen, da sonst wenig Aussicht auf Erfolg • Ernährungskonzepte müssen der Zielgruppe gerecht werden, z. B. die LOGI-Ernährungsweise mit gesundem Grillen verbinden

Angestellte Mitarbeitende mit Ausbildung oder höherem Bildungsabschluss	**Gewerbliche Mitarbeitende oder Menschen ohne oder mit geringer Ausbildung, unterer Servicebereich**
• höhere Neigung, an Gesundheitstagen und Kursen teilzunehmen, mehr Interesse, ein breiteres Angebot ist möglich	• geringe Neigung, an Gesundheitstagen und Kursen teilzunehmen, Basisangebote sind notwendig • aufsuchende Gesundheitsförderung ist ein wichtiges Mittel • kaum Beschäftigung mit komplexeren Gesundheitsthemen, Einsatz von einfacher Sprache, Kurzvideos im TikTok-Stil sollten eingesetzt werden
• häufig schlechte Selbstfürsorge und großer Präsentismus, es ist notwendig, dass Führungskräfte Fürsorgegespräche führen, damit Arzttermine wahrgenommen werden und die Selbstfürsorge steigt	• je nach Identifikation mit dem Unternehmen kommt es bei hoch identifizierten Mitarbeitenden auch zu hohem Präsentismus und zu geringer Selbstfürsorge (»ein echter Kerl kennt keinen Schmerz«), während Menschen mit einer reinen Austauschbeziehung häufiger zu motivationalen Fehltagen neigen als vermeintlich berechtigen Austausch für z. B. zu geringe Bezahlung.
• Fürsorgegespräche sind wichtig • Fehlzeitengespräche sind kaum notwendig	• Fürsorgegespräche und **Fehlzeitengespräche** sind wichtig • ggf. Regelung »Krankenschein ab ersten Tag« • Fehlzeitengespräche haben eine Kontrollfunktion bei häufigeren Krankschreibungen, ob nicht ein Fehlzeitenbetrug vorliegt • Einführung eines Stufenplanmodells bei starken Fehlzeiten
• Suchtprävention sollte als Thema eingeführt werden • Mobbing, Belästigung und Diskriminierung sind Pflichtthemen, kommen aber weniger vor	• wichtige Themen sind **Suchtprävention**, Verwenden der persönlichen **Schutzausrüstung**, Einhaltung von **Arbeitssicherheitsmaßnahmen** • Mobbing, Belästigung und Diskriminierung sind Pflichtthemen, kommen in herkunftsgemischten Teams ggf. etwas stärker vor
• zur gesundheitsförderlichen Führung können agile Führungs- und Zusammenarbeitsmethoden verwendet werden	• agile Methoden sind in der Regel nicht geeignet, Führungskraft muss Fachkraft sein (!) • die Bundeswehrmethode »Führung mit Auftrag« ist besser geeignet

Angestellte Mitarbeitende mit Ausbildung oder höherem Bildungsabschluss	Gewerbliche Mitarbeitende oder Menschen ohne oder mit geringer Ausbildung, unterer Servicebereich
• Erreichbarkeit über Intranet und App sowie E-Mail und Toilettenposter	• Erreichbarkeit nur über die App oder ggf. über Toilettenposter (!)

Tab. 18: Unterschiede zwischen angestellten Mitarbeitenden/Bürotätigkeit und Mitarbeitenden aus dem gewerblichen Bereich und dem niedrigqualifizierten Sektor

Im Folgenden einige Beispiele für Maßnahmen, die im gewerblichen Bereich umgesetzt werden können.

5.12.1 Beispiel 1: The biggest Looser

Ein produzierendes Unternehmen mit schwerer körperlicher Arbeit hatte bei vielen Mitarbeitenden ein starkes Übergewichtsproblem festgestellt. Eine Umfrage, in der die Body-Mass-Index-Werte abgefragt wurden, ergab, dass über 50% schwere Adipositas aufwiesen. Der Betriebsrat selbst hatte in der Vergangenheit mit starkem Übergewicht zu kämpfen und hatte eine erfolgreiche Gewichtsreduktion hinter sich. Er war ein wichtiger Promoter für das Projekt »The biggest Looser«.

Die Idee stammte von der gleichnamigen Fernsehsendung. Im Kern konnten sich ganze Abteilungen zur Teilnahme bewerben und sich ein gemeinsames Gruppenziel der Gewichtsreduktion setzen. Dies wurde vor dem Hintergrund der tatsächlich möglichen Gewichtsreduktion jedes Einzelnen mit einer Ernährungstherapeutin besprochen, d.h. es wurden unrealistische Ziele korrigiert.

Wichtiger Gamifikationfaktor was das wöchentliche Wiegen auf einer LKW-Waage des gesamten Teams (das Gewicht wurde relativ zur Teilnehmerzahl verrechnet, damit unterschiedlich große Gruppen vergleichbar wurden). Das wöchentliche Gruppengewicht wurde auf einer Anschlagtafel für alle sichtbar notiert. Um die Beschämung Einzelner zu vermeiden, wurde nur das Gruppengewicht notiert, nicht die Einzelgewichte.

Die Ernährungstherapeutin arbeitete nach dem LOGI-Ernährungsprinzip. Sie vermittelte eine Ernährungsform mit langsamem Kohlenhydratverdauen (also Nahrungsmitteln mit einer niedrigen glykämischen Last), einem hohen Fett- und Eiweißanteil. Dabei wurden z.B. Varianten von beliebten Gerichten, wie der Currywurst in den wöchentlichen Gruppen untersucht und beispielsweise eine selbstgemachte Currysauce ohne Stärke und mit geringem Zuckeranteil hergestellt und auf lokal produzierte Fleischwaren umgestellt. Die Pommes wurden mit der Heißluftfritteuse ohne Transfette hergestellt. Diese geringen Maßnahmen machten aus einem ungesunden ein gesundes Gericht (auch wenn zugegebenermaßen der Gemüseanteil zu gering ist).

Schwerpunkt war die Reduktion von zuckerhaltigen Getränken, da die Mitarbeitenden häufig während einer Schicht eine 2-Liter-Flasche Cola oder Eistee tranken. Die sichtbare Erkenntnis über die Menge an Zucker darin (wurde demonstriert) führte zu einem Umdenken. Es wurden aromatisierte Wasser und Getränke mit 3 g Zuckergehalt auf 100 ml ausprobiert. Hier half das gemeinsame Erleben, besser durchzuhalten.

An zwei Wochenendkursen wurden die Ehefrauen (die Teams hatten einen fast 100%igen Männeranteil) eingebunden und erlernten die LOGI-Ernährungsweise mit praktischen Kocheinheiten. Jeder Mitarbeitende erhielt ein Einsteigerkochbuch als Geschenk. Die Ernährungsberaterin führte auch mit jedem Mitarbeitenden über die ganze Zeit ein Einzelcoaching durch.

Eine der Begleitmaßnahmen war die Umstellung des Getränkeangebotes in den Automaten. Es wurden die 0,5-Liter-Energiedrink-Dosen und alle Softdrinks ausgelistet und durch die Wahlgetränke ersetzt. Es gab kostenlose Wasserspender. Die Kantine rüstete moderat um und verzichtete auf die fettbasierten Fritteusen. Das Abschlussfest wurde als Grillfest nach LOGI konzipiert.

Die **Kosten für das ganze Programm** waren vergleichsweise gering. Ein Teil der Kosten konnte über die Krankenkassen gedeckt werden, weil es bei Übergewicht eine erhöhte Zuzahlung für Ernährungsberatung gibt. Dazu mussten sich die Teilnehmer bei ihrem Hausarzt ein Rezept für Ernährungsberatung bei Vorliegen von Übergewicht holen. Zudem können Ernährungskurse über Präventionszuschüsse gesponsort werden. Es war ein Restbetrag durch das Unternehmen beizutragen. Allerdings ist die Förderung von LOGI-Ernährungsberatung in den letzten Jahren erschwert worden, weil die Lobby-Arbeit der Deutschen Gesellschaft für Ernährung (DGE) erreicht hat, dass sehr enge Grenzen für die Abweichung von den Ernährungsempfehlungen der DGE gesetzt wurden. Meines Wissens sind LOGI-Kurse nicht mehr so leicht durch Krankenkassen förderfähig, weil das Verhältnis aus Kohlenhydraten, Fett und Eiweiß sich von dem durch die DGE vertretenen unterscheidet.

5.12.2 Beispiel 2: Rollende Gerätebank für Rückenstärkung

Da insbesondere der Anstieg der Muskel-Skelett-Erkrankungen in Produktionsbereichen problematisch ist, werden immer mehr Angebote entwickelt, die direkt in der Produktionshalle am Band stattfinden können. In einigen Werken gibt es beispielsweise ein rollendes Fitnessstudio. Hier werden Übungen angeboten, die maximal drei bis fünf Minuten dauern. Aus einer Arbeitsgruppe verlassen immer nur wenige Mitarbeiter:innen gleichzeitig ihren Arbeitsplatz für fünf Minuten, sodass kein Produktionsstopp verursacht wird. Das rollende Fitnessstudio wird von Arbeitsgruppe zu

Arbeitsgruppe geschoben und ein Trainer weist die Mitarbeiterinnen und Mitarbeiter in die Übungen und Geräte ein.

Linktipp

Das **Institut für Betriebliche Gesundheitsberatung (IFBG)** ist ein Zusammenschluss aus Forschern der Universität Karlsruhe, München und Konstanz. Angebote zur aufsuchenden Gesundheitsförderung sind *Gesundheitslotsen*, *Gesundheitsexpress*, *Gesundheitsmobil* und *Gesundheitsstreife*. Link: www.ifbg.eu

5.12.3 Beispiel 3: Tour de REWE

Die REWE Group entwickelte einen Gesundheitsbus, der sich dem Thema Rückengesundheit für Mitarbeiterinnen und Mitarbeiter der REWE-Märkte widmet. Im Jahr 2017 fand die *Tour de REWE* statt. Der Bus war ausgestattet mit verschiedenen Diagnosegerätschaften zur Rückengesundheit und zur Messung von Blutfettwerten, BMI, Bauchumfang sowie Stress- und Fitnesslevel, eine Medimouse für die Vermessung der Wirbelsäule, ein Mobee-fit-System zur Vermessung der Beweglichkeit von Schultern und Nacken und einen Venencheck-Gerät. Ein Personaltrainer begleitete die Untersuchungen. Das Gesundheitsmobil fuhr REWE- und Penny-Märkte in NRW, Bremen, Hamburg und Niedersachsen an. Link: www.rewe-hu.de/betriebliches-gesundheitsmanagement-tour-de-rewe-2017/

5.12.4 Beispiel 4: Physiotherapie inhouse

Wiederum auf die Rückengesundheit und den inneren Schweinehund abzielend gehen Unternehmen dazu über, Praxisräume für Physiotherapeuten auf dem Werksgelände und ein Terminbuchungssystem anzubieten. Ergänzt wird das Angebot durch eine Betriebsvereinbarung, die es Mitarbeiterinnen und Mitarbeitern erlaubt, innerhalb der Arbeitszeit – allerdings mit Ausstempeln – Physiotherapietermine wahrzunehmen. Durch die wegfallenden Wegezeiten sinkt die Teilnahmeschwelle und es kann eine frühzeitige Sekundärprävention eingeleitet werden. **In Unternehmen mit einem hohen gewerblichen Mitarbeiteranteil oder mit einem niedrigen Lohnniveau sollten Physiotherapeuten vor Ort sein**. In Unternehmen mit einem höheren Lohnniveau und einem höheren Bildungsstatus können auch **Osteopathen** inhouse angesiedelt werden. Da Osteopathen allerdings ziemlich gefragt sind, kann sich die Suche schwierig gestalten.

Darauf sollten Sie achten:

- Vermieten Sie die Räume an den Physiotherapeuten ordnungsgemäß. Damit gelten die Räume als Praxisräume außerhalb Ihrer Zuständigkeit. Der Physiotherapeut haftet für seine Arbeit allein. Um die Arbeit des Physiotherapeuten zu unterstützen, können Sie eine symbolische Miete festlegen.

- Der Physiotherapeut arbeitet auf eigene Rechnung und wird über die Krankenkassen der Mitarbeiterinnen und Mitarbeiter bezahlt. Die Mitarbeiter:innen müssen ihre Gesundheitskarte mitbringen. Der Physiotherapeut erhält keinen Lohn vom Unternehmen. Ausnahmen sind etwa Schnupperangebote an Gesundheitstagen oder zur Einführung und Bewerbung des Angebotes.
- Die Behandlung gilt nicht als Arbeitszeit, sollte aber innerhalb der Arbeitszeiten stattfinden dürfen. Die Mitarbeiter:innen müssen die Zeit also *ausstempeln*, dürfen aber ihre (Schicht-)Arbeit unterbrechen.
- Stellen Sie dem Physiotherapeuten unbedingt ein innerbetriebliches Terminbuchungssystem zur Verfügung, dass er von extern einsehen kann, damit er nicht umsonst in der Praxis erscheint, wenn keine Buchungen vorliegen. Legen Sie Stornoregelungen und Regelungen für Nichterscheinen fest, bei der die Kosten für den Termin dennoch fällig werden und der Mitarbeiter diese privat bezahlen muss. Nur so erzeugen Sie Termintreue.

5.13 Betriebliche Krankenzusatzversicherungen: Nutzen und Grenzen

In Deutschland besteht in großen Teilen der Bevölkerung der Anspruch, dass alle gesundheitlich relevanten Leistungen durch den Krankenkassenbeitrag abgedeckt sein müssen. Die Notwendigkeit, gerade im präventiven Bereich Zuzahlungen zu leisten, ist häufig nicht vermittelbar. In der gesetzlichen Krankenversorgung gibt es insbesondere in der Hausarztversorgung aufgrund des Vergütungssystems kaum Handlungsspielraum. Hausärzte, die wirtschaftlich arbeiten wollen, können ausführliche Patientengespräche und eine umfangreichere Diagnostik nicht leisten. Laborbudgets sind zu gering und die drohenden Strafzahlungen bei Budgetüberziehung motivieren nicht dazu, eine ursachenergründende Medizin zu betreiben. Die angedachte Überweisung an einen Spezialisten scheitert in der Praxis an langen Wartezeiten, woran auch die gesetzliche Termingarantie mangels Akzeptanz wenig ändert. Immer noch nehmen Arztpraxen gegen Ende eines Quartals keine gesetzlich versicherten Patienten mehr an, während Privatversicherte innerhalb weniger Tage einen Termin bekommen.

Es ist nicht die Aufgabe des betrieblichen Gesundheitsmanagements, politisch wirksam zu werden. Lassen Sie uns vielmehr nach **praktikablen Workarounds** suchen.

Eine praktikable Lösung ist – in Abhängigkeit einer intelligenten Vermarktung – der Abschluss einer betrieblichen Krankenzusatzversicherung. Sie hat folgende Effekte:

- **Einsparung von Kosten** bei betrieblich organisierten Vorsorgeuntersuchungen,

- **Verbesserung der ambulanten Versorgung** und **Verkürzung von Wartezeiten,**
- Stärkung der **Arbeitgeberattraktivität,**
- **Bindung** von Leistungsträgern, Fach- und Führungskräften.

Welche Tarife gibt es und welcher ist sinnvoll? Die Tariflandschaft ändert sich ständig, sodass es hier keinen Anspruch auf Vollständigkeit geben kann. Im Wesentlichen lassen sich die Angebote in die folgenden vier Kategorien einteilen:

- Vorsorgeuntersuchung und Check-up,
- verbesserte Krankenhausversorgung,
- Einzeltarife,
- ambulante Versorgungsaufstockung.

5.13.1 Vorsorgeuntersuchung und Check-up

In diesen Tarif-Paketen werden Vorsorgeuntersuchungen, die über den gesetzlichen Leistungskatalog hinausgehen, bis zu einer bestimmten Deckelung innerhalb eines Zeitraums bezahlt.

Ein Vorsorgetarif eignet sich für Angestellte und gewerbliche Mitarbeiter:innen mit einem niedrigen Lohnniveau und sollte *arbeitgeberfinanziert* werden, da meiner Erfahrung nach diese Mitarbeitergruppen keine Bereitschaft für Zuzahlungen haben. Die Tarife lagen 2018 etwa bei 8 bis 12 EUR pro Mitarbeiter:in und Monat.

Bei Durchsicht der Tarife konnten wir berechnen, dass die Kosten eines solchen Tarifes etwa 50 bis 60 % der maximalen Leistungen entsprechen. Ein solcher Tarif ist also nur dann wirtschaftlich sinnvoll, wenn Vorsorgeuntersuchungen arbeitgeberseitig im Rahmen des BGMs organisiert werden und eine hohe Nutzungsquote erreicht wird.

Sie müssen damit rechnen, dass die Versicherungsgesellschaft bei einer hohen Schadenquote (so nennt eine Versicherungsgesellschaft die Nutzung ihrer Tarife) nach ein paar Jahren den Vertrag kündigt oder den Beitrag erhöht.

Eine positive Ausnahme bietet ein Unternehmen, das mit Gutscheinheften arbeitet. Hier erhält der versicherte Arbeitnehmer ein Coupon-Heft mit – je nach Alter und Geschlecht – sieben bis zehn definierten Vorsorgeuntersuchungen. Der Arbeitnehmer kann zu jedem Facharzt gehen und diese Untersuchung durchführen lassen. Der Arzt reicht den Coupon bei der Versicherung ein und erhält sein Honorar ausgezahlt.

Kritik: Bei Prüfung des Vertragswerks einzelner Vorsorgetarife sind uns Einschränkungen auf bestimmte GOÄ-Ziffern[31] aufgefallen. So wird zum Beispiel eine vorsorgliche Überprüfung des Vitamin-D-Spiegels von einzelnen Versicherungsgesellschaften nicht übernommen. Auch in den an sich praktischen Coupon-Heften fehlen relevante Vorsorgeuntersuchungen aus dem Naturheilkundebereich.

5.13.2 Verbesserte Krankenhausversorgung

Diese Tarife sind bekannt als »Chefarzt-/Einzelzimmer-Aufstockung« und umfassen eine Reihe von Verbesserungen der Krankenhausversorgung.

Meine Einschätzung ist, dass diese Tarife bei höheren Führungskräften *arbeitgeberfinanziert* als Bindungsinstrument geeignet sind, im betrieblichen Gesundheitsmanagement aber keine Wirkung im Sinne der Ziele entfalten, weil die Krankenhausaufenthalte schlicht zu selten vorkommen und die verbesserte Versorgung sich nicht auf die Geschwindigkeit der Heilung auswirkt.

5.13.3 Einzeltarife

In dieser Kategorie wird eine ganze Reihe von Tarifen angeboten, die nur einzelne Aspekte betreffen:

- **Zahnzusatz:** Es werden Kosten für teure Zahnbehandlungen, Brücken und Kronen übernommen. Der Tarif ist an sich sinnvoll, wirkt als Bindungsinstrument und stärkt die Arbeitgeberattraktivität. Er wirkt sich aber nicht auf die Ziele des Gesundheitsmanagements aus.
- **Brille:** Es werden Kosten für ein Brillengestell und Gläser übernommen. Für Brillenträger sehr sinnvoll, jedoch keine Zielwirkung im BGM.
- **Heilpraktiker:** Es werden Kosten für Heilpraktikerleistungen bis zu einer bestimmten Leistungsgrenze innerhalb eines Zeitraums übernommen. Da die Qualität von Heilpraktikern stark schwankt – die Bandbreite reicht von Arztniveau bis Scharlatan –, ist der Nutzen nur schwer abzuschätzen. Da insbesondere Frauen und Mitarbeiter mit höherem Bildungsniveau und Sozialberufe zur Nutzung von Heilpraktikern tendieren, sollten Sie anhand Ihrer Mitarbeiterschaft einen solchen Tarif *arbeitnehmerfinanziert* anbieten.
- **Telemedizin:** Spannend finde ich die Entwicklung von telemedizinischen Angeboten. Hier profitieren vor allem Firmen außerhalb von Städten und Ballungszentren, denn Mitarbeiterinnen und Mitarbeiter haben häufig längere Anfahrtswege zu Ärzten. Durch das 24 Stunden täglich verfügbare Telemedizin-Beratungsange-

31 Gebührenordnung für Ärzte: Leistungskatalog, nach dem Ärzte bezahlt werden.

bot könnte der Präsentismus sinken und das frühzeitige Konsultieren eines Arztes außerhalb der Arbeitszeiten erfolgen. Eine klare Empfehlung für den ländlichen Raum.

5.13.4 Aufstockung der ambulanten Versorgung

Zum Schluss möchte ich den aus meiner Sicht wichtigsten Tarif in Bezug auf die BGM-Ziele vorstellen. Der Tarif hat unterschiedliche Bezeichnungen, wird bei den Versicherungsgesellschaften intern als Kostenerstattungstarif bezeichnet.

Die Versicherung übernimmt beispielsweise 80 bis 100% aller privatärztlich-ambulanten Leistungen meist bei Vorleistung einer gesetzlichen Krankenkasse. Hier liegt der Teufel im Detail und der Tarif braucht eine intensive Vermarktung, um genutzt zu werden:

Viele Versicherungsgesellschaften lassen eine Deckungslücke von etwa 10% für den privatärztlichen Leistungsteil. Das ist an sich nicht problematisch. Dies wird an einem Rechenbeispiel deutlich: Ein Arzt führt Leistungen mit Kosten in Höhe von 1.400 EUR durch. Davon entfallen 400 EUR auf Leistungen der gesetzlichen Krankenkasse. Der Krankenzusatzversicherer übernimmt 90% vom Rest, sodass die Zuzahlung nur noch 100 EUR beträgt.

Allerdings gibt es bei einigen Versicherungsgesellschaften die Vorbedingung, dass eine gesetzliche Krankenkasse einen Teil der Leistung bezahlen muss, sonst sinkt der Zuzahlungsanteil zum Beispiel auf 60% und man muss selbst 40% übernehmen. Bei 1.400 EUR Kosten trägt der Krankenzusatzversicherer nur 840 EUR und der Patient zahlt 560 EUR.

Die dritte Hürde ist das Kostenerstattungsverfahren. Bevor man diesen Tarif nutzen kann, muss der Mitarbeiter für einen bestimmten Zeitraum in das Kostenerstattungsverfahren wechseln. Er erhält vom Arzt eine Rechnung nach Hause geschickt und muss diese a) bei seiner gesetzlichen Krankenkasse und b) beim Krankenzusatzversicherer einreichen. Die Erstattung erfolgt auf sein privates Konto und er muss die Arztrechnung bezahlen.

Das ist an sich kein Problem, da die Auszahlung erfahrungsgemäß schnell erfolgt und man die Arztrechnung solange »liegen lassen kann«. Doch dieser Vorgang ist für Menschen, die die Zusammenarbeit mit privaten Krankenversicherungen nicht kennen, fremd und angstbesetzt.

Einige gesetzliche Krankenkassen sind hier wenig zuvorkommend. Sie legen in ihren Bestimmungen fest, dass ein solcher Wechsel hinein und wieder heraus aus dem Kostenerstattungsverfahren nur einmal jährlich möglich ist. Andere lassen bereits nach drei Monaten das Zurückwechseln wieder zu.

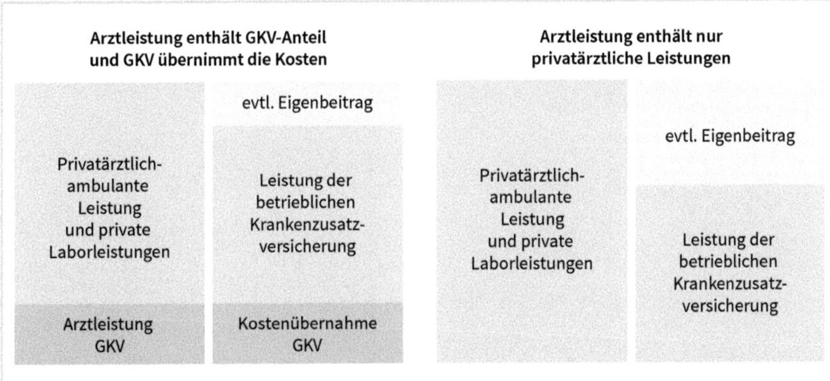

Abb. 91: Darstellung der Kostenübernahme bei Kostenerstattungstarifen, abhängig vom Vorhandensein von Leistungen der gesetzlichen Krankenversicherung (GKV).

6 Digitales bzw. hybrides BGM

Während der Coronakrise erfuhr das digitale BGM einen Boom und es wurden zahlreiche Onlineformate entwickelt und getestet. Eine der wenigen glücklichen Ergebnisse dieser Krisenjahre war die Öffnung für Homeoffice oder Mobile Office, was für viele arbeitende Menschen eine große Entlastung gebracht hat und nach dem Ende der Krise nicht mehr vollständig zurückgenommen werden konnte.

Beide Entwicklungen, zum einen die Onlineformate und zum anderen das digitale Arbeiten, stellen Anforderungen an ein hybrides Gesundheitsmanagement, das im Folgenden skizziert werden soll.

Definition

»Unter digitalem Betrieblichen Gesundheitsmanagement (dBGM) wird der Einsatz von digitalen Methoden und Instrumenten im Betrieblichen Gesundheitsmanagement verstanden. Hierzu werden verschiedene Methoden und Instrumente (wie beispielsweise Online- Coaching, Gesundheitsplattformen, Employee Assistance Programs (EAP), BGM-Komplettsysteme, Gesundheits-Apps und Wearables) zur Unterstützung des klassischen Betrieblichen Gesundheitsmanagements eingesetzt.« (Matusiewicz & Kaiser, 2018, S. 2).

Ergänzung: In bisher keiner digitalen BGM-Strategie wurde die Vermittlung von Gesundheitswissen sowie Gesundheitskompetenz beschrieben, um die Defizite des deutschen Gesundheitssystems auszugleichen. Weiterhin gelten E-Learning und Blended Learning für Führungskräfte im Bereich der gesundheitsorientierten Führung, die Einrichtung einer Führungskräfte-Toolbox sowie das Äquivalent einer Lösungs-Toolbox für Mitarbeiter:innen zu einer vollständigen dBGM-Strategie.

Im hybriden BGM verbinden wir die Vorteile der digitalen Kommunikation, des multimedialen Lernens und der fortwährenden Verfügbarkeit von Information mit Präsenzangeboten in der Logik der beschriebenen Kampagnenformate aus Kapitel 5.

Im bisherigen Marktverständnis fokussiert sich das digitale BGM sehr stark auf Apps und Wearables (tragbarer Sensoren). Beide zielen auf die Gesundheitsverhaltenssteuerung von Menschen ab und sind Teile der verhaltenspräventiven Gesundheitsförderung. Dieser Fokus ist meinem Verständnis nach deutlich zu eng und die Erfahrungen von Kundenunternehmen zeigen, dass diese Instrumente nicht langfristig eingesetzt werden und nach einer Anfangseuphorie im Laufe der Zeit kaum noch genutzt werden. Sie haben selbstverständlich ihre Berechtigung, dürfen aber nicht das digital-hybride BGM für sich beanspruchen.

In der folgenden Grafik greifen wir das für das BGM-Verständnis zentrale Modell der multifaktoriellen Krankheitsentstehung aus Kapitel 1 auf und ordnen die unterschiedlichen digitalen Formate den unterschiedlichen Einflussfaktoren und Gesundheitszuständen zu.

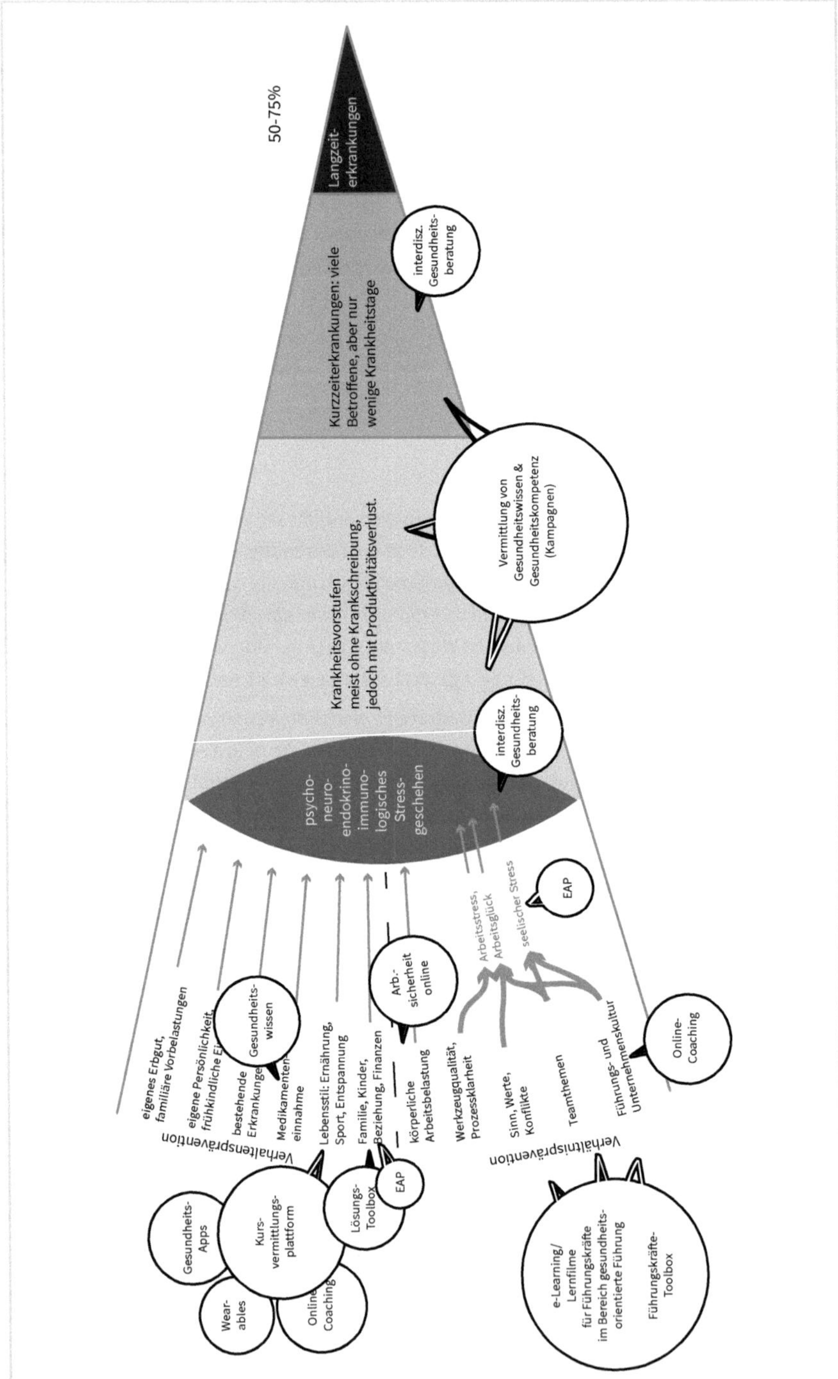

Abb. 92: Einordnung unterschiedlicher dBGM-Formate in das Modell der multifaktoriellen Krankheits-entstehung (Quelle: Eudemos, 2023)

- Eine starke Konzentration von Angeboten liegt bei den **Themen Sport und Ernährung** vor. Hier kommen Wearables, Tracker, Apps und auch Kursvermittlungsplattformen wie **machtfit.de** zum Einsatz.
- Im Bereich der **privaten und familiären Fehlbelastungen und Stressoren** sind es die digitalen, telefonischen und online verfügbaren Beratungsangebote von EAP-Dienstleistern.
- Die **Arbeitssicherheit** ist mittlerweile stark online repräsentiert. Viele Unterweisungen laufen über E-Learnings und Lernmanagementsysteme ab.
- Im Bereich der verhältnispräventiven betrieblichen Faktoren sind es hauptsächlich **Team- und Führungsthemen**. Hier sind es die in Kapitel 5 und 7 beschriebenen Ansätze zu Themen wie Sucht oder Belästigung am Arbeitsplatz, aber vor allem die Ansätze zum gesunden Führen, die hier greifen.
- Auch hilft der EAP-Dienstleister bei seelischen Belastungen am Arbeitsplatz oder bei Führungsproblemen.
- Die **interdisziplinäre Gesundheitsberatung** läuft auch fast ausschließlich telefonisch oder per Videokonferenz ab und zählt somit zu den digitalen Angeboten.
- Die **Gesundheitsthemenkampagnen** greifen vor allem bei der allgemeinen Gesundheitsaufklärung im Bereich, wo schon Krankheiten oder Krankheitsvorstufen auftreten.

Ziele des digitalen Gesundheitsmanagements

Das digitale Gesundheitsmanagement verfolgt sechs dezidierte Ziele, von den Sie jedoch nicht alle für übernehmen müssen. Sie können für Ihr Unternehmen selbst entscheiden, was davon sinnvoll und passend ist und was nicht.

1. **Ziel: Verwaltungserleichterung bei der Organisation von BGM-/BGF-Angeboten.** Darunter fallen Spezialfunktionen im Intranet zur Kursbuchung, zur Anmeldung für Webinare oder für Seminare oder fürs Coaching. Moderne Intranetplattformen bieten diese Funktionen von sich aus.
2. **Ziel: Kommunikation und Dokumentation von vorhandenen Lösungen/Lösungspartnern.** Das Gesundheitsportal (im Intranet) muss so gestaltet sein, dass es möglich ist, mit wenig Aufwand schöne redaktionelle Inhalte einzustellen, damit verfügbare BGM-Angebote, aber auch Kampagnen oder Lösungspartner vorgestellt werden können.
3. **Ziel: Förderung der Qualität des Führungshandelns.** Dabei wird eine digitale »Toolbox« für Führungskräfte eingerichtet, in der Führungskräfte alle Informationen, Betriebsvereinbarungen, Werkzeuge, Lernfilme, E-Learnings, E-Books, Lösungspartner usw. finden, die sie für ihr gesunde Führungsarbeit benötigen.
4. **Ziel: Förderung des Gesundheitswissens.** Die in Kapitel 5 beschriebenen Kampagnen werden überwiegend digital entwickelt und ausgeliefert: E-Books, Artikel, Lernfilme, E-Learnings.
5. **Ziel: Aktivierung gesunden Verhaltens:** Hier kommen die Wearables, Gesundheits-Apps und Gamification-Aktionen zum Einsatz.

6. **Ziel: Erleichterung des Zugangs zu Lösungsangeboten durch digitalisierte Kommunikation.** Hierbei geht es lediglich darum, dass bestimmte Lösungsanbieter digital erreicht werden können, also die digitalen EAP-Komponenten, Online-Coaching oder Online-Yogakurse usw.

Plattform-Anbieter

Unabhängig davon, welche Ziele Sie verfolgen wollen, werden Sie nicht um eine digitale Plattform herumkommen. Sollten Sie zudem Mitarbeitende im gewerblichen Bereich haben, die nicht am Computer arbeiten, werden Sie ein Intranet benötigen, dass eine App-Anbindung hat.

Mögliche Anbieter (redaktionelle Empfehlung):

- **Staffbase** (www.staffbase.com/de/) ist ein führender Anbieter für Intranet mit App-Anbindung.
- **Intrexx** (www.intrexx.com) ist ebenfalls ein Marktführer bei Intranetlösungen und hat eine App-Anbindung.
- **Microsoft Sharepoint** kann verwendet werden, wenn die Office-365-Arbeitsumgebung in Firmen bereits vorhanden ist. Es ist nicht so komfortabel, wie andere Lösungen, aber nutzbar. Es wird Erfahrung mit Sharepoint benötigt.
- **SAP SuccessFactors** ist eigentlich eine komplexe Lernmanagementumgebung, kann aber auch im Sinne eines Gesundheitsportals genutzt werden. Die Einführung ist aufwendig und mit externem Beratungsaufwand verbunden. Große Unternehmen werden dennoch von SuccessFaktors profitieren, weil es ein vollständiges Verwalten und Steuern von organisationalem Lernen ermöglicht.

Technische Voraussetzungen einer Plattform

Dies sind die **Mindestanforderungen** an eine Intranetplattform, ohne die eine Einrichtung von digitalen Toolboxen oder das Ausrollen von Kampagnen nicht gut gelingen kann:

- Es sollten **unterschiedliche Rechtegruppen** anlegbar sein, sodass Seiten und Inhalte über verschiedene Gruppen steuerbar sind.
- Für gewerbliche Mitarbeitende ist eine **App-Anbindung** notwendig, sowie die Abstimmung mit dem Betriebsrat über die Erlaubnis der Nutzung privater Smartphones.
- Das **Abspielen und Streamen von Filmen und Audiodateien** sollte problemlos möglich sein und keine Datenübertragungsprobleme erzeugen.
- Inhalte sollten mittels **intuitiver Rich-Text-Editoren** einfach redaktionell erstellt werden können, ohne Agenturen oder Spezialisten zu benötigen.
- Es sollten **Dateien zum Download** angeboten werden können.
- Viele Inhalte aus dem Gesundheitsmanagement sollten von **außerhalb des Unternehmens erreichbar** sein, da gerade Kampagnen, Filme und Artikel in der Regel nicht während der Arbeitszeit angeschaut werden können oder sollten.

- Prüfen Sie, ob die App in der Lage ist, **Medien offlinefähig** abzuspeichern, sodass man einen Podcast auch unterwegs ohne Internet hören kann.
- Es sollte ein **Terminbuchungssystem mit Erinnerungsfunktion** und Übertragen in den Kalender vorhanden sein, damit Kurse, Webinare oder Seminare direkt gebucht werden können.

Zusammenfassung.

- Das digitale BGM ist nicht gleichzusetzen mit App-basierter Verhaltenssteuerung von Gesundheitsverhalten bei Mitarbeitenden. Wearables und Apps sind Teil der Aktionen, die zum digitalen BGM gehören, aber nicht identisch mit dem Begriff.
- Es gibt kein reines digitales BGM, sondern es braucht einen hybriden Ansatz, weil Gesundheitsverhalten nicht rein digital erreicht werden kann.
- Neben der Verwaltungserleichterung und der digitalen Organisation und Verfügbarmachung von BGM-Informationen stellen Gesundheitskampagnen einen wesentlichen Ordnungsrahmen für die Vermittlung von Gesundheitswissen und die Aktivierung durch Mitmach-Aktionen und Kurse dar. Kampagnen können ohne digitale Hilfsmittel kaum umgesetzt werden. Dies ist ausführlich in Kapitel 5 dargestellt worden.
- Die Organisation und Verfügbarmachung von führungsrelevantem Wissen für die Lösung gesundheitsrelevanter Führungsaufgaben wird über eine sog. Toolbox für Führungskräfte erreicht, die ebenfalls nahezu vollständig digital ist. Dies wird in Kapitel 7.6 vorgestellt.

7 Gesundheitsorientiertes Führen

Themen in diesem Kapitel

Das Angebot von »Gesund Führen« ist breit und unstrukturiert. Es werden unterschiedliche Konzepte und Lernaufträge miteinander vermischt. Die fehlende Differenzierung macht es Laien schwer, passende Angebote auszuwählen. Häufig hofft man darauf, dass der Anbieter schon wisse, was er tut, und möchte lediglich erreichen, dass Führungskräfte »sich für das Thema öffnen«. Doch leider geht das regelmäßig schief.

Die Motivation von Führungskräften für eine gesundheitsorientierte Führung gelingt mit diesen drei Schritten: **Verhältnisse** schaffen, **Haltung** bearbeiten und **Verhaltensänderungen** üben und verlangen. Dafür ist die Entwicklung bestimmter Werkzeugkompetenzen zwingend erforderlich. Zudem ist das Einrichten einer digitalen Toolbox für Führungsthemen, Gesundheitswissen und Lösungsangebote notwendig, um Führungskräfte zu entlasten.

Es gibt unterschiedliche Führungsmodelle, die für unterschiedliche Zielgruppen geeignet sind. Aus den von mir durchgeführten Gefährdungsbeurteilungen konnte erkannt werden, dass Führung überall da zu einem Problem wird, wo keine Führungsmodelle eingeführt wurden oder deren Einführung nicht oder nur scheinbar funktioniert hat.

Das in vielen Kontexten **wichtige Führungsmodell der agilen Zusammenarbeit** mit soziokratischen Elementen der Entscheidungsfindung (Stichwort: Konsent-Entscheidungen) ist für Mitarbeitendengruppen aus dem gewerblichen und Produktionsbereich in der Regel nicht geeignet. Auch im Niedriglohnsektor eignet sich das Modell nicht, da es höhere Anforderungen an die Selbstregulation von Mitarbeitenden und Teams stellt und dies in Abhängigkeit vom Bildungsstatus eher schlechter gelingt. Der Bildungsstatus ist hier nicht das alleinige Kriterium, weil es auch Menschen mit hoher Selbstregulationsfähigkeit mit einem niedrigen Bildungsstatus und umgekehrt Menschen mit hohem Bildungsstatus und geringer Selbstregulationsfähigkeit gibt, aber es korreliert hinreichend genau, sodass der Bildungsstatus ein ausreichender Prädiktor für die Selbstregulationsfähigkeit ist.

7.1 Gesund Führen: Begriffsklärung

Als etwa 2009 das Thema »Gesund Führen« aufkam, trieb dies einige Stilblüten hervor, über die man schon damals den Kopf schütteln konnte. So verband ein Anbieter *Leadership* mit *Marathon* und forderte von Führungskräften, ihre Zielstrebigkeit, die sie als »Leader« bräuchten, durch Extremsport weiterzuentwickeln. Kritisch sehe ich auch Seminare zur *Achtsamkeit in der Führung*, die zu einem sehr frühen Zeitpunkt in der BGM-Arbeit angesetzt werden. Nicht, weil ich Achtsamkeit ablehne (ganz im Gegenteil), sondern weil dieses Thema keinesfalls zu früh behandelt werden sollte. Unvorbereitete Führungskräfte, denen die Grundlagen partnerschaftlicher Menschenführung fehlen, die keine vorbereitete Haltung und Offenheit für Achtsamkeit haben, können damit wenig anfangen und reduzieren das betriebliche Gesundheitsmanagement auf *»so einen Quatsch«*.

Das agile Management, das sich aus Erkenntnissen von agilem Projektmanagement in der Softwareentwicklung ableitet, muss differenziert betrachtet werden. Hierzu steuere ich eigene Erkenntnisse aus Metaanalysen unserer Gefährdungsbeurteilungsprojekte bei sowie Schlussfolgerungen über die Ausgestaltung von Führung.

Es haben sich im Laufe der Zeit mehrere vernünftige Konzepte am Markt etabliert, die sich in vier Gruppen kategorisieren lassen:

- Bei Angeboten zur **Stärkung der eigenen Gesundheit von Führungskräften** geht es um Lebensstilthemen und Stressbewältigungskompetenzen. Hier hinein gehören auch die **Achtsamkeitsseminare für Führungskräfte**, die auf die verbesserte Stressbewältigung bzw. Stressmodulation der Führungskräfte zielen.
- **Gesundheit als Führungsaufgabe** beschreibt Seminare, in denen zum einen eine Sensibilisierung für die Mitarbeitendengesundheit und den Fürsorgeauftrag stattfindet (also eine Haltungsänderung angestrebt wird). Zum anderen werden hier psychologische Grundlagenmodelle vermittelt, etwa die Theorie der vier psychologischen Grundbedürfnisse nach Klaus Grawe (siehe Buch: Neuropsychotherapie, 2004, trotz des seltsamen Titels eines der besten Bücher zum Verständnis der Grundbedürfnisse), die Förderung von Wertschätzung (siehe Buch: Wertschätzung in Organisationen fördern, von Häfner et al., 2023), die Berücksichtigung des Selbstwertes in der Mitarbeitendenführung (siehe Buch: Selbstwert als kritische Variable des Unternehmenserfolges, Krampe, 2014).
  Solche Seminare sind nicht für alle Führungskräfte geeignet, sondern setzen einen gewissen Reifegrad voraus sowie eine insgesamt wertebasierte Führung seitens des Topmanagements.
- **Spezialthemen und Fertigkeiten** werden in Lehrgängen behandelt, die spezifisches Werkzeugwissen vermitteln:
  - Suchterkrankungen am Arbeitsplatz
  - Rückkehr-, Fürsorge- und Fehlzeitengespräche
  - Mobbing am Arbeitsplatz
  - Konfliktlösung im Team
  - Rechtssicherer Umgang mit Suchterkrankungen, sexueller Belästigung und anderen Personalthemen
  - Selbstmanagement und Arbeitsorganisation
- Es wird immer deutlicher, wie entscheidend die **Selbstmanagementkompetenz** von Führungskräften, aber auch ihre **Fähigkeit, die Arbeit in ihrer Abteilung zu**

strukturieren, ein funktionierendes Jour-fixe-System einzuführen, die **Selbstregulation des Teams** zu stärken, **partizipative (z.B. konsentbasierte) Entscheidungsfindung** zu etablieren und (in vielen Teams sinnvoll) ein **agiles Management** einzuführen, ist.
Obwohl dies originäre Personalentwicklungsthemen sind, wird hier die Schnittstelle zwischen dem verhältnispräventiven Teil des Gesundheitsmanagements und der Personalentwicklung deutlich.

Jedes dieser Themen hat seine Berechtigung, doch nur dann, wenn Sie ein klares übergeordnetes Ziel und konkrete Lernziele formuliert haben.

Eine Gesund-Führen-Strategie braucht klar benannte Ziele
Die meines Erachtens wesentlichste Aufgabe von Führungskräften im betrieblichen Gesundheitsmanagement ist die Umsetzung des Fürsorgeauftrages sowie die Kenntnisse und Befolgung der Inhalte der Führungskräfte-Toolbox. Andere Ansätze, wie die Etablierung eines partnerschaftlichen Führungsstils, sind nur Teilaspekte der Früherkennungsstrategie. Ein partnerschaftlicher Führungsstil reduziert die sozialen Stressoren und damit seelischen Stress, ermöglicht Sinnerleben und Werteverwirklichung (bzw. vermeidet Werteverletzungen) am Arbeitsplatz und schafft eine vertrauensvolle Beziehung, die Früherkennung aufgrund vertrauensvoller Gespräche erst möglich macht.

Jedoch sind generell die Arbeitsorganisation, die Informationsgenauigkeit, der Fokus auf Problem- und Hürdenbeseitigung im Verantwortungsbereich, eine gute Jour-fixe-Struktur, eine Stärkung der Selbstregulation von Mitarbeitenden und Teams und eine eher agile, konsentbasierte Arbeitsweise und Entscheidungsfindung entscheidend. Dieser letzte Punkt gilt jedoch nicht für alle Mitarbeitendenzielgruppen.

Für eine »Gesund-Führen-Strategie« lassen sich die folgenden **Ziele** formulieren:

- Unsere Führungskräfte sollen die Notwendigkeit einer gesundheitsorientierten Führungskultur verstanden und akzeptiert haben. Sie können sie in Bezug zum Unternehmenserfolg setzen und wesentliche wirtschaftliche und nichtwirtschaftliche Erfolgsfaktoren benennen. (→ Haltungsziel)
- Unsere Führungskräfte haben die Wichtigkeit einer frühzeitigen Ansprache von gesundheitlichen Fehlentwicklungen und gerade das Beheben arbeitsbezogener Belastungsfaktoren verstanden und setzen diese Strategie dauerhaft um. (→ Haltungs- und Verhaltensziel)
- Unsere Führungskräfte entwickeln zunehmend eine gute Gesundheitskompetenz, interessieren sich für die angebotenen Gesundheitswissensangebote und nehmen Vorsorgeangebote gut an. (→ Haltungsziel)

- Sie kennen die relevanten Werkzeuge zur Früherkennung, wie das Rückkehrgespräch, das Fürsorgegespräch und das Fehlzeitengespräch, und wissen, was das betriebliche Eingliederungsmanagement ist. (→ Verhaltensziel)
- Sie kennen die Themen der Toolbox und lernen nach und nach die dort angebotenen Themen. (→ Verhaltensziel)
- Sie kennen die relevanten Lösungsangebote, Gesundheitswissensangebote und Unterstützungspartner und setzen sie im Rahmen ihrer Fürsorgearbeit gezielt ein. (→ Verhaltensziel)

Sie sehen, dass die Aufgabe allein schon durch die Zielformulierung klarer wird. Denken wir vom gewünschten Verhalten her und nicht von den Maßnahmen, so richten sich die Maßnahmen auf die formulierten Ziele aus und nicht umgekehrt. Am Anfang jeder Überlegung steht immer die Frage: *»Wer soll am Ende was genau tun oder nicht mehr tun?«* Wenn das klar ist, überlegen Sie, wie sich das erreichen lässt. Sie denken nicht: *»Welche Maßnahme könnte ich denn heute einsetzen?«*

7.2 Agile Führung ist die Lösung, aber nicht für alle Zielgruppen

Seit 2020 setze ich in unserem GBU-Q-Fragebogen eine selbst entwickelte Skala zur Messung des Umsetzungsgrade von **agiler Führung und Zusammenarbeit** ein. Diese Skala fragt nach bestimmten typischen Verhaltensweisen und Regeln, die in agil arbeitenden Teams vorhanden sind und in anderen nicht. Dabei ist es unerheblich, ob ein Team und dessen Führungskraft bewusst »agil« arbeiten oder dies intuitiv tun.

In sog. Extremgruppenvergleichen, einer einfachen Darstellung, die korrelative Zusammenhänge für Laien besser greifbar macht, konnte ich teilweise unglaublich starke Effekte auf viele andere Faktoren der Gefährdungsbeurteilung beobachten. Die Auswirkungen waren derart signifikant, dass man nahelegen könnte, dass allein diese Skala ausreichen könnte, um vorherzusagen, ob ein Team gut funktioniert oder nicht.

Im folgenden Beispiel zeige ich ein Dienstleistungsunternehmen, dass in den letzten Jahren eine Menge in die Führungsqualität investiert hat. Unter anderem wurden die Führungskräfte in der Anwendung agiler Zusammenarbeitstechniken ausgebildet. Als Faktor verwendeten wir die Fragen aus dem GBU-Q-Fragebogen (siehe Kapitel 3.5.1.3). Die Fragen des **Faktors: Agile Führung und Zusammenarbeit**:

1. In meinem Team/an meinem Arbeitsplatz können wir weitestgehend eigenverantwortlich arbeiten.
2. Wir führen regelmäßig eine Teambesprechung durch, in der alle relevanten Aufgaben, Projekte, Neuigkeiten usw. für mich zielführend und nutzbringend besprochen werden.

3. Probleme (etwa mit eine:r Kolleg:in oder einem anderen Team) lösen wir überwiegend im direkten Kontakt und halten unsere Führungskraft darüber auf dem Laufenden.
4. Mitarbeiter:innen können sich innerhalb ihres Teams weitestgehend selbst organisieren und entscheiden, wer welche Aufgabe übernimmt.
5. Mitarbeiter:innen können (ausgerichtet an betrieblichen Erfordernissen) ihre Arbeitszeit weitestgehend selbst bestimmen.
6. Es ist in unserem Team erlaubt und gewünscht, dass wir uns innerhalb unseres Handlungsrahmens eigene Regeln geben, wie wir arbeiten und miteinander umgehen wollen.
7. Mitarbeiter:innen haben einen maßgeblichen Einfluss auf Personalentscheidungen, die ihr Team betreffen.
8. Meine direkte Führungskraft lässt uns bei der Organisation unserer täglichen Arbeit und bei relevanten Entscheidungen weitestgehend freie Hand.
9. Es findet keine einseitige Mitarbeiterbeurteilung statt, sondern wir (Führungskraft und Mitarbeiter:in) geben uns gegenseitig Feedback.

Die Frage 4 muss etwas eingeschränkt betrachtet werden, wenn sie von einem Team beantwortet wird, das aus vielen Stabstellen oder Einzelexperten besteht, die ihre Aufgaben nicht gegenseitig übernehmen können. Frage 7 ist in der Regel schlecht ausgeprägt, weil die Mitentscheidung bei Personalfragen noch ausgesprochen unüblich ist, wenn auch empfehlenswert.

Aus diesen Fragen wird ein Faktorwert berechnet, der eine fünffache Ausprägung haben kann:

<table>
<tr><td>Dunkelgrün</td><td>5,0–4,5</td><td>sehr gelungene Umsetzung agiler Führung und Zusammenarbeit</td><td rowspan="2">Extremgruppe »unbelastet«</td></tr>
<tr><td>Grün</td><td>4,49–3,5</td><td>gelungene Umsetzung …</td></tr>
<tr><td>Gelb</td><td>3,49–2,5</td><td></td><td></td></tr>
<tr><td>Rot</td><td>2,49–1,5</td><td>nicht gelungene …</td><td rowspan="2">Extremgruppe »belastet«</td></tr>
<tr><td>Dunkelrot</td><td>1,0–1,5</td><td>gar nicht gelungene Umsetzung agiler Führung und Zusammenarbeit</td></tr>
</table>

Tab. 19: Umsetzung der agilen Führung (Ausprägung der Faktorwerte)

Die grünen Ausprägungen stellen die Gruppe »unbelastet« dar und die roten Ausprägungen die »belastete« Gruppe (hier jeweils in Graustufen wiedergegeben). Anhand dieser Splittung der Stichprobe in zwei Extremgruppen vergleichen wir nun die Ausprägung anderer Faktoren. Beachten Sie dabei, dass die »belastete« Gruppe in diesem Unternehmen deutlich kleiner (nur 39 Befragungsteilnehmer) ist, weil die Einführung größtenteils gut gelungen ist, während die »unbelastete« Gruppe 955 Befragungsteilnehmer umfasste.

Die Ergebnisse sind ausgesprochen deutlich:

- Die **Arbeitszufriedenheit** ist bei ca. 28% der belasteten Gruppe schlecht, bei der unbelasteten Gruppe sind es nur 2%.
- Bei der **Kündigungsabsicht** liegt der Unterschied bei 30% vs. 7%.
- Bei den **Erschöpfungssymptomen** unterscheiden sich die beiden Gruppen in 25% vs. 5%.
- Bei der **Führungszufriedenheit** ist der Unterschied riesig: 60% geben eine schlechte Führungszufriedenheit an, wenn die agile Führung und Zusammenarbeit nicht gelingt. In der agil zufriedenen Gruppe sind das nur 6%!
- Die **Konfliktkultur** zeigt ebenfalls einen solch deutlichen Unterschied von 54% vs. 8%.
- Die **Kommunikationskultur** wird von 48% der »belastetet« Gruppe schlecht bewertet, im Vergleich zu etwa 2%.

Die Prozentangaben sind jeweils der rote und dunkelrote Anteil an der jeweiligen Faktorausprägung. Dieser Trend setzt sich mehr oder weniger stark bei den meisten Faktoren des gesamten Fragebogens fort und lässt die Schlussfolgerung zu, dass die Fragen zur **agilen Führung und Zusammenarbeit** offensichtlich einen Nerv getroffen haben.

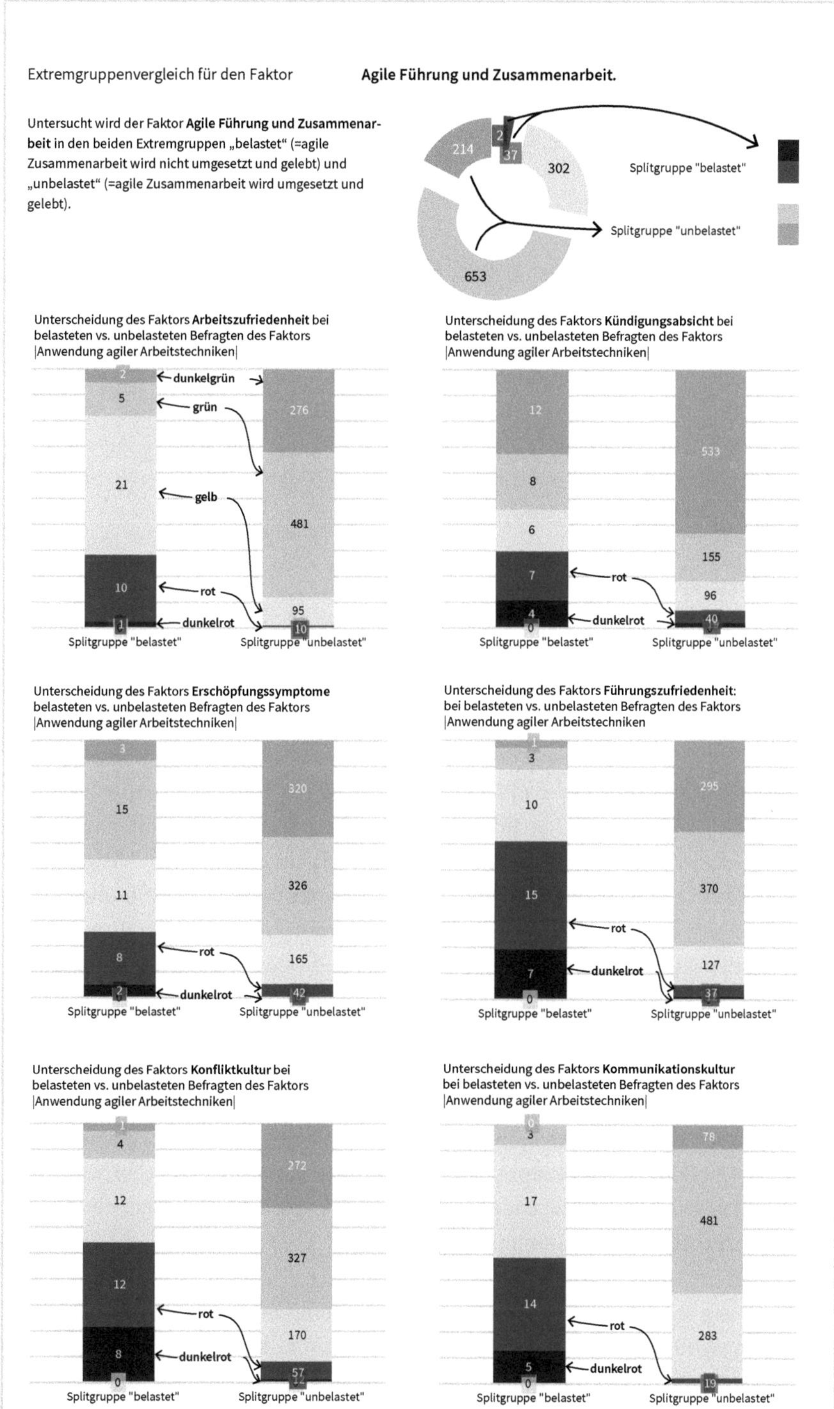

Abb. 93: Effekte einer gelungenen vs. nicht gelungenen Umsetzung von agiler Führung und agiler Zusammenarbeit auf andere Faktoren (Quelle: Eudemos, 2023)

Die Formen agiler Zusammenarbeit haben also das Potenzial, eine sehr signifikante Verbesserung der Faktoren der psychischen Belastung zu erwirken. Das ist auch nachvollziehbar, denn, wenn Sie sich die Fragen durchlesen, wird klar, dass es um **Freiheitsgrade, Selbstbestimmung, Kompetenzerleben** und **Selbstregulation** geht. Das erzeugt in Menschen **Sinnerleben**, sie fühlen sich kompetent und gebraucht, was das **Selbstwertgefühl** steigert.

Gleichzeitig wird in agilen, sich selbst regulierenden Teams eine viel **bessere Verteilung der Arbeitsbelastung** erreicht und es kommt zu weniger Belastungsspitzen. Individuelle Belange, wie Beruf-Familie-Themen, Vertretungen, Urlaube, Pausen und private Sonderbelastungen können flexibel geregelt werden.

Exzessive Arbeitsmengenüberforderung machte jeden Lösungsversuch zunichte. Solange die Arbeitsbelastung aber nicht eskaliert, ist das agile Zusammenarbeiten die eine, beste Lösung für sehr vieles.

Wann gelingt agile Führung nicht?

In den zahlreichen Workshops zur Maßnahmenableitung in Gefährdungsbeurteilungen habe ich unzählige Details zu nicht gelingender Führung zu hören bekommen. So können Führungskräfte, die eigentlich keine Lust auf (soziokratisch-)agile Führung haben, die lieber nach dem alten Muster des »es wird gemacht, was ich sage« handeln möchten, agile Führung ad absurdum führen. Hier eine kleine Anleitung, wie das geht:

- Führungskräfte verwenden die Zeichen agiler Kultur, wie »sich das Du anbieten« oder »sich offen zeigen für Kritik«. Wenn ein Mitarbeiter dann mal offen Kritik übt, wird dieser hinter den Kulissen bestraft, meist mit etwas zeitlichem Abstand.
- Es werden Teamrunden abgehalten und es wird nach Meinungsäußerung gefragt und es wird eine scheinbare Mitbestimmungskultur gezeigt. In Wirklichkeit werden Hinweise und Probleme jedoch ignoriert und es werden die Entscheidungen der Führungskraft umgesetzt.
- Ein:e Mitarbeiter:in kommen mit einem schweren Problem zu der Führungskraft und zeigt, dass er/sie nicht weiterweiß. Die Führungskraft zeigt scheinbar Verständnis und bitten ihn/sie um einen Lösungsvorschlag. Dieser wird aber nicht umgesetzt, sondern »mitgenommen« und dann vergessen oder abgelehnt.
- Insgesamt findet eine Entkoppelung von Kommunikation und Entscheidungsrealität statt. Dass, was letzten Endes geschieht, hat kaum noch etwas mit dem zu tun, was besprochen oder kommuniziert wurde.

Agile Führung stellt jedoch ein völlig anderes Führungsverständnis dar. Hier gibt es die Führungsautorität im früheren Sinne nicht mehr, sondern die Führungskraft koordiniert, vermittelt, vertritt das Team nach außen, erläutert Vorgaben nach innen und arbeitet grundsätzlich im Konsentmodus. Es gibt eine hohe Verbindlichkeit und Treue von Zusagen und es wird sich schnell um Probleme gekümmert. Die Führungskraft ist hier eher Servicegeber und Unterstützer und nur im Einzelfall, bei Faulheit oder Betrug, auch Kontrolleur und Anweisungsgeber.

Daher lautet mein Rat, dass Sie vor der Einführung agiler Führungsmethoden die Implikationen vollständig und in die Tiefe verstehen. Lassen Sie Vorstand und Bereichsleitungen über einen längeren Zeitraum wirklich im Konsentmodus miteinander diskutieren und Entscheidungen treffen. Das ist eine wirkliche Umstellung und fällt autoritären Führungskräften sehr schwer.

Der zweite Rat ist, dass Sie beachten müssen, dass die Formen der agilen Zusammenarbeit nicht in allen Zielgruppen von Mitarbeitenden gelingen. Im gewerblichen und Produktionsbereich, im Niedriglohnsektor und bei ungelehrten Servicekräften gelingt diese sehr freie Form der Zusammenarbeit in der Regel nicht, weil hier oft die Selbstmanagementkompetenzen und die intrinsische Motivation zur Selbststeuerung nicht gegeben sind (gerade im Bereich der gut ausgebildeten Facharbeiter stimmt das wiederum nicht, weshalb hier Agilität ausprobiert werden kann).

7.3 Führen mit Auftrag und innere Führung

Für gewerbliche Mitarbeitende in der Produktion und für Mitarbeitendengruppen mit geringen Löhnen oder ungelernten Mitarbeitenden scheinen partizipative Führungsstile eher ungeeignet, da häufig nicht die notwendigen Kompetenzen zur Selbstregulation und zum Selbstmanagement vorhanden sind. Dies soll keine diskriminierende Aussage sein, da ich sicher bin, dass es Ausnahmen gibt, jedoch mehrheitlich scheint das zu stimmen.

Führung mit Auftrag bedeutet die Abstimmung eines nachvollziehbaren, **für Vorgesetzte und Mitarbeiter:innen verständlichen Ziels bei bestimmten Freiheitsgraden in der Umsetzung und Wahl der Mittel**. Umsetzung und Mittel bedeuten Verhältnismäßigkeit, Berücksichtigung äußerer Umstände und Budget. Dabei füge ich gleich hinzu, dass das Unternehmen die Wahl der Arbeitsmittel natürlich weitestgehend vorgibt. So können Mitarbeitende nicht selbst wählen, mit welchen Maschinen oder welcher Software sie arbeiten wollen und auch die Fertigungsverfahren sind in der Regel standardisiert. Die Aussage zu den Freiheitsgraden und der Arbeitsmittelwahl bezieht sich auf die jeweils verfügbaren Freiheitsgrade innerhalb einer Abteilung und einer Arbeitsrolle.

> *Militärische Führer unterrichten über ihre Absicht. Mit dem Auftrag setzen sie klare, erfüllbare Ziele und stellen die dazu erforderlichen Kräfte und Mittel bereit. [...] Absicht und Ziele sind aus dem eigenen Auftrag abgeleitet und berücksichtigen die Absicht der übergeordneten Führung.*

Militärische Führer gewähren unterstellten Führern Freiheit bei der Durchführung des Auftrags. Sie ist Voraussetzung für schnelles, entschlossenes Handeln und dient der Stärkung der Eigenverantwortung. So können die nachgeordneten Führer im Sinne des Ganzen selbstständig handeln, auf Entwicklungen der Lage unverzüglich reagieren und die Gunst des Augenblicks nutzen. […] Militärische Führer werden dazu erzogen, gewährten Freiraum zu nutzen.

Heeresdienstvorschrift (HDv) 100/100[32]

Lesetipp

→ **»Führen mit Auftrag. Elemente militärischer Führung im zivilen Kontext«** von Friedrich Menz, GRIN-Verlag, 2020.

→ **»Führen mit Auftrag: Handbuch für militärische Führer; Führungsprozess bis Bataillonsebene; Besonderheiten bei Einsätzen im Ausland«** von Rainer Oestmann

Die wesentlichen **Voraussetzungen für diesen Führungsstil** sind folgende Eigenschaften:

- **hohe Fachkompetenz der Vorgesetzten** mit eigenen Praxiserfahrungen;
- **hohe Werteorientierung**, die im Sinne der inneren Führung kompromisslos umgesetzt wird;
- **hohe Fürsorgehaltung** für die untergeordneten Mitarbeiter:innen.

Aus diesen drei Komponenten entsteht eine Vertrauensbeziehung, die auch in schwierigen Einsatzsituationen eine intrinsische Motivation der Mitarbeiter:innen erhält. Gleichzeitig gibt der autoritative Führungsstil klare Ansagen und klare Grenzen und sanktioniert Fehlverhalten.

Militärische Führung als Empfehlung des Gesundheitsmanagements?

Vielleicht runzeln Sie verwirrt die Stirn, weil ich hier einen »militärischen« Führungsstil vorstelle und gar empfehle und das innerhalb eines ja eigentlich humanistisch begründeten Gesundheitsmanagements. Nun, ich kann das auflösen. Es geht mir nicht um das Militärische, sondern um die drei Komponenten, die eine autoritativ führende Führungskraft unbedingt in sich vereinen muss, um mit ihrem Führungsstil keinen Schaden anzurichten.

Durch ihre **hohe Fachkompetenz** und hier herausragendes Detailwissen wird ihren Entscheidungen und Hinweisen seitens der Mitarbeitenden vertraut. Zugleich regt die Führungskraft aber Mitdenken, Innovationsdenken und Fehlersuche an, und ist auch bereit, anzuerkennen, wenn Mitarbeitende mehr wissen oder etwas genauer verstan-

32 Heeresdienstvorschrift (HDv) 100/100 der Deutschen Bundeswehr, zitiert nach: Oestmann, R. (2008). Dazu befehle ich…! Handbuch für militärische Führer, a. a. O.

den haben, als sie selbst. Sie hebt dieses neue Wissen hervor, referenziert es auf den Mitarbeitenden und erzeugt damit Stolz auf die Leistung, Anerkennung und insgesamt eine Weiterentwicklung der Gesamtkompetenz des Teams.

Durch ihre hohe **Werteorientierung** leitet die Führungskraft all ihre Entscheidungen von diesem Werteset ab. Solange das Werteset von den Mitarbeitenden anerkannt wird und auf echten ethischen Grundsätzen beruht, entsteht hier wiederum ein großes Vertrauen in die Verbindlichkeit und Zuverlässigkeit von Führungskraft und Arbeitgeber. Dazu ist zwingend Voraussetzung, dass die Wertebindung auf allen Ebenen der Führungshierarchie gelebt wird und, dass Entscheidungen, Prozesse, Abläufe, Anweisungen und Vorgaben nicht im Widerspruch zu den Werten stehen und widersprüchliche Anweisungen selbstverständlich infrage gestellt und geändert werden können.

Die **Fürsorgehaltung** wiederum stellt sicher, dass auf die individuellen Belange von Mitarbeitenden Rücksicht genommen wird. Führungskräfte sollten ein echtes Interesse für das Wohlergehen ihrer Mitarbeitenden haben und dies auch in ihre Entscheidungen einfließen lassen. Durch das Führen mit Auftrag werden genügend Freiheitsgrade ermöglicht, die eine individuelle Anpassung von Aufgabenzuweisung und Belastungsverteilung ermöglichen. Im Kern sind hier auch wieder agile Zusammenarbeitstechniken möglich.

Werden die drei Komponenten lebendig angewendet, entsteht ein tiefes Vertrauen in die Aufrichtigkeit und Ehrlichkeit nicht nur der Führungskraft, sondern auch des Arbeitgebers insgesamt. Ich konnte dies erst kürzlich (2023) im Rahmen eines **Gefährdungsbeurteilungsprojektes mit einem KMU-Logistikunternehmen** erfahren. Das Unternehmen ist familiengeführt und bedient ausgesprochen kompetent eine Marktnische. Die Gefährdungsbeurteilung zeigte bereits in dieser ersten Befragung ausgesprochen gute Werte im Bezug auf die Faktoren, die die sozialen Beziehungen beschreiben (Führungs-, Team- und Kulturfaktoren). Das ist meiner Erfahrung nach in der Regel ein Indiz für ein tragendes Fundament an gelingenden Arbeitsbeziehungen, sodass die anderen Belastungsfaktoren deutlich weniger schädlich wirken. Man sieht die Effekte guter Arbeitsbeziehungen auch in den Ergebnissen motivationaler Gesundheit, die dann in der Regel auch sehr gut ausgeprägt sind.

In den Maßnahmenworkshops erlebte ich durchgängig einen Fokus auf Sachprobleme, die lösungsorientiert besprochen wurden. Auch bestimmte Eigenheiten von Führungskräften, die als nicht optimal angesehen wurden, konnten angesprochen werden, etwa eine fehlende Abstimmung zwischen mehreren Geschäftsführern, die gelegentlich widersprüchliche Aufgabenanweisungen verursachte. Normalerweise führt eine Kritik an der Geschäftsleitung zu einer Ablehnung der Gesamtergebnisse der Gefährdungsbeurteilung. Anders hier. Die Geschäftsleitung konnte diese Detailkritik gut aushalten, weil gleichzeitig in allen Protokollen stand: »Auf unsere Chefs lassen wir nichts kommen. Die machen das super. Ich würde nie den Arbeitgeber wechseln.« Das hört man doch eher selten. Und das Unternehmen wurde definitiv nicht agil geführt.

7.4 Grundstruktur und Inhalte eines Gesund-Führen-Curriculums

Im Folgenden entwickle ich eine Grundstruktur für das Thema »Gesundheitsorientiertes Führen«, die sämtliche Gesundheitsangebote sinnvoll einordnet und notwendige Querbezüge und Wirkvoraussetzungen aufzeigt.

Seminare verpuffen in ihrer Wirkung meist innerhalb weniger Wochen und es tritt keine dauerhafte Verhaltensänderung bei Führungskräften hin zu einem gesundheitsorientierten Führen ein. Für eine dauerhafte Verhaltensänderung braucht es drei sogenannte **Veränderungsbedingungen**:

- Zunächst eine **Haltungsveränderung**, etwa die Einsicht, dass ein partnerschaftlicher Führungsstil tatsächlich eine hohe Relevanz für den Unternehmenserfolg hat und Rückkehrgespräche dabei helfen, frühzeitig auf gesundheitliche Fehlentwicklungen aufmerksam zu werden.
- Verschiedene **Verhaltensanweisungen und Werkzeugkompetenzen** – etwa Rückkehrgespräche –, um gewünschte Verhaltensweisen auch konkret zeigen zu können.
- Passende **Verhältnisse**, die eine Verhaltensänderung auch ermöglichen, also zum Beispiel eine Betriebsvereinbarung, die Rückkehrgespräche als mitbestimmungspflichtigen Gesprächstyp auch wirklich erlauben.

Nicht überstürzt handeln

»Wir machen erstmal ein Führungskräfteseminar.« – so beginnen viele Unternehmen mit ihrem betrieblichen Gesundheitsmanagement. Mein Rat: »Nein, machen Sie das erst viel später!« Denn es ist zwar verhältnismäßig einfach, Führungskräfte zu einer Haltungsänderung zu bewegen, doch Sie sollten im Vorfeld festlegen, welche Werkzeugkompetenzen gebraucht werden und welche Verhältnisanpassungen notwendig sind. Am Beispiel **Suchterkrankungen am Arbeitsplatz** möchte ich im Folgenden verdeutlichen, warum planvolles Vorgehen essenziell ist:

- Bevor überhaupt irgendwer geschult wird, sollte eine **Meinungsbildung** in kleinem Kreis stattfinden. Dabei wird geklärt, welche Regeln im Unternehmen überhaupt gelten sollen. Punktnüchternheit (alkoholfreie Zeiten), Stufenplan, Kündigung mit Wiedereinstellungsgarantie?
- Wenn das steht, brauchen Sie beim Thema Sucht immer eine **Betriebsvereinbarung** mit dem Betriebs- oder Personalrat.
- Dann sollten Sie die **Regeln schriftlich aufbereiten**, etwa in Form von Broschüren, einem E-Learning und Erklärfilmen.

- Erst jetzt erfolgt die **Schulung der Führungskräfte** mit zwei Zielen:
  - einer Haltungsänderung, die zur Folge hat, dass Führungskräfte die Relevanz des Themas begreifen und verinnerlichen, und
  - einer Werkzeugkompetenzvermittlung bezüglich rechtssicherem Verhalten im Umgang mit akut berauschten Mitarbeiter:innen und der Gesprächsführung im Stufenplan.

  Führungskräfte werden in diesen Schulungen nach konkreten Anweisungen fragen, an denen sie sich orientieren können.
- Nach der Schulung erfolgt ein **Roll-out im gesamten Unternehmen**, bei dem die Führungskräfte eng eingebunden sind.

Zwischen dem Start und der Führungskräfteschulung liegen sechs bis zwölf Monate und das Projekt ist ziemlich umfangreich. Werfen Sie einen Blick auf Kapitel 5.7 an, wo diese Kampagne ausführlich dargestellt wird.

Im Folgenden lernen Sie ein umfassendes Führungskräfte-Curriculum »Gesund Führen« kennen. Achten Sie bitte auf die Querverweise und Abhängigkeiten.

Verhältnisse	Haltung	Verhalten
• Betriebsvereinbarungen • kulturelle Erlaubnis für gewünschte Verhaltensweisen • Lösungspartner (psychologische Mitarbeiterberatung, Employee-Assistent-Programme, Sozialberatung u. v. m.) • Gesundheitswissensangebote im Intranet oder in Kampagnen für Mitarbeiter:innen • betriebliche Krankenzusatzversicherung	• Vortrag: »Betriebswirtschaftliche Aspekte von BGM« • Vortrag: »Körperliche Ursachen von psychischen Erkrankungen« • Vortrag: »Wie entsteht Krankheit – das multifaktorielle Krankheitstrichtermodell« • Vorsorge-Screening* • Gesundheitsseminare • Psychologie der Führung**	• Früherkennung und Fürsorgegespräche • Rückkehrgespräche • Umgang mit Mobbing • Suchterkrankungen am Arbeitsplatz • Arbeitssicherheits-Unterweisungen • Vorsorge-Screening • Anleitungen zur Ergebnisaufarbeitung der Gefährdungsbeurteilung psychischer Belastungen
• Führungskräfte-Toolbox • Vorsorge-Screening • Gefährdungsbeurteilung psychischer Belastungen	• Grundlagen der partnerschaftlichen Führung	• Gesundheitsförder-Angebote (Sport, Ernährung, Stressbewältigung)

* Das Vorsorge-Screening taucht im Modell dreimal auf, weil es erstens ein Lösungsangebot ist, zweitens sehr stark die Haltung von Menschen verändert und drittens maßgeblich das Verhalten motiviert.
** Teile davon gehören in die dritte Spalte »Verhalten«.

Tab. 20: Beispiele für die drei Veränderungsbedingungen

Diese drei Veränderungsbedingungen setzen Sie von links nach rechts um.

Verhältnisse schaffen

Schaffen Sie zunächst die **Verhältnisse**, verhandeln Sie Betriebsvereinbarungen, stellen Sie unbedingt eine digitale Führungskräfte-Toolbox mit einer Sammlung aller Lösungs- und Unterstützungsangebote und -partner zusammen, bereiten Sie die Möglichkeit der Vermittlung von Gesundheitswissen vor. Auch die Gefährdungsbeurteilung gehört zu den Verhältnissen, mit denen Sie den Boden bereiten, um eine Haltungsänderung einzuleiten. Wichtigstes Instrument neben der Gefährdungsbeurteilung ist der Intranetauftritt des Gesundheitsmanagements.

Haltung verändern

Die **Haltung** insbesondere von Führungskräften ändern Sie am einfachsten über Selbsterfahrung. Wirksam sind hier Gesundheitsseminare in Kombination mit einer vorgelagerten Vorsorgeuntersuchung. Hier sollten Sie nicht nur die üblichen Screenings machen, die viele Kliniken anbieten, sondern auch mit einem Stressmediziner zusammenarbeiten, der eine wesentlich feinere Analyse von neuro-endokrino-immunologischen Stressschäden vornehmen kann. Das Seminar selbst bieten Sie möglichst nicht in einem Hotel an. Wählen Sie stattdessen ein ländliches Seminarhaus mit Bio-Verköstigung und der Möglichkeit, Sport, Meditation, Yoga und andere Praxiseinheiten durchzuführen. Eine Nummer kleiner sind beispielsweise Gesundheitstage nur für Führungskräfte etwa in Kooperation mit einem Fitnessstudio, einer Krankenkasse oder einem Personaltrainer.

Verhaltensänderung

Ist die Haltung der Führungskräfte für das Thema geöffnet, folgt nun die Vermittlung von Werkzeugkompetenzen und Handlungswissen, also die **Verhaltensänderung**. Hier bietet sich eine ganze Bandbreite von Lernmodulen an: digitale und Präsenz-Lernmodule, Vorträge, Lernfilme, Handbücher bzw. Beiträge in der Führungskräfte-Toolbox und Seminare.

Abbildung 95 zeigt eine beispielhafte Lernlandschaft zur Einführung eines gesundheitsorientierten Führungsstils.

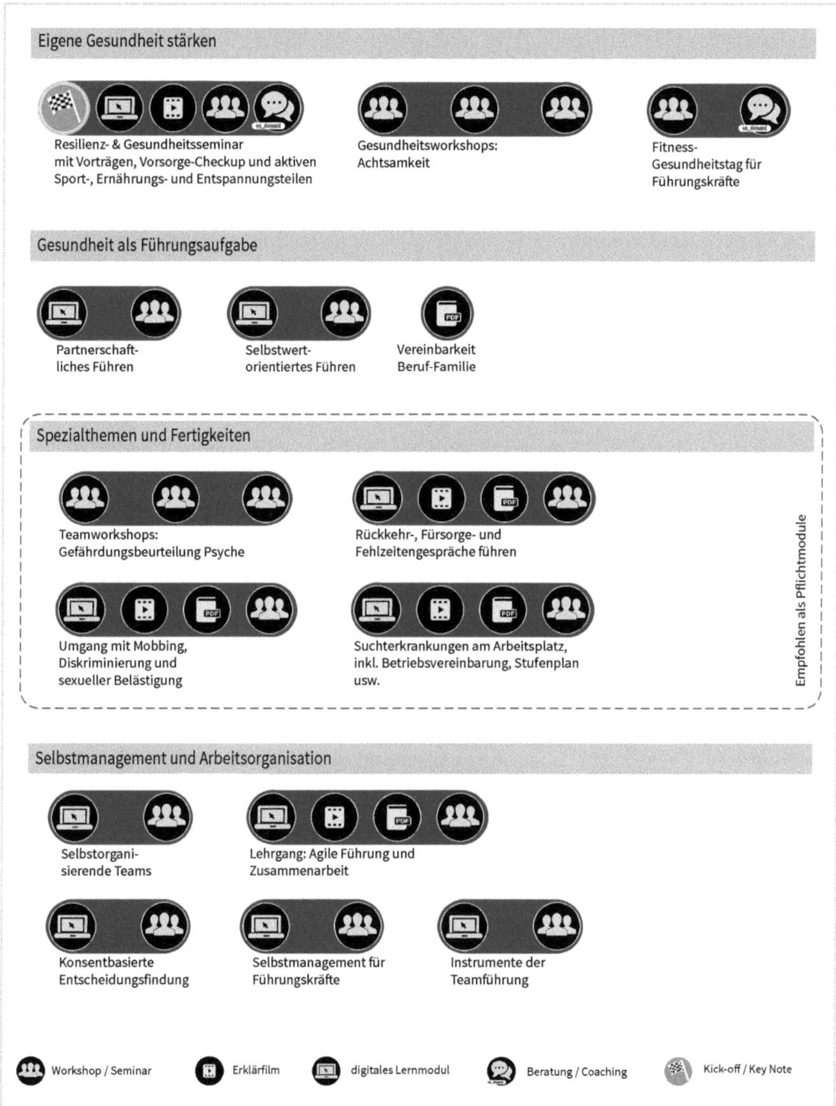

Abb. 94: Beispieldarstellung einer komplexen Lernlandschaft für eine gesundheitsorientierte Führung

Folgendes sollten Sie dabei beachten:

- Sie benötigen für ein solches Projekt eine oder mehrere *Auftaktveranstaltungen* mit verbindlicher Teilnahme, in der Sie die Führungskräfte mit einem inhaltlichen Vortrag, etwa zu den *betriebswirtschaftlichen Aspekten von Gesundheitsmanagement,* abholen und öffnen.
- Beginnen Sie mit den *Modulen zur eigenen Gesundheit* und *Gesundheit als Führungsaufgabe,* um die Haltung der Führungskräfte zu verändern.

- Die Spezialthemen sind der wichtigste Block. Sollten aus Budgetgründen die ersten beiden Blöcke nicht umgesetzt werden, so sollten zumindest diese Themen als Pflichtbausteine vorhanden sein.
- Lerneinheiten sollten eine Transfersicherung über sogenannte »*Erfa-Gruppen*« machen. Das sind halbtägige Veranstaltungen von Führungskräften, in denen das Gelernte wiederholt wird und Erfahrungen, Schwierigkeiten und Erfolgserlebnisse ausgetauscht werden. Zudem wird mit kollegialer Fallberatung eine Intervision oder, falls erforderlich, eine Supervision durchgeführt.
- Wichtig ist, dass hier bereits die *Führungskräfte-Toolbox* mit allen Hilfs- und Lösungsangeboten, Kontaktdaten zu Lösungspartnern und weiteren Ansprechpartnern bereitsteht, damit Fürsorge- und Rückkehrgespräche auch erfolgreich geführt werden können. Ohne eine solche Toolbox gelingen diese Gespräche nicht.
- Die Themen bei *Gesundheit als Führungsaufgabe* sind beispielhaft und können ergänzt werden.
- Zunehmend wichtiger werden allgemeine Führungskompetenzen, etwa die *agile Führung*, aber auch das *Selbstmanagement von Führungskräften*. Es ist heute nicht mehr selbstverständlich, dass Führungskräfte die Tools zur Teamführung erlernen, etwa, was ein Jour fixe ist oder wie man für sich selbst bei der Fülle der Dinge die Orientierung behält oder wie man ein Briefing durchführt. Durch diese fehlenden Basics entstehen häufig chaotische Abläufe und die Mitarbeiterbeschwerden.

Ich habe nicht den Anspruch, dass diese Lernlandschaft vollständig und allgemeingültig ist. Vielmehr möchte ich Ihnen ein Ordnungsprinzip aufzeigen und die Notwendigkeit von wechselseitig sich unterstützenden Lernelementen vermitteln.

Lerncredits, obligatorische und optionale Lernbestandteile

Ein Grund, warum solche Entwicklungsprogramme für Führungskräfte häufig scheitern, ist die fehlende Verbindlichkeit des Angebotes. Auf der einen Seite braucht es eine sehr überzeugte Geschäftsleitung, die einen größeren Teil der Lernmodule für obligatorisch erklärt. Das kostet vor allem wertvolle Führungskräftezeit. Auf der anderen Seite gelingen rein freiwillige Angebote in der Regel nicht, denn Führungskräfte glauben, keine Zeit zu haben.

In mehreren Projekten habe ich eine Vorgehensweise entwickelt, die eine Zwischenlösung darstellt:

- **Lerncredits:** Jedes Lernmodul, sei es ein Vortrag, eine Lernwerkstatt oder ein Präsenzseminar, ein digitales Lernmodul oder ein Artikel, wird mit einem oder mehreren Lerncredits versehen. Kurze Module erhalten etwa 1 Credit, während ein zweitägiges Seminar durchaus 10 Credits bringen kann.
- Für die **Erfüllung der Credit-Berechtigung** ist entweder die Anwesenheit bei Präsenzveranstaltungen erforderlich oder das Bestehen einer digitalen Prüfung, also einer kurzen Lernstandkontrolle, wie sie eigentlich alle Lernmanagement-Syste-

me (LMS) bieten. Diese Vorgehensweise ist üblich. Die Lernstandkontrolle sollte nicht mehr als fünf bis zehn Fragen umfassen, die aus dem Durcharbeiten des Lernmoduls heraus beantwortbar sind, ohne zu schwierig zu sein.
- Setzen Sie die **Keynote-Veranstaltung** und **die wichtigsten Haltungs- und Verhaltens-Lernmodule** dennoch **obligatorisch** fest.
- Geben Sie nun allen Führungskräften ein **Punktziel** von zum Beispiel 60 Lerncredits, die innerhalb von zwei bis drei Jahren zu erarbeiten sind. Damit geben Sie ihnen Wahlfreiheit und das Lernen kann bedarfs- und interessengeleitet erfolgen.

Technisch benötigen Sie hierfür ein **Lernmanagement-System**. Die Lernprinzipien in der hier vorgeschlagenen Lernlandschaft werden im folgenden Exkurs beschrieben.

7.5 Rückkehr-, Fürsorge- und Fehlzeitengespräche

In einem weiteren Projekt aus dem Jahr 2023 diskutierte ich mit dem Vorstand eines großen Klinikverbandes die Problematik von gezielt eingesetzten Fehlzeiten bei bestimmten Mitarbeitergruppen. Es kam vor, dass im Bereich der Pflege bestimmte Gruppierungen von Pflegekräften auffällig wurden, weil sie vor oder nach Urlauben regelmäßig »krank« waren, oder dass bei Teilzeitkräften Muster auftraten, die keine natürliche Erkrankung annehmen ließ. Die Muster waren – ich kürze es hier ab – wirklich auffällig. Da auf dem Arbeitsmarkt ein großer Bedarf an qualifizierten Pflegekräften besteht, ist es für Krankenhäuser zunehmend schwieriger, ihre früher hohen Anforderungen an Ausbildung, Qualifikation und Erfahrung zu erfüllen und es werden Pflegekräfte mit niedrigeren Qualifikationen akzeptiert. Die Beobachtung des Vorstandes war, dass es vor allem (auch hier soll dies keine diskriminierende und generalisierende Ausage sein) in diesen Gruppen häufiger zu solchen »strategischen Fehlzeiten« mit Betrugsverdacht kam.

Die Überlegungen des Klinikverbandes waren bislang, dem nicht nachzugehen, um keine Kündigung zu riskieren. Doch das ist meiner Ansicht nach die falsche Strategie. Denn Fehlzeitenbetrug führt zu einer Erodierung der Arbeitsmotivation derjenigen Mitarbeiter:innen, die keinen Fehlzeitenbetrug begehen und die Fehlzeiten dieser Kolleg:innen auffangen müssen. Ein fortwährendes Ignorieren durch die Leitungskräfte wird als Ungerechtigkeit empfunden und führt zu (im Siegrist'schen Sinne) ausgeprägten Gratifikationskrisen – wir können auch Ungerechtigkeitskrisen dazu sagen.

Krankheits- vs. motivationsbedingte Fehlzeiten

Fehlzeiten können in echt **krankheitsbedingte** und in **motivationsbedingte** Fehlzeiten unterteilt werden. Anhand des Schemas in Abbildung 96 können diese in private und arbeitsbedingte Ursachen unterteilt werden. Beachten Sie, dass die arbeitsbedingten motivationalen Fehlzeiten besser nicht sanktioniert werden, sondern die arbeitsbedingten Ursachen zu beheben sind. Lediglich bei Faulheit und vorsätzlichem Betrug zur Verlängerung von Urlauben, Wochenenden oder Feiertagen sollten arbeitsrechtliche Maßnahmen ergriffen werden.

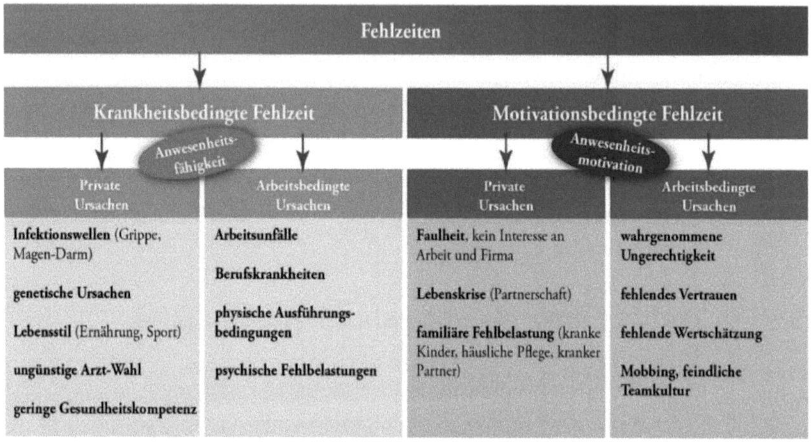

Abb. 95: Unterscheidung zwischen krankheits- und motivationsbedingten Fehlzeiten (Quelle: Eudemos, 2023)

Auf der linken Seite liegt eine echte **Anwesenheitsunfähigkeit** vor. Die Ursachen können im privaten und im arbeitsbezogenen Bereich liegen.

Auf der rechten Seite entscheidet sich der Mitarbeiter aus anderen Gründen, öfters einmal zu fehlen. Wir fassen das unter dem Begriff »fehlende **Anwesenheitsmotivation**« zusammen. Neben persönlichkeitsbedingter Faulheit, die es auch gibt, sind häufig Lebenskrisen in der Ehe oder eine hohe familiäre Belastung die Ursache.

Woran erkennt man motivationsbedingte Abwesenheiten?

Die Wahrscheinlichkeit für eine motivationsbedingte Abwesenheit ist hoch:

- je kürzer die Abwesenheitsdauer ist,
- je höher die Anzahl von kurzen Fehlzeiten und Fehlzeiten ohne Krankenschein ist,
- wenn viele kurze Fehlzeiten über einen längeren Zeitraum auftreten,
- wenn Fehlzeiten vermehrt an Montagen, Freitagen und Brückentagen auftreten,
- wenn Mitarbeiter:innen immer bei bestimmten anstehenden Tätigkeiten fehlen.

Dies gilt nicht für Mitarbeiter:innen mit Schwerbehinderungen oder bekannten chronischen Erkrankungen oder Migräneneigung oder Frauen mit regelmäßigen Menstruationsbeschwerden.

7.5.1 Auswahl des Gesprächstyps

Ein wichtiges Instrument im Umgang mit motivationsbedingten Abwesenheiten sind die Fehlzeitengespräche, eine von **vier Gesprächsarten, die im Gesundheitsmanagement eine große Bedeutung** erhalten haben:

- **Rückkehrgespräch**. Hier werden Mitarbeitende, unabhängig von ihrem Abwesenheitsgrund, begrüßt und insbesondere bei krankheitsbedingten Fehlzeiten im Gespräch erforscht, ob es ggf. arbeitsbezogene Ursachen gibt oder die Führungskraft noch irgendwie anders unterstützen kann.
- **Fürsorgegespräch**. Hier spricht die Führungskraft einen Mitarbeitenden an, der Sorgen bereitet, weil Anzeichen von privaten Problemen, gesundheitlichen Einschränkungen oder Leistungseinbußen bestehen. Dies geschieht ohne fixe Auslöser, wie Fehlzeiten, sondern ausschließlich auf Basis der Besorgnis der Führungskraft.
- **Betriebliches Eingliederungsmanagement**. Hier sind Führungskräfte nur Beisitzer. Ziele der BE-Gespräche sind die Unterstützung der Wiedereingliederung, das Abstellen arbeitsbezogener Krankheitsursachen und das Angebot von Hilfen. Diese Gespräche sind gesetzlich vorgeschrieben und müssen jedem Mitarbeiter bei mindestens 30 Fehltagen innerhalb der letzten zwölf Monate angeboten werden. Der Prozess ist in der Regel gut definiert und Führungskräfte sind nicht die geeigneten Durchführenden für diese Gesprächsart.
- **Fehlzeitengespräch**. Hier werden Mitarbeiter:innen angesprochen, die viele Fehlzeiten haben oder bei denen der Verdacht besteht, dass Fehlzeiten betrügerisch genutzt wurden. Das Fehlzeitengespräch stellt eine Eskalation dar, die in mehreren Stufen über Abmahnungen bis zur krankheitsbedingten Kündigung führen kann. Auch hier sind Sie als Führungskraft nur Beisitzer.

Wann ist welches Gespräch angebracht? Hier die Auslöser:

- Immer, wenn ein:e Mitarbeiter:in länger gefehlt hat (egal ob es krankheits- oder urlaubsbedingt geschieht), wird ein **Rückkehrgespräch** geführt.
- Das **Fürsorgegespräch** schließt an das Rückkehrgespräch an, wenn es Grund gibt, besorgt zu sein. Dabei geht um den Ausdruck von Sorge über den wahrgenommenen Belastungs- oder Gesundheitszustand eines Mitarbeiters.
- Dann gibt es – im Moment nur in Deutschland – ein Gesprächsangebot im Rahmen des **betrieblichen Eingliederungsmanagements** ab einer Fehlzeit von sechs Wochen innerhalb der letzten zwölf Monate. Ein solches Gesprächsangebot zum BEM ist gesetzlich vorgeschrieben. Der Anstoß zu einem BEM-Gespräch wird von der Personalabteilung gegeben.
- Ein **Fehlzeitengespräch** wird angesetzt, wenn der begründete Verdacht auf Betrug bei einer Krankschreibung besteht oder die Anzahl der Fehltage sehr hoch ist. Hier gibt es in der Regel eine Stufenplanregelung.

Der in Abbildung 97 dargestellte Entscheidungsbaum wurde von mir entwickelt, um die Auswahl des Gesprächstyps zu erleichtern. Ergänzend dazu können Fürsorgegespräche auch ohne vorherige Krankschreibung erfolgen.

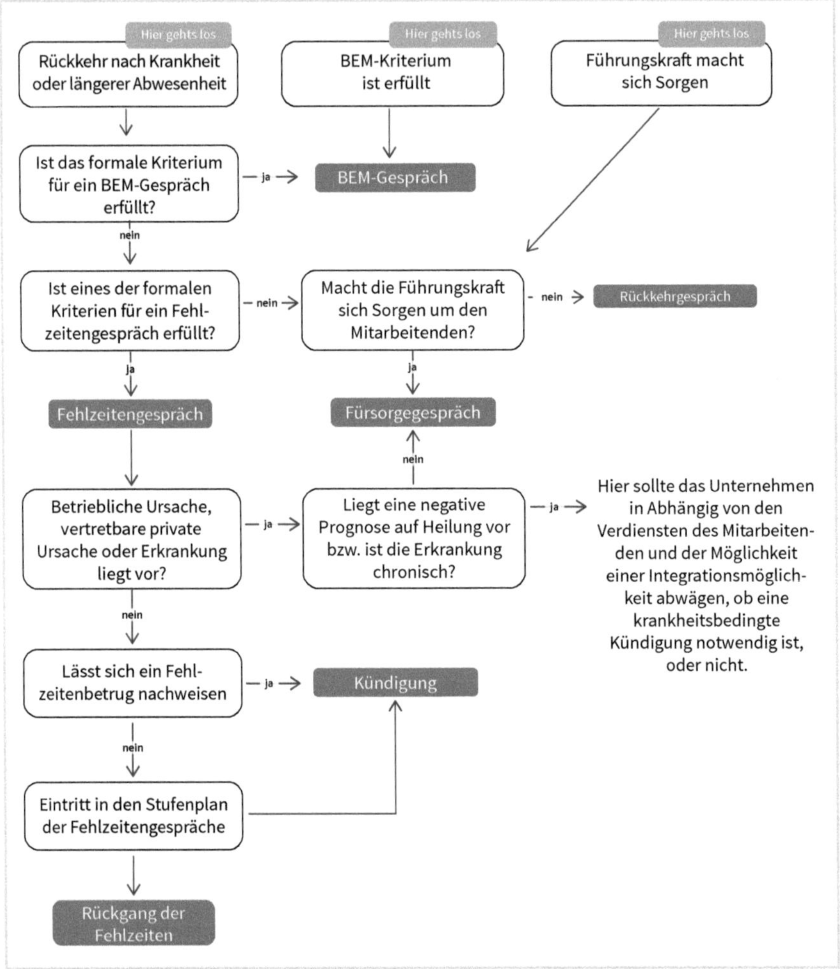

Abb. 96: Entscheidungsbaum über die Auswahl des Gesprächstyps (Quelle: Eudemos, 2023)

Meine Empfehlung ist, die Rückkehr- und Fürsorgegespräche als Werkzeuge einzuführen und gerade das Fürsorgegespräch von Führungskräften auch nachdrücklich zu verlangen, aber den Prozess nicht zu formalisieren. Es wird immer einige Führungskräfte geben, die es dann nicht umsetzen, aber durch geeignete Kontrollmaßnahmen wie Feedbackfragen in der Gefährdungsbeurteilungsbefragung können solche Führungskräfte sichtbar gemacht werden.

Der **Fehlzeitenprozess sollte hingegen formalisiert** und auch durch eine Betriebsvereinbarung hinterlegt werden. Gerade der Stufenplanprozess (vgl. Kapitel 7.5.3) gibt allen Beteiligten große Handlungsklarheit. Fehlzeitengespräche sind in der Regel auch im Interesse von Betriebs- und Personalräten, auch wenn das auf den ersten Blick erstaunt. Fehlzeitengespräche richten sich auf Mitarbeiter:innen mit Verdacht von Fehlzeitenbetrug und diese Mitarbeiter:innen schaden durch ihr Verhalten den anderen leistungsorientierten Mitarbeiter:innen, die diese Fehlzeiten auffangen müssen. Gerade hoch loyale Mitarbeiter:innen mit einem hohen eigenen Arbeitsethos neigen dann zur Selbstüberforderungen und hohem Präsentismus. Damit wird mittel- und langfristig ein Verschleiß und eine Erkrankung dieser wichtigen Mitarbeitenden riskiert. Der Schutz dieser Mitarbeiter:innen sollte im Interesse von Betriebs- und Personalräten liegen.

Voraussetzung dafür ist, dass die Betriebsvereinbarung den Fokus klar auf den Fehlzeitenbetrug legt und nicht Mitarbeitende mit echten Erkrankungen sanktioniert, die längere Fehlzeiten haben. Die krankheitsbedingte Kündigung verdienter Mitarbeitender ist allgemein ein schlechtes Signal ins Unternehmen hinein und führt zu starken Ungerechtigkeitskrisen.

7.5.2 Fürsorgegespräche

Fürsorgegespräche sind in der gesundheitsförderlichen Führung eines der wichtigsten Instrumente überhaupt. Aufmerksame Führungskräfte nehmen wahr, wenn unter ihren Mitarbeiter:innen jemand eine (Langzeit-)Erkrankung entwickelt oder mit psychischen oder sozialen Problemen konfrontiert ist, die er/sie nicht mehr bewältigen kann. Auch bei einem Verdacht, dass bereits eine Suchterkrankung vorliegt oder zu beginnen droht, sollte ein sogenanntes »Fürsorgegespräch« mit der betroffenen Person geführt werden.

- Es muss zu diesem Zeitpunkt **noch keine Pflichtverletzung** vorliegen. In dem Gespräch geht es nicht um Leistung oder um disziplinarische Maßnahmen. Inhalt des Gesprächs ist der Ausdruck Ihrer Sorge und das Anbieten von Unterstützungsmöglichkeiten.
- Der **Persönlichkeitsschutz** muss gewährt bleiben. Sie können das Gespräch nur anbieten, der Mitarbeiter muss Ihnen keine Angaben über gesundheitliche Beschwerden oder Drogenkonsum machen. Eine Verschlossenheit oder Zurückweisung der angebotenen Hilfe muss von Ihnen akzeptiert werden.
- Wichtig ist die Abgrenzung zum regelmäßigen oder spontanen Leistungsbeurteilungsgespräch bzw. Feedbackgespräch, denn im Fürsorgegespräch geht es erst einmal nicht um die Arbeitsleistung.
- Zudem ist das **Fürsorgegespräch im Grundsatz freiwillig**. Zwar kann der Mitarbeiter nicht verhindern, dass Sie als Führungskraft ihn auf Ihre Sorge ansprechen,

aber es besteht beim Mitarbeiter keine Pflicht einer Offenlegung seiner privaten Probleme und Themen. Im Prinzip kann der Mitarbeiter Sie also abblitzen lassen.

Viele der möglichen Lösungen für Probleme, die ein Fürsorgegespräch auslösen, sind nicht Standard. Es sind vielmehr freiwillige Zusatzangebote, die Unternehmen ihren Mitarbeiter:innen anbieten können, aber nicht müssen. Eine Sozialberatung, eine Suchtberatung, eine psychologische Mitarbeiterberatung oder Unterstützungen bei der Vereinbarkeit von Familie und Beruf sind natürlich hochgradig sinnvoll, sind aber letztlich freiwillig.

7.5.2.1 Leitfaden Fürsorgegespräch

Definition: Ein Fürsorgegespräch ist ein anlassbezogenes, spontanes Mitarbeitergespräch, in dem es nicht um Leistung, Bewertung oder arbeitsbezogenes Feedback geht. Der Anlass ist die Sorge, die auf der Wahrnehmung der Führungskraft beruht. **Beachten Sie**: Es werden keine Diagnosen oder Deutungen ausgesprochen, sondern nur Wahrnehmungen beschrieben. Im Weiteren werden die Gesprächsschritte im Einzelnen beleuchtet.

Einladung

Die Einladung zum Fürsorgegespräch erfolgt am besten informell, etwa spontan in der Form:

> *»Herr Mustermann, hätten Sie etwas Zeit für mich. Ich würde mich gern mit Ihnen unterhalten?«*

Das Gespräch sollte unmittelbar danach folgen. Wenn Sie gefragt werden, worum es geht, dann können Sie bspw. antworten:

> *»Ich mache mir in letzter Zeit ziemlich Sorgen um Sie. Und ich würde gern herausfinden, ob die berechtigt sind oder nicht.«*

Anlassklärung und Einleitung

Das Setting des Gesprächs sollte unter vier Augen und möglichst störungsarm sein. Verzichten Sie auf Small Talk oder das Angebot von Getränken am Anfang, sondern kommen Sie direkt zum Gesprächsanlass.

Ausgangspunkt für Ihr Gespräch ist immer Ihre Sorge, die auf einer Beobachtung oder einem Gefühl basiert. Steigen Sie etwa so ein, mit möglichst einfachen und klaren Sätzen:

»Herr Mustermann, wie eben schon angedeutet, mache ich mir in letzter Zeit Sorgen um Sie. Sie wirken, anders als früher, unkonzentriert und müde und oft abwesend. So kenne ich Sie gar nicht. Ich möchte gern herausfinden, was los ist und ob und wie ich Sie unterstützen kann.«

Belehrung und Einverständnis

Sehr wichtig und gleichzeitig vertrauensfördernd sind folgende zwei Sätze. Diese müssen immer von Ihnen kommen (zumindest bei den ersten Gesprächen mit einem Mitarbeiter). Der erste erläutert den Umgang mit **vertraulichen Informationen**:

»Ich möchte Sie kurz im Vorfeld informieren: Falls wir in diesem Gespräch private Themen streifen, möglicherweise auch Krankheitsthemen, dann sind diese Themen selbstverständlich privat und Sie müssen darüber keine Auskunft geben. Falls Sie sich entschließen, mir doch etwas Privates anzuvertrauen, dann sichere ich Ihnen Vertraulichkeit zu. Ich werde mir keine Notizen über Ihre privaten Themen machen und die Informationen bleiben zwischen uns, außer es würde eine unmittelbare Gefährdung für andere Menschen davon ausgehen.«

Den zweiten wichtigen Satz, den Sie an dieser Stelle äußern müssen, nennt man **Einverständniserklärung.** Er lautet so:

»Ist das in Ordnung für Sie, Herr Mustermann, dass wir uns dazu unterhalten?«

So unscheinbar dieser Satz ist, bedeutet er doch, dass Herr Mustermann später nicht so einfach aus dem Gespräch aussteigen wird, da er Ihnen ja sein Einverständnis gegeben hat.

Schilderung der Führungskraft

Nun ist der Einstieg in das Gespräch erfolgt. Im nächsten Schritt schildern Sie Ihre Eindrücke, Gefühle und Wahrnehmungen. Etwa so:

»Also, in den letzten Wochen erlebe ich Sie viel unkonzentrierter als sonst. Zum Beispiel da und da oder bei der und der Situation ist mir das aufgefallen. Und Sie wirken auf mich auch deutlich zurückgezogener im Kontakt mit den Kollegen und mir. Wenn wir uns sonst auf dem Flur begegnen, halten wir ein kurzes Pläuschchen, aber jetzt gehen Sie wortlos vorüber.«

Ich möchte Sie auf zwei Feinheiten aufmerksam machen: Erstens auf die Aussagen »Ich erlebe Sie so und so« und »Sie wirken auf mich so und so«, die anstelle eines anklagenden »Sie sind neuerdings so unkonzentriert« stehen. Diese Formulierungen lenken den Fokus auf die persönliche Wahrnehmung und vermindert das Gefühl der

Bedrängung oder Abwertung beim Gesprächspartner. Gleichzeitig betonen sie, dass Sie sich Sorgen machen.

Zweitens ist es wichtig, dass Sie Ihre Gefühle oder Sorgen mit konkreten Beispielen untermauern. Denn, bringen Sie keine Beispiele, werden Sie garantiert danach gefragt. Beenden Sie Ihre Schilderung zum Beispiel mit folgendem Satz:

> *»So, das war es, worum ich mir Sorgen mache. Was denken Sie, wenn Sie das so hören?«*

Und dann – ganz wichtig – seien Sie still. Schweigen Sie einfach für ein bis zwei Minuten. Schieben Sie nichts nach, ergänzen Sie nichts. Einfach dasitzen und zuhören. Sie werden merken, da kommt immer was.

Antwort des Gegenübers
Jetzt wird Ihr:e Mitarbeiter:in irgendwie reagieren. Einige wahrscheinliche Reaktionen sind:

Reaktion 1: Der/die Mitarbeiter:in öffnet sich und erzählt Ihnen, was los ist.

Reaktion 2: Der/die Mitarbeiter:in wiegelt ab: *»Nö, ist eigentlich alles in Ordnung. Schlafe in letzter Zeit schlechter.«* Dies kann natürlich den Tatsachen entsprechen. Ist die Erwiderung für Sie glaubhaft, ist das Fürsorgegespräch hier zu Ende. Sie bitten Ihr Gegenüber, gut auf sich aufzupassen und sich um sich zu kümmern. Sie bieten sich als Gesprächspartner an, wenn etwas sein sollte, und dann sind Sie fertig. Allerdings nur vorübergehend. Sie achten weiterhin auf die betroffene Person. Zeigen sich erneute Anzeichen, die Ihnen Sorge bereiten, führen Sie ein zweites Fürsorgegespräch. Spätestens jetzt wird der/die Mitarbeiter:in eine andere Erklärung geben.

Reaktion 3: Der/die Mitarbeiter:in leugnet die Auffälligkeiten, obwohl definitiv ein Problem vorliegt. Hier kommt *von »Ist doch nichts. Alles gut.« bis »Ich möchte nicht darüber reden.«* eigentlich alles vor. Gehen Sie wie folgt damit um: Zuerst sagen Sie etwa: *»Hm, jetzt ist meine Sorge noch größer als vorher, denn die Signale, die ich bei Ihnen wahrnehme, sind für mich ziemlich deutlich. … Ich habe doch eine Fürsorgepflicht für Sie. Was machen wir denn jetzt?«* Mit dieser Schleife haken Sie noch einmal nach, meist gelingt es, Ihr Gegenüber von der fürsorglichen Absicht zu überzeugen und gewissermaßen im zweiten Anlauf ein Gespräch anzubahnen.

Doch auch wenn er bzw. sie weiterhin leugnet, ist das Gespräch kein Misserfolg. Vergessen Sie nicht, dass der Mitarbeiter jetzt weiß, dass jemand anderes ihn beobachtet und seine Symptome wahrnimmt. Das erhöht die Selbstaufmerksamkeit. Es besteht durchaus die Hoffnung, dass der Mitarbeiter sich später doch noch an Sie wendet.

Lösungssuche und Vereinbarung

- Die besten Lösungen kommen vonseiten der betroffenen Mitarbeiter:innen.
- Bei persönlichen Problemen sollten nur temporäre Entlastungen gewährt werden, verbunden mit einer Selbstverpflichtung der Person, etwas für sich zu tun.
- Führungskräfte sollten sämtliche Lösungen, Hilfs- und Beratungsangebote des Unternehmens wirklich gut kennen.
- Führungskräfte geben keine medizinischen und auch keine psychotherapeutischen Ratschläge.

Abschluss und Verabschiedung

- Vereinbaren Sie zum Abschluss ein weiteres Gespräch, z. B. nach einer Woche, und bitten Sie den/die Mitarbeiter:in, Sie auf dem Laufenden zu halten.
- Danken Sie Ihrem Gegenüber für die Offenheit und wünschen Sie ihm alles Gute.

Fürsorgegespräche werden in der Regel nicht formal dokumentiert und die Führungskraft sollte insbesondere private Details nicht festhalten. Es ist jedoch sinnvoll, ein Vereinbarungsprotokoll zu schreiben, z. B. in einer E-Mail, in der die Vereinbarung, die getroffen wurde, festgehalten und dem Mitarbeitenden zugesendet wird. Darin sind sowohl Zusagen der Führungskraft als auch Verpflichtungen zu privaten Maßnahmen des Mitarbeitenden festgehalten.

7.5.3 Fehlzeitengespräche

Fehlzeitengespräche haben einen anderen Charakter als Rückkehr- oder Fürsorgegespräche. Sie werden in einem abgestuften Vorgehen mit häufig oder lange fehlenden Mitarbeiterinnen und Mitarbeitern geführt, in der Regel, wenn ein Verdacht auf Fehlzeitenbetrug vorliegt. Im Anwendungsfall bei langen Fehlzeiten sollte eine vorsichtige Gesprächsführung geschult werden, damit keine Mitarbeitenden mit echten Erkrankungen demotiviert werden.

Typische Auslöser, wie sie von Unternehmen vereinbart werden, sind:

- wenn ein Mitarbeiter innerhalb von sechs Monaten drei Mal krank war;
- wenn Fehlzeitenmuster auftreten, Brückentage, vor und nach Urlauben, immer montags, immer freitags usw.;
- ab 21 Fehltagen innerhalb der letzten sechs Monate.

Wenn ein Gespräch stattgefunden hat, dann wird der Tageszähler auf null gesetzt und wieder von vorn gezählt. Sinn und Zweck des Fehlzeitengesprächs ist ein gemeinsamer Problemlöseprozess, um mögliche beeinflussbare Krankheitsursachen zu ergründen und Veränderungen einzuleiten. Der Aspekt der Kontrolle, das klare Ansprechen von wahrgenommenen Mustern und auch die Signalisierung, dass bei solchen auffälligen

Mustern der Verdacht besteht, dass die Fehlzeiten strategisch in Anspruch genommen werden, erzeugt einen gewissen Druck, der häufig schon ausreicht, diese kurzen Fehlzeiten zu reduzieren. Liegt hingegen ein echter Krankheitsgrund vor (z. B. ein prämenstruelles Syndrom oder Menstruationsschmerzen oder Migräne usw.) dann wird dies in der Regel von den Betroffenen auch berichtet.

Wenn wir die **vielfältigen Ursachen für Fehlzeiten** betrachten, dann gibt es ganz **viele Gründe, die zu keinen arbeitsrechtlichen Konsequenzen führen sollten** (vielleicht mit der Einschränkung, wenn es keine langfristige Aussicht auf Wiederherstellung der Gesundheit gibt).

- Bei den **arbeitsbedingten motivationalen Fehlzeiten** sollte der Fokus auf die betriebliche Problemlösung gelegt werden. Allerdings könnte man überlegen, hier dennoch eine Ermahnung auszusprechen, denn eine motivationsbedingte Fehlzeit ist die falsche Reaktion auf ein arbeitsbezogenes Problem.
- Bei **privatbedingten motivationalen Fehlzeiten** ist es angebracht, zu prüfen, ob hier eine grundlegende Faulheit oder geringe Arbeitsmotivation vorliegt. <u>Dies muss und soll streng sanktioniert werden.</u> Bei anderen Ursachen, wie privaten Problemen der häuslichen Pflege, Ehekrisen, Schulden oder kranken Kindern, sollte in einem gewissen Umfang sehr fürsorglich gehandelt werden. Bieten Sie hier vorhandene Hilfen an.
- Bei **arbeitsbedingten krankheitsbedingten Fehlzeiten** müssen Sie u. U. die Sicherheitsfachkraft oder den Betriebsarzt hinzuziehen, weil es hier auch um Leistungsansprüche bei der Berufsgenossenschaft oder Unfallkasse geht.
- Bei **privaten oder gesellschaftlich bedingten krankheitsbedingten Fehlzeiten** muss genau unterschieden werden: Sind die Fehlzeiten fremdverschuldet und im Wesentlichen nicht beeinflussbar, so kann das Fehlzeitengespräch nur unterstützend geführt werden. Nur bei starkem Eigenverschulden, einem sehr riskanten Lebensstil, bei Risikosportarten usw. können Maßnahmen vereinbart werden, z. B. die Risikosportarten nicht mehr auszuüben.
  So kann u. U. auch starkes Übergewicht oder eine restriktivere Ernährungsweise, wie vegane Ernährung, als extremen Lebensstil gewertet werden, sofern die Ursachen selbstbestimmt sind. Übergewicht kann zum einen zu Arbeitssicherheitsproblemen führen (wie Zulassungen von Gasdruckfedersitzen oder die Unfähigkeit, passende Schutzkleidung zu tragen oder anzuziehen). Solange Übergewicht aber keine starken Fehlzeiten verursacht (der Nachweis ist schwierig), fällt dieses unter das Persönlichkeitsrecht und darf nicht angesprochen oder sanktioniert werden. Das Thema ist insgesamt heikel und sollte ggf. arbeitsrechtlich vorher durch die Personalabteilung bewertet werden.

Ziele von Fehlzeitengesprächen

1. Das Problem der zu hohen Fehlzeiten ansprechen. Anders als die vorherigen Gesprächstypen hat das Fehlzeitengespräch nicht mehr nur einen Fürsorgeauftrag. Es geht auch um die Signalwirkung, dass die Fehlzeiten zu hoch sind.

2. Ursachen analysieren und Maßnahmen vereinbaren bzw. treffen. Fehlzeiten von Mitarbeiter:innen können die unterschiedlichsten Gründe haben: **private, berufliche oder motivationale.** In einem Fehlzeitengespräch geht es darum, gemeinsam mit der betroffenen Person herauszufinden, um welche dieser Gründe es sich handelt und wie die Fehlzeiten reduziert werden können. Es gilt als erwiesen, dass ein großer Teil krankheitsbedingter Fehlzeiten der Mitarbeiter:innen auf mangelnde Motivation zurückgeführt werden kann. Das Ziel solcher Gespräche besteht somit darin, die Mitarbeiterzufriedenheit zu steigern, somit eine Reduzierung von krankheitsbedingten Fehltagen zu erreichen und die damit verbundenen Kosten zu senken.

Die Analyse privater und betrieblicher Ursachen für die Erkrankung hilft, wirksame Maßnahmen zur vereinbaren bzw. zu treffen.

- **Vereinbart** werden Maßnahmen, wenn die Ursachen privat sind. Hier kann und soll der Arbeitgeber keine Maßnahmen durchführen. Aber er kann Hilfe und Unterstützung anbieten, etwa durch eine Gesundheitsberatung, eine Sozialberatung oder andere Partner.
- **Getroffen** werden Maßnahmen, wenn die Ursachen betrieblich sind. Hier darf und muss die Führungskraft handeln.

Anders, als bei den Fürsorgegesprächen, wo die vereinbarten (privaten) Maßnahmen noch recht unverbindlich waren, sind diese hier nun verbindlich, denn die Umsetzung und ihr Erfolg werden in den Gesprächsstufen überprüft.

Für den Fall von unbeeinflussbaren Erkrankungen gelten andere Regeln:

- Bei **chronischen Erkrankungen** können unter bestimmten Umständen krankheitsbedingte Kündigungen ausgesprochen werden, sofern keine Aussicht auf Besserung besteht und kein Weg gefunden werden kann, wie die Arbeitsfähigkeit mit der Erkrankung sichergestellt werden kann. Bei vielen chronischen Erkrankungen, etwa Diabetes oder Bluthochdruck oder Autoimmunerkrankungen usw. ist die Arbeitsfähigkeit in der Regel gut vorhanden, wenn die ärztliche Betreuung funktioniert. Grundsätzlich werden krankheitsbedingte Kündigungen von der Personalabteilung betreut.
- Bei **Erkrankungen durch unverschuldete äußere Einflüsse**, wie Unfälle oder Infektionserkrankungen (Grippe, Atemwegserkrankungen, Pandemien) sind Fehlzeitengespräche in der Regel nicht angebracht. Hier könnte man eine Gesundheitsberatung anbieten, die sich z. B. der Verbesserung des Immunsystems widmet.

3. Fehlzeitenquote senken. Treten häufig private Unfälle oder Verletzungen auf oder kommt es zu Leistungseinschränkungen, die durch persönliches Risikoverhalten wie bestimmte Sportarten oder einen extremen Lebensstil verursacht werden (Kampfsportarten, Extremski, Moto-Cross usw., aber auch extreme Ernährungsweisen, wie eine Ernährung, die zu starkem Übergewicht führt), dann darf der Arbeitgeber eine Anpassung des Lebensstils verlangen.

Der Arbeitgeber kann hier eine Anpassung des Lebensstils verlangen, die eine Sicherstellung der arbeitsvertraglichen Leistungsfähigkeit ermöglicht. Das ist zwar im Einzelfall schwierig, aber dennoch machbar. Der Einzelfall muss arbeitsrechtlich geprüft werden und dieser Absatz stellt keine Rechtsberatung dar.

4. Gemeinsame Lösungsfindung. In den Fehlzeitengesprächen geht es darum, herauszufinden, ob die Ursachen für die Fehlzeiten betrieblich bedingt sind. Es geht um die gemeinsame Suche nach Lösungen, um Hilfe und Unterstützung durch die Leitung, aber auch um die Förderung des Problembewusstseins der Beschäftigten für Fehlzeiten.

Gespräche, die lediglich als Sanktionsmaßnahmen darauf angelegt sind, Personalkosten zu minimieren und die bloße Anwesenheit am Arbeitsplatz zu erhöhen, indem sie erkrankte Beschäftigte unter Druck setzen und ihnen fehlende Motivation vorwerfen, verfehlen in aller Regel ihr Ziel und schaden dem Unternehmen. Es ist daher ausgesprochen wichtig, sensibel die Gründe für die Fehlzeiten zu unterscheiden und gerade verdiente Mitarbeiter:innen, die bislang sehr gute Leistung erbracht haben, nicht zu gängeln oder unter Druck zu setzen.

Stufen des Fehlzeitengesprächs

Die Stufengestaltung wird durch die Betriebsvereinbarung geregelt und kann von dem hier vorgestellten Beispiel abweichen. Die möglichen Stufen von Fehlzeitengesprächen sind:

1. **Verstehen der Ursachen für die Fehlzeiten**: Sind diese privater Natur oder gibt es arbeitsbezogene Ursachen? Hat der Betroffene einen Einfluss auf die Krankheit? Falls ja, dann werden für die privaten Ursachen Maßnahmen vereinbart, für arbeitsbedingte Ursachen werden Maßnahmen eingeleitet, weil hier die Führungskraft eine Handhabe hat. Falls der Betroffene die Krankheit nicht beeinflussen kann, etwa, weil sie schwer ist, weil sie chronisch ist, weil die Verursachung außerhalb seines Einflusses liegt (Infektion, Unfall), dann sollte das Fehlzeitengespräch anders weitergeführt werden. In diesem Fall erfolgt eine Überprüfung des Falls (siehe Ende des Abschnittes).
2. **Erstes Anpassungsgespräch**: Haben die Maßnahmen zu einer Verringerung der Fehlzeiten geführt? Wurden private Maßnahmen durchgeführt? Wurden arbeits-

bezogene Maßnahmen durchgeführt? Wenn weiterhin Fehlzeiten auftreten, werden erneut die Ursachen erörtert und Maßnahmen vereinbart.

3. **Zweites Anpassungsgespräch**: Dieses Gespräch verläuft wie das erste Anpassungsgespräch, allerdings erläutert hier die Personalabteilung mögliche arbeitsrechtliche Konsequenzen, wenn es zu keiner Verringerung der Fehlzeiten kommt.
4. **Finales Gespräch**: Veränderungen werden bewertet, arbeitsrechtliche Konsequenzen werden vorbereitet. Das Gespräch führt die Personalabteilung.

Werden alle Möglichkeiten dieses gestuften Vorgehens genutzt, sind arbeitsrechtliche Konsequenzen wie krankheitsbedingte Kündigungen selten. Falls sie drohen, liegt die Gesprächsleitung in der letzten Stufe bei der Personalabteilung. Sie können im Anschluss eingeleitet werden, setzen aber eine gründliche Klärung im Einzelfall voraus.

Bei Vorliegen von chronischen Erkrankungen ohne Aussicht auf Besserung (hier gibt es genaue arbeitsrechtliche Kriterien), kann eine Kündigung aus personenbedingten Gründen erfolgen. Die Prüfung erfolgt in diesem Fall durch die Personalabteilung und ggf. die rechtliche Beratung des Unternehmens.

7.6 Führungskräfte-Toolbox: Führungswissen an einem Platz

Die Führungskräfte-Toolbox ist der letzte Baustein in der Umsetzung der Strategie des frühzeitigen Erkennens von gesundheitlichen Fehlentwicklungen und einer punktgenauen Maßnahmenanwendung.

Die Führungskräfte-Toolbox

Die Führungskräfte-Toolbox ist der zentrale Ort für nichtfachliches Führungswissen. Sie enthält sämtliche Werkzeuge, Anweisungen, Vorlagen und Hintergrundinformationen, die eine Führungskraft für die tägliche Führungsarbeit braucht.

7.6.1 Aufbau der Toolbox

Der Aufbau der Führungskräfte-Toolbox ist denkbar einfach. Technische Voraussetzung ist ein Intranet, das ein rechtebasiertes Nutzungskonzept hat, sodass Führungskräfte spezielle Inhalte sehen können, Mitarbeitende jedoch nicht.

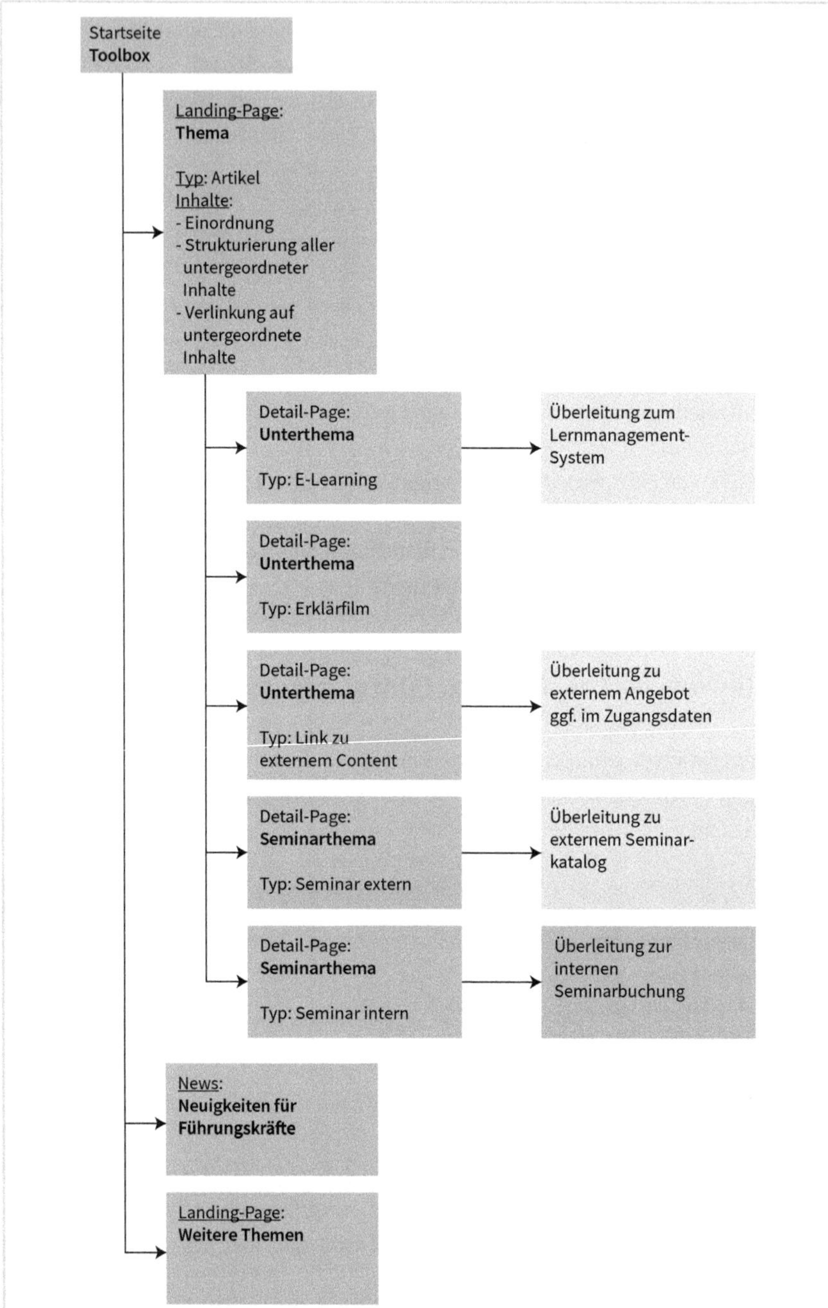

Abb. 97: Strukturvorschlag für eine Führungskräfte-Toolbox

Es empfiehlt sich, alle Themen *inhaltlich* zu clustern, also nicht nach Formattypen. Der Fehler, nach Formattypen zu sortieren, wird häufig gemacht, weil es aus Gründen der

Ordnerverwaltung einfacher ist. So würde die Verwaltung alle Angebote eines E-Learning-Anbieters auf einer Seite des Intranets auflisten, alle Seminare auf einer anderen Seite und alle verfügbaren Broschüren oder alle Betriebsvereinbarungen jeweils auf Extraseiten. Der Nutzer muss sich nun für ein Thema durch alle Seiten »wühlen« und ist desorientiert (zu Recht). Aus Sicht des Nutzers, also der Führungskraft, ist diese Sortierung nicht sinnvoll. Deshalb empfehle ich eine *Sortierung nach Themen*, die die Angebote unterschiedlicher Herkunft zusammenfasst.

7.6.2 Was gehört in die Toolbox?

Folgende Inhaltstypen gehören in die Toolbox:

- **Landingpage:** Der englische Begriff bedeutet »Landeseite« und meint die Seite, die einem Thema den Rahmen gibt. Hier stehen keine langen Erklärungen, sondern es wird eine thematische Einordnung vorgenommen und dann auf Unterseiten verwiesen.
- **Artikel:** In Form eines Erklärtextes werden Inhalte dargestellt. Verlinkungen auf weiterführende Seiten (auch außerhalb des Intranets) sind hilfreich. Broschüren oder Vorlagen können ebenfalls verlinkt werden.
- **Erklärfilme oder Vortragsmitschnitte:** Grundsätzlich sollten wegweisende Vorträge, die für Führungskräfte eine Pflichtveranstaltung sind, mitgeschnitten werden. So können abwesende und nachrückende Führungskräfte sich auch rückwirkend informieren.
- **E-Learning-Module:** Sofern Sie ein eigenes Lernmanagement-System haben, sollten Sie die dort vorgehaltenen E-Learning-Module dennoch in der Toolbox themensortiert verlinken. So verweisen Sie z. B. bei einem Lernmodul »Suchterkrankungen am Arbeitsplatz« von der Landingpage auf eine Unterseite, die das Lernmodul kurz vorstellt. Vor dort geht ein Link zum Lernmanagement-System, ggf. erfolgt hier eine Verlinkung ins Extranet zu einem Anbieter.
- **Inhalte externer Anbieter:** Es ist sinnvoll, Inhalte, die nicht firmenspezifisch sind, wie z. B. bestimmte Gesetzestexte, über einen externen Anbieter zu verlinken.

Abschließend lässt sich sagen, dass die Führungskräfte-Toolbox einen zentralen Eckpfeiler in der Umsetzung der Strategie des frühzeitigen Erkennens von gesundheitlichen Fehlentwicklungen und der gezielten Anwendung von Maßnahmen darstellt. Durch ihre strukturierte und themenorientierte Gestaltung im Intranet bietet sie eine benutzerfreundliche Anlaufstelle für Führungskräfte, um relevante Inhalte zugänglich zu machen und dadurch einen Mehrwert für das Gesundheitsmanagement im Unternehmen zu schaffen.

8 Literaturverzeichnis

Adiels, M., Olofsson, S. O., Taskinen, M. R. & Borén, J. (2008). Overproduction of very low-density lipoproteins is the hallmark of the dyslipidemia in the metabolic syndrome. Arteriosclerosis, thrombosis, and vascular biology, 28(7), 1225–1236.

Ahrens, C., Schiltenwolf, M. & Wang, H. (2012). Zytokines in psychoneuroendocrine immunological context of nonspecific musculoskeletal pain. Schmerz, 26(4), 383–388.

Altinoprak, A. E., Ersel, M. & Bayrakci, A. (2009). An unusual suicide attempt: a case with psychosis during an acute porphyric attack. European Journal Emergency Medicine, 16(2), 106–108.

Amarnani, A., Rosenthal, K. S., Mercado, J. M. & Brodell, R. T. (2014). Concurrent treatment of chronic psoriasis and asthma with ustekinumab. Journal of Dermatological Treatment, 25(1), 63–66.

Amat, J., Paul, E., Zarza, C., Watkins, L. R. & Maier, S. F. (2006). Previous experience with behavioral control over stress blocks the behavioral and dorsal raphe nucleus activating effects of later uncontrollable stress: role of the ventral medial prefrontal cortex. Journal of Neuroscience, 26(51), 13264–13272.

Ameringer, S. & Smith, W. R. (2011). Emerging biobehavioral factors of fatigue in sickle cell disease. Journal of Nursing Scholarship, 43(1), 22–29.

Anderson, G., Maes, M. & Berk, M. (2012). Biological underpinnings of the commonalities in depression, somatization, and Chronic Fatigue Syndrome. Medical Hypotheses, 78(6), 752–756.

Antonovsky, A. (1991). The structural sources of salutogenic strengths. In: Cooper, C. L., Payne, R. (Hrsg.): Personality and Stress: Individual Differences in the Stress Process. Oxford: John Wiley & Sons. 67–104.

Antonovsky, A. (1996). The salutogenic model as a theory to guide health promotion. Health Promotion International, 11, 11–18.

Antonovsky, A. (1997). Salutogenese: Zur Entmystifizierung der Gesundheit. Forum für Verhaltenstherapie und psychosoziale Praxis.

Atkinson, M., Bromley, H., Williams, F. & Capewell, S. (2015). Building healthy food systems. [Development] World, 6(11–12), 833–844.

Attini, R., Leone, F., Parisi, S., Fassio, F., Capizzi, I., Loi, V., Colla, L., Rossetti, M., Gerbino, M., Maxia, S., Alemanno, M. G., Minelli, F., Piccoli, E., Versino, E., Biolcati, M., Avagnina, P., Pani, A., Cabiddu, G., Todros, T. & Piccoli, G. B. (2016). Vegan-vegetarian low-protein supplemented diets in pregnant CKD patients: fifteen years of experience. BMC Nephrology, 17(1), 132. doi: 10.1186/s12882-016-0339-y.

Baghai, T. C., Varallo-Bedarida, G., Born, C., Häfner, S., Schüle, C., Eser, D., Rupprecht, R., Bondy, B. & von Schacky, C. (2011). Major depressive disorder is associated with cardiovascular risk factors and low Omega-3 Index. Journal Clinical Psychiatry, 72(9), 1242–1247.

Bailey, M. T. & Coe, C. L. (1999). Maternal separation disrupts the integrity of the intestinal microflora in infant rhesus monkeys. Developmental Psychobiology: The Journal of the International Society for Developmental Psychobiology, 35(2), 146–155.

Barnosky, A. R., Hoddy, K. K., Unterman, T. G. & Varady, K. A. (2014). Intermittent fasting vs daily calorie restriction for type 2 diabetes prevention: a review of human findings. Translational Research, 164(4), 302–311.

Basta, M., Chrousos, G. P., Vela-Bueno, A. & Vgontzas, A. N (2007). Chronic insomnia and stress system. Sleep Medicine Clinics,2(2), 279–291.

Baune, B.T., Smith, E., Reppermund, S., Air, T., Samaras, K., Lux, O., Brodaty, H., Sachdev, P. & Trollor, J. N. (2012). Inflammatory biomarkers predict depressive, but not anxiety symptoms during aging: The prospective Sydney Memory and Aging Study. Psychoneuroendocrinology, 37(9), 1521–1530.

Beezhold, B. L. (2010). Vegetarian diets are associated with healthy mood states: a cross-sectional study in Seventh Day Adventist adults. Nutrition Journal, 9, 26. doi: 10.1186/1475-2891-9-26.

Beezhold, B. L. (2012). Restriction of meat, fish, and poultry in omnivores improves mood: A pilot randomized controlled trial. Nutrition Journal, 11, 9.

Berens, E.-M., Klinger, J., Mensing, M., Carol, S. & Schaeffer, D. (2022). Gesundheitskompetenz von Menschen mit Migrationshintergrund in Deutschland: Ergebnisse des HLS-MIG. Universität, Interdisziplinäres Zentrum für Gesundheitskompetenzforschung.

Berman, K., Lam, R.W. & Goldner, E.M. (1993). Eating attitudes in seasonal affective disorder and bulimia nervosa. Journal Affective Disorder, 29(4), 219–225.

Besedovsky, H., del Rey, A., Sorkin, E., Dinarello, C. A. (1986). Immunoregulatory feedback between interleukin-1 and glucocorticoid hormones. Science, 233, 652–654.

Beutler, L.R., Chen, Y., Ahn, J.S., Lin, Y.C., Essner, R.A. & Knight, Z.A. (2017). Dynamics of gut-brain communication underlying hunger. Neuron, 96(2), 461–475.e5. doi: 10.1016/j.neuron.2017.09.043.

Beyer, I., Mets, T. & Bautmans, I. (2012). Chronic low-grade inflammation and age-related sarcopenia. Current Opinion in Clinical Nutrition & Metabolic Care, 15(1), 12–22.

Bilbo, S.D., Newsum, N.J., Sprunger, D.B., Watkins, L.R., Rudy, J.W. & Maier, S.F. (2007). Differential effects of neonatal handling on early life infection-induced alterations in cognition in adulthood. Brain, Behaviour, and Immunity, 21, 332–342.

Bilbo, S.D., Rudy, J.W., Watkins, L.R. & Maier, S.F. (2006). A behavioural characterization of neonatal infection-facilitated memory impairment in adult rats. Behavioural Brain Research, 169, 39–47.

Bilbo, S.D., Wieseler, J., Barrientos, R. M., Watkins, L.R. & Maier, S. F. (2008a). Rats infected early in life with bacteria exhibit exaggerated fever, sickness behavior, and lack of endotoxin tolerance in adulthood. Brain, Behaviour, and Immunity, 22 (Supplement), 3–4.

Bilbo, S. D., Yirmiya, R., Amat, J., Paul, E. D., Watkins, L. R. & Maier, S. F. (2008b). Bacterial infection early in life protects against stressor-induced depressive-like symptoms in adult rats. Psychoneuroendocrinology, 33, 261–269.

Bird, S. R. & Hawley, J. A. (2017). Update on the effects of physical activity on insulin sensitivity in humans. BMJ open sport & exercise medicine, 2(1), e000143.

Bischoff, S. C., Barbara, G., Buurman, W., Ockhuizen, T., Schulzke, J. D., Serino, M., Tilg, H., Watson, A. & Wells, J. M. (2014). Intestinal permeability–a new target for disease prevention and therapy. BMC Gastroenterology, 14(1), 189.

Black, P. H. (2003). The inflammatory response is an integral part of the stress response: Implications for atherosclerosis, insulin resistance, type II diabetes and metabolic syndrome X. Brain, Behavior, and Immunity, 17, 350–364.

Blanchard, H., Chang, L., Rezvani, A. H., Rapoport, S.I. & Taha, A. Y. (2015). Brain arachidonic acid incorporation and turnover are not altered in the Flinders sensitive line rat model of human depression. Neurochemical Research, 40(11), 2293–2303. doi: 10.1007/s11064-015-1719-6.

Bluthe, R. M., Castanon, N., Pousset, F., Bristow, A., Ball, C., Lestage, J., Michaud, B., Kelley, K. W. & Dantzer, R. (1999). Central injection of IL-10 antagonizes the behavioural effects of lipopolysaccharide in rats. Psychoneuroendocrinology, 24, 301–311.

Bogerts, B. (1990). Die Hirnstruktur Schizophrener und ihre Bedeutung für die Pathophysiologie und Psychopathologie der Erkrankung. Thieme.

Bohlmeijer, E., Prenger, R., Taal, E. & Cuijpers, P. (2010). The effects of mindfulness-based stress reduction therapy on mental health of adults with a chronic medical disease: a meta-analysis. Journal of psychosomatic research, 68(6), 539–544.

Bonaccorso, S., Marino, V., Biondi, M., Grimaldi, F., Ippoliti, F. & Maes, M. (2002). Depression induced by treatment with interferon-alpha in patients affected by hepatitis C virus. Journal of Affective Disorders, 72, 237–241.

Bower, J.E., Ganz, P. A. & Aziz, N. (2005). Altered cortisol response to psychologic stress in breast cancer survivors with persistent fatigue. Psychosomatic Medicine, 67, 277–280.

Bowlby, J., Robertson, J. & Rosenbluth, D. (1952). A two-year-old goes to the hospital. The Psychoanalytic Study of the Child, 7, 82–94.

Bradley, R. G., Binder, E. B., Epstein, M. P., Tang, Y., Nair, H. P., Liu, W., Gillespie, C. F., Berg, T., Evces, M., Newport, D. J., Stowe, Z. N., Heim, C. M., Nemeroff, C. B., Schwartz, A., Cubells, J. F. & Ressler, K. J. (2008). Influence of child abuse on adult depression: moderation by the corti-cotropin-releasing hormone receptor gene. Archives of General Psychiatry, 65, 190–200.

Brietzke, E., Stertz, L., Fernandes, B. S., Kauer-Santànna, M., Mascarenhas, M., Escoste-guy Vargas, A., Chies, J. A. & Kapcinski, F. (2009). Comparison of Zytokine levels in depressed, manic and euthymic patients with bipolar disorder. Journal Affective Disorder, 116(3), 214–217.

Brune, K., Renner, B. & Tiegs, G. (2015). 130 years of aniline analgesics. European Journal of Pain, 19, 953–965. doi:10.1002/ejp.621.

Buckley, T. M. & Schatzberg, A. F. (2005). On the interactions of the hypothalamic-pituitary-adrenal (HPA) axis and sleep: normal HPA axis activity and circadian rhythm, exemplary sleep disorders. The Journal of Clinical Endocrinology & Metabolism, 90(5), 3106–3114.

Bundespsychotherapeutenkammer (2006): Neue Aufgabenverteilungen und Kooperationsformen zwischen Gesundheitsberufen Anhörung des Sachverständigenrates zur Begutachtung der Entwicklung im Gesundheitswesen am 24.08.2006. BPtK.

Cannon, G. (2015). Antibiotics make you fat. World Nutrition, 6(7-8), 591–602.

Castillo-Quan, J. & Pérez-Osoriom J. (2009). Alzheimer's disease and methylenetetrahydrofolate reductase gene polymorphisms: A potential nutrigenomic approach for Mexico. Gaceta médica de México, 145, 147–150.

Che, H., Zhou, M., Zang, T., Zjang, L., Ding, L., Yanagita, T., Xu, J., Xue, C. & Wang, Y. (2018). Comparative study of the effects of phosphatidylcholine rich in DHA and EPA on Alzheimer's disease and the possible mechanisms in CHO-APP/PS1 cells and SAMP8 mice. Food & Function, 9(1), 24. doi: 10.1039/c7fo01342 f.

Chen, Y. C., Lin, W. W., Chen, Y. J., Mao, W. C. & Hung, Y. J. (2010). Antidepressant Effects on Insulin Sensitivity and Proinflammatory Zytokines in the Depressed Males. Mediators of Inflammation. Online. doi: 10.1155/2010/573594.

Cho, Y., Ryu, S. H., Lee, B. R., Kim, K. H., Lee, E. & Choi, J. (2015). Effects of artificial light at night on human health: A literature review of observational and experimental studies applied to exposure assessment. Chronobiology international, 32(9), 1294–1310.

Chrousos, G. P. (2009). Stress and disorders of the stress system. Nature reviews endocrinology, 5(7), 374.

Ciechanowski, P. S., Katon, W. J. & Russo, J. E. (2000). Depression and diabetes: impact of depressive symptoms on adherence, function, and costs. Archives of Internal Medicine, 160(21), 3278–3285.

Clarys, P., Deliens, T., Huybrechts, I., Derimaeker, P., Vanaeslt, B., DeKeyzer, W., Hebbelinck, M. & Mullie, P. (2014). Comparison of nutritional quality of the vegan, vegetarian, semi-vegetarian, pesco-vegetarian and omnivorous diet. Nutrients, 6(3), 1318–1332. doi: 10.3390/nu6031318.

Coe, C. L., Rosenberg, L. T. & Levine, S. (1988). Prolonged effect of psychological disturbance on macrophage chemoluminescence in the squirrel monkey. Brain, Behaviour, and Immunity, 2, 151–160.

Cordain, L., Toohey, L., Smith, M. J. & Hickey, M. S. (2000). Modulation of immune function by dietary lectins in rheumatoid arthritis. British Journal of Nutrition, 83(3), 207–217.

Coussons-Read, M. E., Okun, M. L. & Nettles, C. D (2007). Psychosocial stress increases inflammatory markers and alters Zytokine production across pregnancy. Brain, Behavior, and Immunity, 21, 343–350.

Coussons-Read, M. E., Okun, M. L., Schmitt, M. P. & Giese, S. (2005). Prenatal stress alters Zytokine levels in a manner that may endanger human pregnancy. Psychosomatic Medicine, 67, 625–631.

Cremaschi, G. A., Gorelik, G., Klecha, A. J., Lysionek, A. E. & Genaro, A. M. (2000). Chronic stress influences the immune system through the thyroid axis. Life Sciences, 67(26), 3171–3179. doi:10.1016/s0024-3205(00)00909-7.

Cristian ,L. M., Franco, A., Glaser, R. & Iams, J. (2009). Depressive symptoms are associated with elevated serum proinflammatory Zytokines among pregnant women. Brain, Behaviour, and Immunology, 23(6), 750–754.

Crum, A. J., Salovey, P. & Achor, S. (2013). Rethinking stress: The role of mindsets in determining the stress response. Journal of Personality and Social Psychology, 104(4), 716–733. doi:10.1037/a0031201.

Danese, A., Pariante, C. M., Caspi, A., Taylor, A. & Poulton, R. (2007). Childhood maltreatment predicts adult inflammation in a life-course study. Proceedings of the National Acadademy of Science, 104, 1319–1324.

Danesh, J., Whincup, P., Walker, M., Lennon, L., Thomson, A., Appleby, P., Gallimore, J. R. & Pepys, M. B. (2000). Low grade inflammation and coronary heart disease: prospective study and updated meta-analyses.BMJ, 321(7255), 199–204.

Darnall, B. D., Aickin, M. & Zwickey, H. (2010). Pilot study of inflammatory responses following a negative imaginal focus in persons with chronic pain: analysis by sex/gender. Gender Medicine, 7(3), 247–260.

Davis, M. C., Zautra, A. J., Younger, J., Motivala, S. J., Attrep, J., Irwin & M. R. (2008). Chronic stress and regulation of cellular markers of inflammation in rheumatoid arthritis: Implications for fatigue. Brain, Behavior, and Immunity, 22, 24–32.

Davison, G. C. & Neale, J. M. (1998). Klinische Psychologie, 5. Auflage. Beltz Psychologie Verlags Union.

De Punder, K. & Pruimboom, L. (2015). Stress Induces Endotoxemia and Low-Grade Inflammation by Increasing Barrier Permeability. Frontiers in Immunology, 6. doi:10.3389/fimmu.2015.00223.

Deacon, G., Kettle, C., Hayes, D., Dennis, C. & Tucci, J. (2017). Omega 3 polyunsaturated fatty acids and the treatment of depression. Critical Reviews in Food Science and Nutrition, 57(1), 212–223.

Demicheli, V., Jefferson, T., Di Pietrantonj, C., Ferroni, E., Thorning, S., Thomas, R. E.& Rivetti, A. (2018). Vaccines for preventing influenza in the elderly. Cochrane Database of Systematic Reviews, 2, CD004876. doi: 10.1002/14651858.CD004876.pub4.

Dettmers, J. & Krause, A. (2020). Der Fragebogen zur Gefährdungsbeurteilung psychischer Belastungen (FGBU). Zeitschrift für Arbeits- und Organisationspsychologie, 64(2), 99–119. doi: 10.1026/0932-4089/a000318.

Dinan, T. G. & Cryan, J. F. (2012). Regulation of the stress response by the gut microbiota: implications for psychoneuroendocrinology. Psychoneuroendocrinology, 37(9), 1369–1378.

Dinu, M., Abbate, R., Gensini, G. F., Casini, A. & Sofi, F. (2017). Vegetarian, vegan diets and multiple health outcomes: A systematic review with meta-analysis of observational studies. Critical Reviews in Food Science and Nutrition, 57(17), 3640–3649. doi: 10.1080/10408398.2016.1138447.

Ditzen, B., Schaer, M., Geider, B., Bodenmann, G., Ehlert, U. & Heinrichs, M. (2009). Intranasal Oxytocin Increases Positive Communication and Reduces Cortisol Levels During Couple Conflict. Biological Psychiatry, 65, 728–731.

Doom, J. R. & Gunnar, M. R. (2013). Stress physiology and developmental psycho-pathology: past, present and future. Development and Psychopathology, 25, 1359–1373.

Dowlati, Y., Herrmann, N., Swardfager, W., Liu, H., Sham, L., Reim, E. K. & Lanctôt, K. L. (2010): A meta-analysis of Zytokines in major depression. Biological Psychiatry, 67(5), 446–457.

Drago, S., El Asmar, R., Di Pierro, M., Clemente, M. G., Tripathi, A., Sapone, A., Thakar, M., Iacono, G., Carroccio, A., D'Agate, C., Not, T., Zampini, L,, Catassi, C. & Fasano, A. (2006). Gliadin, zonulin and gut permeability: Effects on celiac and non-celiac intestinal mucosa and intestinal cell lines. Scandinavian Journal of Gastroenterology, 41(4), 408-–419.

Drake, A. J., Tang, J. I. & Nyirenda, M. J. (2007). Mechanisms underlying the role of glucocorticoids in the early life programming of adult disease. Clinical science, 113(5), 219–232.

Drake, M. T. (2018). Hypothyroidism in Clinical Practice. Mayo Clinic Proceedings, 93(9), 1169–1172.

Ducki, A., Jenewein, R. & Knoblich, H.-J. (1998). Gesundheitszirkel – Ein Instrument der Organisationsentwicklung. In: Bamberg, E., Ducki, A. & Metz, A.-M. (Hrsg.): Handbuch Betriebliche Gesundheitsförderung.

Duivis, H. E., de Jonge, P., Penninx, B. W., Na, B. Y., Cohen, B. E. & Whooley, M. A. (2011). Depressive symptoms, health behaviors, and subsequent inflammation in patients with coronary heart disease: prospective findings from the heart and soul study. Jornal Psychiatry, 168(9), 913–920.

D'Andreamatteo, C., Davison, K. M. & Vanderkooy, P. (2016). Defining research priorities for nutrition and mental health: Insights from dietetics practice. Canadian Journal of Dietetic Practice and Research, 77(1), 35–42. doi: 10.3148/cjdpr-2015-033.

Ebbeling, C. B., Leidig, M. M., Feldman, H.A., Lovesky, M. M. & Ludwig, D. S. (2007). Effects of a low-glycemic load vs low-fat diet in obese young adults: a randomized trial. JAMA, 297, 2092–2102.

Ehrmann, D. A. (2005). Polycystic ovary syndrome. New England Journal of Medicine, 352(12), 1223–1236.

Eilles-Matthiessen, C. & Scherer, S. (2011). Bindung, Leistung, Kontrolle und Selbstwertschutz: Die Motive des Mitarbeiters als Perspektive sozial kompetenten Führungsverhaltens. In: Fehlzeitenreport 2011. BKK Bundesverband.

Ekmekcioglu, C. (2012). Are proinflammatory Zytokines involved in an increased risk for depression by unhealthy diets? Medical Hypotheses, 78(2), 337–340.

Ellencweig, N. N., Schoenfeld, N. & Zemishlamy, Z. (2006). Acute intermittent porphyria: psychosis as the only clinical manifestation. Israelic Journal Psychiatry Related Science, 43(1), 52–56.

Emerson, S. R., Kurti, S. P., Harms, C. A., Haub, M. D., Melgarejo, T., Logan, C. & Rosenkranz, S. K. (2017). Magnitude and timing of the postprandial inflammatory response to a high-fat meal in healthy adults: a systematic review. Advances in Nutrition, 8(2), 213–225.

Euteneuer, F., Schwarz, M. J., Hennings, A., Riemer, S., Stapf, T., Selberdinger, V. & Rief, W. (2011). Depression, Zytokines and experimental pain: evidence for sex-related association patterns. Journal Affective Disorders, 131(1-3), 143–149.

Ewen, S. W. & Pusztai, A. (1999). Effect of diests containing genetically modfied potatoes expressing Galanthus Nivalis Lectin on rat small intestine. Lancet, 354(9187), 1353–1354.

Fagundes, C. P., Glaser, R., Hwang, B. S., Malarkey, W. B. & Kiecolt-Glaser, J. K. (2012). Depressive symptoms enhance stress-induced inflammatory responses. Brain Behavioural Immunology, 31, 172–176.

Fehér, J., Kovács, I. & Balacco Gabrieli, C. (2011). Role of gastrointestinal inflammations in the development and treatment of depression. Orvosi Hetitilap, 152(37), 1477–1485.

Ferrucci, L., Cherubini, A., Bandinelli, S., Bartali, B., Corsi, A., Lauretani, T., Martin, A.m Anders-Lacueva, C., Senin, U. & Guralnik, J. M. (2006). Relationship of plasma polyunsaturated fatty acids to circulating inflammatory markers. Journal of Clinical Endocrinology & Metabolism, 91, 439–446.

Forestell, C. A. & Nezlek, J. B. (2018). Vegetarianism, depression, and the five factor model of personality. Ecology of Food and Nutrition, 57(3), 246–259. doi: 10.1080/03670244.2018.1455675.

Forouhi, N. G. & Wareham, N. J. (2010). Epidemiology of diabetes. Medicine, 38(11), 602–606.

Franceschi, C. & Campisi, J. (2014). Chronic inflammation (inflammaging) and its potential contribution to age-associated diseases. Journals of Gerontology Series A: Biomedical Sciences and Medical Sciences, 69(1), 4–9.

Franke, M. (1992). Betriebliche Gesundheitszirkel – Ein Element einer effizienten Gesundheitsförderung. Soziale Arbeit, 12, 425–430.

Frassetto, L. A., Schloetter, M., Mietus-Synder, M., Morris Jr, R. C. & Sebastian, A. (2009). Metabolic and physiologic improvements from consuming a paleolithic, hunter-gatherer type diet. European Journal of Clinical Nutrition, 63(8), 947.

Freeman, M. P., Hibbeln, J. R., Wisner, K. L., Brumbach, B. H., Watchman, M. & Gelenberg, A. J. (2006). Randomized dose-ranging pilot trial of omega-3 fatty acids for postpartum depression. Acta Psychiatric Scandanavica, 113, 31–35.

Frey, D., Oßwald, S., Peus, C. & Fischer, P. (2006). Positives Management, ethikorientierte Führung und Center of Excellence – Wie Unternehmenserfolg und Entfaltung der Mitarbeiter durch neue Unternehmens- und Führungskulturen gefördert werden können. In: Ringlstetter, M. J. (Hrsg.): Positives Management. Zentrale Konzepte und Ideen des Positive Organizational Scholarship. Deutscher Universitätsverlag.

Frey, D., Traut-Mattausch, E., Greitemeyer, T. & Streicher, B. (2006). Psychologie der Innovationen in Organisationen. Roman-Herzog-Institut.

Fydrich, T. & Martin, A. (2010). Schwerpunktheft zum Thema Somatopsychologie. Psychotherapeut. 2, 189–193.

Gabbay, V., Klein, R. G., Guttman, L. E., Babb, J. S., Alonso, C. M., Nishawala, M., Katz Ym Gaite, M. R. & Gonzalez, C. J. (2009). A preliminary study of zytokines in suicidal and nonsuicidal adolescents with major depression. Journal of Child and Adolescence Psychopharmacology, 19(4), 423–430.

Gabbay, V., Klein, R. G., Alonso, C. M., Babb, J. S., Nishawala, M., De Jesus, G., Hirsch, G. S., Hottinger-Blanc, P. M. & Gonzalez, C. J. (2009). Immune system dysregulation in adolescent major depressive disorder. Journal of Affective Disorders, 115, 177–182.

Garaulet, M., Gómez-Abellán, P., Alburquerque-Béjar, J. J., Lee, Y. C., Ordovás, J. M. & Scheer, F. A. (2013). Timing of food intake predicts weight loss effectiveness. International Journal of Obesity, 37(4), 604.

Gero, G. (1952). Anorexie – ein Äquivalent von Depression? Psyche, 5(11), 641–652.

Ghasemian, M., Owlia, S. & Owlia, M. B. (2016). Review of anti-inflammatory herbal medicines. Advances in Pharmacological Sciences, 2016.

Ghimire, S., Baral, B. K., Pokhrel, B. R., Pokhrel, A., Acharya, A., Amatya, D., Amatya, P., Mishra, S. R. (2018). Depression, malnutrition, and health-related quality of life among Nepali older patients. BMC Geriatrics, 18(1), 191. doi: 10.1186/s12877-018-0881-5.

Glaser, R. & Kiecolt-Glaser, J. K. (2005). Stress-induced immune dysfunction: implications for health. Nature Reviews Immunology, 5(3), 243.

Gomm, W., von Holt, K., Thomé, F., Broich, K., Maier, W., Fink, A., Doblhammer, G. & Haenisch, B. (2016). Association of proton pump inhibitors with risk of dementia: A pharmacoepidemiological claims data analysis. JAMA Neurology, 73(4), 410–416. doi:10.1001/jamaneurol.2015.4791.

Goujon, E., Laye, S., Parnet, P. & Dantzer, R. (1997). Regulation of Zytokine gene expression in the central nervous system by glucocorticoids: Mechanisms and functional consequences. Psychoneuroendocrinology, 22(Suppl 1), 75–80.

Gragnoli, C. (2012). Depression and type 2 diabetes: cortisol pathway implication and investigational needs. Journal Cell Physiology, 227(6), 2318–2322.

Grawe, K. (2004). Neuropsychotherapie. Hogrefe Verlag.

Gray, S. M. & Bloch, M. H. (2012). Systematic review of proinflammatory Zytokines in obsessive-compulsive disorder. Current Psychiatry Report, 14(3), 220–228.

Gröber, U. (2009). Interaktionen-Arzneimittel und Mikronährstoffe (2). Wissenschaftliche Verlagsgesellschaft.

Haastrup, E., Bukh, J. D., Bock, C., Vinberg, M., Thørner, L. W., Hansen, T., Werge, T., Kessing, L. V. & Ullum, H. (2012). Promoter variants in IL18 are associated with onset of depression in patients previously exposed to stressful-life events. Journal Affective Disorders, 136(1-2), 134–138.

Halbreich, U.& Kahn, L. S. (2001). Role of estrogen in the aetiology and treatment of mood disorders. CNS Drugs, 15(10), 797–817.

Hanff, T. C., Furst, S. J. & Minor, T. R. (2010). Biochemical and anatomical substrates of depression and sickness behavior. Israelic Journal Psychiatric Related Sciences, 47(1), 64–71.

Harlow, H. F. & Harlow, M. K. (1969). Effects of various mother-infant relationships on rhesus monkey behaviors. In: Foss, B. M. (Hrsg.): Determinants of Infant Behavior IV. Methuen: London, 15–36.

Harris, W. S. (2007). International recommendations for consumption of long-chain omega-3 fatty acids. Journal of Cardiovascular Medicine, Suppl 1, S50–S52.

Hart, B. L. (1988). Biological basis of the behavior of sick animals. Neuroscience and Biobehavioral Reviews, 12, 123–137.

Härter, M., Baumeister, H. & Bengel, J. (2006). Psychische Störungen bei körperlichen Erkrankungen. Springer Verlag.

Häuser, W., Schmidt, C. & Stallmach, A. (2011). Depression and mucosal proinflammatory Zytokines are associated in patients with ulcerative colitis and pouchitis – A pilot study. Journal of Crohns and Colitis, 5(4), 350–355.

Hausmann, M. & Bayer, U. (2009). Hormonelle Harmonie. Gehirn & Geist, 9, 60–65.

Hayley, S., Lacosta, S., Merali, Z., van Rooijen, N. & Anisman, H. (2001). Central monoamine and plasma corticosterone changes induced by a bacterial endotoxin: sensitization and cross-sensitization effects. European Journal of Neuroscience, 13, 1155–1165.

Hayley, S., Poulter, M. O., Merali, Z. & Anisman, H. (2005). The pathogenesis of clinical depression: stressor- and Zytokine-induced alterations of neuroplasticity. Neuroscience, 135, 659–678.

Heilmeyer, P., Kohlenberg, S., Dorn, A., Faulhammer, S. & Kliebhan, R. (2006). Ernährungstherapie bei Diabetes mellitus Typ 2 mit kohlenhydratreduzierter Kost (LOGI-Methode). Internetausgabe des Tagungsbandes, 460.

Heim, C. & Nemeroff, C. B. (2001). The role of childhood trauma in the neurobiology of mood and anxiety disorders: preclinical and clinical studies. Biological Psychiatry, 49, 1023–1039.

Heim, C., Newport, D. J., Mletzko, T., Miller, A. H. & Nemeroff, C. B. (2008). The link between childhood trauma and depression: insights from HPA axis studies in humans. Psychoneuroendocrinology, 33, 693–710.

Helmchen, H., Henn, F., Lauter, H. & Sartorius, N. (1999). Psychische Störungen bei körperlichen Erkrankungen. Springer Verlag.

Hennessy, M. B., Deak, T. & Schiml-Webb, P. A. (2010). Early attachment-figure separation and increased risk for later depression: potential mediation by proinflammatory processes. Neuroscience Behaviour Review, 34(6), 782–790.

Hennessy, M. B., Deak, T., Schiml-Webb, P. A. & Barnum, C. J. (2007a). Immune influences on behavior and endocrine activity in early-experience and maternal separation paradigms. In: Czerbska, M. T. (Hrsg.): Psychoneuroendocrinology Research Trends. Nova Science Publishers, 293–319.

Hennessy, M. B., Paik, K. D., Caraway, J. D., Schimi, P. A. & Deak ,T. (2011). Proinflammatory activity and the sensitization of depressive-like behavior during maternal separation. Behavioural Neuroscience, 125(3), 426–433.

Herpertz, S. C. (2003). Emotional processing in personality disorder. Current Psychiatry Report, 5(1), 23–27.

Hibbeln, J. R. (2002). Seafood consumption, the DHA content of mothers' milk and prevalence rates of postpartum depression: A cross-national, ecological analysis. Journal of Affective Disorders, 69, 15–29.

Hibbeln, J. R., Northstone, K., Evans, J. & Golding, J. (2017). Vegetarian diets and depressive symptoms among men. Journal of Affective Disorders, 225, 13–17. doi: 10.1016/j.jad.2017.07.051.

Hills, P. & Argyle, M. (2002). The Oxford Happiness Questionnaire: a compact scale for the measurement of psychological well-being. Personality and Individual Differences, 33(7), 1073–1082. doi.org/10.1016/S0191-8869(01)00213-6.

Hirano, D., Nagashima, M., Ogawa, R. & Yoshino, S. (2001). Serum levels of interleukin 6 and stress related substances indicate mental stress condition in patients with rheumatoid arthritis. Journal of Rheumatology, 28, 490–495.

Hoge, E. A., Brandstetter, K., Moshier, S., Plooack, M. H., Wong, K. K. & Simon, N. M. (2009). Broad spectrum of Zytokine abnormalities in panic disorder and posttraumatic stress disorder. Depression Anxiety, 26(5), 447–455.

Holzboer, F. (2010). Plädoyer für eine individualisierte Therapie – molekulare und systemische Depressionsforschung. Trilium Bibliothek.

Horne, B. D., Muhlestein, J. B. & Anderson, J. L. (2015). Health effects of intermittent fasting: hormesis or harm? A systematic review. The American Journal of Clinical Nutrition, 102(2), 464–470.

Hotamisligil, G. S. (1999). Mechanisms of TNF-α-induced insulin resistance. Experimental and Clinical Endocrinology & Diabetes, 107(02), 119–125.

Hübner, N. O., Hübner, C., Wodny, M., Kampf, G. & Kramer, A. (2010). Effectiveness of alcohol-based hand disinfectants in a public administration: impact on health and work performance related to acute respiratory symptoms and diarrhoea. BMC Infectious Diseases, 10, 250. doi:10.1186/1471-2334-10-250.

Hung, Y.-J., Hsieh, C.-H., Chen, Y.-J., Pei, D., Kou, S.-W., Shen, D.-C., Sheu, W. H.-H. & Chen, Y.-C. (2007). Insulin sensitivity, proinflammatory markers and adiponectin in young males with different subtypes of depressive disorder. Clinical Endocrinology, 67(5), 784–789.

Hutchison, A. T. & Heilbronn, L. K. (2016). Metabolic impacts of altering meal frequency and timing–does when we eat matter? Biochimie, 124, 187–197.

Ilias, I. & Mastorakos, G. (2003). The emerging role of peripheral corticotropin-releasing hormone (CRH). Journal of Endocrinological Investigationm, 26, 364–371.

Iverson, D., Lewis, K. L., Caputi, P. & Knopse, S. (2010). The cumulative impact and associative costs of multiple health conditions on employee productivity. Journal of Occupational and Environmental Medicine, 52(12), 1206–1211.

Janssen, M., Busch, C., Rödiger, M. & Hamm, U. (2016). Motives of consumers following a vegan diet and their attitudes towards animal agriculture. Appetite, 105, 643–651. doi: 10.1016/j.appet.2016.06.039.

Jefferson, T., Rivetti, A., Di Pietrantonj, C., Demicheli, V. & Ferroni, E. (2012). Vaccines for preventing influenza in healthy children. Cochrane Database of Systematic Reviews, 8, CD004879. doi: 10.1002/14651858.CD004879.pub4.

Joynt, K. E., Whellan, D. J. & O'Connor, C. M. (2003). Depression and cardiovascular disease: mechanisms of interaction. Biological Psychiatry, 54(3), 248–261.

Kahleova, H., Fleeman, R., Hlozkova, A., Holubkov, R. & Barnard, N. D. (2018). A plant-based diet in overweight individuals in a 16-week randomized clinical trial: metabolic benefits of plant protein. Nutrition and Diabetes, 8(1), 58. doi: 10.1038/s41387-018-0067-4.

Kaluzna-Czaplinksa, J., Gatarek, P., Chirumbolo, S., Chartrand, M. S. & Bjorklung, G. (2017). How important is tryptophan in human health? Critical Review Food Science Nutrition, 11, 1–17. doi: 10.1080/10408398.2017.1357534.

Kasten, E. (2011a). Ruled by the body. Scientific American – Mind, (3), 52–57.

Kasten, E. (2011b): Le cerveau malade du corps – De nombreuses maladies psychiques résultent de troubles du metabolism. Cerveau & Psycho, Dec., 74–79.

Kasten, E. (2015). Can infection give you the blues? An overactive immune response can seed psychological illnesses. Scientific American – Mind, May/June, 46–49. http://www.scientificamerican.com/article/can-infection-give-you-the-blues/

Kasten, E. (2019). Somatopsychologie – Körperliche Grundlagen psychischer Krankheiten. Reinhardt-Verlag.

Kasten, E., Gothe, J. & Müller, I. (2003). Psychische Störungen nach Hirnschädigung. Psychomed, 15(4), 214–221.

Katsuya, M., Tanaka, T. & McNeil, P. (2007). Lectin-based Food Poisoning: A New Mechanism of Protein Toxicity. PloS ONE, 2(8).

Keen-Rhinehart, E., Michopoulos, V., Toufexis, D. J., Martin, E. I., Nair, H., Ressler, K. J., Davis, M., Owens, M. J., Nemeroff, C. B.& Wilson, M. E. (2008). Continuous expression of cortico-tro-pin-releasing factor in the central nucleus of the amygdala emulates the dysregulation of the stress and reproductive axes. Molecular Psychiatry, 14, 37–50.

Keller, A., Litzelman, K., Wisk, L. E., Maddox, T., Cheng, E. R., Creswell, R. D. & Witt, W. P. (2012). Does the Perception that Stress Affects Health Matter? The Association with Health and Mortality. Health Psychology, 31(5), 677–684.

Keller, K.-M. (2003). Klinische Symptomatik: Zöliakie, ein Eisberg. Monatsschrift Kinderheilkunden, 151, 706–714.

Kelly, J. R., Borre, Y., O'Brien, C., Patterson, E., El Aidy, S., Deane, J., Kennedy, P.J., Beers, S., Scott, K., Moloney, G., Hoban, A. E., Scott, L., Fitzgerald, P., Ross, P., Stanton, C., Clarke, G., Cryan, J. F., Dinan, T. G. (2016). Transferring the blues: Depression-associated gut microbiota induces neurobehavioural changes in the rat. Journal of Psychiatric Research, 82, 109-18. doi: 10.1016/j.jpsychires.2016.07.019.

Kiecolt-Glaser, J. K., Belury, M. A., Andridge, R., Malarkey, W. B. & Glaser, R. (2011). Omega-3 supplementation lowers inflammation and anxiety in medical students: a randomized controlled trial. Brain Behavioural Immunology, 25(8), 1725–1734.

Kiecolt-Glaser, J. K. (2010). Stress, food, and inflammation: psychoneuroimmunology and nutrition at the cutting edge. Psychosomatic Medicine, 72(4), 365.

Kiecolt-Glaser, J. K., Belury, M. A., Andridge, R., Malarkey, W. B. & Glaser, R. (2011). Omega-3 supplementation lowers inflammation and anxiety in medical students: a randomized controlled trial. Brain, Behavior, and Immunity, 25(8), 1725–1734.

Kiecolt-Glaser, J. K., Loving, T. J., Stowell, J. R., Malarkey, W. B., Lemeshow, S., Dickinson, S. L. & Glaser, R. (2005). Hostile Marital Interactions, Proinflammatory Cytokine Production, and Wound Healing. Archives of General Psychiatry, 62(12), 1377.doi:10.1001/archpsyc.62.12.1377.

Kim, Y. K., Lee, S. W., Kim, S. H., Shim, S. H., Han, S. W., Choi, S. H. & Lee, B. H. (2008). Differences in Zytokines between non-suicidal patients and suicidal patients in major depression. Progress in Neuropsychopharmacology and Biological Psychiatry, 32, 356–361.

Knieps, F. & Pfaff, H. (2022). Gesundheitsreport 2022. MWV Medizinisch Wissenschaftliche Verlagsgesellschaft, Berlin.

Koekkoek, L. L., Mul, J. D. & LaFleur, S. E. (2017). Glucose-sensing in the reward system. Frontiers in Neuroscience, 19(11), 716. doi: 10.3389/fnins.2017.00716.

Köhler, T. (2006). Medizin für Psychotherapeuten. DGVT-Verlag.

Koo, J. W. & Duman, R. S. (2009). Evidence for IL-1 receptor blockade as a therapeutic strategy for the treatment of depression. Current Opinion in Investigational Drugs, 10(7), 664–671.

Koopman, M., El Aidy, S. & MIDtrauma consortium (2017). Depressed gut? The microbiota-diet-inflammation trialogue in depression. Current Opinion in Psychiatr, 30(5), 369–377. doi: 10.1097/YCO.0000000000000350.

Krapp, A. & Hascher, T. (2013). Theorien der Lern- und Leistungsmotivation. In: Ahnert, L. (Hrsg.): Theorien in der Entwicklungspsychologie, Springer, 252–281. doi: 10.1007/978-3-642-34805-1_10.

Kronfol, Z. (2002). Immune dysregulation in major depression: A critical review of existing evidence. International Journey Neuropsychopharmacology, 5, 333–343.

Kubera, M., Holan, V., Mathison, R. & Maes, M. (2000). The effect of repeated amitriptyline and desipramine administration on Zytokine release in C57BL/6 mice. Psychoneuroendocrinology, 25, 785–797.

Kuo, S.-C., Yeh, C.-Y., Yeh, Y.-W. & Tzeng, N.-S. (2009). Schizophrenia-like psychotic episode precipitated by cobalamin deficiency. General Hospital Psychiatry, 31(6), 586–588. doi: 10.1016/j.genhosppsych.2009.02.003.

Laireiter, A. & Meister, M. (2002). Betriebliche Gesundheitsförderung und Gesundheitszirkel: Modelle und Effekte. In: Röhrle, B. (Hrsg.): Prävention und Gesundheitsförderung, Band 2.

Lang, A. T., Johnson, S., Sturm, M., & O'Brien, S. H. (2014). Iron deficiency without anemia: A common yet under-recognized diagnosis in young women with heavy menstrual bleeding. Blood, 124(21), 3510. Accessed March 04, 2019. Retrieved from http://www.bloodjournal.org/content/124/21/3510.

Laugeray, A., Launay, J. M., Callebert, J., Surget, A., Belzung, C. & Barone, P. R. (2010). Peripheral and cerebral metabolic abnormalities of the tryptophan-kynurenine pathway in a murine model of major depression. Behavioural Brain Research, 210(1), 84–91.

Lehrke, M., Broedl, U. C., Biller-Friedmann, I. M., Vogeser, M., Henschel, V., Nassau, K., Göke, B., Kilger, E. & Parhofer, K. G. (2008). Serum concentrations of cortisol, inter-leukin 6, leptin and adiponectin predict stress induced insulin resistance in acute inflammatory reactions. Critical Care, 12(6), R157.

Lessiani, G., Santilli, F., Boccatonda, A., Iodice, P., Liani, R., Tripaldi, R., Saggini, R. & Da-vì, G. (2016). Arterial stiffness and sedentary lifestyle: role of oxidative stress. Vascular Pharmacology, 79, 1–5.

Lewis, D. A., Kathol, R. G., Sherman, B. M., Winokur, G. & Schlesser, M. A. (1983). Differentiation of depressive subtypes by insulin insensitivity in the recovered Schritt. Archives of General Psychiatry, 40(2), 167–170.

Leyfer, O., Woodruff-Borden, J. & Mervis, C.B. (2009). Anxiety disorders in children with Williams syndrome, their mothers, and their siblings: Implications for the etiology of anxiety disorders. Journal Neurodevelopment Disorders, 1(1), 4–14.

Liebers, F., Brendler, C. & Latza, U. (2016). Berufsspezifisches Risiko für das Auftreten von Arbeitsunfähigkeit durch Muskel-Skelett-Erkrankungen und Krankheiten des Herz-Kreislauf-Systems – Bestimmung von Berufen mit hoher Relevanz für die Prävention. www.baua.de/dok/7491834. doi: 10.21934/baua:bericht20160629.

Liu, H. W., Liu, J. S. & Kuo, K. L. (2018). Vegetarian diet and blood pressure in a hospital-base study. Ci Ji Yi Xue Za Zhi, 30(3), 176–180. doi: 10.4103/tcmj.tcmj_91_17.

Lotrich, F. E., El-Gabalawa, H., Guenther, L. C. & Ware, C. E. (2011). The role of inflammation in the pathophysiology of depression: different treatments and their effects. Journal of Rheumatology Supplement, 88, 48–54.

Lotrich, F. E., Sears, B. & McNamara, R. K. (2013). Elevated ratio of arachidonic acid to long-chain omega-3 fatty acids predicts depression development following interferon-alpha treatment: relationship with interleukin-6. Brain, Behavior, and Immunity, 31, 48–53. doi: 10.1016/j.bbi.2012.08.007.

Lumeng, C. N. & Saltiel, A. R. (2011). Inflammatory links between obesity and metabolic disease. The Journal of Clinical Investigation, 121(6), 2111–2117.

Maier, S. F. & Watkins, L. R. (1998). Zytokines for psychologists: implications of bidirectional immune-to-brain communication for understanding behavior, mood, and cognition. Psychological Review, 105, 83–107.

Matusiewicz, David & Kaiser, Linda (2018). Digitales Betriebliches Gesundheitsmanagement. Springer Gabler Wiesbaden. https://doi.org/10.1007/978-3-658-14550-7

Mantzorou, M., Vadikolias, K., Pavlidou, E., Serdari, A., Vasios, G., Tryfonos, C. & Giaginis, C. (2018). Nutritional status is associated with the degree of cognitive impairment and depressive symptoms in a Greek elderly population. Nutritional Neuroscience, 19, 1–9. doi: 10.1080/1028415X.2018.1486940.

Marchesini, G., Brizi, M., Morselli-Labate, A. M., Bianchi, G., Bugianesi, E., McCullough, A. J., Forlani, G. & Melchionda, N. (1999). Association of nonalcoholic fatty liver disease with insulin resistance. The American Journal of Medicine, 107(5), 450–455.

Marketon, J. I. W. & Glaser, R. (2008). Stress hormones and immune function. Cellular Immunology, 252(1–2), 16–26.

Martinez, J. M., Garakani, A., Yehuda, R. & Gorman, J. M. (2012). Proinflammatory and »resiliency« proteins in the CSF of patients with major depression. Depression Anxiety, 29(1), 32–38.

Marx, W., Moseley, G., Berk, M. & Jacka, F. (2017). Nutritional psychiatry: the present state of the evidence. Proceedings of the Nutrition Society, 76(4), 427–436. doi: 10.1017/S0029665117002026.

Masharani, U., Sherchan, P., Schloetter, M., Stratford, S., Xiao, A., Sebastian, A., Kennedy, M. N. & Frassetto, L. (2015). Metabolic and physiologic effects from consuming a hunter-gatherer (Paleolithic)-type diet in type 2 diabetes. European Journal of Clinical Nutrition, 69(8), 944.

Matheson, A., O'brien, L. & Reid, J. A. (2014). The impact of shiftwork on health: a literature review. Journal of Clinical Nursing, 23(23–24), 3309–3320.

Matta, J., Czernichow, S., Kesse-Guyot, E., Hoertel, N., Limosin, F., Goldberg, M., Zins, M., Lemogne, C. (2018). Depressive Symptoms and Vegetarian Diets: Results from the Constances Cohort. Nutrients, 10(11), pii, E1695. doi: 10.3390/nu10111695.

Mattson, M. P. (2005). Energy intake, meal frequency, and health: a neurobiological perspective. Annual Review of Nutrition, 25, 237–260.

Mattson, M. P., Longo, V. D. & Harvie, M. (2017). Impact of intermittent fasting on health and disease processes. Ageing Research Reviews, 39, 46–58.

McEwen, B. S. (2004). Protection and damage from acute and chronic stress: Allostasis and allostatic overload and relevance to the pathophysiology of psychiatric disorders. Annals of the New York Academy of Sciences, 1032(1), 1–7.

McGonigal, K. (2016). The upside of stress: Why stress is good for you, and how to get good at it. Penguin.

McNair, D., Lorr, M., Droppleman, L. (1971). Manual for the Profile of Mood States. Educational and Industrial Testing Service.

Meaney, M. J., Diorio, J., Francis, D., Widdowson, J., LaPlante, P., Caldji, C., Sharma, S., Seckl, J. R. & Plotsky, P. M. (1996). Early environmental regulation of forebrain glucocorticoid receptor gene expression: implications for adrenocortical responses to stress. Developmental Neuroscience, 18, 49–72.

Mendlovic, S., Mozes, E., Eilat, E., Doron, A., Lereya, J., Zakuth, V. & Spirer, Z. (1999). Immune activation in non-treated suicidal major depression. Immunology Letters, 67, 105–108.

Messer, M., Vogt, D., Quenzel, G. & Schaeffer, D. (2015). Health Literacy bei Menschen mit Migrationshintergrund. Public Health Forum, 23(2), 121–123. doi: 10.1515/pubhef-2015-0044

Miller, A. H., Maletic, V. & Raison, C. L. (2009). Inflammation and its discontents: the role of Zytokines in the pathophysiology of depression. Biological Psychiatry, 65, 732–741.

Miller, W. C., Koceja, D. M. & Hamilton, E. J. (1997). A meta-analysis of the past 25 years of weight loss research using diet, exercise or diet plus exercise intervention. International Journal of Obesity, 21(10), 941.

Milward, C., Ferriter, M., Calver, S. & Connell-Jones, G. (2004). Gluten- and casein-free diets for autistic sprectrum disorder. Cochrane Database Systematic Reviews, 2(1): 1–29.

Miura, H., Ozaki, N., Sawada, M., Isobe, K., Ohta, T. & Nagatsu, T. (2008). A link between stress and depression: shift in the balance between the kynurenine and serontonin pathways of tryptophan metabolism and the etiology and pathophysiology of depression. Stress, 11, 198–209.

Miyaoka, H., Otsubo, T., Kamijima, K., Ishii, M., Onuki, M. & Mitamura, K. (1999). Depression from interferon therapy in patients with Hepatitis C. American Journal of Psychiatry, 156, 1120.

Moutsopoulos, N. M. & Madianos, P. N. (2006). Low-grade inflammation in chronic infectious diseases. Annals of the New York Academy of Sciences, 1088(1), 251–264.

Müller, N. & Schwarz, M.J. (2007). Immunologische Aspekte bei schizophrenen Störungen. Der Nervenarzt, 78(3), 253–263.

Musselman, D. L., Betan, E., Larsen, H. & Phillips, L. S. (2003). Relationship of depression to diabetes types 1 and 2: epidemiology, biology, and treatment. Biological Psychiatry, 54(3), 317–329.

Nabi, H., Kivimäki, M., Batty, G. D., Shipley, M. J., Britton, A., Brunner, E. J., Vahtera, J., Lemogne, C., Elbaz, A. & Singh-Manoux, A. (2013). Increased risk of coronary heart disease among individuals reporting adverse impact of stress on their health: the Whitehall II prospective cohort study. European Heart Journal, 34(34), 2697–2705.

Nagata, T., Mori, K., Ohtani, M., Nagata, M., Kajiki, S.i, Fujino, Y., Matsuda, S. & Loeppke, R.(2018) Total health-related costs due to absenteeism, rresenteeism, and medical and pharmaceutical expenses in Japanese employers. Journal of Occupational and Environmental Medicine, 60(5), e273–e280. doi: 10.1097/JOM.0000000000001291.

Nemets, H., Nemets, B., Apter, A., Bracha, Z. & Belmaker, R. H. (2006). Omega-3 treatment of childhood depression: A controlled, double-blind pilot study. American Journal of Psychiatry, 163, 1098–1100.

Nielsen, J. V., Jönsson, E. & Nilsson, A. K. (2005). Lasting improvement of hyperglycaemia and bodyweight: Low-carbonhydrate diet in type 2 diabetes. A Brief Report. Upsala Journal of Medical Sciences, 110(1), 69–74.

Norra, C., Mrazek, M., Tuchtenhagen, F., Gobbelé, R., Buchner, H., Sass, H. & Herpertz, S. C. (2003). Enhanced intensity dependence as a marker of low serotonergic neurotransmission in borderline personality disorder. Journal of Psychiatry Research, 37(1), 23–33.

Null, G., Pennesi, L., Feldman, M. (2017). Nutrition and lifestyle intervention on mood and neurological disorders. Journal of Evidence-based Integrative Medicine, 22(1), 68–74.

Nuttall, F. Q. & Gannon, M. C. (2006). The metabolic response to a high-protein, low-carbohydrate diet in men with type 2 diabetes mellitus. Metabolism, 55(2), 243–251.

Obert, J., Pearlman, M., Obert, L. & Chapin, S. (2017). Popular weight loss strategies: a review of four weight loss techniques. Current Gastroenterology Reports, 19(12), 61.

Ogden, C. L., Yanovski, S. Z., Carroll, M. D. & Flegal, K. M. (2007). The epidemiology of obesity. Gastroenterology, 132(6), 2087–2102.

Opie, R.S., Itsiopoulos, C., Parletta, N., Sanchez-Villegas, A., Akbaraly, T. N., Ruusunen, A. & Jacka, F. N. (2017). Dietary recommendations for the prevention of depression. Nutritional Neuroscience, 20(3), 161–171. doi: 10.1179/1476830515Y.0000000043.

Owen, L. & Corfe, B. (2017). The role of diet and nutrition on mental health and wellbeing. Proceedings of the Nutrition Society, 76(4), 425–426. doi: 10.1017/S0029665117001057.

O'Donnell, K., O'Connor, T. G. & Glover, V. (2009). Prenatal stress and neurodevelopment of the child: focus on the HPA axis and role of the placenta. Developmental Neuroscience, 31(4), 285–292.

Pace, T. W. W., Mletzko, T. C., Alagabe, O., Musselman, D. L., Nemeroff, C. B., Miller, A. H. & Heim, C. M. (2006). Increased stress-induced inflammatory responses in male patients with major depression and increased early life stress. American Journal of Psychiatry, 163, 1630–1633.

Paridon, H. (2015). Gefährdungsbeurteilung psychischer Belastungen – Tipps zum Einstieg. IAG-Report 1/2013.

Perlmutter, D. (2014). Dumm wie Brot. Wie Weizen schleichend Ihr Gehirn zerstört. Goldmann Verlag.

Peters, A. & McEwen, B. S. (2015). Stress habituation, body shape and cardiovascular mortality. Neuroscience & Biobehavioral Reviews, 56, 139–150.

Piccoli, G. B., Clari, R., Vigotti, F. N., Leone, F., Attini, R., Cabiddu, G., Mauro, G., Vastelluccia, N., Colombi, N., Capizzi, I., Pani, A., Todros, T. & Avagnina, T. (2015). Vegan-vegetarian diets in pregnancy: danger or panacea? A systematic narrative review. BJOG, 122(5), 623–633. doi: 10.1111/1471-0528.13280.

Pitteroff, K. (2008). Gesundheitszirkel: Erwartungshaltung und Realität. VDM Verlag.

Players, M. S. & Peterson, L.E. (2011). Anxiety disorders, hypertension, and cardiovascular risk: a review. International Journal Psychiatry Medicine, 41(4), 365–377.

Pollare, T., Lithell, H. & Berne, C. (1990). Insulin resistance is a characteristic feature of primary hypertension independent of obesity. Metabolism, 39(2), 167–174.

Poulin, M. J., Brown, S. L., Dillard, A. J. & Smith D. M. (2013). Giving to others and the association between stress and mortality. American Journal of Public Health, 103(9), 1649–1655.

Pressemitteilung des IDW 01.08.2016: Leibniz-Forschungsprojekt »Wheatscan« zur Aufklärung der Ursache für Weizenunverträglichkeiten, Kontakt Univ.-Prof. Dr. Dr. Detlef Schuppan, Institut für Translationale Immunologie Univ. Mainz.

Prossin, A.R., Koch, A. E., Campbell, P. L., McInnis, M. G., Zalcman, S. S. & Zubieta, J. K.(2011). Association of plasma interleukin-18 levels with emotion regulation and µ-opioid neurotransmitter function in major depression and healthy volunteers. Biological Psychiatry, 69(8), 808–812.

Pusztai, A., Ewen, S. W., Grant, G., Brown, D. S., Stewart, J. C., Peumans, W. J., Van Damme, E. J. & Bardocz, S. (1993). Antinutritive effects of wheat-germ agglutinin and other N-acetylglucosamine-specific lectins. British Journal of Nutrition, 70, 313–321.

Pyter, L. M., Pineros, V., Galang, J. A., McClintock, M. K. & Prendergast, B. J. (2009). Peripheral tumors induce depressive-like behaviors and Zytokine production and alter hypothalamic-pituitary-adrenal axis regulation. Proceedings National Academic Sciences USA, 106(22), 9069–9074.

Raedler, T. J. (2011). Inflammatory mechanisms in major depressive disorder. Current Opinion Psychiatry, 24(6), 519–525.

Rai, V. (2017). Methylenetetrahydrofolate reductase (MTHFR) C677 T polymorphism and Alzheimer disease risk: a meta-analysis. Molecular Neurobiolology, 54(2), 1173–1186. doi: 10.1007/s12035-016-9722-8.

Räikkönen, K., Seckl, J. R., Pesonen, A. K., Simons, A. & van den Bergh, B. R. (2011). Stress, glucocorticoids and liquorice in human pregnancy: programmers of the offspring brain. Stress, 14(6), 590–603.

Raison, C. L., Capuron, L. & Miller, A. H. (2006). Zytokines sing the blues: inflammation and the pathogenesis of depression. Trends in Immunology, 27, 24–31.

Raison, C. L., Lowry, C. A. & Rook, G. A. (2010). Inflammation, sanitation, and consternation: Loss of contact with coevolved, tolerogenic microorganisms and the pathophysiology and treatment of major depression. Archiv General Psychiatry, 67(12), 1211–1224.

Ramasubbu, R., Beaulieu, S., Taylor, V. H., Schaffer, A. & McIntyre, R. S. (2012). The CANMAT task force recommendations for the management of patients with mood disorders and comorbid medical conditions: diagnostic, assessment, and treatment principles. Annals of Clininical Psychiatry, 24(1), 82–90.

Ranabir, S. & Reetu, K. (2011). Stress and hormones. Indian Journal of Endocrinology and Metabolism, 15(1), 18.

Rangel-Huerta, O. D., Aguilera, C. M., Mesa, M. D. & Gil, A. (2012). Omega-3 long-chain polyunsaturated fatty acids supplementation on inflammatory biomakers: a systematic review of randomised clinical trials. British Journal of Nutrition, 107(S2), 159–170.

Rao, T. S., Asha, M. R., Ramesh, B. N. & Rao, K. S. (2008). Understanding nutrition, depression and mental illnesses. Indian Journal of Psychiatry, 50(2), 77–82. doi: 10.4103/0019-5545.42391.

Redecke, V., Häcker, H., Datta, S. K., Fermin, A., Pitha, P. M., Broide, D. H. & Raz, E. (2004). Cutting edge: activation of Toll-like receptor 2 induces a Th2 immune response and promotes experimental asthma. The Journal of Immunology, 172(5), 2739–2743.

Remesy, C. & Fardet, A. (2015). The need for eco-vegetarian diets. Nutrition, nutrients, nourishment. World Nutrition, 6(9–10), 704–710.

Rensing, L., Koch, M., Rippe, B. & Rippe, V. (2006). Mensch im Stress: Psyche, Körper, Moleküle. Spektrum Akad. Verlag.

Riachi, C. (2016). How does Food Affect Mood at Work? Journal of Medical and Health Sciences. http://www.rroij.com/open-access/how-does-food-affect-mood-at-work-.php?aid=75965

Richardson, S., Shaffer, J. A., Falzon, L., Krupka, D., Davidson, K. W. & Edmondson, D. (2012). Meta-analysis of perceived stress and its association with incident coronary heart disease. The American Journal of Cardiology, 110(12), 1711–1716.

Robles, T. F., Glaser, R. & Kiecolt-Glaser, J. K. (2005). Out of balance: A new look at chronic stress, depression, and immunity. Current Directions in Psychological Science, 14, 111–115.

Robles, T. F., Slatcher, R. B., Trombello, J. M. & McGinn, M. M. (2014). Marital quality and health: a meta-analytic review. Psychological Bulletin, 140(1), 140–187.

Rodrigues, S. M., LeDoux, J. E. & Sapolsky, R. M. (2009). The influence of stress hormones on fear circuitry. Annual Review of Neuroscience, 32, 289–313.

Roehrs, T. & Roth, T. (2008). Caffeine: sleep and daytime sleepiness. Sleep Medicine Reviews, 12(2), 153–162.

Romagnani, S. (2004). Immunologic influences on allergy and the TH1/TH2 balance. Journal of Allergy and Clinical Immunology, 113(3), 395–400.

Rook, G. A., Raison, C. L. & Lowry, C. A. (2012). Can we vaccinate against depression? Drug Discovery Today, 17(9–10), 451–458.

Saedisomeolia, A., Djalali, M., Moghadam, A. M., Ramezankhani, O. & Najmi, L. (2011). Folate and vitamin B12 status in schizophrenic patients. Journal of Research in Medical Science, 16(Suppl1), 437–441.

Saito, S., Nakashima, A., Shima, T. & Ito, M. (2010). Th1/Th2/Th17 and regulatory T-cell paradigm in pregnancy. American Journal of Reproductive Immunology, 63(6), 601–610.

Salazar, A., Gonzalez-Rivera, B. L., Redus, L., Parrott, J. M. & O'Connor, J. C. (2012). Indoleamine 2,3-dioxygenase mediates anhedonia and anxiety-like behaviors caused by peripheral lipopolysaccharide immune challenge. Hormones and Behaviour, 62(3), 202–209.

Sánchez-Villegas, A., Álvarez-Pérez, J., Toledo, E., Salas-Salvadó, J., Ortega-Azorín, Z., Vioque, J., Martínez, J., Romaguera, D., Pérez-López, J., López-Miranda, J., Estruch, R., Bueno-Cavanillas, A., Arós, F., Tur, J. A., Tinahones, F. J., Lecea, O., Martín, V., Ortega-Calvo, M., Vázquez, C., Pintó, X., Vidal, J., Daimiel, L., Delgado-Rodríguez, M., Matía, P., Corella, D., Díaz-López, A., Babio, N., Muñoz, M. Á., Fitó, M., García de la Hera, M., Abete I García-Rios, A., Ros, E., Ruíz-Canela, M., Martínez-González, M. Á., Izquierdo, M., Serra-Majem, L. (2018). Seafood Consumption, Omega-3 Fatty Acids Intake, and Life-Time Prevalence of Depression in the PREDIMED-Plus Trial. Nutrients, 10(12), pii: E2000. doi: 10.3390/nu10122000.

Schaeffer, D. & Pelikan, J. (2016). Health Literacy: Forschungsgegenstand und Perspektiven. Hogrefe, Vorabdruck: https://aok-bv.de/imperia/md/aokbv/presse/pressemitteilungen/archiv/2016/08_pk_buchauszugweb.pdf, abgerufen am 28.12.2018, 08:06 Uhr.

Schiml-Webb, P. A., Deak, T., Greenlee, T. M., Maken, D. S., Hennessy & M. B. (2006). Alpha-melanocyte stimulating hormone reduces putative stress-induced sickness behaviors in isolated guinea pig pups. Behavioural Brain Research, 168, 326–330.

Schnitzer, S. (2016). Bestandteile glutenhaltiger Getreidesorten und ihr Einfluss auf Stoffwechsel und Immunsystem, Grenzfläche und Milieu. OM & Ernährung, 157, F30-F36.

Schröer, A. & Sochert, R. (1997). Gesundheitszirkel im Betrieb. Universum Verlagsanstalt Wiesbaden.

Scorrano, L., Penzo, D., Petronilli, V., Pagano, F. & Bernardi, P. (2001). Arachidonic acid causes cell death through the mitochondrial permeability transition. Implications for tumor necrosis factor-alpha aopototic signaling. Journal Biological Chemistry, 276(15), 12035–12040.

Segerstrom, S. C. & Miller, G. E. (2004). Psychological stress and the human immune system: a meta-analytic study of 30 years of inquiry. Psychological Bulletin, 130(4), 601.

Sengül, P & Kasten E (2018). The influence of plant-based nutrition and level of oestrogen on life satisfaction – Results of a pilot study. World Nutrition;9(3), 241–253.

Shanks, N., Larocque, S. & Meaney, M. J. (1995). Neonatal endotoxin exposure alters the deve-lopment of the hypothalamic-pituitary-adrenal axis: early illness and later responsivity to stress. Journal of Neuroscience, 15, 376–384.

Shanks, N., Windle, R. J., Perks, P. A., Harbuz, M. S., Jessop, D. S., Ingram, C. D., Lightman & S. L. (2000). Early-life exposure to endotoxin alters hypothalamic-pituitary-adrenal function and predisposition to inflammation. Proceedings of the National Academy of Sciences, 97, 5645–5650.

Siriwardhana, N., Kalupahana, N. S. & Moustaid-Moussa, N. (2012). Health benefits of n-3 polyunsaturated fatty acids: eicosapentaenoic acid and docosahexaenoic acid. Advances of Food Nutrition Research, 65, 211–222.

Smuts, C. M., Huang, M., Mundy, D., Plasse, T., Major, S. & Carlson, S. E. (2003). A randomized trial of docosahexaenoic acid supplementation during the third trimester of pregnancy. Obstetrics & Gynecology, 101, 469–479.

Song, C., Halbreich, U., Han, C., Leonard, B. E. & Luo, H. (2009). Imbalance between pro- and anti-inflammatory Zytokines, and between Th1 and Th2 Zytokines in depressed patients: the effect of electroacupuncture or fluoxetine treatment. Pharmacopsychiatry, 42(5), 182–188.

Soppi, E.T. (2018). Iron deficiency without anemia – a clinical challenge. Clinical Case Reports, 6(6), 1082 1086. doi:10.1002/ccr3.1529.

Sørensen, K., Van den Broucke, S., Fullam, J., Doyle, G., Pelikan, J., Slonska, Z., & Brand, H. (2012). Health literacy and public health: A systematic review and in-tegration of definitions and models. BMC Public Health, 12, 80. http://www.biomedcentral.com/1471-2458/12/80.

Soundravally, R., Goswami, K., Nandeesha, H., Koner, B. C. & Sethuraman, K. R. (2008). Acute intermittent porphyria: Diagnosis per chance. Indian Journal Pathology and Microbiology, 51(4), 551–552.

Spinas, G.A. & Fischli, S. (2001). Endokrinologie und Stoffwechsel. Thieme-Verlag.

Spitz, R. A. (1946). Anaclitic depression: an inquiry into the genesis of psychiatric conditions in early childhood: II. The Psychoanalytic Study of the Child, 2, 313–342.

Stratakis, C. A., Chrousos, G. P., Chrousos, G. P., McCarty, R., Pacák, K., Cizza, G., Sternberg, E., Gold, P. W., Kvetňanský, R. (1995). Neuroendocrinology and the pathophysiology of the stress system. Annals of the New York Academy of Sciences, 771, 1–18.

Straub, R., Schmitt, K., Krapf, F., Walter, U., Mess, F., Arps, W., Hombrecher, M. & Ahlers, G. (2017). #whatsnext – GESUND ARBEITEN IN DER DIGITALEN ARBEITSWELT, Studie des IFBG, der Techniker Krankenkasse und des Personalmagazins, Haufe Verlag, abgerufen am 04.01.2019: https://www.tk.de/resource/blob/2012962/d64eb5a912d260d628182f02292ebba1/trendstudie-whatsnext-data.pdf

Sublette, M. E., Hibbeln, J. R., Galfalvy, H. , Oquendo, M. A., & Mann, J. J. (2006). Omega-3 polyunsaturated essential fatty acid status as a predictor of future suicide risk. American Journal of Psychiatry, 163, 1100–1102.

Suchan, B., Busch, B., Schulte, D., Grönemeyer, D., Herpertz, S. & Vocks, S. (2010). Reduction of gray matter density in the extrastriate body area in women with anorexia nervosa. Behavioral Brain Research, 206(1), 63–67.

Susser, L. C. & Hermann, A. D. (2017) Protection against hormone-mediated mood symptoms. Archives of Womens Mental Health, 20(2), 355–356. doi: 10.1007/s00737-016-0702-9.

Swanson, D., Block, R. & Mousa, S. A. (2012). Omega-3 fatty acids EPA and DHA: health benefits throughout life. Advanced Nutrition, 3(1), 1–7. doi: 10.3945/an.111.000893.

Tarantino, G., Citro, V. & Finelli, C. (2015). Hype or reality: should patients with metabolic syndrome-related NAFLD be on the hunter-gatherer (Paleo) diet to decrease morbidity. Journal Gastrointestinal and Liver Diseases, 24(3), 359–368.

Ter Horst, D. M., Chene, A. H., Figueroa, C. A., Assies, J., Lok, A., Bockting, C. L. H., Ruhé, H. G. & Mocking, R. F. T. (2018). Cortisol, dehydroepiandrosterone sulfate, fatty acids, and their relation in recurrent depression. Psychoneuroendocrinology, 100, 203–212. doi: 10.1016/j.psyneuen.2018.10.012.

Thomas, D., Elliott, E. J. & Baur, L. (2007). Low glycaemic index or low glycaemic load diets for overweight and obesity. Cochrane Database of Systematic Reviews, 3.

Tonelli, L. H., Stiller, J., Rujescu, D., Giegling, I., Schneider, B., Maurer, K., Schnabel, A., Moller, H. J., Chen, H. H. & Postolache, T. T. (2008). Elevated Zytokine expression in the orbitofrontal cortex of victims of suicide. Acta Psychiatrica Scandinavica, 117, 198–206.

Tudor-Locke, C. & Bassett, D. R. (2004). How many steps/day are enough? Sports medicine, 34(1), 1–8.

Tuomi, K. (1997). Eleven-year follow-up of ageing workers. Scandinavian Journal of Work, Environment & Health, 23(Suppl. 1), 1–71.

van den Berg, T. I., Robroek, S. J., Plat, J. F., Koopmanschap, M. A. & Burdorf, A. (2010). The importance of job control for workers with decreased work ability to remain productive at work. International Archives of Occupational and Environmental Health. 84(6), 705–12.

van den Berg, T. I., Elders, L. A., de Zwart, B. C. & Burdorf, A. (2009). The effects of work-related and individual factors on the Work Ability Index: a systematic review. Occupational and Environmental Medicine, 66, 211–220.

Vanbesien-Mailliot, C. C., Wolowczuk, I., Mairesse, J., Viltart, O., Delacre, M., Khalife, J., Chartier-Harlin, M.-C. & Maccari, S. (2007). Prenatal stress has pro-inflammatory consequences on the immune system in adult rats. Psychoneuroendocrinology, 32, 114–124.

Vgontzas, A. N., Zoumakis, E., Bixler, E. O., Lin, H. M., Follett, H., Kales, A. & Chrousos, G. P. (2004). Adverse effects of modest sleep restriction on sleepiness, performance, and inflammatory cytokines. The Journal of Clinical Endocrinology & Metabolism, 89(5), 2119–2126.

Vigil, P., Orellana, R. F., Cortés, M. E., Molina, C. T., Switzer, B. E. & Klaus, H. (2011). Endocrine modulation of the adolescent brain: a review. Journal Pedriatry Adolescence Gynecology, 24(6), 330–337.

Walker, A. K., Nakamura, T., Byrne, R. J., Naicker, S., Tynan, R. J., Hunter, M. & Hodgson, D. M. (2011). Neonatal lipopolysacchride and adult stress exposure predisposes rats to anxiety-like behaviour and blunted corticosterone responses: Implications for the double-hit hypothesis. Psychoneuroendocrinology, 34, 1515–1525.

Wallin, M. S. & Rissanen, A. M. (1994). Food and mood: relationship between food, serotonin and affective disorders. Acta Psychiatrica Scandinavica, 377, 36–40.

Wang, H., Buchner, M., Moser, M. T., Daniel, V. & Schiltenwolf, M. (2009). The role of IL-8 in patients with fibromyalgia: a prospective longitudinal study of 6 months. Clinical Journal Pain, 25(1), 1–4.

Wehrens, S. M., Christou, S., Isherwood, C., Middleton, B., Gibbs, M. A., Archer, S. N., Skene, D. J. & Johnston, J. D. (2017). Meal timing regulates the human circadian sys-tem. Current Biology, 27(12), 1768–1775.

Wen, S., Wang, C., Gong, M. & Zhou, L. (2018). An overview of energy and metabolic regulation. Sci China Life Science, 62(6), 771–790. doi: 10.1007/s11427-018-9371-4.

Westermayer, G. & Bähr, B. (1994). Betriebliche Gesundheitszirkel. Verlag für Angewandte Psychologie.

Westman, E. C., Feinman, R. D., Mavropoulos, J. C., Vernon, M. C., Volek, J. S., Wortman, J. A., William, S. Y. & Phinney, S. D. (2007). Low-carbohydrate nutrition and metabolism. The American Journal of Clinical Nutrition, 86(2), 276–284.

Wichers, M. & Maes, M. (2002). The psychoneuroimmuno-pathophysiology of Zytokine-induced depression in humans. International Journal of Neuropsychopharmacology, 5(04), 375–388.

Wiggins, J. L. & Monk, C. S. (2013). A translational neuroscience framework for the development of socioemotional functioning in health and psychopathology. Development and Psychopathology, 25(4pt2), 1293–1309.

Willibald, M., Kohlenberg, S. & Heilmeyer, P. (2006). Veränderung wichtiger Stoffwechselparameter, Befindlichkeit und sportlicher Leistungsparameter bei übergewichtigen Patienten im Laufe eines Rehabilitationsaufenthaltes und KH-reduziertem Ernährungsregime (LOGI-Methode) und individualisierter Bewegungsintervention. Proceedings of the Germam Nutrition Society, 8, 77.

Winokur, A., Maislin, G., Phillips, J. L. & Amsterdam, J. D. (1988). Insulin resistance after oral glucose tolerance testing in patients with major depression. American Journal of Psychiatry, 145(3), 325–330.

Wolf, O. T. (2003). HPA axis and memory. Best Practice & Research Clinical Endocrinology & Metabolism, 17(2), 287–299.

Wong, M. W., Yi, C. H., Liu, T. T., Lei, W. Y., Hung, J. S., Lin, C. L., Lin, S. Z. & Chen, C. L. (2018). Impact of vegan diets on gut microbiota: An update on the clinical implications. Ci Ji Yi Xue Za Zhi, 30(4), 200–203. doi: 10.4103/tcmj.tcmj_21_18.

Worm, N. (2009) Heilkraft D – Wie das Sonnenvitamin vor Herzinfarkt, Krebs und anderen Zivilisationskrankheiten schützt. Systemed.

Zhang, Y., Hodgson, N. W., Trivedi, M. S., Abdolmaleky, H, M., Fournier, M., Cuenod, M., Quang Do, K. & Deth, R. C. (2016). Decreased Brain Levels of Vitamin B12 in Aging, Autism and Schizophrenia. PLoS One, 11(1), e0146797. doi:10.1371/journal.pone.0146797.

Zimmermann, M., Bonaccurso, C., Valerius, C. & Hamann, G. F. (2006). Akute intermittierende Porphyrie: Ein klinisches Chamäleon: Einzelfallstudie einer 40jährigen Patientin. Nervenarzt, 77(12), 1501–1515.

Zoeller, R. T., Tan, S. W. & Tyl, R. W. (2007). General background on the hypothalamic-pituitary-thyroid (HPT) axis. Critical Reviews in Toxicology, 37(1–2), 11–53.

Zunszain, P. A., Hepgul, N. & Pariante, C. M. (2012). Inflammation and Depression. Current Topics in Behavioural Neuroscience, 14, 135–151.

Über den Autor

Thomas Artmann wurde in Heiligenstadt (Eichsfeld) geboren. Er studierte Psychologie an der Justus-Liebig-Universität Gießen und schloss 2000 mit Diplom ab. Er arbeitet seit 2000 als Unternehmensberater, Autor und Keynote Speaker und gründete 2009 sein Unternehmen Eudemos, mit dem er Unternehmen insbesondere aus dem größeren Mittelstand und Konzerne bei der Einführung und Umsetzung von betrieblichem Gesundheitsmanagement begleitet.

Nebenberuflich arbeitete er als privater Psychotherapeut in seiner Praxis in Bonn, wo er sich auf Depression, Angststörungen und Erschöpfungserkrankungen und deren stressmedizinische und körperliche Bezüge spezialisierte. Zwei persönliche Krankheitserlebnisse beeinflussten ihn früh bei seiner Ausrichtung auf körperliche Ursachen von psychischen Krankheiten. Er entwickelte aufgrund eines bis dahin nicht bekannten Gendefekts eine perniziöse Anämie aufgrund eines massiven Vitamin-B_{12}-Mangels und bildete mit 22 Jahren demenzähnliche Gedächtnisstörungen aus. Durch den Hinweis einer befreundeten Ernährungswissenschaftlerin fand er die Ursache und therapierte sich zusammen mit einem aufgeschlossenen Arzt. Innerhalb von 48 Stunden nach der ersten Vitamin-B_{12}-Injektion bildete sich die Symptomatik vollständig zurück. Dieses und weitere Krankheitserlebnisse in der eigenen Familie sowie seine therapeutischen Erfahrungen und seine Kooperation mit Ärzten und Therapeuten anderer Professionen beeinflussten die Entwicklung des Produktportfolios von Eudemos stark.

Seit 2015 setzt Thomas Artmann konsequent auf Gesundheitskompetenzentwicklung und die Früherkennung von gesundheitlichen Fehlentwicklungen in seiner Beratung und Konzeption betrieblicher Gesundheitsmanagementansätze. Seine Konzepte basieren auf immer aktuellen wissenschaftlichen Erkenntnissen und er traut sich, unorthodoxe Wege zu gehen.

Seit 2016 baute er den zertifizierten Lehrgang »Ausbildung zum betrieblichen Gesundheitsmanager« mit und für die Haufe Akademie auf, wo er seitdem unzählige Gesundheitsmanager deutscher Unternehmen ausbildet.

Stichwortverzeichnis

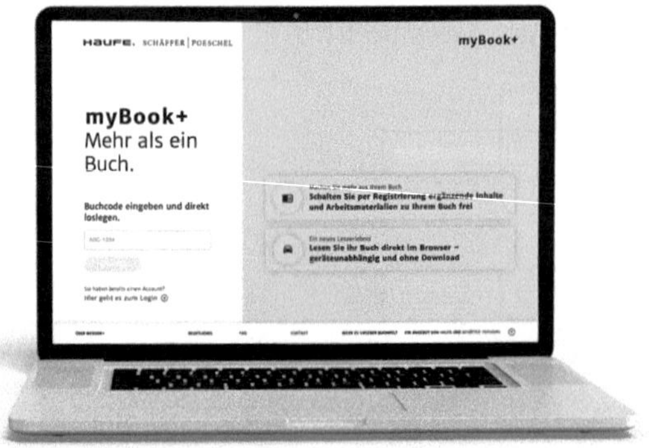

Ihre Online-Inhalte zum Buch: Exklusiv für Buchkäuferinnen und Buchkäufer!

- https://mybookplus.de
- Buchcode: BTW-72056